牛の乳房炎コントロール

酪農家と獣医師のための実践ガイド

増補改訂版

Roger Blowey　著
Peter Edmondson

浜名克己　監訳
河合一洋　訳
竹内和世

緑書房

ご注意

　本書の処置法、治療法、薬用量などについては、最新の獣医学的知見をもとに記載されています。実際の症例への適用には、日本の法令に基づき、特に用量や出荷制限などに細心の注意を払い、各獣医師の責任の下で実施してください。

Mastitis Control in Dairy Herds, 2nd Edition

Roger Blowey
BSc, BVSc, FRCVS
Wood Veterinary Group
The Animal Hospital
Gloucester
UK

and

Peter Edmondson
MVB, Cert. CHP, Dip. ECBHM, FRCVS
Shepton Veterinary Group
Shepton Mallet
Somerset
UK

CABI is a trading name of CAB International

CABI Head Office
Nosworthy Way
Wallingford
Oxfordshire OX10 8DE
UK

CABI North American Office
875 Massachusetts Avenue
7th Floor
Cambridge, MA 02139
USA

Tel: +44 (0)1491 832111
Fax: +44 (0)1491 833508
E-mail: cabi@cabi.org
Website: www.cabi.org

Tel: +1 617 395 4056
Fax: +1 617 354 6875
E-mail: cabi-nao@cabi.org

© CAB International 2010. All rights reserved. No part of this publication may be reproduced in any form or by any means, electronically, mechanically, by photocopying, recording or otherwise, without the prior permission of the copyright owners.

First edition published in 1995 by Farming Press Ltd.
ISBN 978 085236 314 0

A catalogue record for this book is available from the British Library, London, UK.

Library of Congress Cataloging-in-Publication Data

Blowey, R.W. (Roger William)
 Mastitis control in dairy herds/Roger Blowey and Peter Edmondson. -- 2nd ed.
   p. cm.
 Includes bibliographical references and index.
 ISBN 978-1-84593-550-4 (alk. paper)
 1. Mastitis--Prevention. I. Edmondson, Peter, 1958- II. Title.

The Japanese edition is an approved translation of the work published by and the copyright of CAB *International*.

Japanese translation © 2012 copyright by Midori-shobo Co., Ltd.
CAB International 発行の Mastitis Control in Dairy Herds, 2nd edition の日本語に関する翻訳・出版権は、株式会社緑書房が独占的にその権利を保有する。

監訳者の序文

　本書は1995年に出版され（訳書1999年）、酪農家と臨床獣医師から高い評価を得た初版が、待望久しく15年ぶりに大幅に増補改訂されたものである。まず2010年に出された原書背表紙にある紹介文を訳す。

　「乳牛の乳房炎は世界的な問題であり、牛乳の生産量と品質、経済的な損失、そして動物の健康と福祉に重大な影響を与えている。有効な予防策は、酪農家と乳牛に大きな利益をもたらす。本書の改訂にあたっては最新の情報を豊富に加え、新たに牛群編成、乾乳期感染、ロボット搾乳、薬物の残留防止、および最良の実践法などについて章を追加した。
　著者は2人とも英国臨床獣医師の専門医であり、現場を良く知るエキスパートとして高名である。本書を読めば、乳房炎の原因とその予防対策を完全に理解することができるようになっている。内容は解剖学、疫学、搾乳システム、消毒法、体細胞数、乳房と乳頭の疾患を網羅しているが、分かりやすく実用的であることを第一とし、酪農家と獣医師、獣医学生を読者対象として書かれている。酪農家、産業動物獣医師、酪農産業関係者、および畜産獣医学の研究者と学生にとって、必読の書である。」

　このように、本書は乳房炎の理解とその防除について、非常に分かりやすく、豊富なカラー写真を用いて具体的に解説している。専門書というより実用書に近いため、酪農家や獣医師のみならず、畜産指導員、学生、研究者にとっても有益であろう。
　初版と同様に搾乳システム関連の用語はカタカナ書きが多く、初学者にはその意味するところがすぐには理解しにくい箇所があるため、付録として翻訳者による用語解説を付記した。ぜひ参考にしてもらいたい。
　本書の翻訳にあたって、麻布大学の河合一洋氏に尽力していただいた。同氏は現在、日本の乳房炎研究の第一人者のひとりであり、酪農現場にも精通しており、国内の学会や研究会、講習会、さらに国際学会で活躍している。また、翻訳家として獣医関連書の翻訳に多くの実績のある竹内和世氏には、一般の人にでも分かるような用語や表現の仕方について多くの助言をいただいた。
　本書の刊行に際しては、緑書房の羽貝雅之氏、根気よく誠実に編集の労を果たしてくれた笹川良宏氏に深謝する。

2012年2月　　浜名克己

目 次

監訳者の序文 5

第1章 　緒論 11
　　　　乳房炎とは何か？ 11
　　　　乳房炎の経済学 12
　　　　将来の実現可能な生産目標は何か？ 14

第2章 　乳頭と乳房の構造および乳汁合成の機構 15
　　　　乳房の構造 15
　　　　乳房の発達 15
　　　　乳房の保定 17
　　　　乳頭の構造と機能 19
　　　　乳汁の合成と乳房炎による影響 25
　　　　乳汁合成を支配する要因 27

第3章 　乳房炎に対する乳頭と乳房の防御 31
　　　　乳頭の防御 31
　　　　乳房内の防御 36

第4章 　乳房炎の微生物 45
　　　　乳房炎の定義 46
　　　　新規感染の発生 46
　　　　乳房炎防除の戦略 48
　　　　伝染性および環境性微生物 48
　　　　乳房炎を起こす特殊な微生物 49
　　　　環境性微生物 56
　　　　乾乳期の感染 62
　　　　まれな乳房炎原因微生物 66
　　　　乳汁の培養 68
　　　　総細菌数、耐熱菌数、大腸菌数 71

第5章 　搾乳システムと乳房炎 73
　　　　搾乳システムの歴史 74
　　　　搾乳システムの機能 74
　　　　パルセーション（拍動） 83
　　　　ロボット搾乳 87
　　　　搾乳システムの維持管理と機械の検査 88

第13章　慢性乳房炎

関与する細菌	235
伝播様式	235
臨床症状	236
治療	237
予防	238

第14章　乳房炎と乳房の炎症

代謝障害と連鎖状態から生じる乳房炎	242
感染性疾患による乳房炎	247
物理的損傷による乳房炎	250
機械搾乳による乳房炎の機構	253
乳腺組織に関与する様々な防御システムの要因	258

第15章　牛乳中の抗生物質残留の回避

抗生物質残留の理由	262
「残留」の定義	263
残留回避のための手段	263
抗生物質スクリーニングテスト	267
目的の阻害物質	269
牛群の残留検査	269

第16章　最適乳頭ケアガイド

体細胞数を減らすためのトップテクニック	271
慢性乳房炎感染症のためのトップテクニック	271
搾乳手順の最適実践法	272
抗生物質治療を回避するための最適実践法	273
最適実践法：抗生物質治療代替としての内用チートシールの手技	273
乾乳期治療のための最適実践法	274
細菌検査のための無菌乳汁サンプルの採取法	274

付録

獣医師らによる用語解説	276
ライナーの使用可能日数表	279
パーラールームの検査	281
引用文献とその図書	282

索引 285

欄外注記事項　　該当箇所
作内　和世　　一流　　第1号、第11号、第15、16号
出石　一男　　　　　　第4～7号
藤井　正己　　第2、3号、第8～10号、第12～14号、付録

第8章 環境と乳房炎

さまざまな環境	148
牛床のタイプ	148
換気の重要性	154
牛床房(Cubicle)(フリーストール)システム	155
繋ぎ牛舎	162
放牧牛舎	164
一般的な環境への配慮	165

第9章 体細胞数(Somatic Cell Count, SCC)   169

なぜ体細胞数が重要なのか	170
体細胞数の測定法	172
体細胞数に影響する要因	174
牛群の体細胞数	176
個々の牛の体細胞数(ICSCCS)	179
体細胞数データの解釈と利用	180
症例検討	184

第10章 バルクタンクと総細菌数(TBC)   189

乳汁中の細菌の3つの起源	190
ポジティブな効果	192
バルク乳の解析(BTA)	194

第11章 ターゲット(目標値)とモニタリング   203

優先順位をつける	203
乳房炎のターゲット(目標値)	204
自分の牛群で乳房炎のコストはどうなっているか?	207
膿瘍系の具体例	209

第12章 乳房炎の治療と乾乳期治療   213

治療の大要	214
治療の適用	214
泌乳期の治療	214
抗生物質治療	216
抗生物質の選択	218
乾乳期治療の利点	222
抗生物質の使用(注射による投与、乳中治療)	223
分房の乾乳	223
治療に対する Staphylococcus aureus の抵抗性	224
Streptococcus agalactiae に対する乳中治療	225
対症療法	226
乾乳期治療	229

第6章　搾乳手順とその乳房炎との関連　109

感染の移行を最小限にする ……… 110
前搾り ……… 111
乳房炎の検出 ……… 112
乳頭の浸漬 ……… 115
プレディッピング ……… 116
搾乳前の乳頭の乾燥 ……… 118
乳頭乾燥の基準 ……… 119
搾乳区画 ……… 120
搾乳ユニットの装着 ……… 122
搾乳ユニットの装着 ……… 123
乳房炎牛の搾乳 ……… 124
搾乳ユニットの離脱 ……… 126
牛群のクラスターの浸漬 ……… 126
焼乳 ……… 127
ポストディッピング（ミネラルオイルに基づく）……… 128
搾乳後の乳頭浸漬 ……… 128
搾乳順序 ……… 128
ロボット搾乳 ……… 129
搾乳手順のまとめ ……… 129

第7章　乳頭の消毒法　131

ポストディッピング ……… 131
プレディッピング ……… 131
実施方法：ディッピングまたはスプレー ……… 132
ディッピング後の液膜と厚さ ……… 134
ポストおよびプレディッピングに使用される薬剤 ……… 134
搾乳後の乳頭浸漬 ……… 138
搾乳前の乳頭浸漬 ……… 141
3ヶ条の原則 ……… 144

第1章

緒　論

乳房炎とは何か？	11
乳房炎の経済学	12
将来の実現可能な生産目標は何か？	14

　本書の狙いは、乳房炎と乳質の低下をもたらすさまざまな要因を説明することである。酪農家や獣医師あるいは牧夫が、乳房炎がどのように発生するかを十分に認識すれば、乳房炎予防に必要な対策の理解と実践は、はるかに容易になる。乳房炎を撲滅することは不可能である。それは大腸菌（*Escherichia coli, E. coli*）のような環境由来の感染症があるからである。

　さらにまた、乳房炎の原因となるさまざまな感染症のすべてに有効な1本のワクチンなどは、まずあり得ない。したがって、乳房炎の予防の基本は適切な管理にある。そして、その疾病の特質を完全に理解することで、最も適切な管理が可能となる。

　本書の基本的な目的は、乳房炎について完全に理解しようというものである。これによって感染の機会が減少し、酪農経営と牛の福祉の双方を利することになれば、著者にとってこのうえない喜びである。

乳房炎とは何か？

　乳房炎とは、単純に「乳房の炎症」を意味する。大多数の酪農家は、乳房炎を、分房の炎症ならびに乳汁の外観の変化に結びつけて考える。これらの変化は、感染に対する牛の炎症反応の影響を受けている。しかし、乳房炎は潜在的な形でもまた起こる。すなわち、感染が乳房内に存在していても、その存在を示す目に見える変化がない状態である。

　乳房炎の発生を抑えるために必要とされる多くの情報は、これまで30年にわたって蓄積されてきた。1960年代に、英国国立酪農研究所（National Institute for Research into Dairying, NIRD）により、乳房炎野外実地試験（Mastitis Field Experiment, MFE）が行われたが、その結果、現在用いられている重要な乳房炎防除法の基礎が確立された。そこで推奨されている有効な5項目プランは、次の通りである。

1．すべての臨床例の治療と記録。
2．毎搾乳後の消毒剤による乳頭ディッピング。
3．泌乳期終了時の乾乳時治療。
4．慢性乳房炎牛の淘汰。
5．定期的な搾乳システムのメンテナンス。

　過去40年間にわたって、体細胞数（SCC）の低下には顕著な進展がみられたが、その主な理由として、酪農家が上記5項目プランを採用してきたことが挙げられる。英国では、乳房炎の臨床例の発生数は、1968年の121例/100頭/年から、2009年には40～50例へと減少した。ここでいう1例は、1回1分房の罹患を指す。

　乳房炎には、伝染性と環境性の2つの基本的なタイプがある。最大の進歩がみられたのは、伝染性乳房炎の発生数の減少である。体細胞数は伝染性感染のレベルと関係しており、したがってイングランドとウェールズにおける乳汁の平均体細胞数の減少（1971年

の57.1万/mLから2009年の約24万/mL)は、この分野の進歩の効果として認められる(図1.1)。

現在の目標は、伝染性乳房炎と体細胞数をさらに減少させるとともに、環境性乳房炎の発生数を減少させることである。環境性乳房炎の発生数は、1960年以来変化していない。これは、主として1戸あたりの飼養頭数の増加と、泌乳量の増加による。泌乳量は搾乳のスピードと相関しており、流出速度は過去40年間で2倍になった。そして、この搾乳速度の増加が、同じく40年間で、乳房炎の感受性を12倍に増大させたのである。

したがって、この同じ期間、酪農家が、牛の環境と衛生管理を改善し、臨床型乳房炎の発生の増加を防いできたことは評価される。乳量は将来もさらに増加する傾向にあり、新規感染のリスクは増え続けるであろう。

乳房炎は、乳汁中の有用な成分を減少させ、望ましくない成分を増加させる。もちろんこれは、酪農家が目的としていることとまったく逆である。全体として、乳房炎はより望ましくない乳汁を生み出すことになり、牛乳の価値は大きく低下する。

表1.1は、さまざまな乳汁成分に対する潜在性乳房炎(すなわち体細胞数の増加)の影響を示している。乳糖とカゼインは相当量減少する。総タンパク含量はほとんど変化しないが、カゼイン量は最大で20%減少する。乳製品メーカー、とりわけチーズメーカーにとって、これが重大な意味を持つのは、同量の牛乳から作られるチーズの生産量が減少するためである。乳脂肪と乳糖は牛乳価格の基礎になっており、それらの量の変化は酪農家にとって経済的にきわめて重要な意味を持つ。乳房炎は、乳脂肪とタンパク量の減少をもたらし、牛乳価格を最大で15%低下させる。これは酪農家の収益に甚大な影響を与える。

乳房炎はまた、リパーゼやプラスミンなどの酵素活性を増加させる。リパーゼは乳脂肪、プラスミンはカゼインを分解するため、生産量と品質の維持に大きく影響する。この乳脂肪とカゼインは、牛乳購買者がもっとも関心を持つものである。将来、牛乳にはプラスミンとリパーゼの検査が実施され、生産者はこれらの酵素の高い値に対してペナルティを受けることになるかもしれない。

乳房炎の経済学

乳房炎が酪農家に対してもたらす経済的な

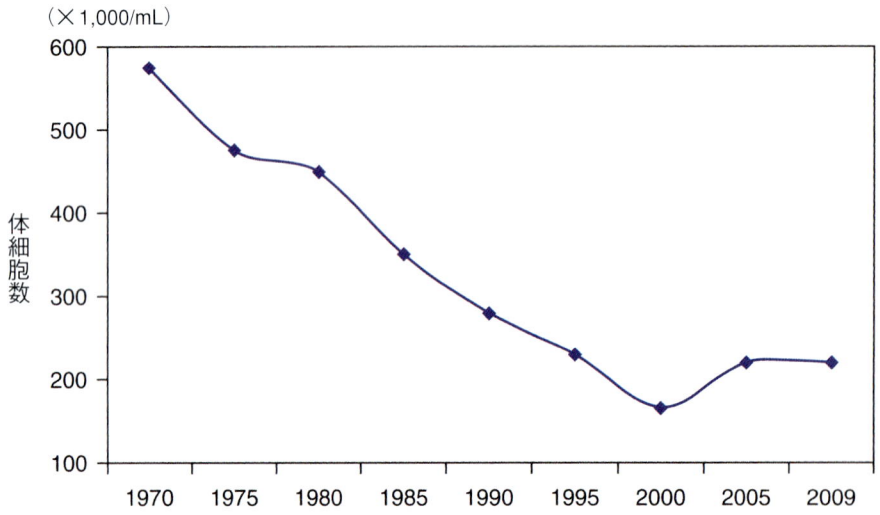

図1.1　1970年から2009年におけるイングランドとウェールズの牛乳中の年平均体細胞数(伝染性乳房炎のレベル)。

表1.1 牛乳成分への乳房炎の影響(Philpot and Nickerson,1991)。

	成分	潜在性乳房炎の影響
好ましい成分	総タンパク	わずかに減少
	カゼイン	6〜20％減少
	乳糖	5〜20％減少
	無脂固形分(SNF)	8％まで減少
	乳脂肪	4〜12％減少
	カルシウム	減少
	リン	減少
	カリウム	減少
	安定性と保存性	低下
	食味	まずく塩辛くなる
	ヨーグルトスターター培養	抑制
好まれない成分	プラスミン(カゼインを破壊)	増加
	リパーゼ(脂肪を分解)	増加
	免疫グロブリン	増加
	ナトリウム	増加－そのため辛くなる

影響は、直接的なコストと間接的なコストの2方面にわたっている。

乳房炎の直接的なコスト：
1. 牛乳の廃棄。
2. 薬剤と獣医師の経費。

乳房炎の間接的なコスト：
1. 体細胞数増加によるペナルティ。
2. 乳房の損傷または潜在性感染による、残りの泌乳期間の乳量の減少。
3. 治療と看護に要する余分な労力。
4. 淘汰率と更新率の増加。これにより遺伝的優秀性を失う。
5. 乳牛の死亡。

臨床型乳房炎のコストは計算されている。2009年には、乳房炎1症例あたりの平均コストは100ポンド(1ポンド150円とすると、15,000円)から200ポンド(同、30,000円)のあいだと推定された。2009年の平均コストとしては、125ポンド(同、18,750円)が妥当な数値となっている。

この計算では、乳房炎は軽度、重度、致死性の3つのカテゴリーに分類されている。最もよくみられる乳房炎は軽症例で、酪農家によるケアにすみやかに反応する。この場合のコストは、乳房内注入軟膏、廃棄した乳汁、その後の泌乳期間の乳量の減少からなる。重度の乳房炎症例では、獣医師の治療を必要とする。致死性の乳房炎症例になると、獣医師の治療のみでなく、牛が死亡または淘汰されるため、二度と搾乳群に復帰することはない。

乳房炎のもたらすコストに加えて、考慮すべきリスク要因がある。これには高い総細菌数(total bacterial counts, TBC)またはバクトスキャン値(Bactoscans 訳者注：バクトスキャンで測定された総細菌数のことで、現在はこちらが主流)と、バルク乳への残留抗生物質混入のリスクが含まれる。そのいずれも、金銭的なペナルティを招く。

高体細胞数牛群における損失の大部分は、潜在性感染によるもので、乳量の減少と、乳糖、カゼイン、乳脂肪の減少をもたらす。体細胞数が20万以下の牛群では、潜在性感染による大幅な乳量減少はみられないであろうと一般にいわれている。体細胞数が20万を超えて10万ずつ増加するごとに、乳量は2.5％ず

つ減少するであろう。この減少は、高体細胞数に課せられる金銭的なペナルティと一緒になって、きわめて大きな損失となる。

2009年の英国の臨床型乳房炎の平均発生率は、年間で100頭につき40〜50例であるが、なかには10例ほどの低いレベルから、年間100頭につき150例に達する牛群まである。

将来の実現可能な生産目標は何か？

消費者と乳業会社は、高品質の牛乳を要求している。将来も乳業会社は細菌数と体細胞数の水準の低下を要求し続け、それを超えた生産者には金銭的なペナルティを課していくだろう。高額なペナルティは、乳業会社にとって体細胞数がいかに重要であるかを示している。高体細胞数牛乳を出す生産者に課されるペナルティの額は、どんどんエスカレートしている。ほとんどの会社が、20万以上の体細胞数を出す酪農家にペナルティを課している。会社によっては、30万を超える体細胞数を出す農家に対して、年間1頭につき最高で300ポンド（約45,000円）までペナルティを課しているところもある。40万以上の体細胞数を出す生産農家は、乳質に関するEUの限界値を超えるため、牛乳を売ることができない。

このようにして、酪農家はおのずから体細胞数と細菌数の減少をめざすようになる。うまくいけば、彼らの牛乳にはより高値がつくことになるだろう。さらにまた、体細胞数と細菌数の減少によって、すぐれた保存性をもち、製品製造にも適した良質の牛乳が生産されることになり、消費者も乳業会社も利益を得る。

適切な牛群管理がなされれば、臨床型乳房炎の発生を30例／100頭／年以下にし、牛群の体細胞数を15万以下に、総細菌数を2万／mL以下にすることが可能となる。「問題のある」牛群がこれを達成するには数年かかるかもしれない。だが、これらの目標を達成することは、農家の収益性を改善し、酪農家とその牛たちの双方に健全な将来を約束するのである。

第2章

乳頭と乳房の構造および乳汁合成の機構

乳房の構造	15
乳房の発達	15
等長発達第1期	16
非等長発達第1期	16
等長発達第2期	17
非等長発達第2期	17
乳房の保定	17
乳房保定装置の断裂	18
乳頭の構造と機能	19
副乳頭	19
乳頭の機能	21
乳頭の大きさ	21
乳頭壁	21
乳汁の流下	23
若牛の乳汁流下不全	24
乳汁の合成と乳房炎による影響	25
乳糖	25
タンパク	26
乳脂肪	27
ミネラル	27
乳汁合成を支配する要因	27
搾乳頻度	28
環境温度	28
乾乳期の長さ	29

　第2章では、乳房の発達と構造、乳頭の構造と機能、および乳汁合成の機構について記述する。感染から自身を防護する乳頭の機能については第3章で述べる。

乳房の構造

　図2.1と2.9に示したように、乳汁は乳腺深部にある乳腺胞を内張りしている立方細胞によって合成される。乳腺胞を取り巻いているのは筋上皮細胞または筋細胞である（図2.1）。
　乳汁の流下刺激が起こると、これらの細胞は収縮し、乳腺胞から乳管へと、乳汁をしぼり出す。そこから乳汁は、乳管洞乳腺部に流出し、ついで乳管洞乳頭部に流れ、そこで乳房から外に出るのを待つ。特に高泌乳牛では、搾乳の前に、すでに乳管、乳管洞乳腺部、乳頭部にも乳汁は存在する。乳汁合成の機構はp.25 ～ 27に述べる。

乳房の発達

　乳房（または乳腺）は、高度に特殊化した汗腺に由来する。そのため、乳頭の内側面と乳管は本質的に特殊化した皮膚である。
　子牛の出生から初回泌乳まで、乳房の発達は4期に区分される。

・等長発達第1期
・非等長発達第1期

第2章 乳頭と乳房の構造および乳汁合成の機構

- 等長発達第2期
- 非等長発達第2期

等長発達第1期

幼若子牛では、乳房の成長と発達は、体の他の部分と同じ速度で進行する。'等長'という用語は、同じ速度の成長を意味する。

非等長発達第1期

この時期には、乳房の発達が突然増加する。そのため、体の他の部位より急速な発育が開始する。この時期はほぼ4～8カ月齢、すなわち春期発動期にあたり、特に若牛の発情の際に起こるエストロジェンのピークと関連している。この時期の発達は主に乳管系であり、長く伸びて、性成熟前の子牛の乳房部を占めている脂肪パッドに乳管が貫入する。

この時期、あるいはそれ以前からの飼料の過剰給与は、将来乳房となるべき場所に過剰な脂肪パッドを形成させる。このことは、その後の生涯における乳生産の減少をもたらす。例えば、ある試験(Harrisonら、1983)で、若牛を1日増体量1.1kg(過剰群)と0.74kg(通常群)の2群に分けて飼育した。その結果、通常飼育群の若牛の乳房重量は、過剰飼育群

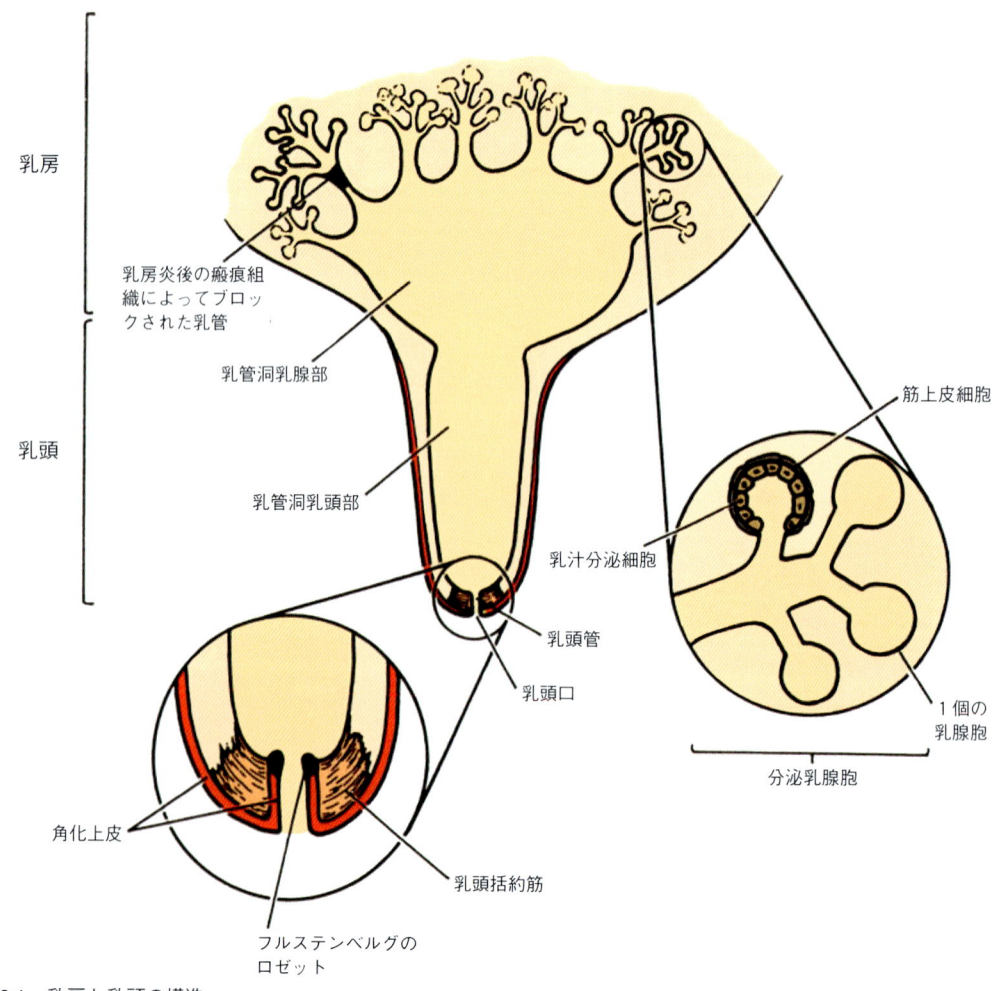

図2.1 乳房と乳頭の構造。

の若牛より40%以上重かったのみでなく、乳汁分泌組織も68%以上多く持っていた。このことから、若牛への過剰給与は避けるべきである。育成期の高牧草給餌は、第一胃の発達を大いに刺激し、成牛に達したときに高い摂食能力を持つと考えられている。タンパク摂取量は高く保つべきで(例えば、粗タンパク18%)、良質のタンパクは乳房の発達を促進する。一方で、過剰なでんぷん摂取は避けるべきである。

等長発達第2期

性成熟の開始から初回妊娠開始までは、乳房は体の他の器官と同じ速度で発育する。

非等長発達第2期

妊娠成立後、乳房は再び急速に発達し、妊娠中期以降は最大の発達を示す。この時期には特に乳腺胞の細胞が発達し、乳汁分泌が可能な組織へと変化する。

乳房の保定

乳房は4つに分かれた乳腺からなり、それぞれ固有の乳頭を持っている。ある分房から他の分房への乳汁の移行はなく、大きな血管による血流の移行もない。乳房への血液供給は大量であり、乳汁1Lの生産に要する乳房内血流量はほぼ400Lである。これに乳汁分泌組織と貯留した乳汁の重さを加えると、乳房が50kgから70kgもある理由が、容易に理解できる。

抗生物質で1分房を治療した時に、なぜ全乳汁を廃棄しなければならないか。その理由は、抗生物質はその分房から吸収されて血流に入り、体循環を経て他の未治療分房に移行し、蓄積されるからである。もちろん含まれる抗生物質は比較的少量であるが、バルクタンクに異変をきたすには十分であることがある。

乳房の保定はとても重要である。それは図2.2に示されており、皮膚、浅乳房保定装置外側板、深乳房保定装置外側板および乳房保定装置内側板からなる。

- 皮膚。非常に小さな役割を持つのみである。
- 浅乳房保定装置外側板。これは骨盤部の骨性床に始まり、乳房の外側部、特に前方と側方を下降する。それらは側枝を出し、腹部(前方)と内股部(側方)に付着する。
- 深乳房保定装置外側板。これもまた骨盤部の骨性床から始まる。乳房の外側を下降しながら(ただし、浅乳房保定装置外側板の内側)、乳腺内を横断して小カップ状に分かれ、最後は乳房保定装置内側板の同様な分枝と結合する。最大の分枝は、乳頭のすぐ上の乳房底面に広がり、乳房保定装置内側板と結合し、主要な乳房保定機構となっている。
- 乳房保定装置内側板。左右2層の乳房保定装置内側板がある(図2.2)。両者とも骨盤

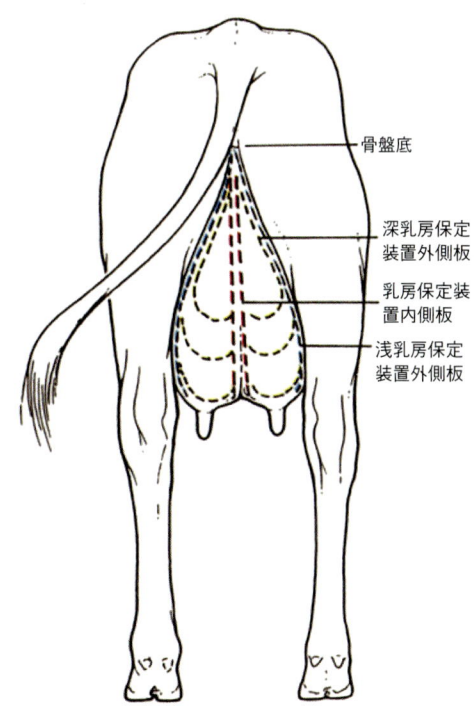

図2.2 乳房の保定。

部の骨性床と付近の腹壁から始まる。それらは乳房の中央部を下降し、乳房底部で左右に分かれ、乳房保定装置外側板と結合する。分枝はまた、前後の分房を分けている結合組織に連結する。乳房保定装置内側板はゆとりを可能にする弾性線維を持っており、ショックアブソーバーの役割を果たし、搾乳と搾乳の間に乳汁が貯留して乳房が拡張することを可能にしている。

乳房保定装置の断裂

乳房保定装置の断裂は徐々に、あるいは自然に起こる。最も多く断裂する乳房保定装置は、次の通りである。

- 乳房保定装置内側板
- 深乳房保定装置外側板
- 前方の乳房保定装置(すなわち、浅および深乳房保定装置の前方部)

ときには、前方の乳房保定装置の断裂は、乳房前方の皮下に大量の血液を貯留させる。これは血腫として知られている。このうちのいくらかは感染を受け、悪臭を伴う大型の膿瘍となる。

乳房保定装置の断裂は、さまざまな要因と関連しており、そのうち最も重要なのは、次の通りである。

- 年齢：特に乳房保定装置内側板の弾性組織は、加齢によって破壊されていく。
- 乳房の過剰な膨潤および浮腫(乳房浮腫の多くの原因についてはp.244〜245参照)。これは、なぜ未経産牛をふかしたまんじゅうのように太らせたり(濃厚飼料の過剰給与)、分娩前に過肥にさせてはいけないかの理由のひとつとなる。
- 不良体型：良好な乳房付着部を持ち、前後の乳頭が平均に分布しているタイプの牛を選抜することが重要である。

乳房保定装置内側板の断裂は、おそらく乳房保持不良の最大の理由であろう。これにより、乳頭間の境い目が消え、各乳頭は外方に広がり(図2.3、写真2.1)、ミルカーの装着が困難になる。これはまた搾乳中の空気の流入をもたらし、特にミルカー装着の初期に生じ、このため乳頭端に衝撃を与え(p.92参照)、乳房炎のリスクが増加する。

深乳房保定装置外側板の断裂は、必ず浅乳房保定装置外側板の断裂を伴っており、全乳房の完全な下垂をもたらす(図2.4、写真2.2参照)。乳頭は飛節の下方にまで落ち、牛が歩くと容易に損傷する。

前方の保定装置(浅と深の乳房保定装置外側板の前方部)の断裂は、それほど多くない。これは肉眼的に乳房前部の腫大としてみられ(図2.5、写真2.3参照)、必ずではないとはいえ、しばしば前部乳頭の下垂をもたらす。特徴的な所見は乳房前部の正常な退縮であり、乳房は腹壁に接近して消失し、腫脹によって置き換えられる。血腫(皮下の血液の大量貯留)および腹壁破裂のような状態は、ときに前部の保定装置の断裂と混同される。乳房保

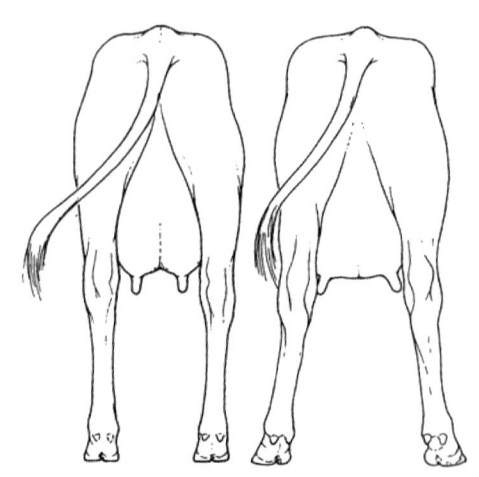

図2.3 乳房保定装置内側板の断裂(右)は乳頭の拡散をもたらし、左に示されている正常な乳房の区分けが消えている。

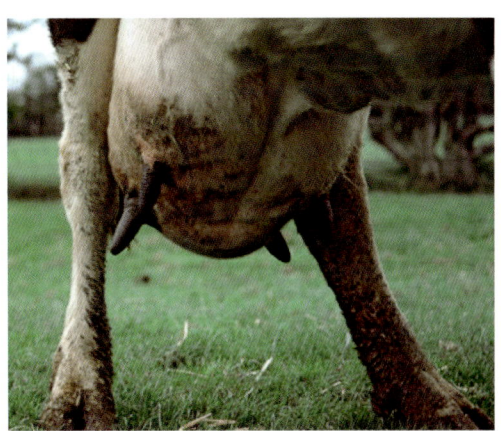

写真2.1 乳房保定装置内側板の断裂が、乳頭の拡散をもたらしている。

定装置の伸長が、なぜ乳牛の約60％が肉眼的に不均衡な分房を持っているかのひとつの理由となる。

乳頭の構造と機能

本項で前述したように、乳房は多くの内部結合管を含む脂肪塊からなり、それらすべての管は同一場所、すなわち乳管洞乳頭部と乳腺部に収束する。その構造を樹木にたとえると、幹は乳管洞乳頭部と乳腺部であり、枝は乳管であり、そして小枝の先の小さな葉は乳腺深部にある小さな嚢状構造物、すなわち分泌性乳腺胞である。これは図2.1に示されている。乳汁は乳腺胞を内張りしている細胞によって分泌され、乳汁の多くは、搾乳と搾乳の間にここに貯えられている。

この項では、乳頭の構造と機能について述べ、乳汁排出について論じる。牛は4つの主乳頭を持っており、2つの後乳頭から乳汁の60％が生産される。また、さまざまな数の過剰な乳頭（副乳頭）を持つことがある。

副乳頭

副乳頭は先天性であり、出生時に存在しており、しばしば遺伝性である。そのため、多数の副乳頭を持つ牛を選抜しないことが奨められる。これらの副乳頭は、乳房の後方に最も多い。すなわち2つの後乳頭の後方にみられることが多い（写真2.4）が、前乳頭と後乳頭の間にもみられ（写真2.5）、ときには既存の乳頭に付着している（写真2.6）こともある。本来の乳頭に付着した副乳頭は、しばしば乳管洞が合流しており、副乳頭の切除後に主乳頭からの乳漏を生じることがあるので、その取り扱いには注意が必要である。

副乳頭は、子牛の除角と同時に除去すべきである。子牛は、乳房全体が観察できるよう

写真2.2 乳房保定装置内側板と外側板の断裂は、乳房全体の下垂をもたらす。

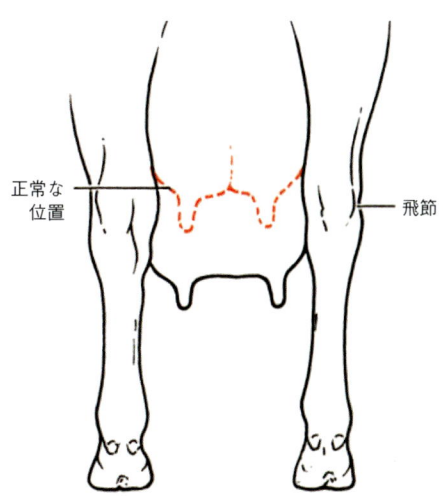

図2.4 深乳房保定装置外側板の断裂は、よく飛節より下方への乳房の下垂をもたらす。

第2章　乳頭と乳房の構造および乳汁合成の機構

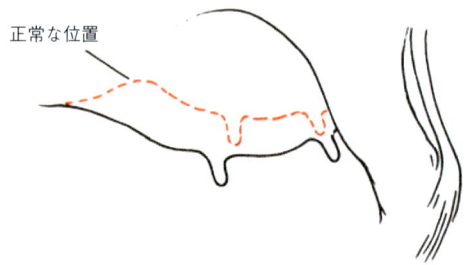

図2.5　深乳房保定装置外側板の前方部の断裂は、他の部位の断裂より発生が少ない。それは乳房前方部の腫脹と前乳頭の下垂をもたらす。

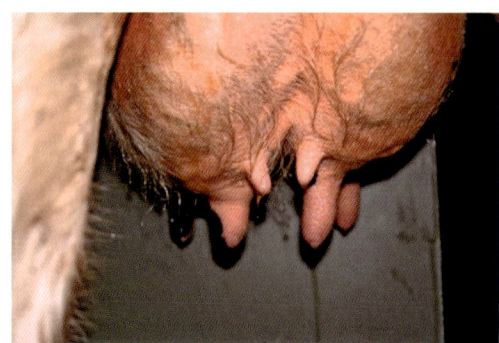

写真2.4　副乳頭は最も多く後乳頭の後方にみられる。

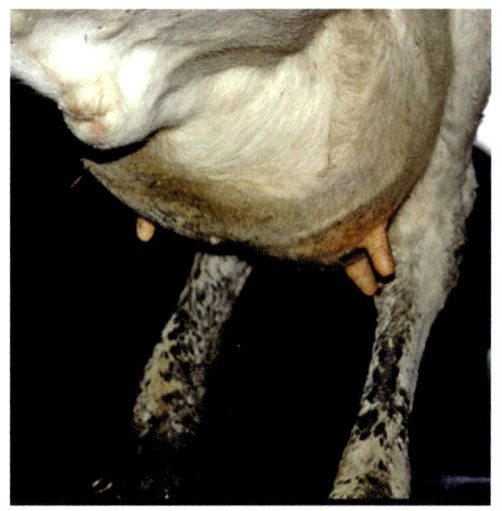

写真2.3　前方部の乳房保定装置の断裂－乳房前方部の大きな腫脹。

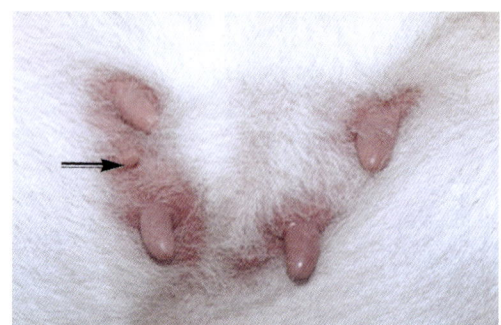

写真2.5　副乳頭はまた、この子牛にみられるように、前乳頭と後乳頭の間に生じることがある。

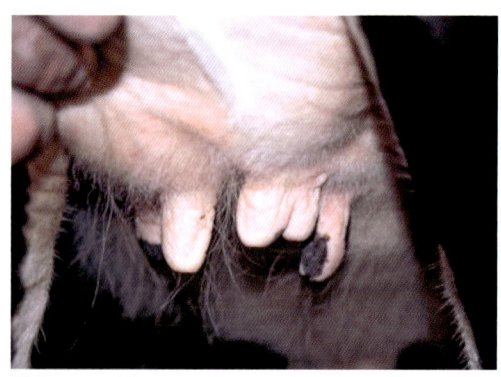

写真2.6　副乳頭は、ときには主乳頭に付着している。両乳頭の乳管洞は乳頭の基部で合流しており、切除をより困難にしている。

に、仰向けに保定する。もし立たせたままで両後肢の間から観察すると、主乳頭と主乳頭の間にある副乳頭を容易に見逃してしまう。もしどちらが副乳頭か迷った時は、人差し指と親指で乳頭を単純につまんでひねってみるとよい。副乳頭の方がはるかに肉厚で、乳管洞乳頭部は触知されない。副乳頭は、指でその基部の皮膚を持ち上げて(**写真2.7**)、彎鋏で簡単に切除するのが最もよい。2カ月齢以下の子牛では麻酔は不要である。

副乳頭を除去しないでおくと、いくつかの不利益が生じる。

- 見てくれが悪くなるため、その牛は安く買い叩かれる。
- 副乳頭が乳房炎(特に夏季乳房炎、第13章参照)を起こすことがあり、また乳房の膿瘍化をもたらす。
- 真の乳頭のごく近く、あるいはその基部に副乳頭が位置していると、搾乳の障害とな

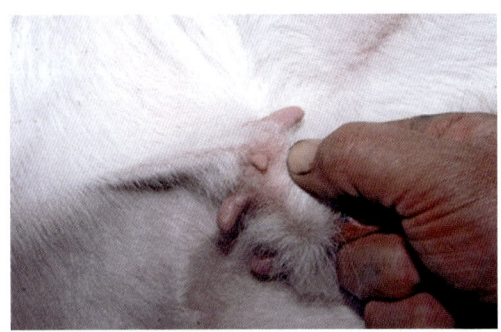

写真2.7 副乳頭を除去する時は、子牛を仰向けに保定し、皮膚のひだの下に入れた指で副乳頭を持ち上げ、その後鋭利な弯鋏で切除する。

図2.6 乳頭の形状は円錐形(左)か円筒形(右)である。円筒形の乳頭は乳房炎になりにくいといわれている。

り、空気の流入を起こして乳頭端に衝撃を与える(p.93参照)。

乳頭の機能

乳頭の最も重要な機能は、子牛への乳汁の伝達である。これを人間が利用して、自分たちの食品を生産するため、手指またはミルカーによる搾乳へと変えていったのである。

乳頭は、その基部に勃起性静脈叢を持っており、それが乳汁の流出を助け、第3章に記載されているように、乳頭、特に乳頭管は、乳房内への感染の侵入防止に非常に重要な機能を果たしている。

また、乳頭は豊富な神経分布を持ち、そのため吸乳刺激をすばやく脳に伝達することができ、良好な乳汁の流下をもたらす。この豊富な神経分布は、ときには乳頭を損傷した牛を敏感にし、その取り扱いをかなり危険にしてしまう。

乳頭の大きさ

乳頭の長さは3cmから14cmまで幅広く分布する。直径もまた2cmから4cmに及ぶ。乳頭長は、初産から3産まで増加し、その後安定する。小さく短い乳頭も長く幅広い乳頭も、ティートカップの適切な装着が困難となり、そのためライナースリップのリスクが増え、乳頭端に衝撃を与える。

乳頭の形状は、円錐形で先細、あるいは円筒形で先が平坦である(図2.6)。円筒形の乳頭は乳房炎に罹りにくいといわれ、確かに最も多いタイプである。

搾乳中に、乳頭は約30〜40％長くなり、また細くなる。このことから、搾乳後の乳頭ディッピングは、搾乳ユニットの除去直後のいまだ乳頭が伸長しているときに実施すべきことがわかる。このときはまだ、乳頭が搾乳前の長さに戻る前であるため、ディッピング液が小さな亀裂やひだの中によく浸透する。

乳頭壁

乳頭壁は4層からなり、それぞれ乳汁の流下と乳房炎の防除に重要な機能を果たしている。これらの層を乳頭の外側からみていくと、表皮、真皮、筋肉、そして最後に乳管洞を内張りしている内膜となる。これらの構造はすべて図2.7に示されている。

表皮

これは皮膚の外側を覆う厚い層である。その表面は、死んで角化(ケラチン化)した細胞層からなり(図2.7)、細菌の発育を拒む環境を作っている。ケラチンは硫黄を含むタンパク質であり、細胞内に浸透してその強度を増加させる。ケラチンはまた、被毛、角、蹄に存在する。

すべての皮膚は角化した表皮で包まれているが、乳頭の皮膚は特に厚い層を持ち、正常

第2章　乳頭と乳房の構造および乳汁合成の機構

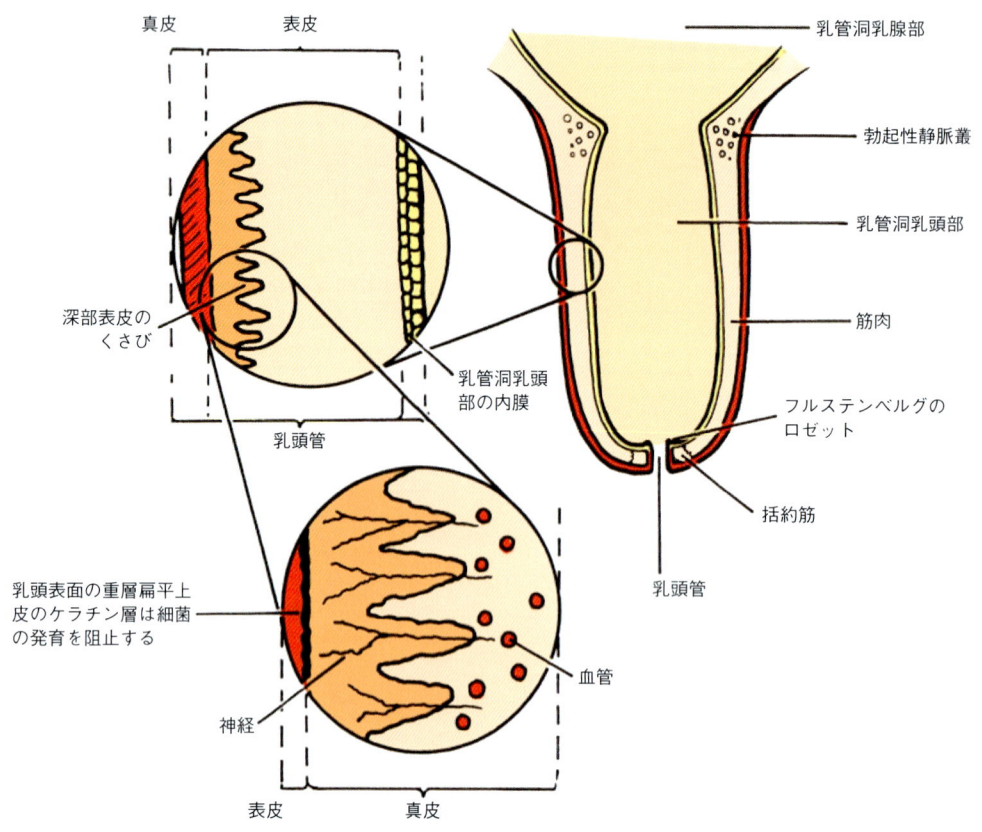

図2.7　乳頭の詳細な構造。

な皮膚のほぼ4〜5倍の厚さを持つ。これはまた、深部表皮のくさび状または乳頭状突起で、下方の真皮（または皮膚の第2層）に、非常にしっかりと付着している。乳房の皮膚を人差し指と親指の間ではさむと、表皮はその下方の組織の上を大変自由に動く。同じことを乳頭の皮膚で試してみると、しっかりとくっついて動かない。牛の口唇と鼻鏡の皮膚も同様な構造を持っている。この表皮の固い付着は、吸乳や機械搾乳時の垂直な力から乳頭を保護し、また物理的な外傷による損傷の機会を減少させると考えられる。それにもかかわらず、いかに頻繁に乳頭が損傷されているかは、驚くほどである。

乳頭の皮膚には、毛包、汗腺、皮脂腺がない。このことは、乳頭の皮膚は特に乾燥とひび割れに弱いことを意味し、乳頭ディッ

ピングに保護剤が必要な理由のひとつとなる（p.116〜117も参照）。それはまた、乳頭の皮膚表面には皮脂がほとんどあるいはまったくないことを意味する。そのため、ハエの忌避剤は直接乳頭に塗布すべきである。イヤータグやポアオンの製品では、殺虫剤は乳頭表面にごくわずかしか流れていかない。

真皮（および勃起叢）

これは乳頭壁の第2層になり、血管と神経を含んでいる。しかし、**繊細な感覚神経末端は表皮内に位置し、このことがびらんした表皮の露出（例えば乳頭びらん）が大きな痛みを生じる理由となっている。**

乳頭基部の乳房との付着部では、真皮は勃起性静脈叢を持っている。これは内部結合をしている血管の塊であり、吸乳刺激または乳

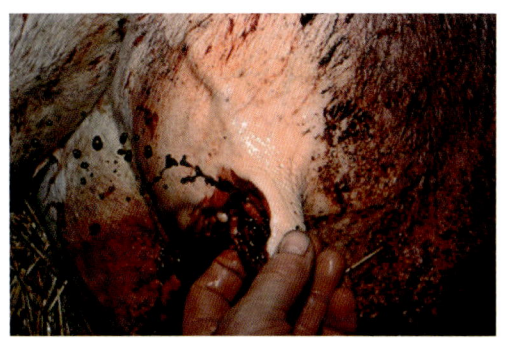

写真2.8 乳頭基部の勃起性静脈叢を切ると、しばしば大量の出血を招く。

汁流下反射があると、膨潤して、より硬く腫脹した乳頭基部を形成する。硬化した乳頭は、吸乳と機械搾乳の両者にとって、非常に重要である。乳頭基部のふくらみへの吸引は、その破裂をもたらす。乳頭基部が破裂したら、乳管洞乳腺部から乳管洞乳頭部への乳汁の流れが妨げられ、このため乳汁の排出速度が遅くなる。多くの牧夫は、この勃起性静脈叢にいかに多くの血液を貯留しているか、承知しているだろう。牛は乳頭の先端を切ってもごくわずかしか出血しないが、乳頭基部の静脈叢にかかる切り傷は大量の出血を生じ、時には牛は重態となり、さらには死亡することもあるからだ（**写真2.8**）。

筋肉

乳頭壁の真皮内には横走、斜走、縦走する多様な筋肉がある。乳房炎防除の点から、最も重要な筋肉は、乳頭管を取り巻いている輪状の括約筋である。搾乳中は乳頭は伸長し、乳頭管は開いて短くなる。搾乳後は、括約筋が収縮して乳頭全体が短くなり、乳頭括約筋による閉鎖が生じるが、乳頭管は長くなる。短くなった乳頭は外傷のリスクが低くなり、長くなり閉じられた乳頭管は、細菌侵入の危険性を低下させる。これらの変化は図2.8に示されている。乳頭管が閉じられるにつれて、管腔内の重なりあったひだが相互に緊密に押しつけあい、乳頭端に良好なシールを形成する。

乳管洞乳頭部の内膜

乳管洞乳頭部は立方上皮細胞で内張りされ、2層の角状細胞からなる（図2.7）。健康な牛では、この細胞は互いにしっかりと密着しているが、細菌の侵入があると、それに反応して少しすき間ができるよう移動する能力を持っている。これにより、その下にある小血管から細菌と戦う白血球細胞の遊走が可能になる。（p.39参照）。

乳汁の流下

第6章にさらに詳しく記述するが、ユニット装着前の良好な乳汁の流下を達成するには、迅速なパーラー内の作業が重要である。ミルカーの時間を短くするほど、牛にとっては良い結果となる。それは乳頭端の損傷を避けることにより、乳房炎のリスクを低くするからである。この項では、乳汁流下の機構について記述する。第6章ではその実用的な重要性を記述する。

乳中の流下には3つの段階がある。

1. 乳腺胞を外張りしている筋上皮または小型の筋細胞の収縮（図2.1）。これらは、まるで自転車の車輪のゴムチューブの回りのタイヤのように、乳汁分泌細胞を効果的に取り巻いている。筋上皮細胞の収縮は、乳汁を乳腺胞から乳管の方に押し出し、その結果、乳汁は乳管洞乳腺部と乳頭部に達する。牧夫はこれを乳房の腫大と乳頭の膨化としてとらえる。

2. 弾性組織の膨化。図2.7は、乳頭基部に勃起性静脈叢があることを示している。これが膨化（充血）すると、乳汁流下中の乳頭基部の破裂を防止する。もし乳頭が軟弱な拡張したバルーンの構造をしていたら、子牛またはミルカーのライナーによる1回の吸引で、乳頭は破裂し、乳汁

第2章　乳頭と乳房の構造および乳汁合成の機構

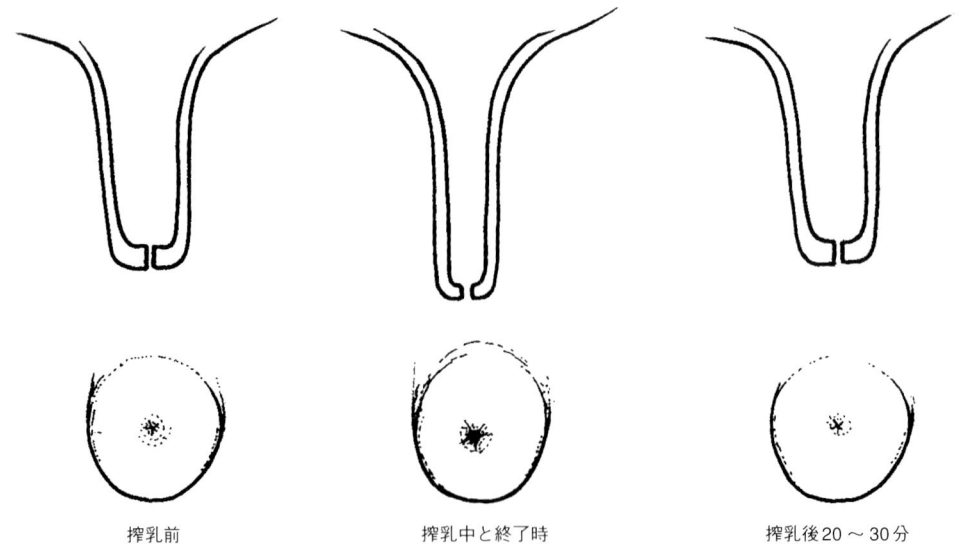

搾乳前　　　　　　　　　　搾乳中と終了時　　　　　　　　搾乳後20～30分

図2.8　搾乳中の乳頭の変化。搾乳後、乳頭は短くなり、乳頭管は長くなり、そのひだは緊密な脂質のシールを形成するようにからみあう。

流下の停止を招く。膨化した弾性組織は、乳管洞乳腺部と乳頭部の間の乳頭を'開放'に保ち、それが乳汁の流下をもたらしている。

3．乳頭管の弛緩。搾乳と搾乳の間は、乳頭管を取り巻く輪状の括約筋が乳頭管を閉じるように収縮しており、これで乳漏と感染の侵入が防止されている。乳汁流下の第3段階は、この筋の弛緩であり、乳汁の流出を可能にする。研究によって、閉鎖した乳頭からの乳汁流出を強制するには、約15kPaの圧を要するが、乳頭管が乳汁流出のために弛緩しているときは、わずか4～6kPaでよいことが示された。こうして、乳頭端の損傷をもたらさずに、乳汁が排出される。

若牛の乳汁流下不全

若牛の乳汁流下不全は牛群によっては大きな問題となり、牧夫はきわめて大量のオキシトシン注射を用いる必要性を認めている。しかし、これは本来必要ではない。以下の項で、関与するいくつかの要因を概述する。

搾乳は、牛が心地よい気分で行うことが重要であり、恐怖や疼痛の経験をさせてはいけない。若牛は、何が予測されるか知る必要がある。その中に恐怖があると、アドレナリンが生産され、乳汁流下機構が阻害される。例えば、若牛に搾乳手順を教えるため、分娩前にパーラーに連れてくるのは、良いアイデアである。この時期に、適切な乳頭ディッピングを行うこともまた、若牛を取り扱いに慣れさせ、乾乳時感染を低減させて、泌乳初期の乳房炎の発生を低下させる。若牛をパーラーに誘導するために、集合場所に若牛を追い込んではいけない。若牛はしばしば最後にパーラーに入るため、作業は搾乳者の根気がつきそうな頃となるが、さらなる世話が必要である。パーラーのストールが適切な大きさであることを確認する。パーラー内で大きな経産牛の中に押し込まれるのは若牛の不快感のもととなるからである。

押い立て柵にも注意する。若牛はしばしば集合場所の後方にいる。そのため、彼らが追い立て柵で追われたり、さらに悪い場合は電気が通されていたりすると、その後パーラー

に入ったときに、乳汁の流出が阻害される。牧場によっては、別に若牛群を作っているが、この場合は、他の牛と混合する若牛のストレスが少なくなる。遺伝的に神経質な素質を持っている若牛は、より悪化する。長期間にわたって子牛に吸乳させることは、若牛をイライラさせることがある。しかし、その反対もまた若牛によっては良くない。適切な期間、子牛を付けておくことにより、たとえそれが子牛吸乳のみの影響だとしても乳汁の流出や搾乳されることに若牛が慣れていく。

過大な乳房浮腫は、疼痛があって乳汁の流下を低減するので、問題である。分娩前の過剰な給餌と運動不足が誘因となる。若牛への給餌はその牛の気持ちをミルカーからそらせるのに役立つと考えている人もいるが、多くの牧場ではもはや実施されていない。もちろん、乳房の準備が完全になされ、ユニットの装着前に若牛が適度に刺激されていることが、非常に重要である。このことは、ユニットが装着される前に、第6章に記述されているように、プレディッピング、拭き取りと乾燥のフルコースの実行を意味する。ある牧場では、温かい布による最初の乳房マッサージが有効であるとし、他の牧場では、パーラー内のゴムマットによる大きな快適性が有効であるとしている。ある機械メーカーは、ユニット装着前の乳汁流下を刺激するために、最初に急速な'パルセーション刺激'期を作り、低真空圧で行っている。

初産を終えたばかりの若牛が乳汁の排出をしないときに、どの程度長くユニットを装着しておくかを知ることは難しい。最初の数回の搾乳時に推奨される基本的な手順は、次の通りである。

1. 若牛をやさしくパーラー内に誘導し、完全な乳房準備一式を行い、ユニットを装着する。もし乳汁の排出がなければ、最大1～2分後に取り外す。

2. 続く2回の搾乳を繰り返し、乳房の手指によるマッサージなど、乳汁流下反応を最適にするよう最善を尽くす。
3. それでも乳汁の流出がない場合は、4回目の搾乳時に、若牛をパーラーに入れてすぐにオキシトシンを注射する。そうすれば、その牛は、ユニットを装着しなくても、乳房準備に伴い、乳汁排出ができるようになる。
4. 多くの牧場では、4回の搾乳時にオキシトシン2.0mL（その効力に応じて）を投与し、次の2回の搾乳時には1.0mL、その次の2回は0.5mL（もしこの低用量でなお有効なら）を投与し、その後は中止している。

若牛の乳汁流下不全には極めて多様な状態があり、少なくともその一部は、若牛自身の気質と関連している。上記の手順を注意深く堅く守ったとしても、反応しない1～2頭の牛が常にいる。1つのサイズがすべてに適合するということはないので、その特別な若牛群への作業をする前に、一連の対処法を試みる必要があろう。

乳汁の合成と乳房炎による影響

乳汁は乳腺胞を内張りする細胞で合成される。乳腺胞とは、乳房深部の乳管の末端に位置する小胞である（図2.1, 2.9）。乳汁成分の平均値を表2.1に示す。

初乳は常乳よりはるかに濃厚であり、2倍の全固形分値（25%）と高い抗体含量による非常に高いタンパク量（15%）を持っている。このことから、加熱初乳が凝固しやすく、また法規により、分娩後最初の4日間の牛乳を廃棄すべきと定められている理由が分かる。

乳糖

グルコースは、主として第一胃の発酵産物であるプロピオン酸から、肝臓で生産される。

第2章 乳頭と乳房の構造および乳汁合成の機構

表2.1 フリージアン/ホルスタイン種乳牛の平均乳成分含量。

成分	含量
全固形分	12.5%
タンパク	3.3%
カゼイン	2.9%
乳糖	4.8%
灰分	0.7%
カルシウム	0.12%
リン	0.09%
免疫グロブリン	1.0%
ビタミンA（μg/g脂肪）	8
ビタミンD（μg/g脂肪）	15
ビタミンE（μg/g脂肪）	20
水分	87.5%

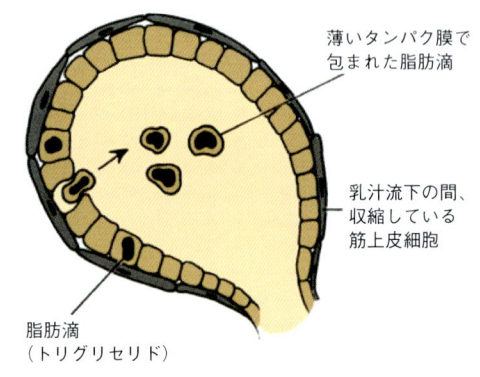

図2.9 乳腺胞内での乳脂肪滴の合成。

これが乳腺に運ばれると、グルコースの一部は他の単純な糖であるガラクトースに転換される。ついで、1分子のグルコースが1分子のガラクトースと結合して、乳糖（ラクトース、lactose）を作る。乳糖は2糖体とよばれる。まとめると、

- 肝臓：プロピオン酸からグルコースへ
- 乳腺：グルコースからガラクトースへ
- 乳腺：グルコース＋ガラクトース＝乳糖

乳糖は、乳汁の主要な浸透圧決定因子（その成分を含めた溶液の濃度を支配する要因）である。血液と同じ濃度を乳汁で維持するために、他の乳汁成分の濃度の変化に応じて、乳糖は増減する。しかし、乳汁のpHは血液よりわずかに低い（より酸性である）。

- 血液のpH = 7.4
- 乳汁のpH = 6.7

この差は、エリスロマイシン、トリメトプリム、タイロシン、ペネサメイトのような薬剤を、高pH液から低pH液の側である乳腺内に引き寄せるのに利用される。

もし乳汁中の乳糖値が低下すると（乳房炎のときに生じるように）、ナトリウムとクロール値が乳汁の浸透圧を高めるために増加する。これが乳房炎乳の苦く少し塩辛い味の原因のひとつとなる（農夫のなかには、ときには購入しようとする牛の乳汁の味を試して、乳房炎の有無を判定している者もいる）。これらの変化はまた、電気伝導度測定による乳房炎判定に利用されている。なぜなら、ナトリウムとクロールは乳糖よりずっと良い伝導体となるからである。

タンパク

乳汁中のタンパクの大部分はカゼインの形をしている。アミノ酸が血流を経て乳腺に移行し、乳腺細胞でカゼインに転換される。形成されたカゼインは、図2.9に示された脂肪滴と同様な機構で、乳腺細胞から排出される。

驚くべきことに、乳汁中のカゼイン含量に大きく影響しているのは、食餌中のエネルギー含量である。乳汁中に少量存在する他のタイプのタンパクには、アルブミンとグロブリンがある。これらは血液から乳汁へ直接移行する。

乳房炎乳では、カゼイン含量は減少し、アルブミンとグロブリン量は増加する。そのため乳汁中の総タンパク含量は変化しないが、乳質は非常に低下しており、特に加工には適さない。これは、カゼインの凝集が、チーズ

やヨーグルト製造の初期の過程に非常に重要であるからである。加えて、乳房炎乳は酵素のプラスミン活性が増加しており、貯蔵乳中のカゼインが分解される。残念ながら、プラスミンは、低温殺菌法では破壊されず、4℃保存（スーパーマーケットの保存温度）でも活性を保持する。そのため乳房炎乳は低温殺菌後でも、また4℃に保存されても、品質が低下しつづける。このことが、乳業会社が低細胞数乳に対してプレミアムを支払う理由である。

乳脂肪

乳脂肪は乳腺分泌細胞内で合成され、そこでは脂肪酸がグリセリンと結合してトリグリセリドとよばれる中性脂肪になる。

グリセリン＋3脂肪酸＝トリグリセリド

脂肪酸は、次の3つの補給源に由来する。

- 体脂肪（全脂肪酸の50％）。ボディコンディションスコア（BCS）が乳脂肪含量の重要な決定要因となり、特に泌乳初期はそういえる。
- 食餌性脂肪、特に長鎖脂肪酸（それらは室温では固形であり、バターやラードの成分となる）。そのため、保護された脂肪（すなわち第一胃通過時に変化しないよう、あらかじめ処理されている脂肪）の給与は、乳汁中の脂肪含量を増加させる。その反対に、食餌中の短鎖および多価不飽和脂肪酸は、乳汁中の脂肪含量を減少させる。
- 最後に、脂肪酸は乳腺内で、第一胃発酵産物として吸収された酢酸から合成される。繊維に富んだ飼料は第一胃内で酢酸の増加を促進するので、乳汁中の脂肪生産の増加をもたらす。

乳脂肪の小滴（トリグリセリド）は、乳腺胞の分泌細胞から放出されるが、乳汁内に移行する前に薄いタンパク膜で包まれる（図2.9）。

酵素プラスミン以外に、乳房炎乳では酵素のリパーゼ活性も増加している。これが乳脂肪をその構成分の脂肪酸に分解し、乳汁に脂肪腐臭を与える。脂肪酸含量の増加は、チーズやヨーグルトの製造に用いられるスターター培地を障害し、またこれら製品に脂肪腐臭を与える。

要約すると、乳房炎乳と高細胞数乳は乳質が低下しており、その理由として次のことがある。

1. カゼイン含量が低下し、そのため牛乳1,000kgあたりのチーズ生産量が減少する。
2. プラスミン（カゼインを分解する）活性が高くなり、その活性は低温殺菌後も保持される。
3. リパーゼ活性が増加し、ヨーグルトスターター培地を抑制し、製品に不快な臭いをもたらす。

ミネラル

乳汁中のミネラルは、血液から直接移行する。カルシウムは、カゼインに伴って活発に分泌される。

乳汁合成を支配する要因

乳汁合成の割合すなわち生産量は、多くの要因によって支配されている。これらに含まれるものは、①飼料とその摂取に影響する要因、②プロラクチンやBST（bovine somatotropin、牛成長ホルモン）のようなホルモン類、③および搾乳頻度がある。飼料とその摂取に影響する管理上の要因は、栄養成分が乳汁合成に利用されるために乳腺に到達する割合を明確に決定し、牛乳生産の主要な決定要因となっている。これら要因の記述は、本書の目的外である。

ほとんどの哺乳類では、泌乳の開始と乳汁生産の持続は、ホルモンのプロラクチンによって調節されている。しかし、牛では乳汁分泌の持続は、ステロイド、甲状腺ホルモン、成長ホルモンなどの複雑な相互作用によって調節されている。成長ホルモンは、一般にBSTとよばれている。BSTは、脳の底部にある小器官である下垂体で合成される天然ホルモンである。高泌乳牛は低泌乳牛より高い血中BST値を示し、最高泌乳期にはその後の泌乳期より高い値を示す。今日ではBSTは人為的に合成され、現在推奨されている量を投与すると、乳量は10～20%、すなわち4～6 L/日増加する。BSTは牛の代謝過程を変え、食餌のより多い割合が乳汁生産に利用されるので、効率を高める。投与開始後および乳量増加後から約4～6週間して、飼料摂取量と食欲の増加が現れる。多くの国では、BSTの利用は、消費者の要望の結果、または食品の安全性の観点から禁止されている。

搾乳頻度

搾乳頻度が増すほど、乳量は増加する。1日2回搾乳から3回搾乳に変えると、乳量は経産牛で約10～15%、若牛で約15～20%増加する。1日3回搾乳では泌乳曲線が平坦になるので、その最大の経済効果を得るためには、泌乳期の最後まで続けるべきである。

搾乳頻度を減らすと、乳量は減少する。例えば、牛を1日1回だけの搾乳に変えると、乳量は最大40%も減少する。酪農家の多くは10時間と14時間間隔で搾乳している。この搾乳方法を実地試験において、正確に12時間間隔で搾乳した牛と比較したところ、最高泌乳牛をのぞいては、乳量に差のないことが示された。

乳量に対する搾乳頻度の影響は、乳房内で作用する局所的な機構によって調節されていると考えられている。これは、同じ牛の2分房を1日2回搾乳、他の2分房を1日4回搾乳して比較すると、4回搾乳分房の方のみが乳量の増加を示したことから、真実であるとされる。この現象は、はじめ乳腺胞内の反対圧(バックプレッシャー)によると考えられていた。しかし、もし1日4回搾乳された乳汁と同じ量の生理食塩液を補充しても(すなわち、腺胞内の圧を回復するために)、なお乳量は増加した。現在では、乳汁自体が天然の抑制タンパク(inhibitor protein)を持っていることが判明している。この抑制物質が、泌乳に影響する腺胞内の分泌細胞に直接作用する。搾乳回数が増加するほど、抑制タンパクの除去が頻繁になるので、より多くの乳汁が生産される。抑制タンパクの頻繁な除去は、分泌組織の機能を刺激する(そして乳量を増加させる)ばかりではなく、また分泌組織自体のゆっくりとした増加を起こさせ、長期の持続効果をもたらす。2～3カ月間にわたって1日3回の搾乳を行った後、最終的に分泌細胞の数は増加する。このことが長期間の影響をもたらし、1日2回の搾乳に戻したときも持続する。

これらの効果の一部は乳房の内部構造に由来する。大きな乳頭と乳管洞乳腺部、そして大きな乳管を持った乳房は、次の搾乳まで乳腺胞内には少量の乳汁しか保持しないであろう。そのため、乳汁分泌抑制タンパクと分泌細胞の間の接触機会は少なくなり、その牛はより大量の泌乳をもたらすであろう。平均的な牛では全乳汁の約60%が乳腺胞と小乳管に貯えられ、約40%が乳管洞と大乳管に貯えられている。

まだ実用化されていないが、その牛の抑制タンパクに対するワクチンを投与すると、興味ある可能性が得られ、将来、乳量増加の方法になるかもしれない。

環境温度

非常に寒い状態では、水分摂取量が減少し、そのため乳量が減少する。天候が非常に暑い

と、飼料（特に牧草）摂取量が減少し、そのため乳量と乳脂肪が減少する。高い環境湿度は、高温と低温の影響をさらに悪化させる。

乾乳期の長さ

泌乳末期にかけて、活動的な乳汁分泌細胞の数は徐々に減少し、乾乳期の初期には最低となる。乳汁分泌細胞は死滅するのではなく、たんに崩壊する。そのため腺胞内腔は消失し、乳房内は結合組織の比率が増加する。新しい分泌組織は、牛が次の分娩の準備を開始するときには準備されており、そのため分泌組織の総量（結果的に乳量）は、ある乳期から次の乳期にかけて増加する。4～8週間の乾乳期間が理想的である。

もし牛をまったく乾乳させないと、次の乳期の乳量は25～30％も減少する。これは、例えば、流産した後、または雄牛が雌牛群に入っていたが妊娠診断がなされず、分娩予定日が不明であったときなどに、実際に起こっている。

非常に長い乾乳期間を持った牛は、しばしば過肥となり、代謝的に不活性となる。これは周産期の代謝性疾患をもたらし、乳房炎のリスクを増加させる。その反対に非常に短い乾乳期間は、ある条件下では、細胞数の増加を伴った。しかし、この影響は大きくない。一般に、非常に短い乾乳期間より、非常に長い乾乳期間の方が、牛はより大きく影響される。

第3章
乳房炎に対する乳頭と乳房の防御

乳頭の防御	31
乳頭の皮膚	31
乳頭管	32
ケラチンフラッシュ	33
ケラチンプラグ	33
乳頭の閉鎖	33
乳頭管の大きさと搾乳速度	34
乳房炎と搾乳頻度	35
乳頭端の損傷と乳房炎	36
乳房内の防御	36
内因性防御機構	36
誘発性防御機構	38
分娩直後の牛の反応不全	41
牛個体による変動	42
体細胞数をどこまで低くできるか？	42
低セレンや低ビタミンEの影響	42
乳汁中のPMNs活性の低下	43

　結核やレプトスピラのようなごくわずかな例を除いて、乳房炎は乳頭管を通じて感染する。牛の乳頭には、感染菌が侵入するリスクを低減する非常に効果的なシステムがある。また、たとえ感染が乳頭管の防御を突破したとしても、通常は乳房内の防御によって克服される。頻繁に、乳頭、特に乳頭端が細菌によって汚染されるにもかかわらず、多くの牛群の乳房炎の発生はそれほど多くないといえる。しかし、ほとんどの酪農家はさらに低減させたいと望んでいることは間違いない。この章では、牛が感染を排除する多くのシステムを勉強する。それにより、後の章で記述される、パーラー内でいくつかの乳房炎対策をする必要性がより容易に理解できる。

　防御機構は乳頭と乳房の両者を含み、次のように要約される。

- 無傷の皮膚は、細菌増殖を拒む環境をつくる。
- 乳頭の閉鎖機構は、搾乳と搾乳の間の侵入のリスクを低減する。
- 乳頭管内のケラチンに付着して、細菌は次回搾乳時に洗い出される。

　乳房の細菌からの防御は、乳頭管を通過できた感染を排除するように働く次の2つの機構がある。

- 内因性、すなわち常に存在する機構。
- 誘発性、すなわち細菌の侵襲に反応して作動する機構。

乳頭の防御
乳頭の皮膚

　乳頭の皮膚は厚い重層扁平上皮（図2.7）からなり、その表面はケラチンで満たされた死んだ細胞からなる。自然の（無傷の）状態では、この層は細菌の増殖を拒む環境を作っており、その発育を妨げている。加えて、皮膚に

第3章　乳房炎に対する乳頭と乳房の防御

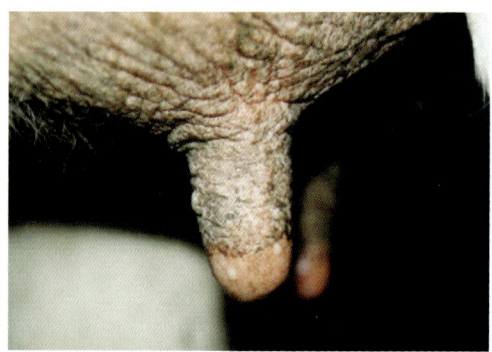

写真3.1　この乳頭の非常に乾いた皮膚は、ブドウ球菌や他の乳房炎微生物の有力な保有場所となる。また乳汁流出速度すなわち搾乳速度を低下させる。

ような細菌が皮膚表面で増殖する。その例が**写真3.1**に示されている。このような乳頭は、乳房炎微生物の病原巣になるだけでなく、搾乳速度も低下してしまう。ある試験では、ひどく乾燥しひび割れた乳頭皮膚を持つ牛は、搾乳時間がかなり遅くなることが示された(図3.1)。このような乳頭を持った牛は同じ量の乳量を得るのに、ユニット装着時間が2倍もかかった。もちろんこの延長された時間は、乳頭端損傷を引き起こす。

搾乳後の乳頭ディッピングによって、無傷の健康な乳頭の皮膚を保つことが、皮膚保護剤の重要な役割のひとつである。

ある脂肪酸には静菌作用があり、細菌の発育を妨げている。しかし、これらの静菌作用は、繰り返しの洗浄(特に洗剤による)によって除去される。このことから、なぜ搾乳前の乳頭消毒剤が注意深く選択されるかが分かる。

正常では無傷の皮膚の表面も、切り傷、ひび割れ、挫傷、イボ、痘疹(ポックス)などのリスクに曝されている。そうなると細菌は皮膚表面で増殖し、乳房炎の感染源となる。特に*Streptococcus dysgalactiae*(ストレプトコッカス　ディスガラクティエ)や*Staphylococcus aureus*(黄色ブドウ球菌)の

乳頭管

乳頭管は9mm(およそ5～13mm)の長さがあり、ケラチン化(角化)した皮膚上皮のひだで内張りされ、薄い脂質のフィルムで覆われている。乳頭管は乳頭皮膚と同様の抗細菌機能を持っている(図2.1と図2.7)。これらの機能は括約筋の収縮で乳頭管が閉鎖されているときに、最も有効に発揮される。乳頭管閉鎖時は括約筋が収縮し、ひだが緊密なシールを形成するように重なり合い、そして疎水性の脂質の内張りが乳汁の柱状のつながりを確

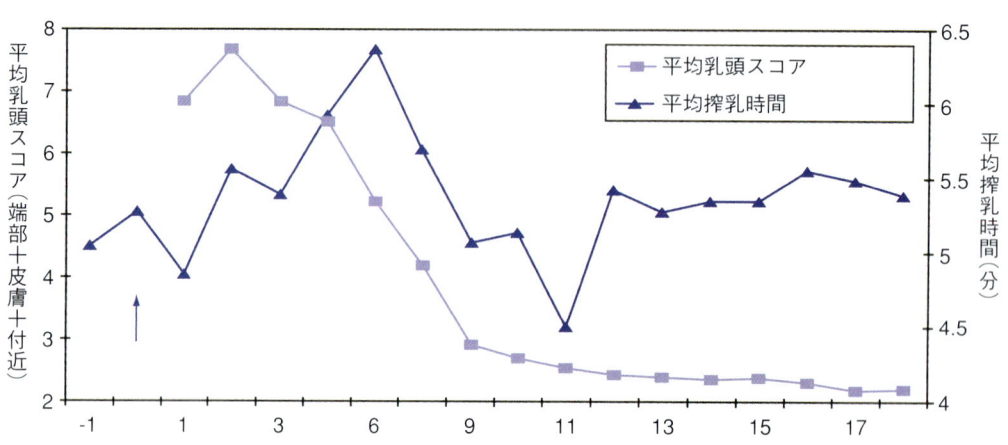

図3.1　乳頭の状態と搾乳時間。この試験では、乳頭スコアの増加を招くように、牛の乳頭が人為的に傷つけられた。これにより、6日までに搾乳時間が4分から8分近くにまで延長されたことに注目。

実に残さないようにしている。そうでなければ、この柱状乳は細菌侵入の'燈芯'として作用する。少量の乳滴が残るところは、'乳湖(milk lakes)'と呼ばれる。この中にはしばしば細菌が存在するので、次の搾乳までに洗い流されねばならない。

乳頭管の内張りと脂質シールの損傷は、持続的に柱状乳を残しやすくする。他方、亀裂と傷害を受けた上皮からしみ出した血清は、細菌増殖の誘因となる。

乳頭管の内部にあるフルステンベルグのロゼット(図2.1参照)は、侵入した細菌を発見し免疫反応を刺激する、リンパ球細胞の環である。

乳頭口が完全に閉じるには少なくとも20～30分かかる。そのため搾乳後の牛を少なくとも30分間横たわらせないことで細菌の汚染から乳頭を防護する方法がよく推奨されている。しかし、何もなしに牛を長時間ただ立たせたままにしておいてはいけない。牛を長く立たせていると跛行の発生を増加させることがある。加えて、もし牛を過密で汚れていたり湿っていたりする通路に立たせておくと、その結果、増加した乳頭皮膚の損傷や乳頭の汚染が、現実に乳房炎のリスクを増加させる。今日では大多数の酪農家は、たんに牛を清潔な通路に沿って帰させ、新鮮な飼料給餌を経て牛床内へと誘導している。立ち止まって採食をしないような牛は、おそらく休息のためにすぐに横たわりたくなるほど肢の状態が悪いのであろう。通常、フットバス(脚浴槽)がパーラーの近くに設置されている。このバスは、開いている乳頭口への飛散を避けるために、70mmを上限として、深すぎてはいけない。またバスの中の液体は定期的に交換すべきである。

ケラチンフラッシュ

搾乳と搾乳の間に乳頭に侵入しようとする多くの細菌は、乳頭管を内張りしているケラチンと脂質の層によって捕捉される。その後捕捉された細菌は、次回搾乳時の最初の一搾りによって、洗い出される。この最初の一搾りは、乳頭管を内張りしているケラチン層ごと除去するが、これは'ケラチンフラッシュ(洗い流し)'と呼ばれている。乳房の準備とユニット装着に際しては、クラスター装着時に乳頭から乳汁が流出すること、また乳汁と感染源が乳房内に飛び込んでくるような逆流機構が作用しないことを確保しなくてはならない。これは非常に重要である。前搾りはこれらの捕捉された微生物の排除を助けている。

ケラチンプラグ

乾乳期は乳頭管にたまったワックス(ろう)とケラチンの混合物が物理的なプラグ(栓)を形成している。この機構は、新規感染の防除に非常に重要である。しかし、第4章の乾乳期感染で述べるように、常に有効とはいえない。このことは特に、'急速搾乳'牛である'開放'乳頭口を持った牛の場合にあてはまる。

乳頭の閉鎖

図3.2のaとbは大腸菌性乳房炎と関連して、乳頭括約筋の閉鎖の重要性を示している。乳頭を搾乳後のさまざまな時間に大腸菌培養液に浸した。その中で搾乳10分後に大腸菌に曝された乳頭は、その35%が乳房炎になった。しかし、乳頭が次の搾乳の2～3時間前以降に大腸菌に曝されても、わずか5%しか乳房炎にならなかった。

搾乳終了時に生じるライナーのスリップとその結果生じる乳頭端衝撃を防止することが特に重要である(第5章参照)。その理由として①搾乳終了時は乳頭管がより'開放'的になっていること、②逆流によって乳頭管を通過した微生物を洗い流すための乳汁が、もはや分房内に残っていないこと、が挙げられる。

乳頭管の閉鎖の程度は、乳頭管内へ液を逆

第3章 乳房炎に対する乳頭と乳房の防御

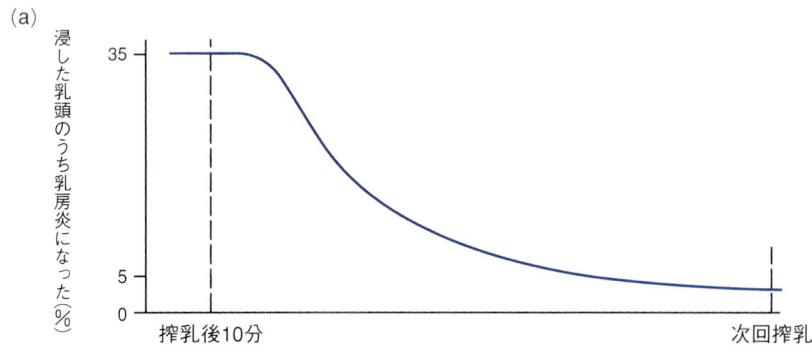

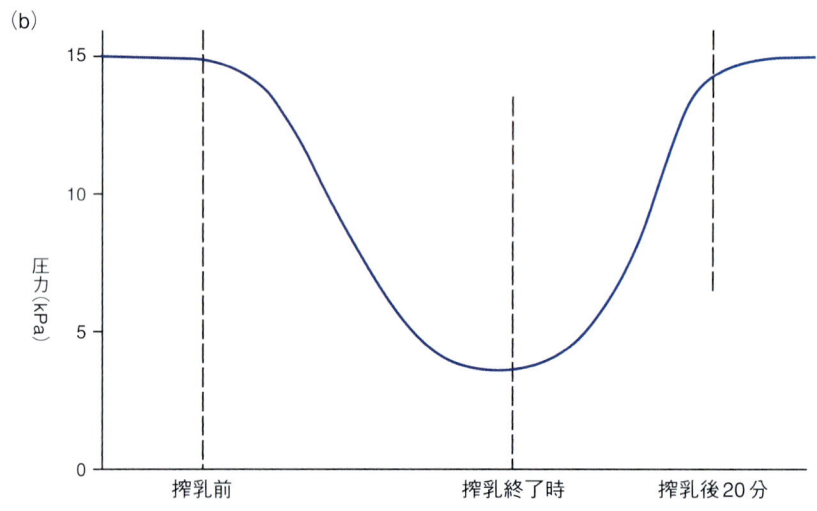

	乳頭管を通して細菌を逆送するのに要する圧力（kPa）
搾乳前	15
搾乳中	4〜6
搾乳後 20〜30 分	15

図3.2 （a）大腸菌性乳房炎と関連した乳頭括約筋閉鎖の重要性：搾乳後0〜10分に乳頭を大腸菌培養液に浸すと、分房の35％が乳房炎になった。次回搾乳直前に乳頭を大腸菌培養液に浸した場合は、その比率は5％に減少した。（Bramley et al., 1981 より）
（b）搾乳前、中、後に乳頭管内に液を逆送するための圧力。（Bramley et al., 1981 より）

送するために要する圧力の定量化によって数値化され、図3.2 bにグラフで示されている。

乳頭管の大きさと搾乳速度

短い乳頭管（すなわち垂直方向に短い）と広い横断直径を持つ牛は、乳房炎によりかかりやすい。開放性の乳頭管を持つ牛はまた、よ

り早く乳汁を排出する。これらは遺伝的な特徴となる傾向があるので、乳房炎には遺伝的な感受性もあるだろう。反対に、もし乳頭口に損傷が生じなければ、乳汁流出速度が遅い'しぶい'乳頭は、'早い'乳頭より、低い感染率を示すであろう。

しかし、搾乳速度は乳量と関連しているの

表3.1 急速搾乳牛の平均乳汁流出速度(kg/分)(Grindal et al., 1991より)

	分房あたり	牛あたり
1950	0.8	3.2
1990	1.6	6.4

で(乳量が多いほど乳汁流出速度は早い)、乳量が多い牛の選抜により、乳汁流出速度は全体として増加してきた。表3.1は1950年と1990年の間に、急速搾乳牛の平均乳汁流出速度が2倍になったことを示している。

この流出速度の増加は同じ期間に、乳房炎への感受性を12倍に増加させたことになる。乳量は1990年以降も間違いなく増加しており、それに応じて乳房炎の感受性も増加していると考えられる。最適な牛舎環境、機械器具の機能維持、および飼養管理によって、乳房炎の感染を防除することが、私たち全員にとって挑戦するべき課題である。

表3.2は実験的に乳頭を高度の細菌感染に曝したときに、乳汁流出速度と乳房炎発生との関係を数値で示している。3種のミルカーの状態と、さまざまな流出速度が用いられた。上段は、ライナーがティートシールド(乳頭保護フィルム)に密着している、機能良好なミルカーで得られた実験の結果である(図5.7参照)。拍動がなくなったり(中段)、さらに悪いことに(拍動があっても)乳頭端に衝撃があるような場合(下段)では、乳房炎のリスク(感染した分房の比率で示されている)が大きくなり、乳汁流出速度の非常に速い牛では100％に達した。(ミルカーの機能は第5章で述べる。)

早い流出速度を持つ牛はまた、乾乳期における新規感染にもより高い感受性を示す。

乳房炎と搾乳頻度

搾乳による洗浄作用は、乳頭管を内張りしているケラチン層を除去し、同時にケラチンに付着している細菌を除去している。このことは時に'ケラチンフラッシュ'と呼ばれ(p.33参照)、これは特に、乳頭管を通じてゆっくりと発育し侵襲してくる *Streptococcus agalactiae*(無乳性レンサ球菌)や *Staphylococcus aureus* のような菌に対して重要である。そのため一般に1日3回搾乳の牛の方が、2回搾乳よりも乳房炎にかかりにくくなり、もし機械搾乳の悪影響がなければ、細胞数も低下する傾向を示す。

搾乳頻度の増加はまた、乳房内の乳汁の量と圧を減少させる。そのため、牛床への乳漏のリスクがさらに低下し、いっそう乳房炎のリスクが低下する。両要因とも、乳房内に侵入する乳房炎微生物の感受性をさらに低下させる。

これらすべて、ミルカーの適切な機能維持にかかっている。もしミルカーの働きが悪く、拍動の異常や乳頭端衝撃があると、頻回搾乳は、かえって乳房炎のリスクを増すこと

表3.2 実験的細菌感染により乳房炎になった分房の比率(%)に対する、乳頭口からの乳汁流出速度の影響。機能不良のミルカーは劇的に感染率を増加させる。(Grindal et al., 1991より)

搾乳状態	<0.8	0.8〜1.2	1.2〜1.6	>1.6
	分房の乳汁流出速度(kg/分) 感染率(%)			
良好な拍動とシールド	3	4	7	36
拍動の消失	15	20	38	92
拍動の異常と乳頭端衝撃	36	37	55	100

乳頭端の損傷と乳房炎

乳頭管が乳房炎の新規感染の防止に非常に重要なことは明らかである。そして乳頭口に対するいかなる損傷も乳頭の防御機構を危うくする。乳頭端損傷の例は第14章に詳しく述べるが、次のものがある。

- 角化亢進(乳頭括約筋の位置にケラチン化した皮膚が突出)と括約筋の外反。両者とも主に機械搾乳の悪影響によって生じる。
- 物理的な損傷：切り傷、挫傷、打ち身。
- '黒点'：おそらく、はじめに外傷があり、二次的に *Fusobacterium necrophorum*(フソバクテリウム ネクロフォラム)が感染したもの。
- ミルカーによる損傷：乳頭端浮腫、出血、括約筋の外反など。
- 乳頭管の過度の拡張、例えば乳房内抗生物質投与時や導乳管の挿入時。これにより内張りしているケラチンや脂質が損傷され、細菌が増殖する機会を与える。

導乳管を用いる場合は特に危険で、しばしば導乳管の除去後(特に数日間入れっぱなしの後)1～2日して乳房炎が発生する。おそらく、導乳管が入っている間は、しっかり導乳管と密着して細菌の侵入を防いでいるからであろう。しかしその除去後は、拡張した乳頭管は細菌への防御能を失い、侵入を容易にさせる。この理由から多くの人は、導乳管除去後3～4日間、毎搾乳後に少量の抗生物質を注入することを奨めている。

乳房内の防御

たとえ細菌が乳頭管の防御機構を突破し、乳頭管内で発育したり、またミルカーによって逆送された場合でも、臨床型または潜在性の乳房炎が必ず発生するとは限らない。乳房内にも数種の高度に有効な機構があり、それらは細菌の排除を助けたり、しばしば感染の成立を阻止している。これらは乳房内に常在する内因性防御機構と、細菌の侵入に反応して機能する誘発性機構に分けられる。

内因性防御機構

ラクトフェリン

細菌の発育には鉄が必要であり、特に大腸菌の発育に重要である。乾乳期の無泌乳の乳房内では、ラクトフェリンは乳腺分泌物から鉄を取り出し、そのことが細菌の増殖を最低限に抑えている。乾乳期には大腸菌の新たな感染のリスクは泌乳期の4倍にも達するが、ラクトフェリンの存在により、次回の搾乳開始まで臨床型乳房炎(すなわち大腸菌性乳房炎)がほとんど発生しない。(表3.3)。

ラクトフェリンの静菌作用(細菌の発育阻止)は、泌乳中は次の理由で失われる。

- ラクトフェリンがごく少量しか存在しない。
- 乳汁中の高クエン酸濃度が鉄に対してはラクトフェリンと競合し、クエン酸鉄を形成する。これは増殖過程にある細菌によって利用される。

ラクトペルオキシダーゼ

すべての乳汁は酵素、ラクトペルオキシダーゼ(lactoperoxidase、LP)を含んでいる。

表3.3 泌乳期と乾乳期における実験的大腸菌感染。(Hill, 1981より)

	攻撃された分房の数	臨床型乳房炎を発症した分房の数
泌乳期の牛	16	12[1]
乾乳期の牛	12	2[2]

[1] 臨床型乳房炎を発症しなかった4分房のうち、2分房は高細胞数を示し、2分房は潜在性乳房炎であった。
[2] 2例とも分娩の2～3日前に大腸菌に攻撃された牛であり、乳汁中のラクトフェリンはすでに低値に落ちていた。

チオシアン酸(thiocyanate)と過酸化水素(H₂O₂)の存在下でラクトペルオキシダーゼはある種の細菌(グラム陽性菌、p.69参照)の発育を阻止し、他種の細菌(グラム陰性菌)を殺す。乳汁中のチオシアン酸の量は飼料によって変化し、特にアブラナ科植物(キャベツ、カブラなど)や牧草を給与されているときに高くなる。過酸化水素は細菌自身によって作られる。グラム陰性菌は非常にわずかな過酸化水素しか作らないので、おそらくラクトペルオキシダーゼ機構はそれらの阻止にそう重要とならないのであろう。*Streptococcus uberis*(ストレプトコッカス　ウベリス)のようなグラム陽性菌は、ラクトペルオキシダーゼ機構によって過酸化水素の合成が阻害され、部分的に発育が阻止されるという証明がある。

補体

補体とは、それらが共同してカスケード効果(いったん開始されると、次々と他段階に移る)を発揮し、その結果大腸菌のようなある菌株を殺菌する一連のタンパクの総称である。大腸菌は多くある大腸菌群のひとつであり、血清感受性菌株(補体によって殺菌される)と血清抵抗性菌株(殺菌されない)に区分される。後者のみが乳房炎を発症するようである。そのため、大腸菌の血清感受性菌株が乳汁サンプルから分離されても、それは共存するのみで、乳房炎の原因とはならない。

免疫グロブリン(抗体)

抗体は乳房炎防御の主役とは考えられない。なぜなら初乳は高濃度の抗体を含んでいるが、分娩直後の牛が甚急性乳房炎になったり、しばしば分娩数日後に重症乳房炎になることがよく知られているからである。乳房炎細菌に対する特殊な抗体の役割は明白ではない。おそらくそれらの主な機能は、細菌が白血球やマクロファージによって貪食される前のオプソニン(細菌を食作用に感受性を持つようにする抗体)の作用である。オプソニン作用とは細菌が抗体によって包まれる過程である。抗体分子の一部(Fabの腕)が細菌に付着し、第2の腕(Fc fragment)を外側に曝し出す。白血球(PMNs：polymorphonuclear leucocytes／白血球のうち多形核白血球、主に好中球)はこの露出した方の腕によって活性化され、そこに付着する。こうして細菌の摂食作用(貪食)がはるかに早く進行する。

細胞反応

正常な乳汁中にはさまざまな細胞が存在するが、これらすべての細胞が殺菌能を持つわけではない。全細胞数を計算し、体細胞数(SCC)として表す。どのタイプの細胞が存在するか、なおいくらか議論はあるが、およその比率を表3.4に示す。その比率は、乳量、乳期、および当然ながら感染の有無のような要因によって変化する。

マクロファージとリンパ球の主な機能は、

表3.4　乳汁中と初乳中の各細胞の比率(%)。(Lee et al., 1980より)

	泌乳中期	初乳
PMNs[a](好中球)	3	61
空胞を持つマクロファージ	65	8
空胞を持たないマクロファージ	14	25
リンパ球	16	3
乳管の細胞	2	3

[a] PMNs＝多形核白血球、殺菌細胞、主に好中球。

第3章 乳房炎に対する乳頭と乳房の防御

細菌を認識し、より強力な牛の免疫反応を引き起こすための警報システムを作動させることであり、その結果大量のPMNsが乳汁中に出現する。この警報システムが、次節で述べる誘発性防御機構である。

PMNsは血液から乳汁に移行する重要な殺菌細胞である。しかし、この細胞は正常乳中にはごく少数しか存在せず、細菌の激しい攻撃には無効である。

誘発性防御機構

他のすべての防御法が失敗し、細菌が乳頭管に侵入し、内因性防御機構に打ち勝ったときに、'助け'を求めて牛の体に警報が発せられる。この警報への反応として、誘発性防御機構がある。その機構は高度に有効でかつ興味深い。さまざまな段階について概述する。

ケモタキシン(走化性因子)の警報

乳汁中に存在するマクロファージとPMNs(表3.4)はこれを認識し、食作用の過程で、死んだ細菌の破片やその毒素を捕食する(図3.3)。ついで食作用によってケモタキシンと総称されるさまざまな化学メディエーター(サイトカイン)が放出される。特殊なケモタキシンにはインターロイキン8や腫瘍壊死因子(TNF)のような伝達物質(サイトカイン)が含まれる。これらの化学物質に加えて乳房内の細菌の増殖から直接作られるトキシン(毒素)も警報システムとして働く。

炎症反応

ケモタキシンに対する主要な反応は、乳頭や乳房内の毛細管から乳管洞や乳管へ、PMNsが大量に流入することである。これはさまざまな段階を経てなされる(図3.4)。

- 血流の増加:乳頭壁の血管が拡張し、罹患分房への血流とPMNsの供給が増加する。このため、急性乳房炎の感染を受けた分房は、触診で腫脹、熱感、および疼痛を示す。
- 辺縁趨行性:小さな炭水化物の突起(セレクチン)が毛細管壁の内表面に出現する。これらは、PMNsを毛細管の辺縁に引き寄せ、毛細管壁細胞の間を押し開き、組織内へと押し出すことを助ける。
- 内皮細胞結合の弛緩:特殊なケモタキシンの影響下で、毛細管および乳頭と乳管洞を内張りしている内皮細胞は、互いに移動して、感染乳汁中へのPMNsの迅速な移行を容易にする。そしてPMNsの移動が終わると、再び閉鎖する。

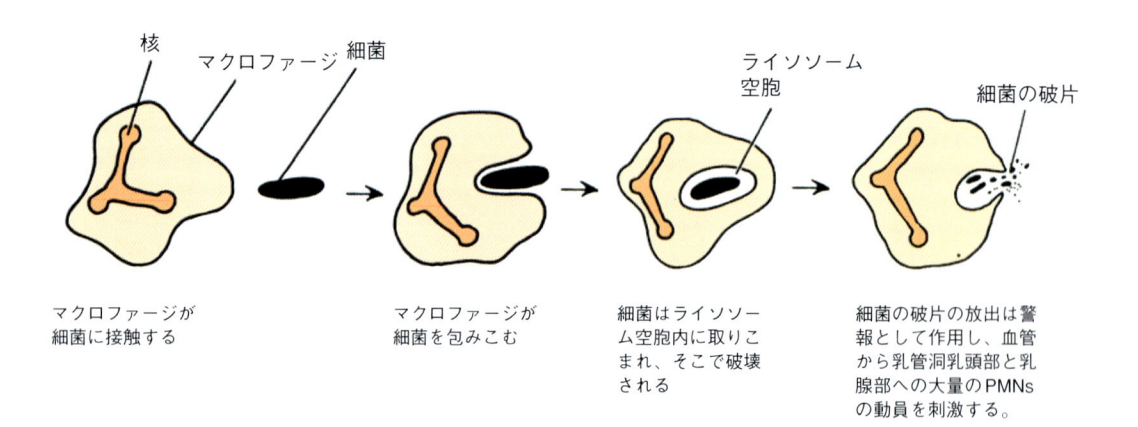

図3.3 食作用の過程。マクロファージは細菌を捕食し破壊する。

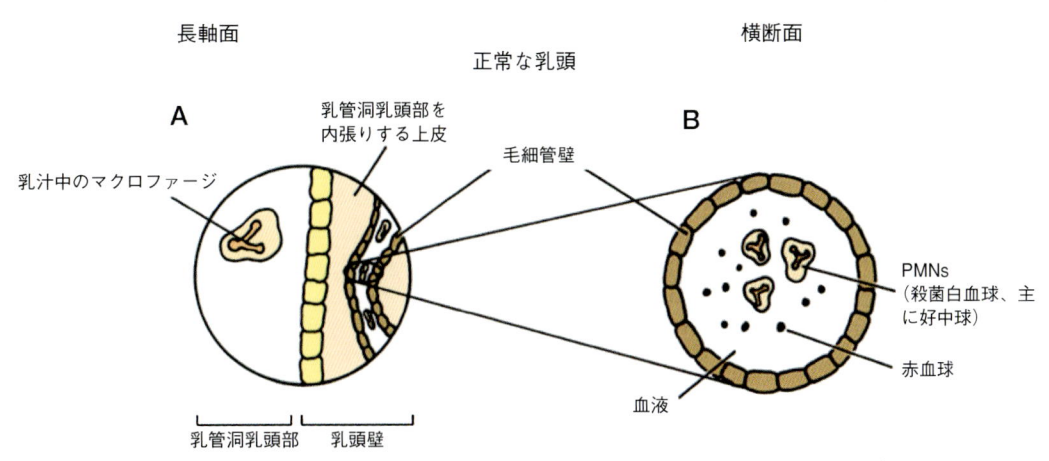

正常な乳頭では乳管洞乳頭部内の乳汁中にマクロファージが存在し(A)、毛細管を流れる血液中にPMNsが存在する(B)。

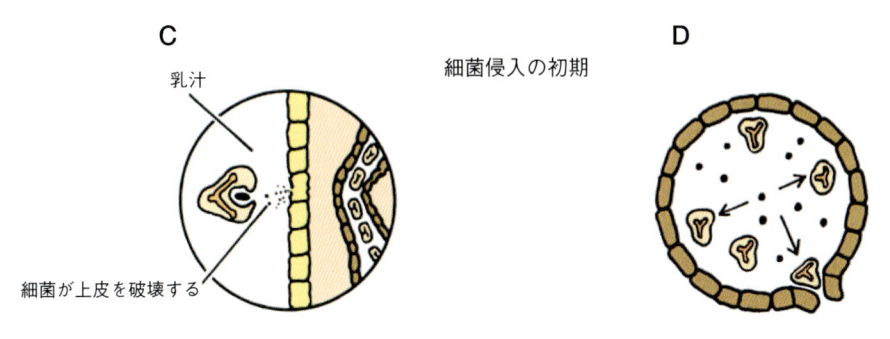

マクロファージの副産物および生きたまたは死んだ細菌からの毒素(トキシン)が警報システムを作動させる(C)。毛細管が拡張し、血流が増加して多量のPMNsが運ばれてくる。PMNsは毛細管壁へ移動し(辺縁化)、毛細管壁の間から漏出し始める(漏出)(D)。

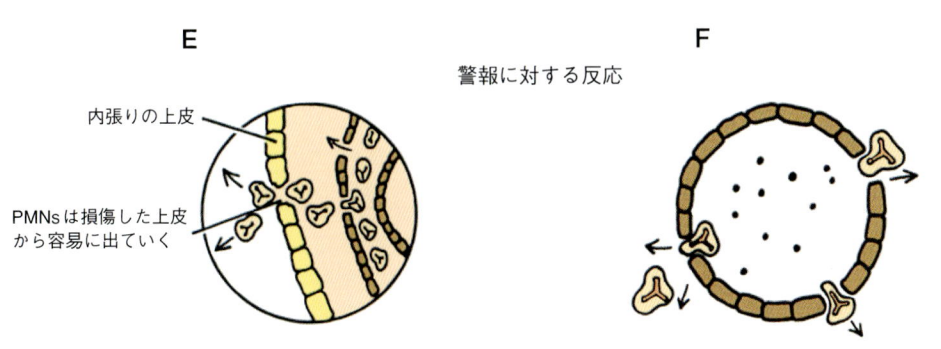

(E)と(F)多量のPMNsが乳管洞乳頭部と乳腺部の乳汁中に移行し、細胞数の大量増加を生じる。それらは細菌を捕食し殺菌する。また副産物を放出して警報をさらに強化する。

図3.4 細菌侵入の警報に対する反応。

- 血管外遊出：PMNsは毛細管壁から遊出し、乳頭壁と乳房の組織を通過し、内張りしている内皮を経て、乳汁内に入り、そこで細菌を捕食することができる。
- 上皮細胞の損傷：乳管と乳腺胞を内張りしている細胞のうち少数の細胞は、大腸菌感染によって作られた毒素で完全に破壊される。これによって、増殖中の細菌がいる部位へPMNs(および血清)が、いっそう接近する。**写真4.8**は正常な乳頭の内面を示し、**写真4.9**の激しい炎症中の乳房炎乳頭と比較される(第4章参照)。
- 血管からの血清の漏出：毛細管壁の内皮細胞の間隙がPMNsを通過させるために緩むので、血清もまた組織内へ漏出する。これは牛にとって不快な腫脹を罹患分房に生じ、漏出液によって組織が伸長し拡張するので疼痛を示す。特に急性大腸菌感染では、血清の漏出は非常に大量なので、乳汁内へも直接流入し、急性大腸菌性乳房炎の特徴となる黄色水様の分泌液を生じる。ときには血清の漏出は、**写真4.10**のように、皮膚表面にさえみられる。
- 食菌作用：いったんPMNsが乳汁内に入ると、警報に反応して放出されたPMNsはあらゆる細菌の食作用を開始し(**図3.3**)、殺菌の主要過程が始まる。PMNs内では、細菌は過酸化水素を含む系によって破壊される。最初に到着するPMNsは高い活性を持っている。それらは細胞質からライソソーム(リソソーム、lysosome)顆粒を放出し、これがさらに上述の炎症反応を増幅する。

炎症の激しさは、しばしば細菌が破壊された後も持続される。これにより、硬くて熱く疼痛があるにもかかわらず細菌培養陰性の水溶性分泌物を出す分房がよくみられる。これは急性大腸菌感染により牛の防御機構が迅速に作用した結果であることがほとんどである。

炎症反応による乳汁中の細胞数の増加は巨大である。基底値のわずか10万/mLから、ほんの2〜3時間で1億/mLにも増加する。そして多くの分房は急速に100億/mLにも達する。その後、細菌は**図3.5a**に示されるように、急速に排除される。そして血中の白血球数がほとんどゼロになるほど多くのPMNsが

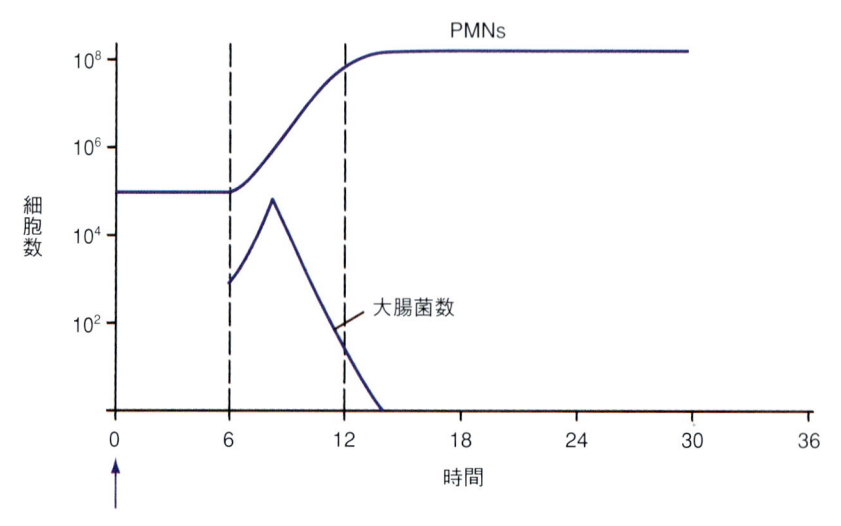

図3.5a 泌乳中期の牛では良好なPMNs(白血球)の反応が大腸菌感染(タイム0)の迅速な消滅をもたらす。(Hill, 1981より)

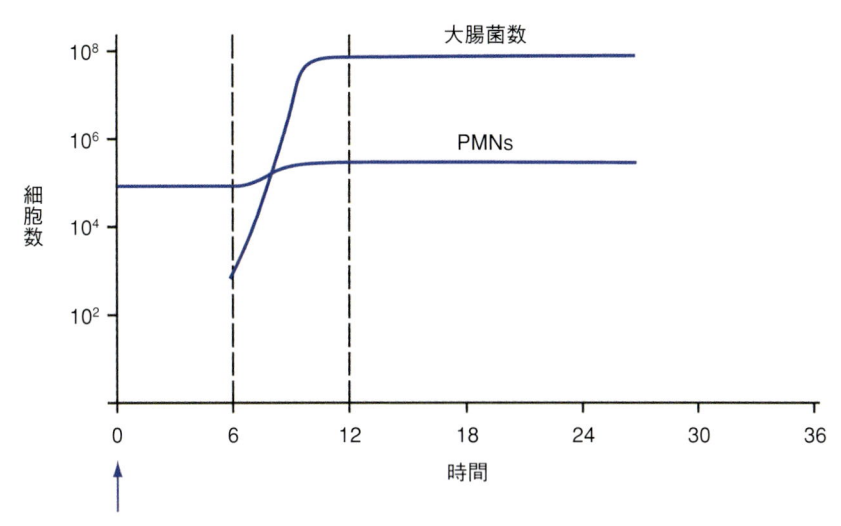

図3.5b 特に分娩直後の牛にまれにみられる不良なPMNs反応は、大腸菌の増殖を可能にし、乳房内に非常に多い大腸菌数をもたらす（これを図3.5aに示されている良好な反応と比較するとよい）。もし牛が生きていれば、細菌数は数日間高値を保つ。感染はタイム0．（Hill, 1981より）

乳房に移行している。

分娩直後の牛の反応不全

上述の説明は、硬くて熱く腫脹した分房を示す激しい炎症反応を持つことのできる健全な牛に適用される。これらの反応を示した牛のあるものは全身状態が病的になっていたり、そうでなかったりする。もちろん、他の反応を示すこともある。さまざまな理由によって分娩直後の牛はPMNs反応が発揮できないようである。その場合は、大腸菌はほとんど無抵抗のうちに乳房内に入り、増殖し続ける。

例えば図3.5bに示された例では、わずか10個という微小な数の細菌が分房に感染しただけで、その牛は免疫反応を発揮できないため細菌は増殖を続け、12〜18時間後に細菌数は1億/mLにも達する。

そのような場合は炎症反応がないので、乳房炎を発見することは困難である。乳房は柔らかさを保ち、乳汁の変化はわずかで、初乳とほとんど区別できない。しかし牛自身は、増殖した大腸菌によって生産された大量のエンドトキシン（内毒素）による全身への影響のために、重症となっている（すべての細菌がエンドトキシンを生産するわけではない）。重態となった牛は、横たわり下痢をし食欲が停止する。牛の体温は高いことも高くないこともある（良好な炎症反応を示す牛はいずれも体温の上昇を示す）が、多くの場合震えており、悪臭のある緑色の粘液下痢便を示す。

死亡しなかった牛は、かなりの間重症状態を持続する。大腸菌によって作られたリポ多糖類（リポポリサッカライド）いわゆるエンドトキシンは、全身臓器に広く影響し、牛の状態を悪化させ、ときには数週間にわたって元気消失と食欲減退を持続させる。乳房組織はすでに損傷し始めているので、これらの牛に対しては何もできず、ただ看護しながら、組織の再生による回復を待つのみである。乳頭の内張りに関連する損傷は図3.6に示されている。

遅れて乳房内に出現する食作用細胞はしばしば単球であり、その効果はPMNsよりはるかに低いので、大腸菌は感染後1〜2週間にわたって乳汁内に排出され続ける。このことから、泌乳初期の大腸菌性乳房炎の治療に対

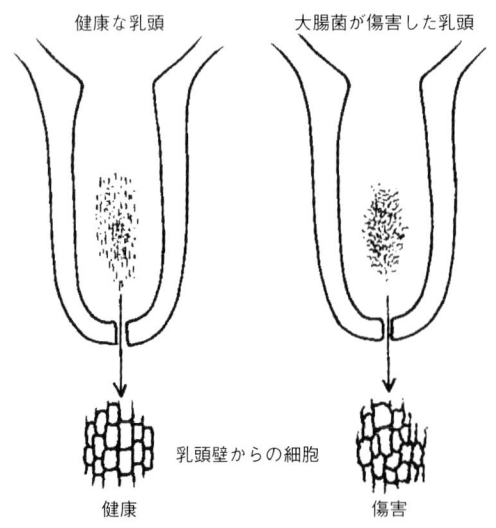

図3.6 急性大腸菌感染による乳頭内皮の損傷。

して、抗生物質の使用が強く正当化される。最終的に治癒しても、しばしば乳腺胞の角化が生じており、その後の罹患分房の泌乳は消失する。しかしほとんどの分房は、次回の泌乳期に回復している。

周産期の牛におけるこの深刻な免疫抑制(それは分娩前後に多くの疾病の増加をもたらす)は、おそらく母体を守るための先天的な機構であり、分娩前後の胎子(すなわち父方の)抗原の母体循環への大量放出、および子宮の損傷から放出される抗原に打ち勝つためであろう。飼養と管理もまたその一部に関与している。これらは第4章で詳述される。

牛個体による変動

たとえ同じ泌乳期の牛であっても、大腸菌の攻撃に対する反応は個々の牛によってかなり変動する。例えば、実験的に2頭の異なる牛に大腸菌を注入してみると、次のような結果が得られた。

- 1頭の牛は6時間以内に98％の菌が殺菌された。
- これに対し、2頭目の牛は6時間以内に80％が殺菌されたのみであった。

この現象の一部は、疑いなくPMNsが殺菌する能力の生まれつきの差異による。牛の体外で行われた実験では、さまざまな牛の血液から得られたPMNsが、大腸菌を死滅(または消滅)させる速度はさまざまであった。しかし、個々の牛における主な差異の原因は、PMNs細胞が血液から乳管洞乳頭部と乳腺部へ動員される速度にある。

体細胞数をどこまで低くできるか？

もし体細胞数があまりにも少ないと、大腸菌による甚急性や致死性の乳房炎、あるいは他のタイプの乳房炎によりかかりやすいという意見の人がいる。初期の調査研究では(Green et al., 1996)、低体細胞数の牛群は、高体細胞数の牛群より毒性乳房炎に罹患する率が高くなることが示された。この研究はその後個々の分房について詳細に検討がなされ(Peeler et al., 2002)、20万以下の体細胞数を持つ分房は臨床型乳房炎発生のリスクが高くなることを示した。しかし同じ研究で、10万以上の体細胞数を持つ分房で臨床型疾患のリスクが高くなることも示された。

その他の多くの研究は、高体細胞数の牛群は臨床型乳房炎のリスクが高まり、加えて高体細胞数を持つ雌牛を作る種雄牛もまた乳房炎のリスクを高めることを示している。

臨床型乳房炎では2～3時間以内に体細胞数が1億/mLにも上昇するので、はじめの体細胞数が5万/mLであるか15万/mLであるかはほとんど無意味である。はじめの体細胞数がどれくらいあるかよりも、その細胞が乳房内に動員される速度こそが、決定要因となろう。

低セレンや低ビタミンEの影響

マクロファージとPMNsは細菌を摂食し破壊する。破壊する方法のひとつは、PMNs空胞内のライソザイム(リゾチーム、lysozyme、破壊酵素)の放出であり、その結果、過酸化

水素の生産を生じる。空胞は細胞内の一室である。このようにして作られた過酸化水素は、グルタチオンペルオキシダーゼ(GSH-PX、セレン依存性酵素)によって、ただちに破壊される必要がある。過酸化水素の破壊に失敗すると、その過酸化水素により食細胞自身がすぐに死んでしまう。

ビタミンEはPMNs内で過酸化水素の生産速度を低下させ、その攻撃に対して細胞膜を安定化させる。一方、セレンはグルタチオンペルオキシダーゼの活性を増加させる。北米の研究者は飼料中のビタミンEとセレンの濃度と乳房炎の関係を証明し、乾乳期は1日1頭あたり1,000IU、泌乳期は400〜600IUのビタミンEの補給を奨めている。英国の飼料は一般にグラスサイレージの比率が高く、ビタミンE欠乏にはなりにくい。しかし、トウモロコシ主体の飼料、および多くのグルテンや高い脂肪(特に多価不飽和脂肪酸)を含む飼料では、補給が必要である。英国でなされたある調査で、低乳房炎発生の牛群では、体細胞数の増加と低グルタチオンペルオキシダーゼの間に負の相関が示された。すなわち、低ビタミンEと低セレンの牛群は高体細胞数を示した。

乳汁中のPMNs活性の低下

残念ながらPMNsの活性は血液中よりも乳汁中で低い。このことが、なぜ甚急性乳房炎やエンドトキシンショックが、ある状況下で起こるかのもうひとつの理由となる。PMNs活性の低下はさまざまな要因と関連しており、次のものが含まれる。

- PMNsはカゼインによって包まれるので、活性が低下する。
- PMNsは細菌と脂肪球やカゼイン球を識別できない。これらの小球は継続的に摂食されるので、PMNsを消耗してしまう。
- 通常、乳汁中の酸素濃度は血液中より低い。乳房炎分泌液中では細菌の増殖によってさらに低下している。このことが摂食した細菌を破壊するPMNsの能力を低下させる。

毛細血管を離れると、PMNsは効果的な栄養源(グリコーゲン)を取る必要がある。これはときどき'彼らのパックされたランチ'と呼ばれている。いったんこの栄養が枯渇すると、PMNsは相対的に非活性となる。

上述の要因はPMNsの活性を制限するが、その機構はなお高度に有効である。それはおそらく非常に多数のPMNsが存在するからであろう。実際、急性乳房炎の牛は乳腺内に非常に多くの白血球を注ぎ込むので、血中の白血球数はほとんどゼロに低下する。

第4章
乳房炎の微生物

- 乳房炎の定義 …………………………………… 46
- 新規感染の発生 ………………………………… 46
  - 感染源 …………………………………………… 46
  - 感染源から乳頭への感染の移行 ……………… 46
  - 乳頭管の通過 …………………………………… 46
  - 宿主の反応 ……………………………………… 47
  - 乾乳期と泌乳期の感染 ………………………… 47
- 乳房炎防除の戦略 ……………………………… 48
- 伝染性および環境性微生物 …………………… 48
  - 伝染性微生物の疫学 …………………………… 49
  - 環境性微生物の疫学 …………………………… 49
- 乳房炎を起こす特殊な微生物 ………………… 49
  - *Staphylococcus aureus*（黄色ブドウ球菌） …… 50
  - コアグラーゼ陰性ブドウ球菌（CNS） ………… 54
  - *Streptococcus agalactiae*（無乳性レンサ球菌） … 54
  - *Streptococcus dysgalactiae*（ストレプトコッカス　ディスガラクティエ） … 55
  - *Mycoplasma* species（マイコプラズマ類） …… 55
- 環境性微生物 …………………………………… 56
  - *Escherichia coli* を含む大腸菌群 ……………… 56
  - その他の大腸菌群 ……………………………… 58
  - *Streptococcus uberis*（ストレプトコッカス　ウベリス） … 59
  - 感染の原因 ……………………………………… 59
  - 牛群への広がり ………………………………… 59
- 乾乳期の感染 …………………………………… 62
  - 乾乳期の区分 …………………………………… 62
  - 宿主免疫応答 …………………………………… 65
  - 乾物摂取量への影響 …………………………… 65
  - 短い乾乳期間 …………………………………… 66
- まれな乳房炎原因微生物 ……………………… 66
  - *Bacillus* species（バチルス類） ……………… 66
  - 酵母様真菌、糸状菌 …………………………… 67
  - 散発性乳房炎原因微生物 ……………………… 67
- 乳汁の培養 ……………………………………… 68
  - 乳汁サンプルの採取 …………………………… 68
  - 検査室での培地と培養 ………………………… 69
  - 抗生物質感受性試験 …………………………… 70
  - 結果の解釈 ……………………………………… 70
- 総細菌数、耐熱菌数、大腸菌数 ……………… 71
  - 方法 ……………………………………………… 71

この章では乳房炎全般について触れ、病因となる微生物を検討し予防法を総覧する。

いくつかの病気、例えば口蹄疫は、検査、厳格なバイオセキュリティ、淘汰の手段によって完全に取り除くことができるし、細菌感染である気腫疽については、ワクチン接種によって完全に制圧できる。しかし乳房炎は違う。乳房炎は決してなくならないであろう。なぜなら、原因となる微生物があまりにも多く存在し、それらの多くは常に環境に存在しているからである。抗生物質の治療効果はさまざまであり、さまざまな理由によりワクチン接種は発生の部分的な減少をもたらすに過ぎない。したがって、乳房炎の対処法としては防除が唯一の方法である。しかし乳量の増加につれて乳房炎の感受性はますます高くなるため（p.35参照）、防除は今後、さらに重要性を増していくだろう。

乳房炎の定義

乳房炎は一般的に次のように分類される。

- 臨床型乳房炎：乳汁中の凝塊、乳房の硬結、腫脹などがみられる乳房の感染症
- 潜在性乳房炎：外的な変化をみせない乳房の感染症
- 急性乳房炎：突然の発症と強い症状を示す
- 慢性乳房炎：長期間持続し、症状は強くない

新規感染の発生

さまざまな予防法の重要性を理解するためには、まず新規乳房炎がいつ、どのように発生するかを理解しておくことが必要である。これを、次の①感染源、②感染源から乳頭への感染の移行、③乳頭管の通過、④宿主の反応、⑤乾乳期と泌乳期の感染、の順に述べる。牛側の要因である乳頭の構造と乳房の防御メカニズムについては前章に述べた。

感染源

乳房炎を引き起こす細菌の一部は、常に環境中に存在し、これらは環境性微生物とよばれている。これらにとって、感染源とは単に環境条件の変化を意味し、乳頭端感染への攻撃の増加を生じる。多くの研究は、乳房炎細菌によって汚染された乳頭は、より環境性乳房炎を引き起こしやすいことを示している。

他の細菌（例えば$Streptococcus\ agalactiae$）は、通常、感染牛の乳房のみに存在し、感染源は牛群内の感染牛または、おそらく分娩間近の感染牛の導入のいずれかによるものである。この場合、感染は牛から牛へと移行するので、伝染性である。

感染源から乳頭への感染の移行

これは環境性微生物では一般的に搾乳と搾乳の間に起こり、それは新規感染成立の第一段階として、細菌が環境から乳頭端に移行する。しかし、伝染性微生物では移行は搾乳中に起こり、感染牛から非感染牛への移行（または感染分房から非感染分房へ）にはベクター（仲介者）が必要である。ベクターとしては、搾乳者の手、搾乳タオル（もし同じタオルが複数の牛に使用されれば）、ミルカーのライナーがある。

乳頭管の通過

細菌が一般に乳頭管を通過する方法には次の2つがある。

- まず乳頭管内での発育である。乳頭端へ移行した後、伝染性微生物、特に$Staphylococcus\ aureus$と$Streptococcus\ agalactiae$は強い付着力を発揮しながら増殖して、乳頭端にコロニーを形成することで乳房への攻撃を開始する。乳頭端にコロニーを形成した後、細菌は乳頭管内で増殖し、乳管洞乳頭部に移行する。
- 次に乳頭管内への侵入である。病原菌特に

E. coli のような環境性細菌は、付着性の手段を持っておらず、よって通常、乳頭端への乳汁の衝撃によって乳頭管を通してしばしば内方に押し込められる（p.94参照）。この例外は乾乳期中に発生する感染である。

2つの微生物の違いが表4.1に示されている。Staphylococcus aureus と E. coli の培養液が乳頭端に接種された。スワブは毎日採材され、病原菌陽性の割合をモニターした。

E. coli は1日目、2日目に高い回収率を示したが、病原菌は4日目までに消失した。ブドウ球菌はコロニーを形成するので、菌数は倍々で増え、ときとともに徐々に増加していく。この実験では、乳頭に搾乳後の殺菌をしていなかった。もし、ポストディッピングがなされ続ければ、ブドウ球菌の感染率は極端に低くなるだろう。

微生物が乳頭管を貫通する方法に相違がある理由のひとつは、上皮表面に付着するそれら本来の能力によって変化する。Staphylococcus aureus と Streptococcus agalactiae のような伝染性微生物は、強い付着能を持っている。そのため、それらは表面に付着し慢性感染を成立させる。一方、環境性微生物である E. coli は実用的な付着能を持たない。そのため泌乳期中における乳房内への移行は、しばしば乳頭端への乳汁の衝撃による乳頭管への乳汁の逆流現象に関係することが多い（p.94参照）。しかし、乾乳期の新規感染は、E. coli と Streptococcus uberis にとって、病因論上大変重要な部分である。そしてこれらの新規感染は、乳汁の逆流によって乳頭管の通過を明らかに推し進められるものではない。乾乳期の感染はこの章の後半に述べる。

伝染性微生物は増殖して乳頭管を貫通し、環境性微生物は押し込まれると述べたが、この区別はそれほど厳密でないことを理解しておくべきである。乳汁の逆流が伝染性微生物の乳頭管内の移動を助けることは明らかであり、一方、E. coli が乳汁の逆流なしに侵入する場合（例えば、搾乳直後に強い乳頭端攻撃があったとき）がある。

宿主の反応

たとえ細菌が乳頭管を通過して乳房内に入ったとしても、感染が必ずしも成立したわけではない。乳房が感染に打ち勝つさまざまな手段があり、これらの機構の効果は牛によって大きく変化する。このことは第3章で述べられた。またさまざまな微生物に対する宿主の反応にも差があり、特に乾乳期と泌乳期の間においてそうである。

乾乳期と泌乳期の感染

前述した部分は主に泌乳期中に起こる新規感染について述べている。今日では、多くの新規感染は乾乳期中に起こることが知られている。これらの感染はしばしば乳房内に留まり、泌乳期の最初の3～4カ月まで臨床型乳房炎として発病しない。乳頭管を通して侵入する正確なメカニズムは分かっていないが、緩徐な発育によるに違いない。これについては、本章の後段に述べる。

表4.1 実験感染後の伝染性細菌と環境性細菌の比較。Staphylococcus aureus（伝染性）は乳頭端にコロニーを作るのでリスクが続くことを示している。E. coli はごく短期間の間しか存在しない。

乳頭スワブ陽性率%	1日目	2日目	5日目	10日目	感染分房率%
S. aureus	50	68	75	73	4
E. coli	93	34	10	0	0

乳房炎防除の戦略

いかにして新規乳房炎が発生するかをこれで理解したので、今度は防除の戦略を決定することが可能である。それは次の3つに分類することができる。

1. 感染源の低減。これは環境を可能な限り清浄に保つことであり、また、乾乳時治療、搾乳後の乳頭の殺菌、淘汰などにより伝染性微生物の保有牛の数を減少させることを意味する。
2. ベクターによる拡散の防止。これは特に伝染性微生物について重要であり、第6章で述べる。
3. 適切な宿主の防御機構。宿主の防御機構については第3章で述べた。乳頭と乳頭端を良好な状態に保つことは、明らかに乳房炎予防の有力な手段であり、これらは搾乳機器の機能に影響される。これについては第5章で述べる。

伝染性および環境性微生物

本書の目的は、乳房炎の原因となるすべての微生物を詳細に正確に述べることではない。200以上の異なる微生物が乳房炎の原因として学術論文に記載されている。それらは以下のように群別されるが太字の微生物が乳房炎の主な原因となる。

- 伝染性

  Staphylococcus aureus
  Streptococcus agalactiae
  コアグラーゼ陰性ブドウ球菌（CNS）
  Streptococcus dysgalactiae
  Corynebacterium bovis（コリネバクテリウム ボビス）
  Mycoplasma

- 環境性

  Streptococcus uberis

  Coliforms：（大腸菌群）
  E. coli
  Citrobacter（シトロバクター属）
  Enterobacter（エンテロバクター属）
  Klebsiella（クレブシエラ属）
  Pseudomonas aeruginosa（緑膿菌）
  Bacillus cereus（バチルス セレウス）
  Bacillus licheniforms（バチルス リシェニフォルムス）
  Pasteurella（パスツレラ属）
  Streptococcus faecalis（糞便レンサ球菌：訳注 現在は*Enterococcus faecalis*〈エンテロコッカス フェカリス〉と変わっている）
  Fungi（カビ類、真菌類）
  Yeasts（酵母）

他にあまり多くない乳房炎の原因となる微生物があるが、それらを伝染性と環境性に分類することはより困難である。これらはp.67に記載されている。これら広範囲の微生物を含めることは可能であるが、乳房炎の大多数は少数の一般的な細菌によって起きている。表4.2は、乳房炎の原因菌別発生率が、1968年と比較し、1995, 2007年は違うことを示している。*Staphylococcus aureus*乳房炎の発生率が劇的に減少し、*E. coli*や*Streptococcus uberis*のような環境性乳房炎の発生率がそれに反比例して増加している。全体としての乳房炎発生数は1968年の牛100頭あたり121例から1995年のわずか50例、2007年の47例に著減している。この減少は、主に伝染性乳房炎に対する搾乳後の乳頭殺菌、乾乳時治療、淘汰のような防除手技の劇的な効果によるものである。

そのため、環境性乳房炎の発生率が1968年の約23%から2007年の43%に増加したが、これは環境性乳房炎の発生数の増加というよりはむしろ、伝染性（*Staphylococcus aureus, Streptococcus agalactiae, Streptococcus dysgalactiae*）の減少によるものである。

表4.2 1968年、1995年、2007年の間に伝染性乳房炎の発生が減少したことを示す調査結果。*E. coli* と *Streptococcus uberis* などの環境性乳房炎の比率は増加している。(Hill, 1990; Booth, 1993; Bradley et al., 2007 より改変)

タイプ	臨床型乳房炎の症例 %		
	1968	1995	2007
大腸菌群	5.4	26	19.8
Streptococcus agalactiae	3	0	0
Staphylococcus aureus	37.5	15.4	3.3
Streptococcus dysgalactiae	20.1	10.8	1.5
Streptococcus uberis	17.7	32	23.5
その他	16.3	15.8	0
発育陰性	0	0	26.5
年間の牛100頭あたりの発生数	121	50	47

英国でここ数年間にわたり起きている大きな変化は *Streptococcus uberis* 感染の大きな増加である。*Streptococcus* には多くの種類があり、それらは環境性と伝染性の両方の性質を備えている。最初は特に乾乳期の間に環境性の感染に起因して起きると思われるが、治療への反応が乏しいため、その後は搾乳中に牛から牛へ広がる結果となる。

次項では、伝染性と環境性の微生物がその疫学において大きな相違があることを示す。

伝染性微生物の疫学

- 乳腺または乳頭皮膚が感染源となる。
- 微生物は保菌牛または分房から搾乳作業中に非感染牛の分房の乳頭に伝播される。
- 乳頭端にコロニーが樹立され、乳頭管内で1～3日かけてゆっくり増殖する。
- 乾乳時治療(第12章参照)と搾乳後の乳頭の殺菌(第7章参照)は重要な予防法である。
- 乾乳期は新規感染のための重要な時期ではない。
- 高い伝染性感染症の発生を持つ牛群は、しばしば高い体細胞数を示すが、総細菌数は正常である(第10章参照)。
- 伝染性感染のみの問題牛群は、一般的に高体細胞数であるが、しばしば低い臨床型乳房炎の発生率である。

環境性微生物の疫学

- 環境が感染源である。
- 微生物は搾乳と次の搾乳の間に感染源から乳頭に伝播される。
- 乳頭管への侵入は、例えば乳汁の逆流によって生じる。
- 大腸菌群の感染を排除するための乾乳時治療は、環境性感染が潜在性に持続しないことや、1泌乳期から次の泌乳期に持ち越されないことから、その価値は限定的である。
- 多くの新規感染は乾乳期中に起こるので、乾乳時治療や乳頭内へのシーラントの充填は重要な防除手法である。
- 予防には、搾乳後の乳頭殺菌よりは搾乳前の乳頭殺菌が重要である。
- 環境性感染の高い発生を持つ牛群は通常は低い体細胞数を示すが、ときとして多くの臨床型乳房炎の発生と高い総細菌数を示すことがある。

伝染性と環境性微生物の疫学の相違は表4.3にまとめられている。

乳房炎を起こす特殊な微生物

この節では、乳房炎を起こす主要な微生物、それらの培養所見、それらから生じる乳房炎のタイプについて簡単に述べる。乳房炎の細菌学について詳述するものではない。

また、臨床所見のみからその乳房炎を起こしている微生物を常に決定できるわけではない。少数の古典的なガイドライン、例えば、血清色をした水様の分泌液は急性 *E. coli* 感染によって起こるなどは、常にそういえるわけではない。*E. coli* はまたごく軽い乳房炎を起こすこともあり、ある搾乳時に少数の凝固物がみられても、次回搾乳時にはそれらは完全

第4章　乳房炎の微生物

表4.3　伝染性細菌と環境性細菌の主な違いのまとめ。2群間の特異性は常に正確とは限らない。

	伝染性	環境性
感染の由来	乳頭と乳房	汚染された環境
乳房への感染の機会	搾乳中	搾乳と搾乳の間、および乾乳期の間
臨床型乳房炎	ほとんどの症例が潜在性	高い割合で臨床型 (Streptococcus uberis は潜在性になり得る)
防除法	搾乳後のディッピング 乾乳時治療 搾乳衛生 淘汰	環境衛生 プレディッピング 乾乳時のティートシーラント(乳頭封印)

に消失していて正常な乳房に回復したり、またときには高体細胞数を示す再発性の乳房炎になったりする。

Staphylococcus aureus

Staphylococcus aureus は血液寒天上で乳黄色、白色の溶血性のグラム陽性球菌である(写真4.1)。

それらの多くはコアグラーゼ陽性(ウサギ血清を凝集させる)であり、コアグラーゼ陽性ブドウ球菌と呼ばれる。

S. aureus の本来の感染源は乳腺である。ブドウ球菌は治療が非常に困難で、いったん感染が成立すると、その排除は非常に困難である。表4.4はブドウ球菌性乳房炎の治療例がクロキサシリンで治療してもわずか25%しか治癒せず、潜在性症例の治療においても、細菌学的な治癒率はわずか40%であったことを示している。未経産牛の初期感染の治療は、とても良い治癒率である。しかし、それに反して経産牛の慢性感染は、10%のような低い細菌学的治癒率となっている。これらについては第12章の治療の節で詳述する。

この低い治癒率の理由は次のとおりである。

- いったん乳腺内に感染が成立すると、ブドウ球菌はしばしば線維組織によってとり囲まれ、抗生物質の浸透が極めて悪くなる。写真4.2の牛は明らかに感染しており、乳房の後面から大きな線維性のこぶが突出している。この牛の細胞数は300万/mL以上で、乳房炎の再発を繰り返していた。

- S. aureus は抗生物質の到達しないマクロファージ、PMNs(p.37参照)、上皮細胞の細胞内で生存可能である。抗生物質は体液内を循環しているが、細胞内に浸透することはほとんどできない。低い治癒率となる他の理由は、第12章で述べる。

これら2つの要因はまた、表4.5に示されるように、S. aureus の慢性感染牛における細胞数と、細菌排出数の大きな変動を一部説

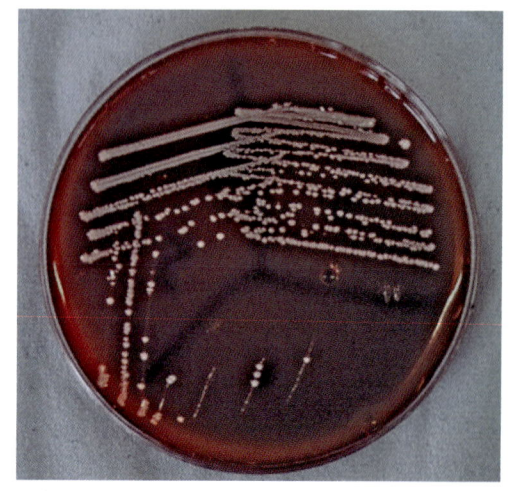

写真4.1　血液寒天培地上に発育するブドウ球菌。個々の小さな乳白色の点はブドウ球菌のコロニーを示し、数百万の球菌を含んでいる。コロニー外周のやや明るいリングは溶血帯(破壊された血液)である。

表4.4 グラム陽性菌の乳房感染に対する抗生物質クロキサシリンを用いた細菌学的治癒率%。(Tyler and Baggot, 1992より)

細菌	泌乳期		
	臨床型感染	潜在性感染	乾乳時
Staphylococcus aureus	25	40	65
Streptococcus agalactiae	85	>90	>95
Streptococcus dysgalactiae	90	>90	>95
Streptococcus uberis	70	85	85

明している。これらの結果は、ただ一度の体細胞数検査や乳汁培養成績に基づいて、その牛に対してとる行動(例えば淘汰)が決して賢明でないことを明快に示している。陰性の培養結果は、牛が必ずしもS. aureusに感染していないとはいえない。それはたんにその日は微生物が分離されないということに過ぎない。逆に、間欠的な排菌と低い菌数の排菌により、感染牛からの乳汁の1/3ほどが培養結果陽性である。治療に対する低い反応性はまた、牛をS. aureusに感染させないことの重要性、すなわちミルキングパーラー内の厳格な衛生保持の重要性を強調している。乾乳時治療は有用であり、その治療効果はなお失望的であるが(表4.4)、少なくとも、その応用は牛群における感染率を低下させ、非感染牛に対する攻撃機会を減少させるひとつの手段となる。

表4.6は乳房内へのS. aureusの感染が認められている牛の搾乳が、次に搾乳される牛に与える影響を示している。対象牛は事前に検査され、乳頭皮膚上にS. aureusのいないことが証明されていた。乳頭が操作されるたびにいかに細菌汚染が進行していくかに注目し、たとえ厳格な衛生管理(手袋、洗浄液中の殺菌剤、ペーパータオルによる清拭)がなされても、汚染がなお存在した。

試験では、乳汁中にS. aureusを排出している牛は、次に搾乳される6〜8頭の牛の乳頭に感染を起こすことが証明された。そのため予想される汚染は膨大となり、それはライナーの性状(粗雑なゴムを使わないなど)、初回の細菌排出量、ミルカーの機能性などの要因によって影響される。ここではもちろん、乳頭皮膚の汚染状態について述べており、実際の乳房炎感染について述べているわけではない。ほとんどの感染は、搾乳後のディッピングによって殺菌される。

もしS. aureusが牛群内に存在すれば、次のことが明白となる。

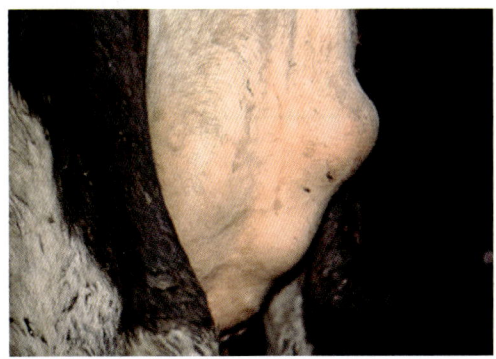

写真4.2 慢性ブドウ球菌性乳房炎。乳房の腫瘤に注目。

表4.5 Staphylococcus aureusに感染した乳腺の細胞数と細菌排出数の変動。(Bramley, 1992)

採材日	細菌数/mL	体細胞数(×1,000/mL)
1	2,800	800
2	6,000	144
4	7,000	104
5	10,000	896
13	>10,000	152
14	1,200	1,000
15	>10,000	168

第4章 乳房炎の微生物

表4.6 さまざまな衛生処置を用いた場合の、感染牛搾乳後の非感染牛乳頭への Staphylococcus aureus の移行ステージ。(Bramley, 1981aより)

衛生処置	S. aureus のスワブ陽性率(%)			
	前搾り前の乳頭	前搾り後の乳頭	乳房清拭後の乳頭	搾乳後の乳頭
水洗い	0	29	63	97
消毒、ペーパータオル、手袋着用	0	16	39	79

- たとえ最適な搾乳衛生をしても、搾乳後の乳頭の殺菌は必須である。牛から牛へ感染が伝播されることを完全に防止することは不可能であるが、ポストディッピングによってそれら感染の多くは乳頭管に侵入する前に殺菌されるべきである。
- 理想的には、感染牛は群分けして最後に搾乳されるべきである。現実的ではないが、ユニットを分けて、使用の度に殺菌することで感染牛を搾乳することは、牛から牛への感染のリスクをかなり減少させるであろう。
- すべての牛ごとにユニットを殺菌することを考慮すべきである。これについては第6章で述べる。
- 乳頭皮膚を良好な状態に維持すべきである。S. aureus は非常に抵抗性の強い細菌である。それは乳腺の外でも、例えば搾乳タオル、搾乳者の手指、乳頭皮膚で生存できる。乳頭皮膚の感染は、もし皮膚に亀裂やあかぎれがあったり、牛痘ウイルス感染、搾乳システムの機能異常、イボなどによって損傷されていると、特に多くなる。これはまた保護剤を含んだ搾乳後のディッピング使用のもうひとつの重要な理由となる。

急性壊疽性ブドウ球菌性乳房炎

ある状況下では、S. aureus は急性壊疽性乳房炎を生じる。これは大量の毒素の生産後に発生する。表4.7にみられるように、この状態は、例えば抗牛白血球抗血清を注入してすべての白血球を消失させたり、乳腺からのすべての免疫能を排除することによって、実験的に再現可能である。慢性 S. aureus 感染が月余または年余にわたっている牛では、わずか数日で壊疽性ブドウ球菌性乳房炎を発症することがある。壊疽性乳房炎は特定の急性型ブドウ球菌によって生じるものではなく、むしろ乳房の免疫状態の変化によって生じる。

壊疽性乳房炎の臨床所見を写真4.3から4.6に示した。乳頭の皮膚、および乳頭に隣接した乳房下部の皮膚は、青／黒に変色している。それはおそらく触るとじとじとして冷感があり、そして表層の排出物によって少し粘っこく感じる。ある場合には、写真4.4のように皮膚の表面に小さな水泡を生じている。

乳頭を搾ると、暗いポートワイン色をした滲出物(写真4.5)が得られ、しばしばガスを混じている。もし牛が重症であれば予後不良となる。たとえ牛がそう重症でなくても、後日にその分房は腐れ落ち、乳房から脱落する(写真4.6)。そのため罹患牛は淘汰するのが最もよい。たとえもし、乳房の壊死がほんの小さな部分であったとしても、壊死組織は結局のところ脱落した後、完治することとなる。

しかし、ひとつ警告すべきことがある。乳房に打撲を受けた牛では、皮下に血液が貯留して、青／黒に変色することがある(写真4.7)。これらの牛は自分自身で健康に回復し、乳汁は正常となり乳房は冷感を伴わず温かい。そしてそれらは治療なしで回復するだろう。このような牛は、絶対に壊疽性乳房炎の場合の

表4.7　壊疽性のブドウ球菌性乳房炎は免疫応答の減弱によって生じ、特定のブドウ球菌が原因ではない。防御性の白血球（多形核白血球）を白血球抗血清により排除する方法は、細菌数を爆発的に増加させ牛を急死させる。

経過日数	多形核白血球数（100万/mL）	S. aureus の菌数
1	3.5	10
2	5.0	22
白血球抗血清の注入		
3	9.0	37
4	0	14,000
5	（死亡）	170,000

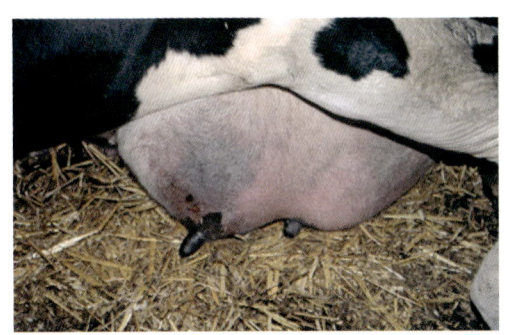

写真4.3　急性壊疽性ブドウ球菌性乳房炎—青／黒の変色に注目。Bacillus cereus と E. coli のような他の細菌でも同様な変化を生じる。

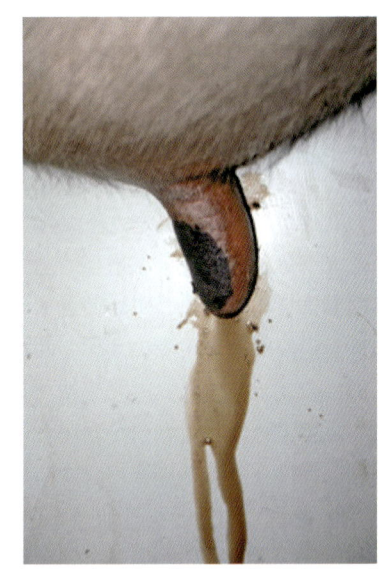

写真4.5　赤褐色の水様性分泌物がしばしばガスを含み、壊疽性乳房炎の特徴となる。

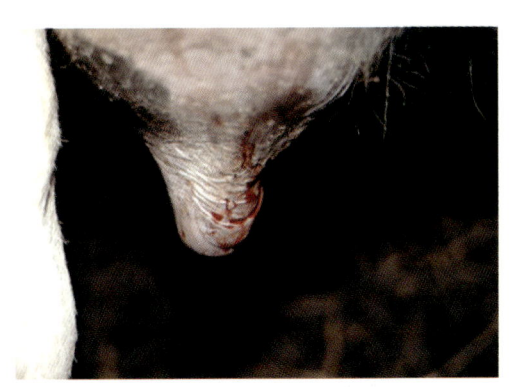

写真4.4　壊疽性乳房炎牛の水膨れ様の乳頭皮膚。

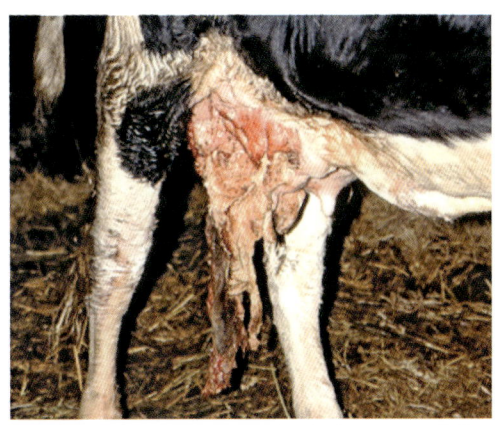

写真4.6　重度の壊疽性乳房炎で、後に分房の脱落をもたらす。この牛は淘汰すべきである。

ように治療したり淘汰したりすべきでない。

コアグラーゼ陰性ブドウ球菌（CNS）

　コアグラーゼ陰性ブドウ球菌は、グラム陽性のコアグラーゼ陰性菌である。臨床型および潜在性乳房炎を引き起こし、体細胞数を上げるといわれている。また溶血型、非溶血型があるが、これらは病原性に影響しない。コアグラーゼ陰性ブドウ球菌の例としては S. xylosus, S. intermedius, S. hyicus, S. epidermidis がある。これらは通常、乳頭皮膚、乳頭端、乳頭管に生息している。そのため、これらが臨床型および潜在性乳房炎を引き起こしている原因菌なのか、単なる乳頭端の汚染物質となっているだけなのかを正確に判断することは困難である。しかし、もし体細胞数の高い牛の乳汁培養で純粋なCNSが検出された場合は、体細胞数を増加させるような乳房内感染を引き起こしていると考えられる。乳房炎牛から細菌検査のサンプルを取る前に、初めの4〜6搾り分の乳を捨てることが非常に重要である。これをしないと、コアグラーゼ陰性ブドウ球菌が乳頭管から検出されることがある。

　バルクタンクのCNSレベルの増加は、搾乳後の不完全な乳頭殺菌または不衛生な乳頭皮膚の状態が原因である。このような微生物は、未経産の妊娠牛に存在することが知られており、分娩後に乳生産量を減少させるともいわれている。分娩前6カ月の未経産牛の乳房内治療が乳生産量を増加させたというデータがあるが、そうすることはとてもリスクを伴っている。すなわち天然のケラチンプラグを脱落させ、挿入したときに大腸菌、酵母様真菌、糸状真菌などの新規感染を導くからである。

Streptococcus agalactiae

　Streptococcus agalactiae はグラム陽性のα溶血を示す球菌である。非常に小さいコロニーを形成し、エドワード培地では青色を示す。

　Streptococcus agalactiae は強い伝染性を持った乳房炎の原因菌であり、搾乳を介して牛から牛に容易に伝染する。その主な生息場所は乳房内であるが、特にこれらの表面に亀裂があると、ときには乳頭管や皮膚にコロニーを作る。抗生物質治療に対する反応は良好である（表4.4）。そのため次の6項目の予防法に注意を払うならば、牛群から感染を排除することが可能である。

- 搾乳中の厳格な衛生保持
- 搾乳後の乳頭消毒
- 乾乳時治療
- 慢性再発症例の淘汰
- 最適な搾乳機器の機能
- 更新牛の注意深い選択

　したがって、もし S. agalactiae が牛群から分離された場合は、基本的な搾乳衛生ができていないことをよく示している。

　感染分房からの乳汁は大量の細菌を含んでおり、ときには1億/mLにも達する。これは

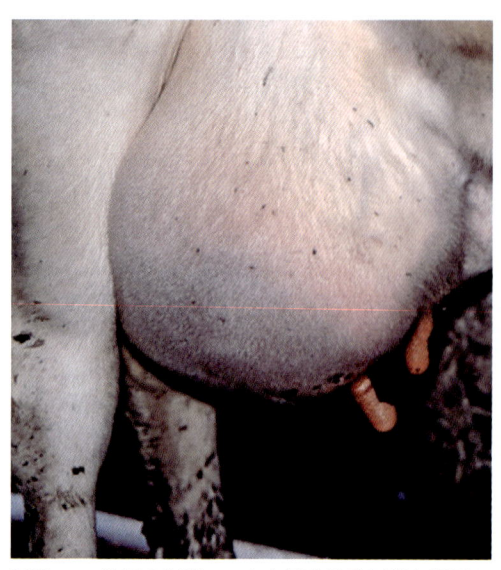

写真4.7　乳房の打撲。これを壊疽性乳房炎と混同してはいけない。

重度に感染した牛群における総細菌数の上昇と変動をもたらしている。そのような牛群は集中治療によって劇的な成功を示している。この方法は3回の連続した搾乳時に、すべての牛のすべての分房に抗生物質を注入することである。ほとんどすべての抗生物質が*S. agalactiae*に対して有効なので、市販の短期間残留薬剤の使用が可能である。治療に対する反応が良好であり、治療後はたった24時間の生乳廃棄で済むので、この方法は重度に感染した牛群では経済的な手段である。しかし、衛生に対し厳格な注意を払わなければならない。集中治療については、第12章の治療の項で詳述する。

個々の牛の*S. agalactiae*感染の程度は、*Staphylococcus aureus*感染よりもはるかに密接に体細胞数と関連している。この理由から、ある細胞数を超える牛のみを治療する部分的な集中治療法もまた採用される。これもまた良好な結果をもたらす。

*Streptococcus agalactiae*は乳頭管内でゆっくりと増殖しながら侵入していくと考えられている。泌乳不足は乳頭管の洗浄液量(ケラチンストリッピング)を減少させ、そのため新規感染の成立を促進すると考えられる。*S. agalactiae*は主に乳房に生息する病原菌であるが、環境性にも生存可能である。例えば、それは搾乳者の手指、特にひどく荒れているとき(写真6.1)に生存し続けることが示されており、この場合は牧場から牧場へと菌が伝播される。

潜在性感染が多く、これがしばしば体細胞数を上昇させる。臨床症状もまた一時的である。例えば、ある実験において多量の*S. agalactiae*の乳房内注入は、8時間以内に重篤な臨床症状を引き起こしたが、24時間までにはすべての臨床症状は消失し、潜在性状態になった(Mackie et al, 1983)。これらの牛は、培養陰性で抗体陽性であり、明白に他の牛への有力な感染源となっている(Logan, et al., 1982)。*Staphylococcus aureus*とは対照的に、ほとんどの感染は高いレベルの細菌の排出を示すので、培養はよい診断ツールとなる。

Streptococcus dysgalactiae

*Streptococcus dysgalactiae*は、グラム陽性の溶血性球菌である。非常に小さなコロニーを形成し、エドワード培地では緑色を示す。

*Streptococcus dysgalactiae*は伝染性乳房炎の4番目に主要な細菌である。*Streptococcus dysgalactiae*の性状と予防法は、*Staphylococcus aureus*と*Streptococcus agalactiae*に適用されるのと多くの面で共通している。しかし、いくらかの特徴的な相違もある。

*Streptococcus dysgalactiae*は環境中でよく生存し、人によっては伝染性細菌と環境性細菌の中間に位置すると考えている。それは乳頭皮膚、特に表面構造があかぎれ、切り傷、搾乳機器による損傷、乳痘ウイルス病変などによって乱れているときに、多くみいだされる。そのようなことから、バルク乳サンプルで検出された場合は、しばしば乳頭皮膚の損傷の指標として用いられる。

乳腺内の保菌牛はそう重要ではない。*Streptococcus dysgalactiae*は扁桃にも存在するため、舐めることによって乳頭に感染する。これは*S. dysgalactiae*が子牛を含む未経産牛と乾乳牛の乳房炎の多発原因であることの根拠となる。ハエや寒冷気候によるあかぎれに関係する乳頭の刺激により動物は乳頭を舐め、そのため感染が移行して徐々に乳頭管内で増殖し、臨床型乳房炎をもたらす。

また、*S. dysgalactiae*は夏季乳房炎症候群(第13章参照)のひとつとしても多くみられ、媒介するハエの*Hydrotea irritans*(sheep-head fly)からも分離されている。

Mycoplasma species

マイコプラズマのコロニーはゆっくりと発

育し(10日間)、血液寒天上に発育すると、典型的な'目玉焼き状'形を示す。マイコプラズマは特殊な培養装置を必要とし、p.68に述べた方法では発育しない。

乳房炎を引き起こすマイコプラズマには *Mycoplasma bovis* と *Mycoplasma californicum* の2つの種がある。それらは強い伝染力を持ち、感染牛群内に急速に蔓延する。抗生物質治療の効果は不良で、いったん同定されたら、感染牛の搾乳を最後にまわし、別飼いし、自然治癒が起こるまで監視する。しかし、ほとんどの牛は淘汰されるべきである。感染牛は臨床的には病気でないが、感染により乳量は激減し、しばしば無乳症となる。罹患分房は腫脹し、ごくわずかなざらざらした、または砂状の水様滲出物を認める。

これは強い伝染性の微生物なので、搾乳衛生に厳重な注意を払うべきである。これには牛ごとにユニットの洗浄または殺菌をすることが含まれる(第6章参照)。臨床的な感染牛と潜在性の保菌牛の両者とも大量の菌を排出する。

Mycoplasma bovis はまた子牛に関節炎と肺炎を引き起こす。

環境性微生物

この項では、*E. coli* を含む大腸菌群や *Streptococcus uberis* について述べる。乾乳期は、環境性微生物の疫学の面で重要な部分を担っているので、この微生物の記述は乾乳期感染の重要性の項に続けられる。

Escherichia coli を含む大腸菌群

Escherichia coli はグラム陰性桿菌で、血液寒天培地上で灰色のムコイド状コロニーを作る。溶血性と非溶血性の菌株がある。

S. uberis に次いで、*E. coli* は、乳房炎を起こす最も一般的な環境性細菌である。それは糞便内に大量に存在し、そのため感染は主に舎飼牛に生じ、湿った多湿の環境、衛生状態が不良なときに生じる。環境要因については第8章でより詳細に述べる。泌乳期中は、湿った湿度の高い状態は、*E. coii* は推進力によって乳頭管内に侵入するので、乳頭端に衝撃を与えるような不適切な搾乳システムの機能や搾乳技術により、乳房炎の発生は増加する。搾乳直後の開いた乳頭管への侵入もまた感染要因のひとつである。

乳頭管への *E. coli* の侵入は必ずしも乳房炎を起こすとは限らない。実際、非常に多数の感染例(80～90%)が自然治癒をする。ある牛では、検出できた変化は細胞数の増加と細菌数の増加のみであった。他の牛では、乳頭壁を内張りしている内皮細胞のごくわずかな損傷が、少数の白いフレーク様の凝固物を生じたが、次回搾乳までには消失した。典型的な大腸菌性乳房炎の症状は、水様滲出液を伴う硬く熱く腫れた分房である。牛は重篤なショック症状を示し、数時間以内に死亡する。*E. coli* の侵人に対する牛の反応のこれらの差異、およびなぜ臨床症状に大きな差が生じるかについては、第3章に記述されている。

Staphylococcus aureus や *Streptococcus agalactiae* と違って、*E. coli* は乳管洞乳頭部と乳腺部の内膜には付着しない。このことが、おそらく大腸菌性乳房炎の再発を繰り返す慢性保菌牛がまれであるひとつの理由である。

大腸菌の毒素

大腸菌性乳房炎の毒性効果は、細菌の細胞壁から遊離されたリポポリサッカライド(LPS)からなるエンドトキシンの放出による。LPSは貪食性PMNs(p.38参照)によって除去され、続いてPMNsはライソソーム顆粒を放出し、さらにショック反応を増悪させる。

写真4.8は正常な乳頭の断面を示し、乳管洞乳頭部の壁はクリーム様のピンク色をしている。これに対して、大腸菌乳房炎によって死亡した牛から得られた、写真4.9の乳頭の内膜は、強い出血を示している。

大腸菌が乳腺内の小乳管や乳腺胞に到達すると、細菌の大量増殖が生じ、牛に激しい反応をもたらす。ときには血管損傷が重度となり、写真4.10にみられるように、乳房と乳頭の表面に血清の滲出が生じる。これらの症例は広範な壊疽に移行し、写真4.6にみられるような乳房組織の脱落をもたらす。

乾乳期の大腸菌群感染

　ラクトフェリンは、乾乳牛の臨床型の大腸菌性乳房炎を予防するが、特に乾乳期の乾乳からの2週間と分娩前の2週間には、多くの新規感染が起きている。これらの感染は乳房の中に発症せずに潜伏し続け、通常、泌乳期の最初の100日の間に臨床型乳房炎を引き起こす。乾乳期の感染は、E. coliとS. uberisの両方が一般的であり、本章の後段に述べる。

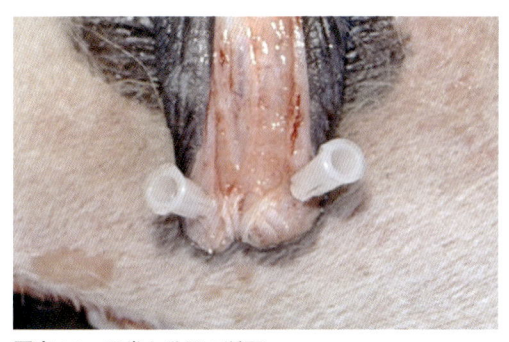

写真4.8　正常な乳頭の断面。

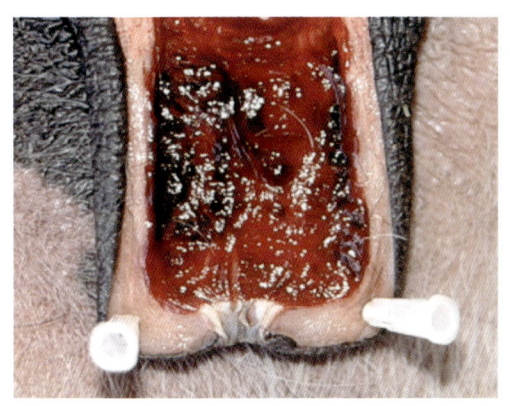

写真4.9　大腸菌性乳房炎に感染した乳頭。乳頭壁の強い出血に注目。

E. coliの菌株の変動

　重篤な大腸菌性乳房炎が牛群に多発するとき、たとえ臨床的に同じ症状にみえたとしても、個々の牛では同じ菌株のE. coliが原因であるとはいえない。通常、数多くの菌株が含まれ、強い攻撃性を生じる。例えば、ある調査における急性E. coli乳房炎の290例の分離菌は、

- 82%で63の異なった菌株のE. coliが同定された。
- 18%は同定できなかった。

　伝染性乳房炎に生じるような、牛から牛への伝播は重要ではない。大腸菌性乳房炎の深刻な発生は、さまざまな環境的攻撃、環境からの暴露の増加、乾乳期や乳頭端の汚染を高めるような搾乳システムの機能、免疫反応の低下などによって引き起こされているように思われる。

大腸菌に対するワクチン接種

　E. coliの毒性効果は、細胞壁から遊離した化学的にはLPSであるエンドトキシンによってもたらされる。1個のE. coliが2個に分裂するたびに（乳腺内の温かい乳汁という理想的な条件下では、これは20分ごとに起こる）、ある程度のLPSが放出される。さらに、

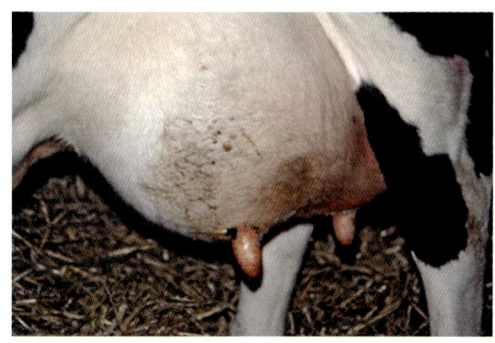

写真4.10　大腸菌性乳房炎。血管の損傷が非常に広範となり、血清が乳腺内と同様に乳房皮膚表面にも滲出している。

第4章　乳房炎の微生物

E. coliが死滅すると大量のLPSが放出される。さまざまな菌株のE. coliから作られたLPSはすべて異なっているが、そのひとつに'ラフミュータント、強い突然変異株'とよばれる菌株があり、それはすべての他の菌株によって作られるすべてのLPSに共通するフラグメントを持っている。これがJ5ワクチンとよばれているものの基礎となっている。オイルアジュバントワクチンを、乾乳時、乾乳後28日目、分娩後2週間以内の3回、皮下に注射すると、80％の予防効果が得られるとされている。ある実地試験の結果は、牛群の半数にワクチンを接種し、他の半数は対照群として無処置とし、表4.8のように報告されている。そのワクチンは新規感染を少なくするという結果にはならなかったが、臨床型乳房炎を減少させ、特に甚急性乳房炎を著しく減らした。

しかし、E. coliによる実験的攻撃に対してワクチンは予防効果がないというのは興味深い。この違いを説明するために、多くの研究がなされている。論理的な説明によると、ワクチンはある種の方法で、E. coli感染が乳頭管に侵入したり、乳腺に感染が成立する手段を変化させたりするという。これにはさらに解明が必要である。

慢性再発性大腸菌感染

大多数の牛においてはE. coli感染に対する反応は非常に早く、感染に対する牛の自然な反応によって、菌は12〜36時間以内に迅速に排除される。これらの牛は、褐色の水様滲出物を伴う激しく腫脹した乳房となるが、分房乳を採材して培養しても微生物が検出されないことがしばしばある。低下した炎症反応（p.38〜40参照）しか持たない牛は重症となり、抗生物質を使用しても、菌は10〜14日間乳房内にとどまる。この持続的なE. coliの存在が慢性刺激物として作用し、乳腺の過形成（異常細胞の増殖）と角化をもたらし、分房は泌乳を停止する。これら分房の多くは、次回の泌乳期には乳生産を再開する。

オランダの研究では、臨床型の大腸菌性乳房炎の5％は、慢性の再発を繰り返す乳房炎となり、その数は最初の高大腸菌数、および抗生物質の無使用時に増加する。英国の研究（Bradley and Green, 1998）では、もし乾乳期の間に発生した感染であれば大腸菌性乳房炎の35％（13分房20例）が再発し、もしそれらが泌乳期の感染であれば17％（15分房18例）が再発した。したがって慢性感染は乾乳期から生じる可能性が高い、と思われる。

その他の大腸菌群

E. coliに加えて、他の一連の菌が大腸菌性乳房炎の中に入り、ときどき分離されている。これらには次の菌がある。

- *Enterobacter aerogenes*（エンテロバクター　エロゲネス）
- *Citrobacter*（サイトロバクター属）
- *Klebsiella pneumonia*（クレブシエラ　ニューモニエ）。この菌は新しく伐採された木からの湿った貯蔵中のノコクズ内に認められ、もしそのノコクズがフリーストールの牛床に用いられると、激しい中毒性の乳房炎を生じる。
- *Pseudomonas aeruginosa*。*Pseudomonas*は主として汚染された水に由来する。例えば、乳房洗浄用の水を溜めたタンクが低温または暖かい温度で維持され、蓋がなかったり、消毒剤が添加されていなかったりすると本菌に汚染される。また*Pseudomonas*は床にあいた穴に溜まった水にも認められ

表4.8　J5 *E. coli*ワクチンの効果。
（A.W. Hill, 私信, 1992.）

	牛の数	大腸菌性乳房炎の発生数	感染率%
ワクチン接種	233	6	2.6
ワクチン非接種	227	29	12.8

る。臨床症状は非常にさまざまで、急性中毒性乳房炎から慢性再発性のものまである。治療効果は低く、おそらく本菌が抗生物質の到達できない細胞内に生存するためと思われる。そのため、高体細胞数の慢性感染牛は淘汰しなければならない。このような慢性感染牛は他の牛への感染源となるからである（ごく少数の菌を排出するのみなので、それほど重大なことにはならないが）。

- 乳糖非発酵大腸菌群はNFSsといわれ、臨床型乳房炎の原因として増加しつつある。これらの多くもまた環境性であり、腸内細菌ではない*Pseudomonas*属である。

Streptococcus uberis

*Streptococcus uberis*は、非溶血性のグラム陽性球菌である。エスクリンを放出するためにエドワード平板上に茶色のコロニーを作る。ある研究者はエスクリンを放出するレンサ球菌をすべて*S. uberis*としている。しかし、これは間違いで*Streptoccocus faecium*や*Streptococcus bovis*など他に多くの例がある。

主に*S. uberis*乳房炎の場合は、しばしば突然発症し、乳汁に大きな白い凝塊を生じ乳房が腫脹、硬結する。そして時折、高くまたは非常に高く体温を上昇させる。

*Streptococcus uberis*菌株の変動

DNAフィンガープリント法は*S. uberis*という菌が単一の菌ではなく、さまざまな菌が存在することを証明した。乳腺内ではオプソニン作用細菌を抗体で包むこと。第3章参照）にはるかに強い抵抗性を持ち、そのため白血球による食菌作用（貪食能）と菌の破壊もまた弱くなる。これは牛乳タンパクであるカゼインの存在下で顕著である（図4.1）。*S. uberis*は以前は環境性微生物と考えられていたが、今では、ある株は抗生物質への反応が乏しく、慢性の、再発性の潜在性乳房炎を示すことが知られている。そのため迅速な抗生物質治療は重要であり、もし遅れてしまうと治療への反応がしばしば弱くなる。これは搾乳中に牛から牛へとさらなる感染が広がった潜在性感染の場合に起こる。

感染の原因

*Streptococcus uberis*は、現在、英国において乳房炎を起こす最も多い環境性微生物である。麦ワラの牛床に関係があり、そこでは非常に高い感染が起きることがある。麦ワラを敷料としたベッドでは約100万／gの細菌が認められる。図4.2は麦ワラベッド中の*S. uberis*の1g当たりの個数と、牛群における*S. uberis*乳房炎の発生の相関を示している。問題のある牛群の大多数は、ベッド中の高い水準の*S. uberis*数と関連している。このことが、麦ワラや特に麦ワラ区画をやめて、砂のベッドにすることにつながった。清潔な砂は、*S. uberis*および*E. coli*数を唯一低水準に保つ。ベッド中のpHを高く維持するために、例えば発電所の残渣の石灰や灰を使うことで、細菌の成長を抑えることができる。牛乳や尿、便などによって汚染された砂は当然、細菌の成長を促す。

*S. uberis*は環境中に存在することを考えると、表4.9のように動物の口や外陰部、鼠経部、腋窩のような体表の広いエリアで検出される。また、糞便中にも存在するが、その程度はあまり高くない。この点で*S. uberis*は*E. coli*と異なっている。

牛群への広がり

最初の感染は、環境からまたは感染した導入牛からであるが、*S. uberis*は牛群内に急速に広がる。感染後*S. uberis*は続いて難治性で長い時間乳房内に留まることが知られている。ある研究では、感染および治療後の滞留期間は平均で1カ月半であった。乳房内での

第4章 乳房炎の微生物

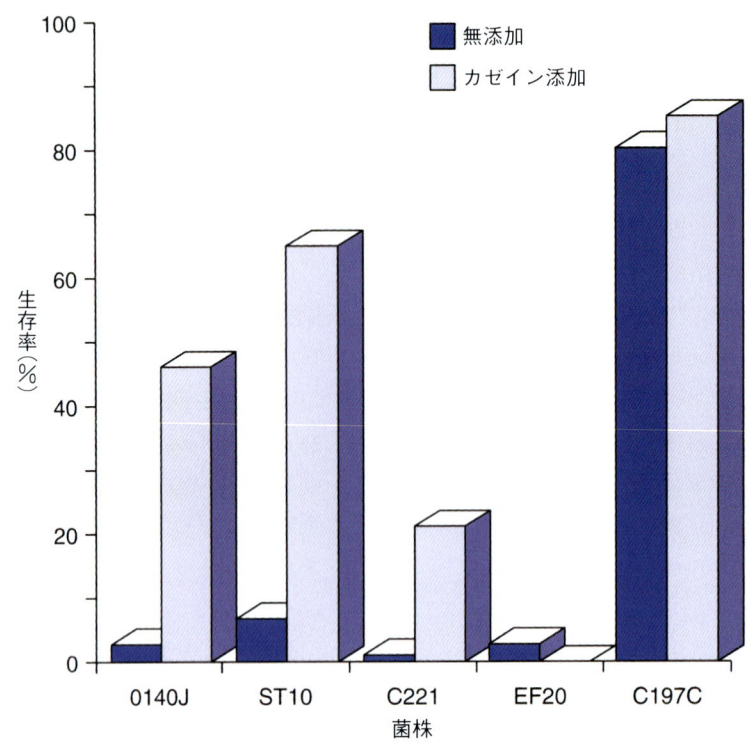

図4.1 カゼインの有無による *Streptococcus uberis* の食菌抵抗性。ほとんどの菌株はカゼイン存在下で食菌作用から保護されているようである。(Hill, 1992bより)

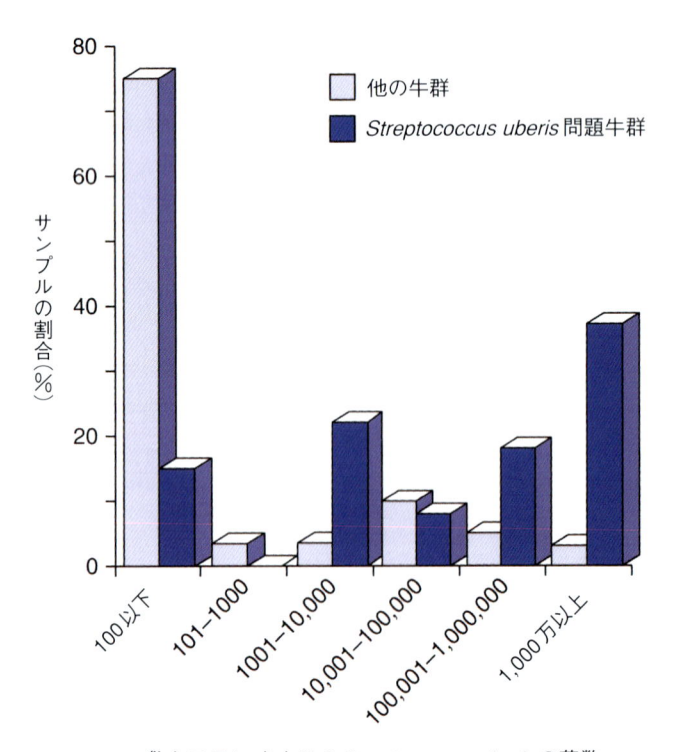

図4.2 *Streptococcus uberis* 問題牛群と他の牛群を比較した敷きワラ牛床中の *Streptococcus uberis* の菌数。(Hill, 1992aより)

表4.9 乾燥した日当たりのよい草地に放牧されている53頭の子付き初産牛からのStreptococcus uberisの分離。(Bramley, 1981bより)

検査部位	陽性数	陽性率%
陰毛	48	90
四肢	46	86
後分房	49	92
口唇	12	22
計	155	73

低い治療効果と長期間難治性である理由は多くある。例えば、

- 不十分なオプソニン化により白血球などの貪食細胞に抵抗力を示す。
- 細胞内で生存できるため、多くの抗生物質の影響から身を守ることができる。
- 乳房リンパ節に入ることができるため、病原巣となる。

あるS. uberisの感染実験では、S. uberisは接種後わずか6日でリンパ節にまで達した。それゆえにS. uberis問題牛群における臨床型乳房炎の治療は、キャリア(保菌)状態を回避するために、長期にわたる強力な治療が必要である。

S. uberisの実験感染を受けたある牛は、5日から7日間の非経口的(注射による)かつ乳房内注入による抗生物質治療を長期に受けて、回復した。これはおそらく、環境性細菌よりも伝染性とより深く関係している、「慢性乳房炎」菌株である。

S. uberisが伝染性の性質を持つという確かな証拠として、牛群内の感染分房の広がりが、新規感染の発生の良い指標となる。したがって、S. uberisに感染した分房の感染レベルが低ければ、臨床型乳房炎も低レベルとなるだろう。しかし、感染分房の感染レベルが上昇すれば(おそらく初めは環境からか、または乾乳期が原因となる)、臨床型乳房炎の数が増加するだろう。これらはよく現場でみられてきた。これらは初回の多発であり、感染の根源は突き止められ、是正される。しかし、臨床型乳房炎は牛群内で感染が伝播するため、数カ月間にわたって継続する。しばしば、これらの'保菌牛'を淘汰することが唯一の選択肢となる。この細菌は伝染性および環境性の両方の側面をみせることから、制圧するためにはプレディッピングとポストディッピングが有用である。

ほとんどの牛群は多様なS. uberisの菌株を保有しているが、他の新しい菌株の導入は深刻な乳房炎の多発の原因となり、その原因菌はすべて新菌株からなる。これは、菌株の交差免疫には限界があることを示唆し、そしてバイオセキュリティの重要性を示している。バルク乳中のS. uberisのレベルは、牛群評価の簡単な指標となる。なぜなら、乳房内の菌株はバルク乳のそれと一般的に同じだからである(菌株は環境からではなく、乳房由来であるため)。

乾乳期のStreptococcus uberis

S. uberisは、乾乳牛(特に乾乳初期と分娩前の2週間)の新規感染の原因菌として最も多い。感染したこれらの細菌は乳房内に潜伏し、泌乳初期において臨床型乳房炎を起こす。そのため乾乳時治療と環境衛生が、乳房炎防除の上で最も重要となる。ある研究(Williamson et al., 1995)は、対照牛群の12.3%が分娩時にS. uberisに感染したのに対し、抗生物質で乾乳時治療を受けた分房ではわずか1.2%の感染であった。乾乳期感染については次項で詳述する。

放牧地での感染

S. uberisによる乳房炎の感染は、特に夏の終わりにしばしば放牧地の乳牛で発生する。最も予測されることは、夏の間、乳牛はしばしば夜に同じ場所で横になる傾向があり、それが原因で感染を起こしている。この感染環

を絶つために2週間ごとに乳牛を移動させ、そして少なくとも3週間、できれば4週間は同じ放牧地に戻さないことが推奨される。放牧地での感染を起こす他の要因は「慢性型」菌株の伝染性の感染、または、おそらくハエによって刺激された乳頭を乳牛が舐めることによる口を介した感染が考えられる。

Streptcoccus uberis に対するワクチン接種

S. uberis はこのように多様な菌株を持つことから、すべての菌株に共通して存在するひとつの抗原をみつけることが重要である。Leigh(2000)は、ほとんどの菌株は、細菌の成長を促進させるために、プラスミノーゲン(乳からカゼインおよび他の栄養素を放出させる)を活性化させる酵素PauAを生産することを発見した。PauAに対する実験的なワクチンは、乳房のPMNsの増加を導くことなしに、さまざまな菌株に有効であることが発見されたが、現在まで商品化された製品は存在しない。

乾乳期の感染

乾乳期の感染は、*E. coli* や *S. uberis* のような環境性の病原体の疫学において非常に重要な部分である。しばしばこれらの感染は乾乳期を通じて例えば潜在性感染として潜伏しているが、次の泌乳期の最初の数カ月は、臨床型の乳房炎の重要な原因となる。この経緯を完全に理解するために、乾乳期において起きていることを少し詳しく調査する必要がある。

次項では、乾乳期間に感染が起こる際、新規感染を起こす環境性およびその他の要因、そしてこれらの新規感染に打ち勝つために乳牛が保有している免疫応答システムに関してその変動を検討する。

乾乳期の区分

乾乳期には3つの区分がある。

1. 乾乳直後の2週間。乳頭管はゆっくりと閉じていく、ケラチンと脂質のプラグ(ケモチンプラグ)が乳頭シールを作るために乳頭管内腔に形成されていく。乳腺胞(乳汁分泌組織)は徐々に退行する。
2. 乾乳中期の休止期。この間泌乳組織は休眠しており、そしてこの期間の特に最終期にかけて、ラクトフェリン、好中球、NAGase(N-アセチルグルコサミニダーゼ)、抗体などの自然な抑制物質が生成される。
3. 分娩前の2週間。新しい泌乳組織(新しい乳腺胞)が作られ、ケラチンプラグがゆっくりと融解され、次の泌乳期の始まりのための準備がなされる。

乳頭管のプラグが形成または融解している乾乳期の最初の1週間および最後の2週間は、乳牛は新規感染に対してとても弱い。これは図4.3に示されている。このグラフは、泌乳後期(a)の乳牛では新規感染は少ないが、乾乳期に入るとすぐに新規感染が劇的に増加することを示している(b)。しかし、このステージでは、これらの感染は臨床症状を示すまでに至らない。乾乳中期(c)では新規感染のレベルは非常に低く、前の泌乳期から持続していた感染は完全に撲滅される。最大のレベルで新規感染が(d)で起こるのは、乳房でケラチンプラグが融解されるとき、および泌乳のはじまりにより乳が少しずつ貯留されはじめているときの分娩直前直後である。このように、分娩直前直後の期間は新規の乾乳期感染の大きなリスクがあるため、この期間は乳牛を慎重に管理しなければならない。

上述のように、乾乳期中にはこれらの新規感染は臨床型乳房炎の徴候としては現れない。その大多数は乳房内に潜伏し、泌乳初期まで臨床型乳房炎としては現れない。図4.4では、新規の乳房炎の症例の多くは泌乳開始後の4週間に起こり、さらに、乾乳期中に成

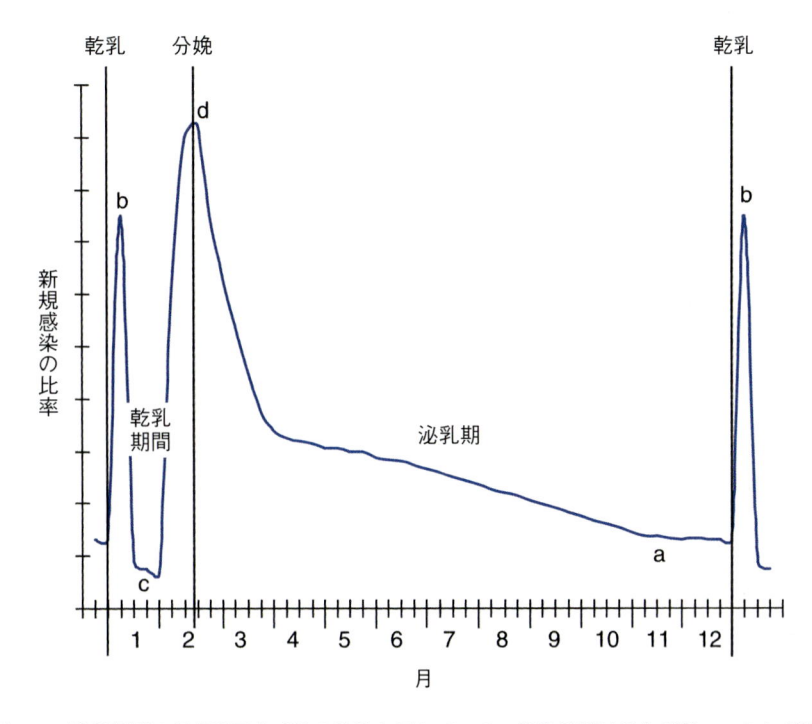

図4.3 この図は、1泌乳期間の新規乳房内感染の発生を示している。泌乳後期は発生が低い。これが乾乳直後には劇的に増加し、乾乳中期に再び低くなり、そしてまた、分娩前後にピークを迎える。（Green et al., 2002より）

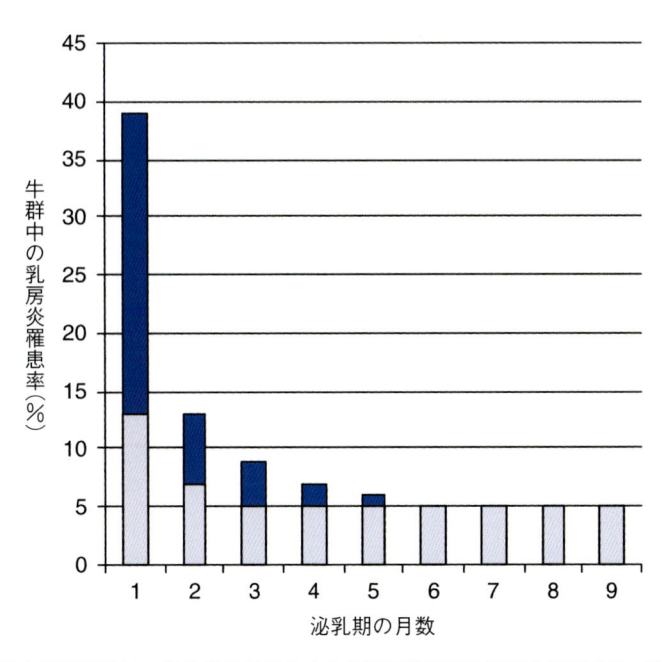

図4.4 乾乳期中に生じた新規感染は、分娩後の最初の4カ月間に臨床型乳房炎を誘発する。淡青色のグラフは泌乳期の感染による臨床型乳房炎を示し、暗青色のグラフは乾乳期感染による臨床型乳房炎を示す。（Green et al., 2002より）

第4章 乳房炎の微生物

立した感染の約60％が臨床型の乳房炎になることを示している。これは、乾乳牛に抗生物質による治療を行っているにもかかわらず起こる。そして乾乳期の感染は、分娩後5カ月まで臨床型乳房炎の原因となっていることに注意しなければならない。

　乾乳開始後の2週間に、乳頭管のケラチンプラグが形成されるということは上述した。残念ながら、多くの牛は効果的な乳頭シールを形成しない。当然これらの牛は新規感染に対して大きなリスクを持つ。ニュージーランドのWoolford et al.,(1998)は、97％の乾乳期の乳房炎は'開放'分房(いい換えると良い乳頭シールを形成していなかった)であったと報告した。乳頭シールの形成遅延を図4.5に示した。乾乳後45日目でさえ25％の乳頭は効果的なシールを形成していなかった(すなわちまだ開いていた)。

　乳頭シールの効果は次のような要因で変化する。

- 泌乳量：高い泌乳量を持つ牛ほど効果的なシール形成は劣る。
- 乳汁の流出速度：短時間に早く乳が出るほど効果的なシール形成は劣り、漏乳し易い。例えばオランダでの実験で、Schukken et al.,(1993)は、漏乳する乳牛は乾乳期に乳房炎に発展する可能性が4倍も高いと発表した。
- 乾乳時の乳量：乾乳する際に乳量が多いと、ケラチンプラグの形成に悪影響を与えるリスクが高まる。米国のDingwell et al.,(2004)は、乾乳時の乳量が21kgより多い牛の26％は新規感染を患うが、乾乳時の乳量が13kgより少ない牛の新規感染はわずか16％であったと報告している。Bradley and Green(1998)は乾乳時の乳量が1L増加するごとに、乾乳期の新規感染のリスクが6％増加すると報告している。そのため、乾乳前には乳量を下げることが必須である。これは管理法や飼養管理で達成できるが、1日1回搾乳や隔日搾乳はするべきではない。
- 乳頭端の損傷：Dingwell et al.,(2004)は乳頭端の損傷が激しい牛は、乾乳期の新規感染が1.7倍になると報告した。すなわち乳頭端の損傷は、泌乳期および乾乳期の両方で乳房炎の罹患リスクを高める。

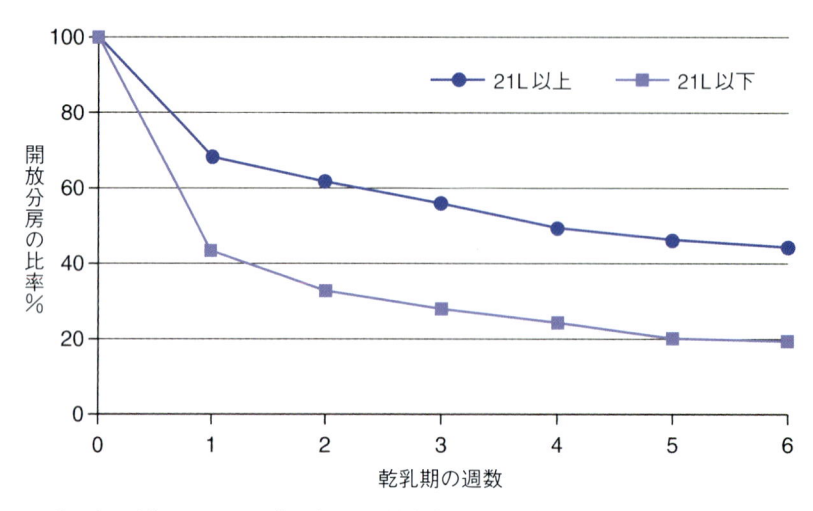

図4.5　ケラチンプラグの形成。ケラチンプラグは乳頭封鎖機構に大変効果的であるが、残念ながら、多くの牛は効果的なシールを形成しない。これは特に高泌乳牛、乳頭端に損傷のある牛、乾乳時の乳量が高い牛の場合にみられる。(Dingwell et al., 2002より)

- 乾乳時治療：Woolford et al.,(1998)は乾乳時治療(dry cow therapy, DCT)をされた牛は、良い乳頭シールを形成する確率が2倍であったことを示した。おそらく、乳頭管の細菌はケラチンの品質を低下させるので、乾乳時治療による細菌の除去は良質なケラチン形成を促進する。

牛の正しい乾乳手順は第12章で述べる。上述の要因に加えて、乾乳期の感染を減らす主要な方法は、（ⅰ）乾乳時の抗生物質による治療(DCT)、（ⅱ）乳頭の内用または外用の合成乳頭シーラント、（ⅲ）環境管理である。これらは第8章および第12章で詳述する。

宿主免疫応答

Bradley and Green(1998)は、乾乳期間中の1,200分房のサンプルの中から154分房で大腸菌群の感染を発見し、このうちの13(8.4%)分房では、次回の泌乳期の臨床型の大腸菌性乳房炎の原因菌と同じ細菌に罹患していることを発見した。対照群としては、乾乳期間中に感染しなかった1,043分房中のわずか15(1.4%)分房が、次回泌乳期に臨床型の大腸菌性乳房炎に罹患したのみであった。

乾乳期間中に大腸菌群による潜在性または潜伏性の感染を受けた分房は、次回泌乳期に6倍も臨床型乳房炎に発展し易くなる。DNAフィンガープリンティングの研究では、同じ菌が泌乳期に持ち越されることを示した。実際、発生農場の調査から、泌乳初期にみられたすべての臨床型の大腸菌性乳房炎の50%以上が乾乳期感染の結果としてみられることから、乾乳牛の飼育環境に気を配り、乳頭管の衛生的な管理が求められる。大腸菌群に効果のある乾乳軟膏の選択も理にかなっている。そして、いくつかのデータはフラマイセチン(framycetin)がより有効であることを示している。

しかし、おそらく最も興味深い乾乳期感染の性質は、乾乳期に起因した乳房炎の臨床例の数ではなく、むしろ自然回復する新規感染の数である。上述のように、乾乳期に感染した分房のわずか8.4%のみが泌乳期に臨床型乳房炎として発展する。裏を返せば、90%以上の症例は自然治癒しているということである。酪農家が気にするひとつの大事な要点は、何が免疫応答を調整するのか、何が91.6%もの乳牛を回復させているのかということである。管理やストレスがこの部分に関与していることは疑う余地もない。北アイルランドの毒性の乳房炎症例の研究では、Menzies et al.(2003)は乳熱の牛は23倍、助産された牛は11倍も毒性乳房炎にかかりやすいと発表した。

また分娩前後2週間は、すべての牛は免疫機構が抑制され、この期間は疾病への感受性がより高い状態になることもよく知られている。免疫応答の程度は、細菌の侵入に対して好中球が反応するスピード、および炎症反応時にセレクチンが好中球を毛細管壁から透過させる能力を測定することによって推測できる。進化の理由は、下記を含んだ免疫応答が低下するためだと考えられる。

- 胎子は抗原的に母体と異なっているため、胎液の漏出が母体循環に入ることで過敏な反応を引き起こすリスクがある。
- 低下した免疫反応は、分娩時に産道の中で起こるかも知れない外傷への反応を減らす。
- 初乳への抗体の移行は、母体由来の抗体循環量を減少させる。

乾物摂取量への影響

すべての酪農家は分娩後、牛に採食させることが重要であることを知っている。免疫応答システムの発現に影響を与える大きな要因のひとつは、このステージにおける採食量である。乾物摂取量(DMI)は分娩約2週間前に落ち始め、体重の約2.5%から2%以下に減少する。すなわち、600kgの牛で10kgから

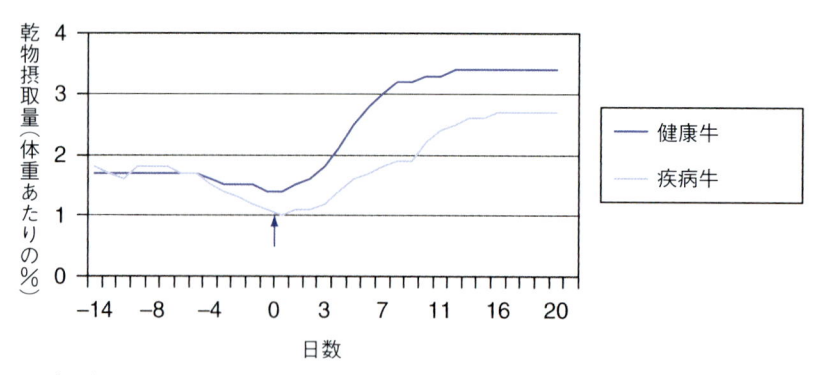

図4.6 分娩時の採食の低下。すべての牛は分娩(↑)前後に乾物摂取量が落ちる。泌乳初期に乾物摂取量が落ち採食の回復が遅い牛は、乳熱、胎盤停滞、ケトーシス、第四胃変位、乳房炎のような代謝性疾患を経験する傾向がある。

12kgまで減少する(図4.6)。分娩日は反芻率がさらに遅くなり、ときにはほぼ止まる。このときは採食もさらに減少する。飼料中の十分に長い繊維はルーメン運動の回復を刺激し、食欲を増進させる。ある程度の採食を維持し、分娩後にすばやく採食が回復する牛は、乳熱、子宮内膜炎、ケトーシス、第四胃変位、卵巣嚢腫などの代謝病、およびもちろん乳房炎にかかりにくくなる。過肥の牛はDMIが下がり、代謝病および乳房炎にかかりやすくなる。それゆえにこの定義においては、乳房炎は代謝病であるとさえ考えられる。すなわち、多くの牛が乳房炎原因菌に感染するが、臨床型乳房炎を示すなどの影響を受けるものはごく少ない。

短い乾乳期間

すべての酪農家は、もし乾乳期間が非常に長いと、その牛の分娩時に他の代謝病および乳房炎に罹患するリスクが増加することを知っている。本来、8週間の乾乳期間は理想的だと考えられていたが、最近の研究では5から6週間、またはそれ以下の期間でも、成果を上げている。短い乾乳期間にすると、牛は通常より2から3週間搾乳期間が延びることを意味し、代謝病も同様に発生しない。通常より乾乳期間が短かったり長かったりすると、次の泌乳期の体細胞数の増加が認められるという証拠がいくつかある。しかし、乾乳期間の短縮は臨床型乳房炎の発生リスクを減少させる。

まれな乳房炎原因微生物
Bacillus species(バチルス類)

バチルス類は、溶血性または非溶血性のグラム陽性桿菌として観察される。血液寒天培地上のコロニーの特徴は、大きく、乾燥し、粗く、薄い。

乳房炎の原因菌となるのは一般的な2種類のバチルス類:*Bacillus cereus* と *Bacillus licheniformis* である。*Bacillus* 類は乳房炎に関係なく、乳頭管を汚染する菌もいるため、採材時には細心の注意が必要である。乳サンプルを採取する前に、搾り始めの乳を4回から6回ほど搾り捨てる必要がある。

Bacillus cereus

本菌は古典的に醸造用穀物の汚染と関係があり、急性壊疽性乳房炎を生じる(写真4.3～4.6)。本菌はまた、注入を容易にするために汚染水の入ったバケツで暖められた乾乳軟膏の先端の汚染により起こる。この時期に注入された細菌(*Pseudomonas* も含む)は、乳房内に生存し、乾乳後またはときに、次の分娩時

に急性乳房炎をもたらす。

Bacillus licheniformis

　本菌は環境由来の微生物で、特に牛が飼槽の脇に残したサイレージの上に横たわったときに感染しやすい。これは特にトウモロコシサイレージのときにそうであり、トウモロコシは他のサイレージより早く二次発酵を起こし、暖かい牛床となる。牛床の設計が悪いと、多くの牛がその外側に寝ることも要因となる。膣から上行感染した*Bacillus licheniformis*は、また子宮内膜炎（'whites'白濁粘液）、低受胎率、妊娠後の流産の増加をもたらす。臨床的には、*Bacillus*による乳房炎はしばしば、白い凝固物を示す硬い分房として認められる。感受性試験では広い範囲の抗生物質が有効であるが、治療の反応は悪い。

酵母様真菌、糸状菌

　酵母様真菌、糸状菌は血液寒天上での発育は遅く、サブロー培地で最良に培養される。例として、*Candida, Prototheca, Aspergillus*がある。酵母は塗抹標本にてグラム陽性のボトル状の微生物にみえる。

　酵母と糸状菌は環境中に多くいる微生物である。それらはワラまたは他の敷料が、例えば湿っていたりカビていたり（例として屋外に積まれていたり）すると乳房炎を起こす。またもし多くの牛が牛床（フリーストールの場合）の外で横になったり、搾乳者が乳頭洗浄後のティートカップ装着前に拭きとらなかったりすると、酵母様真菌による乳房炎を生じる。これは特に水が汚染されていて、殺菌されていないときに起こる。湿った乳頭が問題となっている農場では、乳頭皮膚の重度汚染がバルク乳汚染をもたらす。バルク乳と臨床型乳房炎の双方から、*Candida*種（酵母）や*Aspergillus fumigatus*（糸状菌）、*Prototheca zopfii*（藻類）を分離することができる。

　臨床的にその乳房炎は、厚い白色凝固物を持つ、硬結、熱感のある腫脹した分房として、最も多くみられる。その牛は特に酵母様真菌（*Candida*）性乳房炎として体温上昇を示す。酵母や真菌は抗生物質に反応しないので、抗生物質治療はまったく無効である。1.8gの結晶ヨードを2Lの流動パラフィンに溶かし、23mLのエーテルを加えて混合したもの60〜100mLを毎日、2〜3日間分房内に注入すると治癒したという例がある。注入したものは6〜8時間後に排出すべきで、そうしないとヨード自体が過剰な刺激物を生産し、炎症の原因となる。ヨウ化ナトリウムの静注やヨウ化カリウムの経口投与を併用すると、ときには治療効果が改善される。

　その混合物は無許可、すなわち承認外治療となるので、標準的な牛乳廃棄時間が適用される。

散発性乳房炎原因微生物

　比較的まれな乳房炎の原因菌には次のものがある。

- *Arcanobacterium pyogenes*：第13章の夏季乳房炎の項で述べる。
- *Corynebacterium bovis*：潜在性乳房炎を引き起こし細胞数を増加させる。不良または遅延した搾乳後の乳頭消毒と関係している。また、乳頭管から分離されることがあり、乳房炎と関係していないこともある。
- *Streptococcus faecalis*：糞便中に存在し、サンプル中の汚染が多い。純粋に培養で分離されたら、乳房炎の原因となり得る。
- *Leptospira hardjo*：流産と関連してみられ、乳汁滴もレプトスピラ症の一部となる。培養は非常に困難である。
- *Nocardia asteroides*：非常に硬い分房となる。抗生物質治療の効果は低い。
- *Streptococcus zooepidemicus*

- *Pasteurella/Mannheimia*：環境性細菌である。注入前に汚染された水で暖められた乾乳軟膏に関係する。
- *Serratia*種：乾乳牛と泌乳牛の両者の乳房炎の原因となる。いくつかの種があるが、*S. marcescens*が最も多い。非色素性株は色素性株より病原性があると思われる。
- *Salmonella*：人の健康とも関連がある。
- *Corynebacterium ulcerans*：人の健康とも関連がある(咽頭炎)。
- *Listeria monocytogenes*：人の健康とも関連があり、ソフトチーズと関係している。
- *Mycobacterium smegmatis*
- *Yersinia pseudotuberculosis*：野鳥に多く感染しており、特にムクドリに多い。
- *Haemophilus somnus*

これらの微生物のより詳細な情報については専門書を参照されたい(巻末の引用文献と参考図書を参照)。

乳汁の培養

治療前の乳房炎乳汁の培養は、乳房炎の検査をする上で基本的な手技である。その主な理由は下記のとおりである。

1. 乳房炎の問題に対処する前に、どの微生物を対象としているのかを知ることは明らかに重要である。これは、伝染性乳房炎と環境性乳房炎に対する疫学とそれに基づく防除法が相違するためである。
2. 微生物の知識が治療方針を決めるのを助ける。例えば、広範囲に及ぶ*Streptococcus agalactiae*感染では電撃的な治療法が考慮され、慢性の*Staphylococcus aureus*感染では淘汰も考慮の選択肢となる。これらは第12章の治療の項で詳述する。
3. また、関与している微生物の知識は乳房炎原因菌が現状の総細菌数の一部であるかどうかの判断の助けとなる。

乳汁サンプルの採取

検査所に乳汁サンプルを送付して得られた結果の評価(および経済的な価値)は、もとのサンプルの性状によって非常に大きく左右される。乳頭端はしばしばさまざまな環境において、乳頭端の共生細菌によってひどく汚染されている。しかし、もちろんそれら共生細菌は乳房炎の原因にならない。いくらかは乳頭管遠位部に侵入するかもしれない。乳房炎の原因となる細菌を特定するには、乳汁サンプルをとても注意深く採取しなければならない。それは次の手順で行うことにより良好な結果が得られる。

1. 採取者は手が清潔であることを確認する。必要なら手を洗って乾かすか、清潔な手袋をはめる。
2. 乳頭が汚れていれば、洗浄し完全に乾燥させる。
3. 最初に4〜6搾りの乳汁を廃棄する。これにより、乳頭管から非乳房炎細菌を洗い出す。
4. プレディッピングを行い拭き取る。
5. 消毒用アルコール綿花で拭いた後も綿花がきれいになるまで、乳頭を十分にこすりあげる。その後にサンプルびんのふたを取る。
6. びんを45度またはそれ以下に保持し、斜め方向に乳汁をひと搾りして入れる。もしびんを垂直に保持すると、搾乳時にごみや組織片がサンプル内に混入するリスクが高くなる。乳汁は良好なひと搾りで十分である。びんを満たす必要はない。
7. びんにふたをし、牛名、分房、月日、農場名を書いたラベルをびんにはる。
8. 検査所にサンプルを送付するまで、冷蔵室(4℃)に保存する。理想的にはサンプルを60〜90分以内に培地上に塗布する

と、最良の結果が得られる。しかし4℃で72時間までは可能である。凍結保存はある微生物(特に大腸菌)において細菌数を減少させるが、なお有用な結果が得られる。可能であれば、保冷剤を利用して検査所まで運ぶ。

検査室での培地と培養

乳汁サンプルは寒天培地で培養する。これらは細菌の発育に必要な(例えば血液などの)特別な養分を含んでいる。

それぞれの目的に応じて、さまざまな手技がある。以下に述べる方法は著者が現在用いているもので、獣医臨床の要求にかなっている。この方法は最も安価というわけではないが、乳房炎の原因菌の主なグループについて、かなり早期の同定が可能である。

1. 事前に乳汁サンプルを少なくとも室温にまで暖め、できれば脂肪球を破壊して捕捉されていた細菌を放出させる。
2. 初回の平板には滅菌綿棒を用いて塗布する。標準的な直径7mmの細菌培養用のエーゼ(白金耳)では、0.05mLの乳汁しか塗布できないので、そのような少量では、乳汁中に少数しかいない乳房炎原因菌(例えば、20/mL以下)を見逃すことがある。
3. 次の培地上に塗布する。
   - ヒツジ血液寒天(コロンビア)培地
   - マッコンキー培地
   - エドワード培地
   - もし酵母、真菌/糸状菌が疑われるなら、サブロー培地を加える(これらの微生物は血液寒天上でもゆっくりと発育するが)。
4. 平板を37℃で培養し、24時間後に検査し、さらに48時間後に検査する。
5. そのコロニーを形態学的(構造的)に観察し、グラム陽性か陰性かを決めるために、グラム染色をする。

細菌は多くの方法によって同定される：培地上での様相、大きさ、形態、グラムなどの染色に対する反応性による。

- 形態：ほとんどの細菌は次のいずれかの形をしている。
  - 球形(球菌)：例えばブドウ球菌やレンサ球菌。
  - または棍棒状(桿菌)：例えば*Bacillus cereus*。
- グラム染色：細菌は次のいずれかに染まる。
  - グラム陽性：濃い青色、例えばブドウ球菌やレンサ球菌。
  - グラム陰性：赤色、例えば*E. coli, Pasteurella, Pseudomonas*。

桿菌はしばしばグラム陰性であり(しかし常にそうではなく、*Bacillus*はグラム陽性である)、球菌はしばしばグラム陽性である。グラム陽性菌かグラム陰性菌かの鑑別は、さまざまな微生物の抗生物質感受性を調べるときに、きわめて重要である。

- 溶血性：ある菌は赤血球を破壊し、寒天平板上に発育したコロニーのまわりに溶血輪または血液の透明化を示す。写真4.1にみられる。
6. 次のようなものを含む、他の有用な細菌学的同定法を実施する。

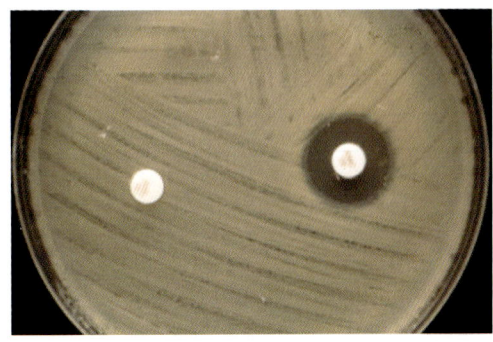

写真4.11 抗生物質感受性試験平板。ディスク周囲に阻止帯を作っている(右)抗生物質のみが、この感染の治療に有効である。

- コアグラーゼ
- オキシダーゼ
- カタラーゼ

抗生物質感受性試験

　初回の平板培地から単一コロニーを採取し、液体培地(寒天)びんに移し、菌数を増やすため、4〜6時間培養する。その後、2回目の寒天平板上に注ぐ。そうすると、菌は2回目の平板上に均等に発育する。

　個々に異なった抗生物質を含む小さな紙製ディスクを平板上に置き、さらに24時間培養する。その結果、もし菌がディスクのごく近縁まで発育していれば(**写真4.11**の左側の抗生物質ディスクにみられるように)、その抗生物質は菌の治療に無効である。右のディスクでは抗生物質はディスク周囲に拡散している。このため、ディスク周囲に透明な発育阻止円が形成される。阻止円の大きさは牛に用いられる抗生物質の有効性を必ずしも示さず、ディスクに含まれる抗生物質の量と寒天上へのその拡散速度によって左右される。抗生物質の有効性に関する他の要因は第12章で述べる。

結果の解釈

　たとえ菌が発育し同定されたとしても、しばしば複数の菌が得られ、どれが重要であるのかを決めるのが困難となる。以下に一般的な指標を示す。

1. 乳房炎起因菌のいずれかの単一分離：その乳房炎の原因として可能性が高い。
2. 複数菌の分離、例えば次のもの。

  - *Staphylococcus aureus* と *Streptococcus agalactiae* さらに他の *Streptococcus faecalis* などの菌。
  - *E. coli* と *Streptococcus uberis*、さらに他の菌。

　上記の *Staphylococcus aureus* と *Streptococcus agalactiae*、または *E. coli* と *Streptococcus uberis* は、いずれもその乳房炎の有力な起因菌となるが、その他の菌は汚染である。有意なレベルでの *Staphylococcus aureus*, *Streptococcus agalactiae* のコロニーを含むサンプルでは、これらの微生物が有意と考えるべきである。

3. 培地の汚染、例えば：*E. coil*, *Bacillus* 類、*Proteus*、*S. faecalis*。これらはすべて環境性細菌である。あまりにも多くの菌が存在することは、あきらかにそのサンプルが重度に汚染されていることを示し、有用情報を得ることができない。
4. 発育陰性。どの検査所においてもサンプルの多くて25〜30%は菌が発育陰性、または有意な発育を示さない。このことは牛の管理者をしばしば混乱させる。なぜならその人はあきらかに臨床型乳房炎、すなわち硬く腫脹した分房または再発性乳汁凝固物を持つ牛から非常に注意深く採材しているからである。発育陰性の原因として考えられる可能性に次のものがある。

- *E. coli* 感染：宿主の反応が非常に効果的で、乳房の変化が明らかになるときまでには、すべての菌が破壊されている(p.40参照)。これは発育陰性の最も多い原因として考えられる。
- 間欠的な排菌の場合。例えば慢性の *Staphylococcus* または *Streptococcus uberis* 感染では、時期によって存在する細菌数が大きく変動する。すなわち採材時にはその菌はごく少数しか存在しないか、検出限界以下しかいない(**表4.5**)。
- 前回治療時の抗生物質が残留し、実験室における菌の発育をなお阻止してい

- 採材から培養までの期間の過度の延長。
- あまりにも熱すぎるエーゼ（白金耳）。
- 例えば*Mycoplasma*や*Leptospira*のような通常の手技では検出できないまれな微生物。
- 外傷性または過敏性乳房炎すなわち感染が原因ではない。おそらくまれである。

総細菌数、耐熱菌数（実験室殺菌後の数）、大腸菌数

おそらく本書を読んでいる酪農家は、彼ら自身で細菌学を実施しようとは望まないであろう。しかし、実験者および乳房炎研究者達には、総細菌数、耐熱菌数、および大腸菌の数を検査する能力が常に要求される。結果の解釈の詳細は、第10章（総細菌数）で述べる。

総細菌数（total bacterial count, TBC）

これは乳汁1 mL中の全生存細菌数を示し、ときには総生菌数（total viable count、TVC）ともよばれる。ある英国の乳業会社は現在総細菌数30,000/mL以下の牛乳を要求し、そうでなければペナルティーを科している。乳汁中の総細菌数には、耐熱性細菌、大腸菌群、および他の多くの菌がある。乳汁中の高い総細菌数の要因と関与する細菌については第10章で述べる。

耐熱菌数（thermoduric count, TDC）

実験室殺菌後の細菌数（laboratory pasteurized count, LPC）とも呼ばれ、これは乳汁サンプルの加熱後に存在する生菌数を調べる方法である。高い耐熱菌数は設備・器具の洗浄不良を示唆している。

大腸菌数（coliform counts, CC）

乳汁1 mLあたりの大腸菌群の数をいう。高い大腸菌数は、通常汚れた（糞便に汚染された）乳頭と関連している。数値は、牛舎環境の不良や搾乳前の乳頭準備の不良によって増加する。

緑膿菌数

*Pseudomonas*は、環境性の大腸菌群であり、たびたび乳糖非発酵大腸菌群（NLFs）とよばれる。それらは糞便の汚染に対する環境汚染の指標として利用することができる。

*Streptococcus uberis*数

*S. uberis*数の上昇は、環境からの汚染か、バルクタンクに入った乳房炎乳汁による汚染である。後者は、潜在性感染か臨床型感染の混入である。

総ブドウ球菌数および*Staphylococcus aureus*数

高いレベルのブドウ球菌数は慢性感染か、不適切なポストディッピングか、乳頭皮膚の状態が悪いことが原因である。

分別細菌数（differential count）

これはバルク乳培養により、さまざまなタイプの乳房炎起因菌の比率を半定量評価する方法である。これは乳房炎と総細菌数の問題の両者の研究に有用である。例えば、もし*Streptococcus agalactiae*がバルク乳中に存在すると、それは高い総細菌数と高い体細胞数の両者の原因となり得る。しかし注意が必要で、*S. agalactiae*（または他のどの乳房炎起因菌でも）がバルク乳中にいなくても、それは必ずしも牛群中に存在しないことを意味しない。これはたんにそのサンプル中に培養されなかったことを意味する。

方法

サンプルが検査室への輸送中ずっと氷冷されていることが肝要であり、そうでなければ

総細菌数および他の数値は劇的に増加する。検査結果を得るための手順を次に示す。

総細菌数

　0.01mLの乳汁を10mLのリンゲル液に加えて、乳汁サンプルを1,000培に希釈する。ついでピペットで1.0mLをシャーレに取る。45℃に冷却された20mLの牛乳寒天培地上に注ぐ。自然に固まるのを待って、37℃で48時間培養し、コロニーの数を数える。総細菌数は平板上のコロニー数を1,000倍したものである。

耐熱菌数

　10mLの乳汁を64℃±0.5℃で35分間加熱する。冷却し、リンゲル液で10倍に希釈する。その希釈液をピペットでシャーレに1.0mL取り、20mLの45℃に冷やした牛乳寒天を加える。37℃で48時間培養し、上記と同じく数える。耐熱菌数は総コロニー数の10倍となる。200/mL以上の数値は、洗浄に問題のあることを示唆している。

大腸菌数

　無希釈の乳汁をピペットで2個のシャーレに取る。それぞれに45℃に冷やした赤すみれ色の胆汁寒天20mLを注ぐ。1個のシャーレを37℃（総大腸菌数）で培養し、24時間後と48時間後にコロニー数を数える。理想的には大腸菌数は乳汁中10コロニー/mL以下であるべきであるが、20コロニー/mLまでは容認される。

第5章
搾乳システムと乳房炎

- 搾乳システムの歴史 74
- 搾乳システムの機能 74
  - 真空ポンプ 75
  - インターセプター 76
  - バランスタンク 77
  - 調圧器 77
  - サニタリートラップ 78
  - 真空計 78
  - パイプライン 79
  - クラスター 79
  - レシーバー 81
  - レコーダージャー 81
  - 自動離脱装置 81
- パルセーション(拍動) 83
  - パルセーションチャンバー 83
  - 拍動数と拍動比 83
  - パルセーター 84
  - ライナー 85
  - ライナーシールド 87
- ロボット搾乳 87
- 搾乳システムの維持管理と機械の検査 88
  - 搾乳者による毎日の検査 88
  - マネージャーやオーナーによる毎週の検査 88
  - 定期的な専門家による検査 88
  - 静的検査 89
  - 動的検査 90
- 搾乳システムと乳房炎の関係 92
  - 媒介者としての作用 92
  - 乳頭端の損傷 92
  - 乳頭管への集落形成 93
  - ライナースリップと衝撃力 93
  - 残乳 95
  - 過搾乳 95
  - 迷走電流 95
- 検査器具を用いないで実施できる簡単なシステムの検査法 96
  - 真空度 96
  - 予備真空 96
  - 調圧器の機能 97
  - パルセーションシステム 97
  - ライナーとゴム製器具 97
  - その他の検査 98
  - 搾乳中に行われる観察 98

第5章 搾乳システムと乳房炎

日常的洗浄法	99
乳脂肪	100
タンパク	100
ミネラル	101
バルクタンク	101
真空配管	101
循環洗浄法	101
すすぎ工程	102
洗浄工程	103
殺菌工程	104
循環洗浄に伴って多発する問題点の要約	104
酸性熱湯洗浄（Acid boiling wash, ABW）	105
用手洗浄	107
洗浄法に問題点が疑われるとき	107
搾乳システムによくみいだされる欠陥	107

　本章では、搾乳システムの機能と、それが乳房炎に与える影響を解説する。もちろん、計器を用いて性能の評価をすることなしにできる簡単なチェック法についても述べる。搾乳機器の保守と分析は、見つかった一般的な不良に沿って解説される。搾乳後どのように機械が洗浄されるかと、一般的な洗浄についての問題も述べる。

　搾乳システムは、酪農家にとっては収穫機のコンバインと同価値の機械である。本機は、日常的に生きた動物から食物を収穫する唯一の機械であり、ユニークな設備の一部である。搾乳システムは農場では他のどの機械よりも使用頻度が高い。そして、搾乳システムは酪農家の収入の大部分を創出しているという事実があるにもかかわらず、しばしば無視されている。搾乳システムは乳房炎と乳質の両方、特に総細菌数に影響している。

搾乳システムの歴史

　1800年代の初め、多くの先人たちが牛を搾乳する機械の考案を試みた。彼らは、労賃が安くて機械化にほとんど興味を持たない酪農家ではなく、鉛管工、医師、発明家、技師らであった。

　1836年に特許を取った最初の機械は、牛の下に吊り下げられた搾乳バケツにつないだ4本の金属製のカニューレから成っていた。いうまでもなく、この装置は乳頭口に相当なダメージを与え、また牛から牛へと感染を拡散させた。1851年に2人の英国人発明家が搾乳に真空圧を用いることを考えた。1895年にはThistle搾乳システムが開発された。これは大型の真空ポンプを動かすのに蒸気エンジンを用い、乳頭に一定の圧を供給する装置（パルセーター）を持った最初の機械であった。1940年代初期には英国の酪農家の30％、および米国の酪農家の10％のみしか、搾乳システムによる搾乳をしていなかった。真の発展は1940年代中期、第2次世界大戦後の労働力不足が、経済的に見合う商業的な搾乳システムの開発を促進した。搾乳システムの開発は今日も継続され、その能力をさらに改善するために、複雑なエレクトロニクス技術の導入が計られている。

搾乳システムの機能

　複雑なロボット搾乳やロータリーパーラーから単純なバケットミルカーまで搾乳システムの基本的な原理は同一である。乳房の健康へのリスクを最小限とし、迅速に乳房から乳汁を搾出することである。乳汁の搾出は低圧

を供給することで生じる。すなわち乳頭端への真空が、乳頭管を開口させ乳汁を排出させる。これは乳房内圧を高め、射乳反射を誘発するオキシトシンによって助けられる。一定の真空度が、搾乳中を通じて維持されるべきである。パルセーター（拍動）システムは乳頭周囲の十分な血液循環の確保に役立っている。搾乳システムを理解するために、さまざまな構成要素がそのシステム内でどのように、またどこに対応しているかを知ることが重要である。各構成要素を確認しようとするとき、真空ポンプから進めると、戸惑いが回避され分かりやすい。搾乳システムの構成要素は下に述べるが、この項は図5.1とあわせて読むとよい。

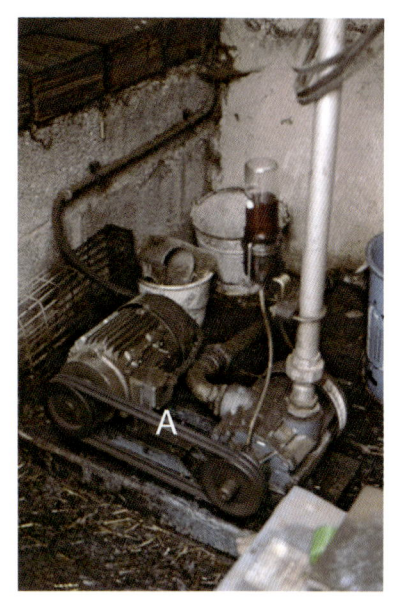

写真5.1 この真空ポンプは事故を防止するためのベルトガードがない。そのため人がベルト（A）に巻き込まれるリスクがある。

真空ポンプ

これは搾乳システムの心臓部にあたる。それは搾乳システムから空気を排除して真空を作り出す。空気はすべてのパイプ、ジャー、クロー、ライナーから排除される。真空度はキロパスカル（kPa）またはcm水銀（cmHg）で表示される。1kPaは0.75cmHgに当たり、1cmHgは1.33kPaに相当する。真空ポンプは一定の真空度、通常50kPa（38cmHg）のときに、排除する空気の量によって性能が比較される。この測定値は1分間に排除する空気のリットル数（L／分）で表されるが、米国では1分あたりの立方フィート（cubic feet per minute：cfm）が用いられている。真空ポンプには、事故を防止するために、常にベルト

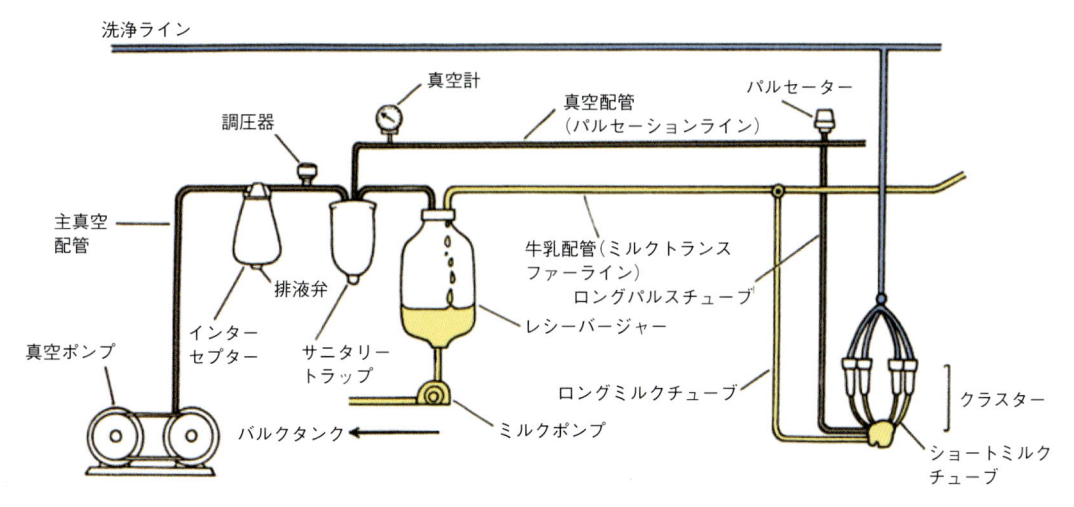

図5.1 単純な搾乳システム。搾乳システムの仕様には非常に多くの種類がある．すなわち、どの世代のシステムか、改良型かどうか、所要空間の大きさ、メーカーなどの要因によって異なる。

第5章 搾乳システムと乳房炎

表5.1 搾乳中に安定した真空度を保つために十分な予備真空が重要であることを示す、搾乳中の空気の流入(L空気／分)。

項目	空気流入量(L／分)
自動ティートカップ離脱装置（ユニットあたり）	5〜25
ユニットあたりの空気流出量	4〜12
給餌器(給餌器あたり)	5〜30
ゲート(ゲートあたり)	10〜42
ライナースリップ	28〜170
ユニット装着時	3〜225
ユニット脱落時(脱落あたり)	570〜1400

ガードを備えなければならない。写真5.1はベルトガードのない真空ポンプを示している。真空ポンプは搾乳システムの稼働に必要な真空度以上の空気を排除する必要性がある。この過剰な真空度は測定され、予備真空とよばれる。予備真空は空気の流入時に必要となり、例えばユニットの装着時または離脱時、搾乳中一定の真空度を維持するときに必要となる。表5.1は、搾乳中に空気が入るいくつかの例を示している。

搾乳システムに必要とされる予備真空の量は、ユニットの数と、自動クラスター離脱装置(automatic cluster removers：ACRs)、空気圧ゲート、フィーダー(給餌器)、ティートディップ、スプレーなどの真空を利用した他の装置によって変化する。予備真空はまたひとり以上の搾乳者がプラントを操作するときにも必要である。全搾乳作業を通じて、安定した真空度を維持するために、十分な予備真空は必ず必要である。小さい搾乳システムでは、適切な洗浄工程を確保するために大きな予備真空が要求される。

インターセプター

これは、真空ポンプとサニタリートラップの間に位置している。この部分の役割は、ポンプに入って機械を傷める水分や異物をすべてとりのぞくことである。インターセプター

写真5.2 底面に排液弁(Drain valve)を持ったインターセプター。

写真5.3 システム内にバランスタンクが設置されていれば、その上に必ず調圧器を備える。

の底部には**写真5.2**にみられるように排液弁がある。機械が停止したときに、ここから重力に従って排液される。

バランスタンク

これはシステムによっては装備されていて、インターセプターとサニタリートラップの間に位置する。これは大型の空洞容器で200Lもの容量があり、予備真空として機能する（**写真5.3**）。これは搾乳中の真空度の安定化を改善するように設計されている。個々のバランスタンクの底部には排液弁がある。ほとんどの装置では、牛乳配管と真空配管はこのバランスタンクに直接つながっている。

調圧器

真空ポンプは搾乳システムから常に一定の量の空気を排除している。しかし、必要な真空量は搾乳中にシステムに流入する空気の量によって左右され、そのため一定の圧を維持するためには何らかの調圧器が必要である。調圧器（vacuum regulator）は、ときには調整器（vacuum controller）ともよばれ、真空度を一定に維持する機能を持つ。

調圧器は、事前に設定された真空度を常時一定に保つために、必要に応じてシステム内に空気を導入する。調圧器は**写真5.4**に示すように、塵埃がなく清潔で、簡単に掃除でき、

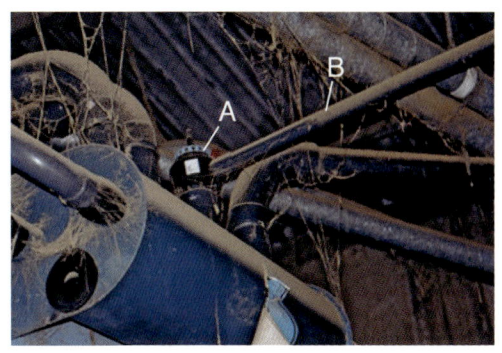

写真5.5 ケース（A）に囲まれたクリーンエアシステムを持つ調圧器。パイプ（B）は調圧器を通して、搾乳システムに外気を供給している。周囲の環境は汚いが、このシステムが、汚れがパイプラインに入るのを防止している。

必要なときに点検できる場所に置くべきである。多くの調圧器は今日**写真5.5**にみられるように、クリーンエアシステムを備えており、外環境から空気を引き入れている。これは、調圧器や搾乳システム内への塵埃の侵入を防いでいる。

調圧器のフィルターは定期的に清掃すべきである。そうでないと搾乳システムの真空度の変化に迅速に対応できなくなる。このことは真空度を不安定性にし、変動のリスクが増し新規感染を誘発する。調圧器がもしシステム内に設置されていれば、バランスタンクの上に位置すべきである。バランスタンクは真空の予備として働き、そこはそのタンクに出入りするパイプより、安定して変動のない状態である。

調圧器はそのシステム内に導入できる空気の量に応じて、種類がある。調圧器の性能は1分間あたりの空気のリットル量（米国ではcfm：cubic feet / minute）で表示され、真空ポンプの性能と同一とすべきである。調圧機能のいかなる欠陥も、搾乳中の真空度の変動をもたらす。調圧器は、常にシステム内に空気を導入していなければならない。もしこれがなされなかったら、その搾乳システムは安定した真空度の維持が不可能（不十分な予備

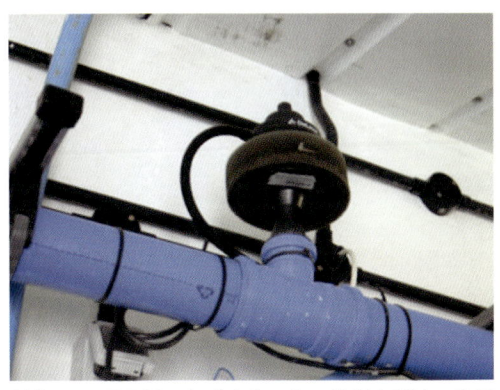

写真5.4 調圧器は必ず塵埃のない清潔な環境に設置する。

第5章 搾乳システムと乳房炎

真空量)であるか、または調圧器そのものが不良とされる。

　調圧器には3種のタイプがある。重量型、バネ型、自動制御型である。重量型とバネ型の調圧器は空気の流入する場所の真空圧を測定している。そのため、圧の変化に迅速に反応できない。自動型の調圧器は、空気流入弁から離れた場所にセンサーがあり、正確な真空度の変動をミリ秒以内に調整することが可能である。自動調圧器はきわめて有用であり、現在すべての新しいパーラーに導入されている。

　あるシステムでは、モーターの速さが部分的に真空度を調整している。すなわち、より真空が必要な場合に、真空ポンプの速さが上がる。もしこの省エネ装置が導入されたら、調圧器は必ずしも空気の流入を要しない。

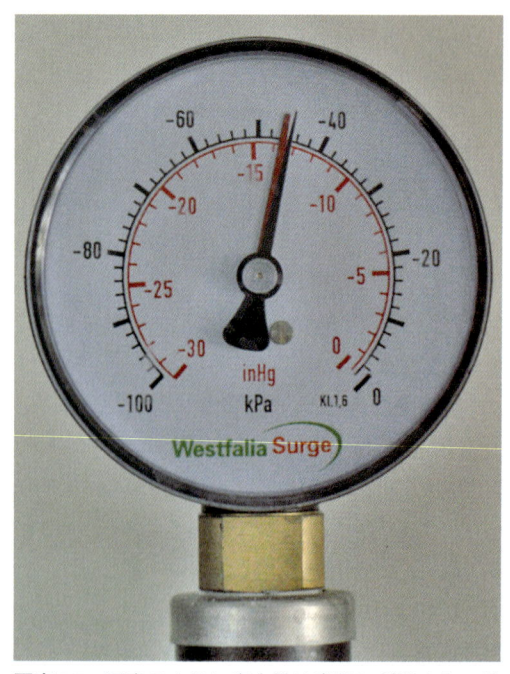

写真5.7　写真のように真空計は容易に判読され、搾乳中にみえるようにする。

サニタリートラップ

　これは牛乳配管と真空配管の交差点に位置し、写真5.6に示す。その機能は、真空ポンプまたは真空配管に通じるパイプラインのような、空気のみを運ぶパイプラインに生乳や液体が侵入するのを防止することである。

　サニタリートラップは、ガラスやパイレックスのような透明な素材から作られるのが理想で、搾乳者が搾乳時間中にみていられる位置に設置する。サニタリートラップには浮球弁が備わっており、もし液が増えてくるとその弁が持ち上げられ、真空の供給を停止する。これはすべてのユニットが牛から脱落することを意味し、真空ポンプと真空配管への、乳汁の混入を防止する。

真空計

　これはパーラー内に設置すべきで、そうすれば搾乳者が搾乳時間中にみることができる。サニタリートラップの近く、またはその上に置く。計器はパーラー内のどこからでも

写真5.6　液体が真空配管に入るのを防止するボール型遮断弁を持ったサニタリートラップ。

78

図5.2 さまざまな口径のパイプに同じ量の乳汁を入れた状態。

読み取れるように、十分な大きさとする(写真5.7)。常にゲージがゼロ(大気圧)を示していることを確認すべきである。古いゲージは時計回りに動くが、ほとんどの新しいゲージは反時計回りに動く。

パイプライン

搾乳中は、パイプラインが真空、生乳、または両者の混合物を運搬する。できるだけ曲がりを最小限にし、狭窄部のないようにする。これらは空気や液体の移動の障害となる。空気と液体が自由に通過することで真空度の安定維持に役立っている。管の不要な出っぱり(死腔)は避けるべきて、それらは清掃が困難であり、総細菌数の問題を引き起こす(第10章参照)。乳汁を運ぶパイプラインは、ステンレススチールまたはガラス製の素材であるべきで、清掃と消毒が可能なものとすべきである。

現在では、大口径のパイプがほとんどの新しい搾乳施設に用いられている。内容量に対するパイプの口径の影響が図5.2に示されている。同じ量の乳汁が4種の大きさのパイプに入れられている。より大きな口径のパイプにみられる空隙は、生乳で満たされた小口径パイプの空隙と比較して、生乳と空気のよりよい移動を可能にする。しかし、大口径パイプは洗浄がより困難であり、パイプの全内腔を洗浄するための渦巻き動作を起こすために、より多くの熱水とエアーインジェクター(エアーブラスター)が必要となる(第10章参照)。

クラスター

これはひとつのクローと、シェルとライナー、ショートパルスチューブとショートミルクチューブがついた4つのティートカップから成る。多くのシステムでは、ライナーとショートミルクチューブは一体化している。これらはクローを介してロングパルスチューブとロングミルクチューブにつながる(図5.3)。個々のライナーシェルに接続するショートパルスチューブは、クローの外側でロングパルスチューブに接続する。乳汁は乳房からライナー内に排出され、ショートミルクチューブを経てクローに入り、ロングミルクチューブに出ていく。各クローにはエアーブリードホール(空気流入孔)が備わっている。これは搾乳中に大気を流入させ、乳汁の乳房からの流出を助けている。エアーブリードホールからは毎分4〜12Lの空気が流入する。あるシステムでは、エアーブリードホールはライナーの口に位置する(写真5.12)。これは、乳頭の汚れを少なくし清潔な搾乳を与えるといわれている。

ロングミルクチューブはレコーダー

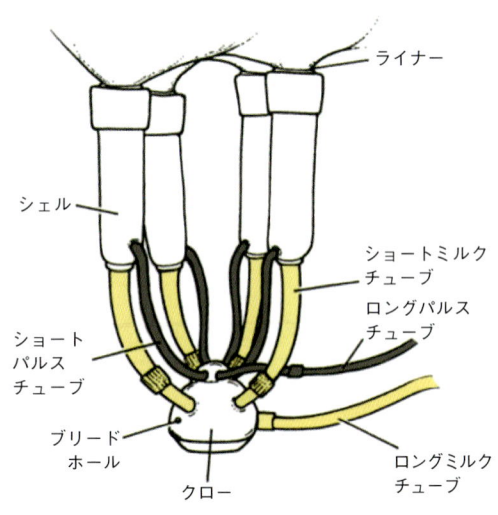

図5.3 クラスターを示す図で、1個のクローと、それぞれシェルとライナー、ショートパルスチューブとショートミルクチューブを備えた4個のティートカップから成る。

第5章 搾乳システムと乳房炎

写真5.8 ステンレススチール製レシーバージャーは破損に強いが、検査がむずかしい。

写真5.9 ミルクポンプは大気圧下で乳汁をレシーバージャーからバルクタンクへ排出する。

ジャー、または牛乳配管につながっている。乳汁を乳房から迅速に取り出すことは重要である。これによりクローとショートミルクチューブに乳汁があふれるのを防止できる。乳汁のあふれは、1分房からの乳汁が他の3分房のいずれかの乳頭に到達し、分房間に交差汚染が生じることを意味する。あふれはまた、真空度の変動をもたらす。この理由から、ショートミルクチューブ、クローおよびロングミルクチューブは、迅速な乳汁の流出が可能になるように、十分な大きさとすべきである。

かつてはクローの容量は50mLと少なかった。しかし、現在では乳汁流出量が増加したので、その容量は500mLに達するものが一般的となっている。ショートパルスチューブおよびショートミルクチューブの口径もまた増加した。口径13mmと16mmのロングミルクチューブの容量の差はおよそ50%であり、これは乳頭口部位の真空度の安定性に大きく影

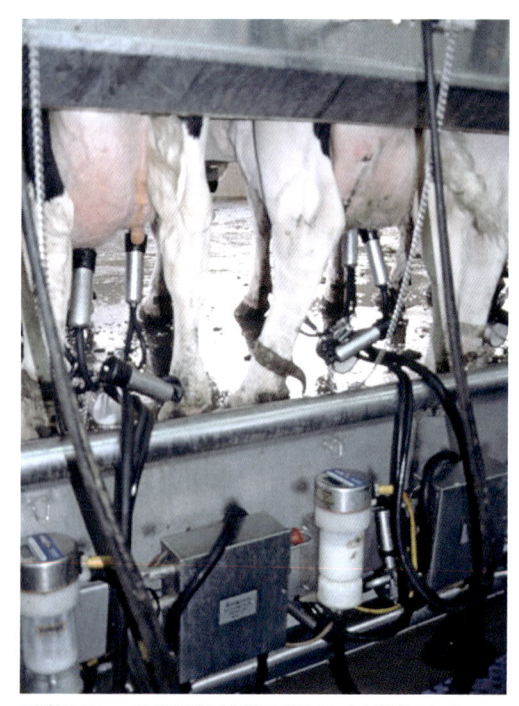

写真5.10a 牛乳配管が乳房の高さより下にあるローラインシステム。

写真5.10b　乳汁が乳房より高く持ち上げられるハイラインシステム。

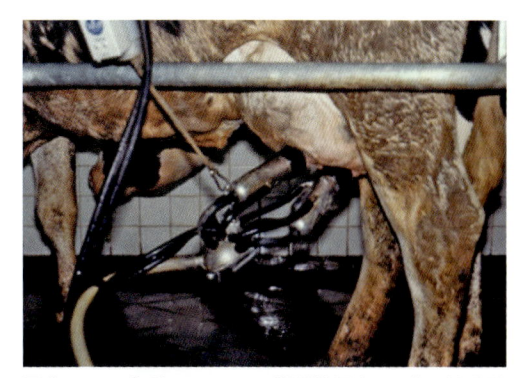

写真5.11　自動クラスター離脱装置（ACRs）は搾乳終了時にクラスターへの真空を遮断する。ユニットが床に落ちて汚れるのを防止するために、コードが機能して牛からクラスターを軽く持ち上げる。

響している。乳汁は、ショートミルクチューブ、クロー、ロングミルクチューブを経て、もしあればレコーダージャーに入り、牛乳配管（これはロングミルクラインとも呼ばれる）へと下降し、レシーバージャーに入る。牛乳配管は、生乳のレシーバージャーへの移動を助けるために、軽く傾斜をつけておく。過度の乳の攪拌は脂肪の分解を招く結果となる。

レシーバー

この容器（**写真5.8**）は1個または複数の牛乳配管からの乳汁を受け入れる。これはガラスまたはステンレススチールから成っている。乳汁がレシーバー内に充満してくると、それがレシーバージャーの底部に接続されているミルクポンプを作動させる引き金となる。その後、レシーバージャーからミルクフィルターを通り抜けてミルクポンプによって、プレートクーラーを通り抜けてバルクタンクに注がれる（**写真5.9**）。このためミルクポンプは、真空システムと外部の大気圧との間のブレーク（緩衝部位）となっている。

搾乳システムは、牛との関係で牛乳配管の高さによって、2種のタイプに分けられる。もし牛乳配管が乳房の高さより下にあればローライン（low line）とよばれ、牛乳が乳房より高い所に輸送されればハイライン（high line）とよばれる（**写真5.10a、b**）。ハイラインシステムは乳房から乳汁を牛乳配管に物理的に持ち上げるために、より高い真空度で操作する必要がある。起立している牛の乳房の高さから、乳汁を2m以上持ち上げるべきではない。

レコーダージャー

これはパーラー内で個々の牛からの乳汁を受け入れ、貯える容器である。これにより搾乳者が個々の牛がとれだけ乳を出したかをみることができる。乳汁はレコーダージャーから牛乳配管を経てレシーバーに移動する。近年の主なシステムでは、レコーダージャーを持たず、乳汁はロングミルクチューブから牛乳配管に放出され、ついでレシーバーに入る。このタイプの搾乳システムは、ダイレクトラインシステムとよばれる。乳流量計は牛乳配管に接続するロングミルクチューブに位置し、乳量をデジタル表示する。この流量計は自動離脱装置を作動させる。

自動離脱装置

本機は**写真5.11**に示すように自動離脱装置（ACRs）としてよく知られている。それらは搾乳効率を上げることを目的とする省力化のための装置である。本機はまた、乳頭端衝

第5章　搾乳システムと乳房炎

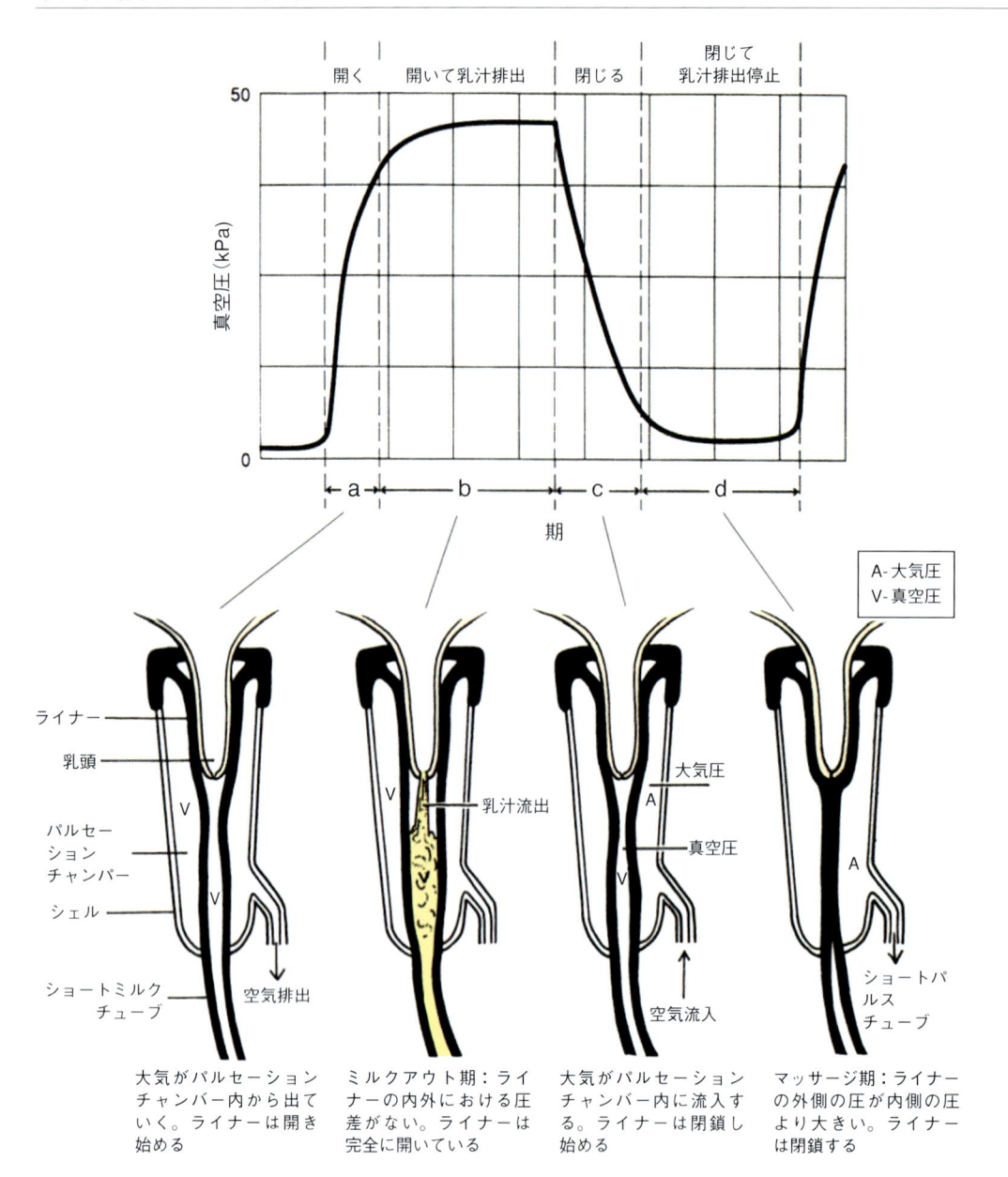

図5.4　乳頭に接しているライナーの動き。パルセーションはパルセーションチャンバー内に大気圧と真空圧を交互に供給することで機能する。個々のパルセーションサイクルはパルセーションチャンバー内に生じる圧変化をみるためにグラフ（上）上にトレースすることができる。

撃をもたらす過搾乳を減らすという利点がある。それらは、牛が泌乳を終えると、ただちに自動的にクラスターを離脱させる。乳流量はロングミルクチューブ内または流量計に設置されたセンサーによって感知される。乳量が事前にセットされたある量より下降すると、搾乳クラスターへの真空の供給が遮断される。その後、空気がブリードホールからクロー内に入り、真空度は低下し、最後にひもが巻き上げられ、乳房からユニットが離脱される。ほとんどの新しい自動離脱装置は、乳流量が1日2回搾乳では400〜500mL/分、1日3回搾乳では600〜800mL/分の間に低下したときに、搾乳ユニットが離脱されるよ

表5.2 パルセーションサイクル。(Spencer, 1990 より)

期	乳頭に対するライナーの機能
a	開きはじめ
bまたはミルクアウト	全開していっぱいの乳汁が流出
c	閉じはじめ
dまたはマッサージ	閉じて乳汁の流出停止 血液循環

う設定されている。

パルセーション(拍動)

これは乳頭周囲の血液循環の維持の役割を持つ。拍動はおおよそ1分間に60回ライナーが開き(搾乳期)閉じる(休止期)ことで成立する。ライナーは完全に自由な動きが保証され、乳頭下部でいっぱいに開き、完全に閉じるべきである。これは図5.4に示したように、パルセーションチャンバー内で大気と真空を交互に変化させることによって可能になる。

パルセーションチャンバー

これは、ライナーとティートカップシェルの間の空隙をいう。空気は、ショートおよびロングパルスチューブを通して、パルセーションチャンバーから排出される。これらは図5.3に示すように、クローの上部で接している。クロー内では、ミルクラインとパルスラインの間に交通はない。

搾乳中は、真空が乳頭下部にコンスタントに供給されている。大気がパルセーションチャンバー内に入ると、ライナーが乳頭周囲で閉鎖される。ライナーの外側の圧が内側の圧より高くなるとこれが起こる。これが起こると、乳汁の排出が止まり、血液が乳頭周囲に循環することができる。これは休止期と呼ばれる。

大気がパルセーションチャンバーから排除され、真空に取って代わると、ライナーは引っぱられて開く。パルセーションチャンバーとライナー内側の間に気圧差がなくなるのでこれが起こる。すなわち、ライナーはそれ自身の弾性によって開く。それゆえにライナーの弾性は非常に重要である。ライナーが開くと、乳汁は乳房から流出し、これは搾乳期とよばれる。

1回の完全なライナーの動きはパルセーションサイクルとよばれる。個々のパルセーションサイクルは表5.2のように4期に分けられる。

個々のパルセーションサイクルは図5.4にみられるように、パルセーションチャンバー内に生じている圧の変化を示すために、グラフ上に記録することができる。これは、パルセーションそのものではないことを理解する必要がある。これは、パルセーションサイクル時に、パルセーションチャンバー内に生じている圧変化のグラフ表示にすぎない。パルセーションとは、実際の乳頭周囲のライナーの動きを意味する。

拍動数と拍動比

拍動数は、1分間あたりのパルセーションサイクルの数であり、通常55〜60回である。拍動比は表5.2の搾乳期(a+b)と休止期(c+d)の長さの比を意味し、%で表示される。拍動比60/40は、搾乳期がサイクルの60%を占め、休止期が40%を占めることを示す。

$$拍動比 = \frac{a + b}{a + b + c + d} \times 100\%$$

やや混乱するかもしれないが、パルセーションには2種類の異なった方式がある。一挙動型と交互型である。

一挙動型

一挙動型または同調型パルセーションは、クラスター内の全4個のライナーが一致して

作動する。一挙動型パルセーションは、4×0パルセーションといわれる。全4分房は、同時に搾乳され、また同時に休止期に入る。この結果、乳房からの乳汁の流出は'のろのろした'ものとなり、乳頭端での真空変動はことによると大きくなる。しかし、乳流量がピークの間、乳頭端圧は低い結果となる。

交互型

交互型または二元型パルセーションは、2個のライナーが他の2個と交互に作動する方式である。交互型パルセーションは2×2パルセーションといわれる。いわゆる2分房が搾乳されている間は、他の2分房は休止期にある。このような形で、乳房からの乳汁の流出は連続的となる。搾乳期に乳汁や空気のシステム内への強い移動が起こらないので、交互型パルセーションの方が一挙動型パルセーションよりもより効率的な搾乳が行われる。一挙動型パルセーションのプラントでは、通常ただ1本のロングパルセーションチューブであるが、交互型パルセーションでは必ず2本ある。

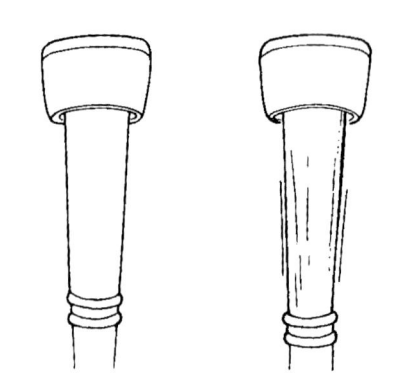

図5.6 老化したライナー。右のライナーにみられるように、一部破損し、弾性を喪失している。

パルセーター

パルセーターは、パルセーションチャンバー内の真空と大気の拍動を交互に変える装置である。2種類の異なったタイプのパルセーターがある。個別型とマスター型である。

マスター型パルセーション

これは電気的に操作され、パーラー内全体のパルセーションを調節している。個々のクラスターはしばしばマスターによって調節されている固有のスレーブ(従属装置)を持っている。それはパーラー内の牛が搾乳されているかどうかにかかわらず、一定のパルセーションを供給するように設計されている。もしマスターパルセーションに問題が生じたら、そのときはすべての搾乳ユニットが等しく影響を受ける。近年のすべての搾乳システムには電子コントローラー型パルセーションが設置されている。

個別型パルセーション

個別型パルセーションは個々の搾乳ユニットが固有のパルセーターを持っているシステムをいう。すべてのパルセーターはお互いに独立して作動し、そのためパーラー内のどこで搾乳されるかによって、牛は異なった拍動数と拍動比を受ける。個別型パルセーターに

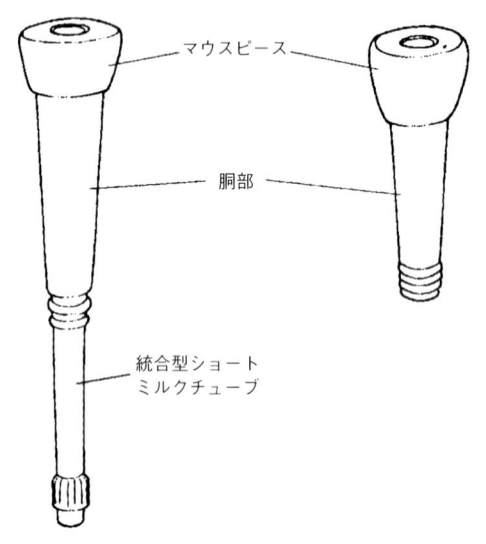

図5.5 ライナーは合成ゴムまたはシリコン素材から作られており、マウスピース、胴部、および統合型または分離型のショートミルクチューブを持つ。

写真5.12 ライナー上部のエアーブリードにより、より良い搾乳とスムーズな自動離脱機能を可能にするといわれている。

問題が生じると、その搾乳ユニットのみが影響を受ける。個別型パルセーターは高価であり、今日では多くの製造会社は、マスター型パルセーションが有効なため、その製造を中止している。

ライナー

これは搾乳システムの中で唯一直接牛に接する部分である。ライナーは合成ゴムまたはシリコン素材からなっており、図5.5に示すように、マウスピース、胴部、および統合型または分離型のショートミルクチューブを持っている。ライナーの弾性の程度は、その効率に大きな影響を与える。それ故にライナーには使用期限がある。

大部分のヨーロッパ製のゴム製ライナーは、2,500回の搾乳または6カ月間のいずれか早い方まで使用できるとされている。シリコン製ライナーはさらに長く、10,000回の搾乳まで使用できるとされているがより高価である。ライナーは次の条件を満たさねばならない。

- 軟らかく弾性のあるマウスピースを持ち、乳房に続く乳頭基部で気密を作る。これによりライナースリップやユニットの離脱が防止できる。
- 乳頭の根元でライナーが十分につぶれるよう、十分な長さの胴部を持つ。
- 洗浄が容易である。
- 乳頭への最小限の負荷で、迅速に乳汁を排出する。

三角ライナーはいくつかのパーラーで使用されている。それらは2つの平面よりむしろ3つの平面に圧力を与えることによって乳頭の圧搾をより均等にするために有益であるといわれている。三角ライナーのあるタイプは、乳流量を改善するためにマウスピースにエアーブリードを持っている。

ライナーは図5.6に示すように、最後には弾性を失い劣化する。このことは、ライナーが常に同じ平面で開閉しているために生じ、ユニット離脱後に、なぜ乳頭口にときどき亀裂がみられるかを説明している（p.257〜258参照）。

ある新しいタイプのライナーはライナーの上にエアーブリードを持っている（写真5.12参照）。この機能の利便性は、より良い搾乳性能とクローピースの通気口としての役割により、より速い自動離脱を行うことである。

ライナーは劣化すると、開くのに長い時間がかかり、早く閉じる。そのため搾乳時間が延長する。多くの搾乳者は劣化したライナーのセットを交換すると、ただちに搾乳時間が短くなることを知っている。

化学薬品、特に塩素系製剤はゴムを変性させ、ライナーの寿命を短縮させる。ライナーの粗い内面は乳頭皮膚を損傷し、確実に細菌を定着させる。これは乳房炎伝播のリスクを増加させ、総細菌数に影響する。

第5章　搾乳システムと乳房炎

写真5.13　消耗し粗雑になったライナーは、洗浄困難となり乳房炎細菌が付着する。

ライナー使用程度は下式により簡単にチェックできる。ここで牛の数とは、搾乳牛と乾乳牛を含む牛群中の全頭数をいう。

$$\text{ライナーの使用回数（搾乳回数）} = \frac{\text{牛の数} \times 2^* \times \text{ライナー使用日数}}{\text{搾乳ユニットの数}}$$

＊もし1日3回搾乳なら3とする。

例えば、160頭の牛群を8×16式（8×16式とは、8組のミルカーと16頭分の牛枠を持つ）パーラーで1日2回搾乳し、ライナーを1年に2回交換している場合には、ライナーは交換前にのべ7,320頭の牛を搾乳したことになる。

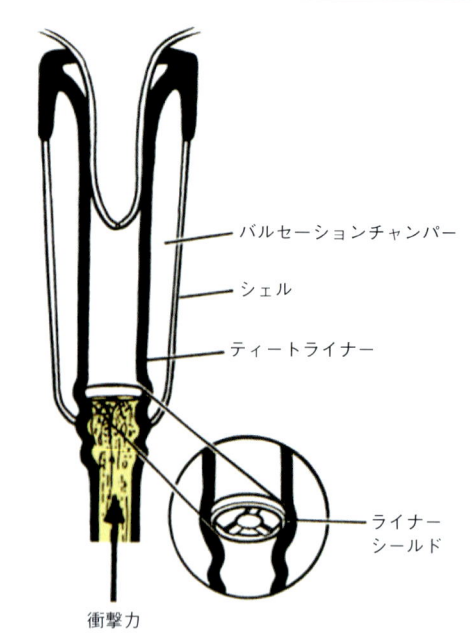

図5.7　ライナーシールドは衝撃力の影響を緩和するのに役立つ。（※訳者注：逆に乳の流れを阻害するとして日本では推奨されていない）

$$\text{ライナーの使用回数} = \frac{160\text{頭} \times 2 \times 183\text{日}}{8\text{ユニット}}$$

$$= 7{,}320\text{回搾乳／ライナー}$$

この例では、ゴム製ライナーの使用限度2,500回（読者が使用中のライナーの使用限度については、製造会社の指示書をみること）をはるかに超えており、もっと頻繁に取り替える必要がある。交換頻度は下式により計算される。

写真5.14　この電子顕微鏡写真は消耗したライナーを示している。いかにたやすく、ここに細菌が付着し、牛から牛へと伝播するかに注目。

写真5.15　ティートカップ装着中のロボット搾乳。

ライナーの使用可能日数(すなわち、交換頻度) = $\dfrac{2,500^* \times 搾乳ユニット数}{搾乳頭数 \times 2^{**}}$

*もし製造会社の指示が異なっていれば、それに変える。
**もし1日3回搾乳なら3とする。

そこでこの牛群の場合には、
ライナーの使用可能日数＝
$\dfrac{2,500 \times 8}{160 \times 2}$ = 62.5日または2カ月

　ライナーの交換頻度は、付録のライナー使用可能日数表を用いてすぐに調べられる。これには搾乳頭数、搾乳ユニット数、1日の搾乳回数の情報が必要である。

　ライナーの選択は大変重要である。適正なライナーは、ティートカップのシェルに適合するものを選ぶべきである。そのライナーは乳頭基部でいっぱいに拡張することが可能であるべきで、そうでなければ、血液の循環が障害され、乳頭端の浮腫(p.256〜257参照)と他の乳頭端の損傷をもたらす。いったんライナーが消耗し粗雑になれば、そのライナーはたんに乳頭の損傷をもたらすのみでなく、洗浄がより困難となる(写真5.13)。みかけによらず、老朽化したライナーを何千倍にも拡大した電子顕微鏡写真(写真5.14)にみられるように、劣化したライナーの内側はなめらかではない。

ライナーシールド

　これは図5.7に示されているように、ライナー胴部の基部に設置されている。その働きはいかなる衝撃力をも緩和することである(p.93〜94参照)。実験的研究では、ライナーシールドは新規感染率を12%まで減少させるのに役立った。しかし、シールドの設置部位が問題である。もしライナーのかなり高い位置に設置されていると、それはライナーの完全な拡張を妨げる。そうなるとパルセーションの拍動の休止期が不完全となり、乳頭端の損傷をもたらす。

ロボット搾乳

　2009年に世界では2,400戸以上の農家がおよそ8,000機のロボット搾乳機を設置し、ロボット搾乳はより一般的になった。最初のロボット、自動搾乳システムは1992年にオランダに導入された。ロボットの大部分は、北西ヨーロッパにみられ、オランダは最大の導入基盤を持っており、スカンジナビアは数年後に最速の増加率をみせた。ロボット搾乳の原則は、自動で機械を装着しなければならないことを除いて従来の搾乳システムのそれらと変わらないことである(写真5.15)。

　人々はさまざまな理由によってロボット搾乳機を導入する。ある人は生活の質を改善したいとか乳量を増加させたいという理由であり、またある人は、より回数の多い搾乳と個々の乳頭に合ったティートカップの離脱が、彼らの牛群の健康状態を改善するだろうと期待している。毎日の搾乳の仕事を好まない酪農家もいる。しかしユーザーの大部分は、ロボットを使用することで、多くの人々が考えるような時間は確保できないという。

　酪農家がロボットの周りに酪農施設を建てるのは重要であり、その逆は無駄である。ある酪農家は、既存の施設の中にロボットを導入することができ、それが効果的に働くと考えている。しかし、大部分の人たちはそれが働かないことに気づく。

　ロボットは24時間、牛の搾乳をしているので、よく維持管理され、信頼できることが絶対に不可欠である。機械の補修サポートは、どんな破損や不具合が生じた時でも、24時間、利用できなければならない。この技術には多くの利点があり(牛が搾られたいときを選べることを含む)、それらが乳量にプラスの影響を与えている。ほとんどのロボットは、

牛が搾乳された後、個々の分房からティートカップを外す。それは過搾乳を防止し、乳頭を最良の状態に保つことにつながる。電気伝導度計は臨床型乳房炎の早期発見に役立ち、そしてライナーは毎搾乳後に消毒されるので、牛から牛への伝播が防止される。

搾乳システムの維持管理と機械の検査

　他の装置のあらゆる部品と同様に、搾乳システムは適切に維持される必要があり、そうすることによって最大の能力が発揮される。非効率な機械は搾乳時間を延長させ、最悪では乳量を減少させ、乳房炎の数を増加させる。

　システムを使用するすべての人々はどんな検査を実施すべきかを知っておくことが重要である。能力を完全に発揮していないシステムでも、なお乳房から乳汁を搾ることはするが、しかし、乳房炎の素因を蓄積させていることがある。搾乳システムの問題は、はじめはゆっくりした傾向を示すので、検査は定期的に実施する必要がある。

　いくつかの検査は搾乳者が毎日実施すべきであり、ある検査はマネージャーやオーナーによって規則的になされ、装置の専門家を要する検査は定期的になされる。ほとんどの製造会社は、チェックリストを持っており、また実施すべき日程表を持っている。

　搾乳システムは高度に複雑な装置である。また1年中、毎日2回、時には3回使用されている。自動車と比べてみよう。自動車会社は5,000マイル（8,000km）または10,000マイル（16,000km）ごとの点検サービスを奨めている。実際、誰もが適切な間隔で自分の車をサービスに出している。もしそうしないと、車の機能が低下し始め、より故障しやすくなってくるからである。

　搾乳システムも例外ではない。平均的な搾乳システムは毎搾乳時に2.5時間作動する。これは年間1,800時間以上の使用に相当する。もし読者が、搾乳システムを1年中、時速40マイル（64km）で走行している車と比べてみると、搾乳システムは年に72,000マイル（115,200km）走った車と同じ量の仕事をしたことになる。

搾乳者による毎日の検査

　搾乳者は、搾乳システムの調子がおかしいことに気づく最初の発見者になる。搾乳時間が延長したり、理由もないのに搾乳ユニットが脱落したりする。すり減ったバルブのような消耗したゴム製器具やパーツは気がつくたびに取り替えるべきである。搾乳者は、搾乳中に真空ゲージで真空度を確認すべきである。もし搾乳者がその欠陥をみつけられなかったり補修できなかったりした場合は、農場のマネージャーや機械のディーラーをよんで、問題を解決すべきである。

マネージャーやオーナーによる毎週の検査

　ミルカーに関する責任をすべて搾乳者に押しつけるのは公正ではない。マネージャーまたはオーナーはあらゆる欠陥の可能性についてシステムを規則的に検査すべきである。ゴム製部品、ライナーの状態、レギュレーター上の空気フィルター、真空ポンプのオイルの量とベルトの張り具合などを検査する。

定期的な専門家による検査

　搾乳システムは、有資格の技術者またはアドバイザーによって定期的に検査してもらうことが重要である。ほとんどの酪農家は自己のシステムの検査を年1回受け、いくらかの酪農家は年2回受けている。しかし、ある酪農家はシステムを設置した日から一度も検査を受けていない――それはときには20年間にも及ぶ！　パーラーはISO（International Organization for Standardization）または国際基準のような特別な基準を満たすように検査

されるべきである。これらは必要最低条件となっている。

すべての搾乳システムは6カ月ごとに検査すべきである。1日3回搾乳の農場ではさらに頻繁に実施すべきである。1日3回搾乳が普通となっているアリゾナ州では、すべての搾乳システムが酪農会社によって、その最大の能力が発揮されるよう、毎月検査されている。最良の検査報告は、何も問題が発見されないことである。そのことは機械が最適性能で動いていることを意味すると、彼らは信じている。

検査の実施には静的と動的の2つがある。静的検査は牛が搾乳されていない間に実施され、MOTまたは車の機械的な検査に相当する。この方法はある種の問題を特定するのに大変有用であるが、限界もある。動的検査は搾乳中に実施され、車の走行試験に相当する。動的検査の間に、その機械は負荷された状態で、どんな問題があるかを見いだすために検査される。すべてのパーラーは年に一度の動的検査を受けるべきである。

静的検査

静的検査には下記のものが含まれる。

システムの真空度

システムのさまざまな場所で真空度を検査し、ポンプと乳頭端の間に真空の大きな漏れがないことと、設備が正しい位置に設置されていることを確かめる。真空度の低下は空気がシステム内に漏れていることを示している。真空計の精度もまた検査する。

予備真空

予備真空は、システムの操作に必要な量を超えた真空として、すでに述べた。搾乳中のシステムが安定した真空度を維持するために、十分な量の予備真空が必要である。

ISOは予備真空のための推奨値を持っている。これらは最低の推奨値であることを承知しなければならない。そして理想的には新しいシステムはこれらの基準を有意に上回るべきである。システムが古くなって効率が悪くなりはじめても、システムのISOは一定の水準を保障するだろう。

低い予備真空を持つシステムは、搾乳中の安定した真空度を維持することが困難となる。このためライナースリップや不規則な真空度の変動の回数が増加し、ひいては乳房炎の発生や搾乳不良に影響する。十分な予備真空を持たない搾乳システムの牛群では、搾乳後の乳房の残乳量が増加してしまうために、乳牛中の高体細胞数と相関することを示した研究もある。

もし、真空を必要とするユニットや他のものが、搾乳システムに、真空ポンプの大きさを増やさないで加えられると、予備真空の量が減少する。このことが真空度の変動に影響する。実用的な予備真空の量は、学術的に興味のある一分野である。搾乳と洗浄に必要な真空度が満たされているかどうかが、重要な問題である。

調圧器の機能

調圧器が正常に作動し、安定した真空度が搾乳中に維持されていることが重要である。調圧器は塵埃によって妨害されることが多

写真5.16 搾乳中にショートミルクチューブの上方で真空度とその変動を記録する動的検査法。

く、そのためシステム内への空気の流入量が減少する。しかしときには調圧器自体が欠陥を持っている。調圧器は毎週検査され、清掃されるべきである。

パルセーションシステム

パルセーションの動きは個々のユニットごとに測定する。マスター型パルセーションを持つシステムでは、ユニット間の相違はほとんどないはずである。個々のパルセーターを持つシステムでは、動作の相違は非常に大きい。

システム全体の状態、ゴム製器具など

システムはすべての消耗したゴム製器具、漏れるバルブなどについても検査され、その全体的な状態を記録する。ライナーの状態も検査し、ライナーが適切な間隔で交換されていることを確認するために交換頻度を調べる。

動的検査

動的検査は搾乳中に実施される（**写真5.16**）。搾乳システムの最も遠い位置にいる牛、すなわち真空ポンプとレシーバーから最も離れた所にいる少数の高泌乳牛の搾乳中に、乳頭端に近い場所の真空度とその変動を記録する。これは'負荷'状態でシステムを検査するように考案されている。真空度の記録はクラスターから出てくるロングミルクチューブで測定するか、またはライナーシェルの直下にあるショートミルクチューブで測定する。後分房の方が前分房より乳量が多く、システムへの負荷が大きいので、後分房での測定が望ましい。真空度変動の程度とタイプが記録される。泌乳量と泌乳時間も記録する。

乳頭端に生じる真空度の変動には、規則性と不規則性の2種類がある。規則性真空度の変動は、搾乳中一定している。図5.8は搾乳中に生じるいくつかの変動タイプを示してい

る。規則的な変動は拍動によって引き起こされる。不規則性変動は不十分な予備真空、ユニットの脱落、ライナースリップなどの要因の結果として起こり、搾乳中に間欠的に生じる。ライナースリップは、乳汁を逆流させ衝撃力を導くので危険である。この衝撃力は牛乳小滴を乳頭管に逆送し通過させる。それはp.93〜94で述べる。

真空度の変動については国際的な基準が確立されていない。しかし、ある研究者は10kPa(7.5cmHg)を超える変動値は好ましくなく、乳房炎のリスクが増すと指摘している。いかなる不規則性真空度変動も好ましくない。レシーバーやサニタリートラップの位置で連続的に長時間記録することもまた、搾乳システム内に真空度の変化が生じていないことを検査するために行われる。もしここになんらかの真空度の変動があれば、それは乳頭端の方にさらに誇張されて伝わる傾向がある。

搾乳中の牛の行動にも注意すべきである。牛が快適で満足しているか、またはいらだって不快感を示しているか、正しく知らなければならない。過度の排便、排尿がないかどうか。搾乳後の乳頭状態の評価とともに、搾乳システムと牛の相互作用もまた観察されるべきである。

搾乳システムの検査から得られたすべての所見を記録し、酪農家が保存することが重要である。検査結果は常に搾乳者とオーナーの両者で検討し、見いだされたいかなる異常も乳房の健康維持と関係づけて考える。システムの最良の検査結果は何の異常も見いだされなかったことを示すものである。迅速な行動を促す検査結果を酪農家に残しても、そのメッセージが無視されることがある。これはその異常の持つ重要性が酪農家に十分説明されていないために、行動すべき理由が分からないことによる。

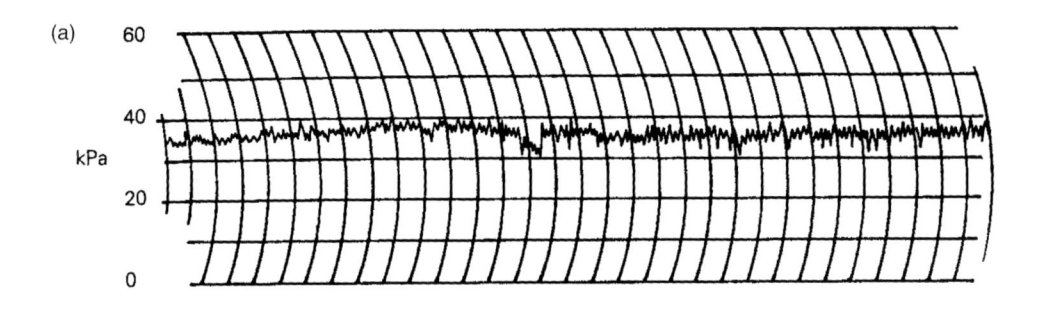

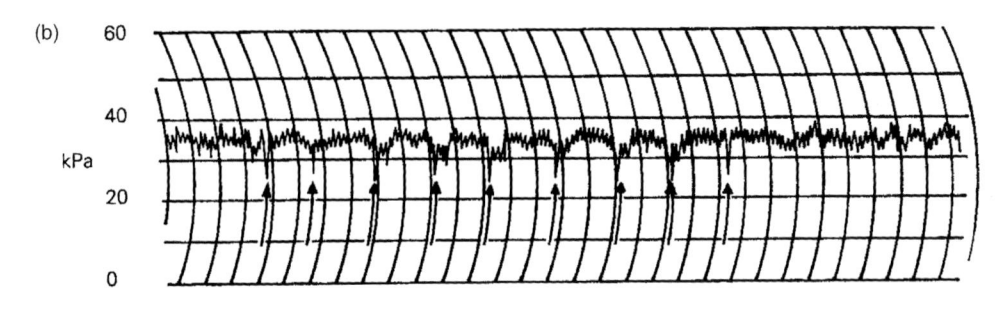

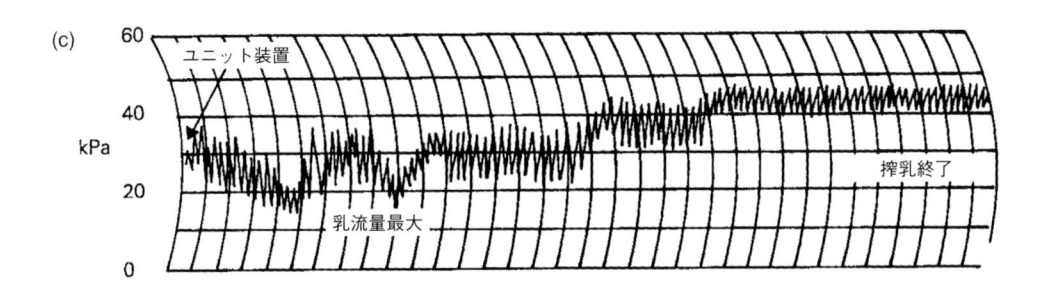

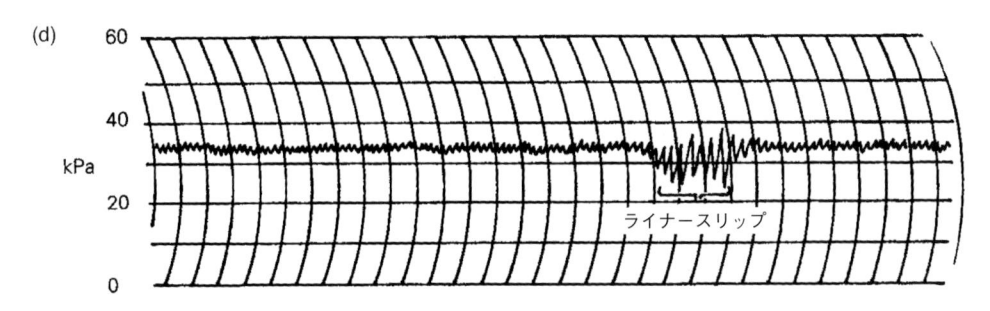

図5.8 (a)乳頭端での変動がほとんどないことを示す良好な記録。(b)他のユニットを取り付けたときに乳頭端の真空度は矢印の位置で低下している。これは不十分な予備真空、または調圧器の異常を示している。(c)乳頭端の真空度が搾乳開始から最大流出までに大きく変動(20kPa)し、搾乳終了に向けてより受容可能な変動(7kPa)に移行している。実際の真空度は最大流出時に13〜36kPaと変動し、搾終了時に向けて40〜50kPaとなる。(d)乳頭端の真空度はずっと安定していたが、ライナースリップによって不規則性変動が大きく(17kPa)生じている。これが衝撃力をもたらす。

搾乳システムと乳房炎の関係

搾乳システムは、次の多くの方法によって、乳房炎に影響する。

- 媒介者（伝達者）となる
- 乳頭端を損傷する
- 乳頭端への細菌の集落形成を増加する
- 衝撃力を生じる
- 搾乳不全
- 過搾乳
- 迷走電流

媒介者としての作用

病原細菌は搾乳システムから牛に物理的に伝達され、これにより乳房炎細菌は牛から牛へ感染する。これは搾乳と搾乳の間にライナー内に残った汚染乳によってなされる（写真5.17）。研究報告では、*Staphylococcus aureus*感染牛を搾乳して汚染されたライナーを通じて、次に搾乳された6～8頭の牛に拡散した。このような感染が起こるリスクは劣化したライナーを用いたときに高まる。それは細菌が粗雑なライナー表面により付着しやすくなるからである。

感染はまた、ショートミルクチューブ内が逆流した乳汁で満たされたときに、搾乳中の分房間で拡散することがある。これが起こると、全分房の乳汁が混合し、細菌の未感染分房への汚染を可能にする。汚染の程度は、いかに早く乳汁がライナーから流出されるかにかかっている。大容量のクローは、この影響の軽減に役立つ。

マイコプラズマ感染もまた、ライナーを介して広がる。マイコプラズマは、ヨーロッパでは一般的な病原体ではなく、高温砂漠地帯で流行している。治療は無効のため、感染動物は一般に淘汰される。その理由のために、多くの搾乳システムは、次の牛を搾乳する前に熱湯で搾乳ユニットを消毒する自動バックフラッシュユニットを持っている。バックフラッシュユニットは、ブドウ球菌とレンサ球菌の牛から牛への伝播を減らすためと、次の牛に装着する前にライナーが清潔であることを保証するために、ヨーロッパでは設置し続けられている。

乳頭端の損傷

乳頭管は新規乳房内感染を防ぐ上で主要な防御機構を担っている。機械の不備により乳頭皮膚や乳頭端を損傷した搾乳牛は、新規感染のリスクを増大させるであろう。乳頭皮膚の損傷、特に切創やあかぎれは*S. aureus*や*Streptococcus dysgalactiae*のような乳房炎原因菌が増殖しやすい環境にする。乳頭端の損傷は細菌の増殖を許し、細菌を乳房内へたやすく侵入させてしまうであろう。

最もよくある著しい損傷に過角化症がある。過角化症は過搾乳、パルセーションの不備、高真空度、劣化したライナーによる搾乳、搾乳ユニットの乱暴な離脱によって引き起こされる。乳頭管の損傷は新規感染率を増加させる。図5.9は、過角化症の高いスコアの分房は高体細胞数を示し、さらに高い潜在性乳房炎感染を持つことを示している。スコア5を示した牛の50％近くが感染（CMT陽性）を示していた。

写真5.17　ライナー上に残った感染乳は、次に搾乳される6～8頭の牛に感染を拡散させる。

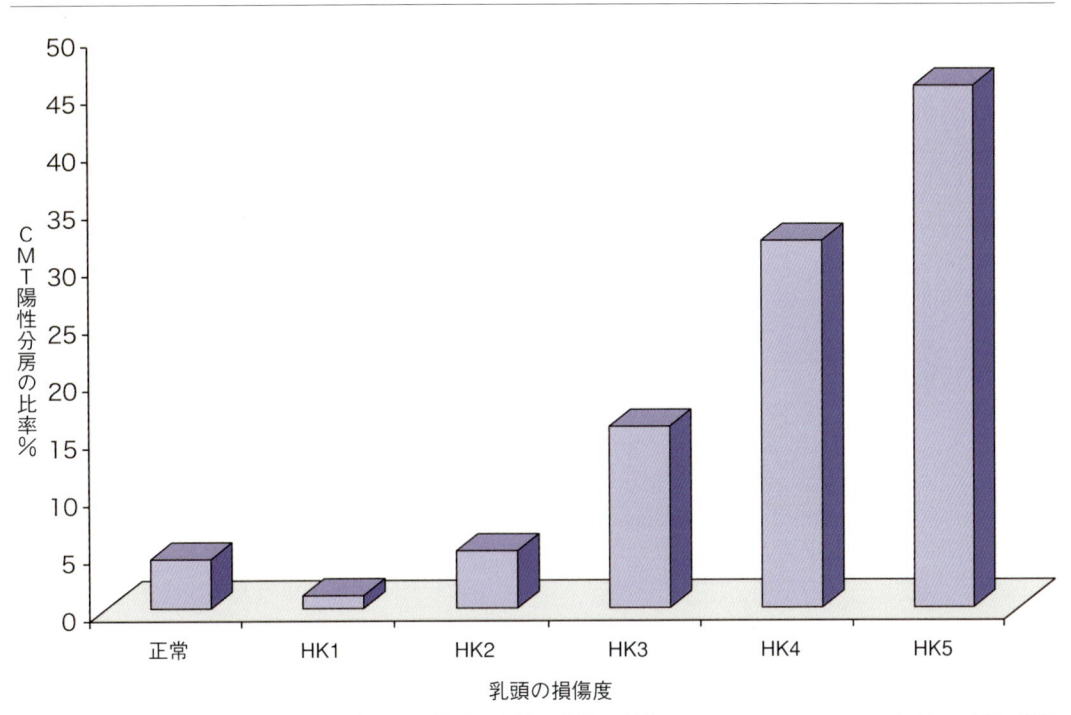

図5.9 過角化症の重症度に応じた、高体細胞数分房を持つ乳頭の割合。CMT＝California Mastitis Test. HK1-HK5＝0（正常）から5（重症）の基準による過角化症の程度。(Lewis, 2000)

乳頭管への集落形成

パルセーションは搾乳中の乳頭管から過剰なケラチンを定期的に除去するので重要である。ケラチンはそこにいるすべての細菌を掃除する吸取紙のような働きをし、ちょうど皮膚の上で、上皮細胞が自然にはがれて細菌の除去を助けるのと同様である。

もし、パルセーションに問題があって過剰なケラチンが除去されなければ、乳頭管内に細菌が定着するであろう。乳流量の減少によるこの蓄積は、過剰なケラチンと細菌が乳頭管から洗い出されないことを示す。これらの細菌は乳頭管内に集落を形成し、乳腺内に移行すれば、乳房炎のリスクが増加する。

劣化したりデザインの合わないライナー、小容量のクロー、小口径のパルスチューブ、その他多くの要因がパルセーションに影響する。パルセーションの問題はまた、短洞型ライナーによっても生じ、それは短胴では、ライナーが乳頭端周囲に完全に拡張するスペースが不足するからである。

ライナースリップと衝撃力

衝撃力は、乳汁小滴がショートミルクチューブまたはクローから、図5.10に示されているように、乳頭端に突進することにより生じる。

これはしばしばライナースリップによって起こり、乳頭端とクラスターの間に圧力差が生じると発生する。衝撃力を生じるのに必要な圧力差の時間は、わずかミリ秒単位である。乳汁小滴は、時速64kmにも達するスピードで突進する。この力は、搾乳中に開放的となっており（p.33〜34参照）、乳頭管への乳汁小滴の侵入をもたらす。もし、乳汁が乳房炎細菌で汚染されていれば、侵入後に感染が続く。真空圧を遮断しないで搾乳ユニットを離脱したり、マシンストリッピング（p.128参照）やライナースリップ（写真5.18参照）はすべて衝撃力をもたらす。

第5章 搾乳システムと乳房炎

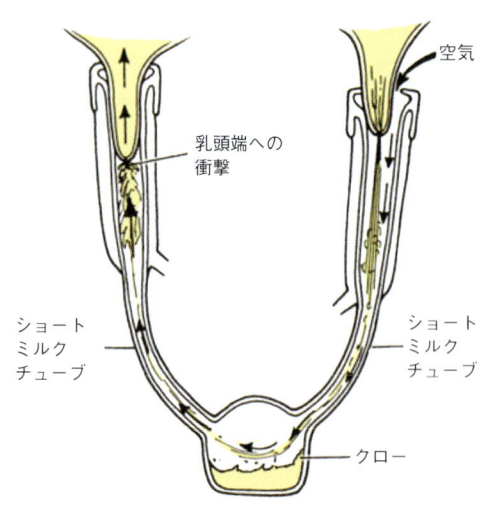

図5.10 乳頭端への衝撃は乳頭とライナーのすきまに空気が入ったときに生じ、乳頭端とクローの間の圧の不均衡をもたらす。

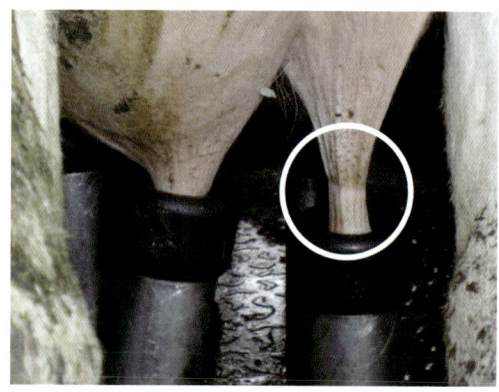

写真5.18 ライナースリップ(円内)は乳頭端へ乳汁を逆送する衝撃力を生じる。

不適切な搾乳前の乳頭準備と搾乳中の衝撃力が合わさると、環境性乳房炎の発生率が高くなる。このリスクは、汚れた乳頭が洗浄されて乾燥していないか、または環境性細菌に汚染された水がライナーの上部の周りに集まったときに増加するであろう。もし、ライナースリップの原因が確認され解決されれば、搾乳前の乳頭準備は改善され臨床型乳房炎は直ちに明確に減少する。

ライナースリップは次のいくつかの理由のうちひとつまたは複数の要因によって起こる。

- 搾乳ユニットの位置調整不良
- 不十分なシステムの予備真空
- 小さい、たいへん大きいまたは斜めの乳頭を持った牛は、ライナーと適合しない
- そわそわした神経質な牛
- 過度に大きなライナー口径
- 低い真空度
- ライナーデザインの不適合
- 重すぎるクラスター
- 搾乳中の真空度の大きな変動
- 搾乳後半のマシンストリッピング

ライナースリップの大多数はライナー上部からの空気の侵入を示す'ガーガー音'をもたらす。ほとんどのライナースリップは搾乳末期に生じるので、2つのリスクを持つ。ひとつ目は、乳頭管がその最大開放期にあるので(p.34参照)、乳頭端での抵抗がほとんどないことである。2つ目は、もし乳汁小滴が乳頭管内に侵入すると、排出されるべき乳汁がほとんど残っていないので、細菌は次回搾乳まで乳腺内にとどまり、乳房炎発生のリスクを増加させる。

過去20年にわたって、衝撃力の発生はかなり減少してきた。それは、次のような多くの搾乳システムの改良によっている。

- 真空ポンプ容量の増加
- 真空度安定の改善
- クローの大容量化
- ショートミルクチューブの大口径化
- ブリードホールの拡大
- ライナーシールド

高いライナースリップの発生は、臨床型乳房炎の発生に大きく影響を与える。特に搾乳前の乳頭の準備が不十分であるときにそれがいえる。

残乳

搾乳終了時に、初産牛では0.5Lの乳汁が、成牛では0.75Lの乳汁が残る。しかし、あるときには、数Lの乳汁が搾り残されることがある。これらの状況において、不完全な搾乳は残された乳汁と細菌の増殖により体細胞数に影響を与える。これらの細菌は驚くほど菌数が増加し、体細胞数の増加に関係する。そして臨床型乳房炎のリスクを増加させる。*Streptococcus agalactiae* 感染においては、もし、不完全な搾乳があるときは、これらの細菌は他の乳房炎原因菌に比べ高い排菌数を示すため、著しく感染が増加する。

過搾乳

過搾乳は、乳頭損傷をもたらし、乳房炎発生の増加を招く。過搾乳は多くの乳頭うっ血と乳頭端損傷を引き起こし、多くの臨床型乳房炎と高体細胞数をもたらす結果となることが研究で示されている。過搾乳は、搾乳の終わりに牛を観察することによって容易に評価できる。もし、クラスターから乳汁の流れがなかったら、その牛は過搾乳されている（写真5.19）。

もし、離脱時にクロー内が空虚であったら、それは過搾乳である。乳流量が400mL／分に低下したときまたはその前に、ユニットを離脱させるべきである。過搾乳は、もし乳頭準備が不良であれば、搾乳の開始時にも起きる。その結果、弱い射乳反射となる。これは、二峰性の射乳を引き起こす（p.120〜121参照）。

迷走電流

迷走電流とは、牛体に迷走した小電流が通電することである。迷走電流は、誤配線、欠陥機器や不適切なアースによって起こる。ほとんどの研究者は、1ボルトを超える値は乳房の健康に重大であることを承知している。迷走電流に対する動物の反応は、動物への通電と電圧の大きさによって違ってくる。迷走電流の問題は、途絶えることなく続き、しばしば見抜くのがとても難しい。一般的には、行動の変化、搾乳特性の変化、乳生産減少の3つの影響を与える。多くの場合、迷走電流の最初のサインは搾乳されるためにパーラー内に入るときに牛が気乗りしない様子を示す。迷走電流が問題となるときは、牛は搾乳中も神経質になる。牛は、搾乳過程で落ち着きなくそわそわし、パーラー内に押し込まれることとなる。彼らは、大急ぎでパーラーをあとにするだろう。これは牛が迷走電流を怖がり、搾乳されている間に迷走電流にさらされてチクチク痛みを感じるためである。また、排糞、排尿の回数が増加するだろう。もし、牛が搾乳のために入るのに機嫌がよく、搾乳中、静かである場合、迷走電流が問題となることはない。

弱い射乳反射は搾乳を不完全とし、ひとつまたはそれ以上の乳房において残乳を増加させる。これは牛が怖がるために、射乳反射が減少するからである。罹患牛の数と射乳反射の影響は、迷走電流の程度と個々の牛の反応によって異なってくる。牛は搾乳ユニットを蹴るようになりがちで、その結果、衝撃力と不完全搾乳が生じ、そしてより多くの臨床型乳房炎および体細胞数増加をもたらす。不完全な搾乳はまた乳量を減少させる。

写真5.19　過搾乳。クロー内に乳汁がない。

検査器具を用いないで実施できる簡単なシステムの検査法

　手のこんだ検査器具を一切用いないで、そのシステムの問題点の識別に役立つさまざまな簡単な検査法がある。それらを以下に記したが、いずれも搾乳システムの問題点の把握に役立つよう工夫されている。しかし、これらは定期的なシステムの検査に取って代わることを意図したものではなく、定期的な検査は、いかなる乳房炎防除プログラムにとっても重要である。専門家による検査法はここでは述べない。

真空度

- システムのスイッチを入れる前に真空計の目盛が0であることを確かめる。真空計はしばしば正しい値を指していない。
- スイッチを入れた後、針の上昇具合をみる。ほとんどのシステムは、約10秒以内に設定真空度に達する。設定真空度に達するのに長い時間がかかる場合は、弁が開いたままになっていないかどうかをみる。その場合は、システム内への空気の流入がある。
- コックをひねって、計器が固くなっていないか確かめる。
- 真空計が示す運転真空度がいくらになっているかみる。これを直近のシステムの検査報告と比較する。

予備真空

- システムを搾乳状態にする。5個のユニットごとに1個を開いてシステム内に空気を流入させる。もし真空度が2 kPa (1.5 cmHg) 以上落ちるようなら、予備真空が不十分であることを示している。したがって20頭ダブルのパーラーでは、4ユニットからの空気の流入が許容できるはずである。
- 真空計がはっきりみえるようにピット（搾乳室内の低い床）内に立ってみる。1個のユニットを開いて、5秒間システム内に空気を流入させる。どの程度、真空度が下降するか測定する。ユニットを閉じて、真空度が正常な設定真空度に回復するまでの時間を記録する。これは真空回復時間とよばれ、3秒を超えてはいけない。どのシステムであっても、ひとつのユニットからの空気の流入は牛へのクラスターの装着のときと等しい。真空度に低下を認めてはいけない。もし真空度が下降するようなら、それは重大な問題があることを示し、おそらく予備真空が不十分であるか、調圧器の故障か汚れによるものである。システムの真空度はひとつのユニットからの空気の流入では決して真空度が低下してはいけない。
- さらに検査を繰り返し、2個のミルカーを同時に5秒間開いてみる。そして、どの程度真空度が下降し、正常に回復するまでにどれくらい時間を要するかをみる。小さなシステムで2つのユニットから空気を流入させた場合、真空度の小さな低下を認める。このとき、真空度の低下は2 kPaを超えてはならない。
- 大きなシステムでは、2つのユニットから空気を流入させた場合、システムの真空度は低下してはならない。
- 大まかな予備真空の検査は、ユニット5台につき1台のユニットから空気を流入し

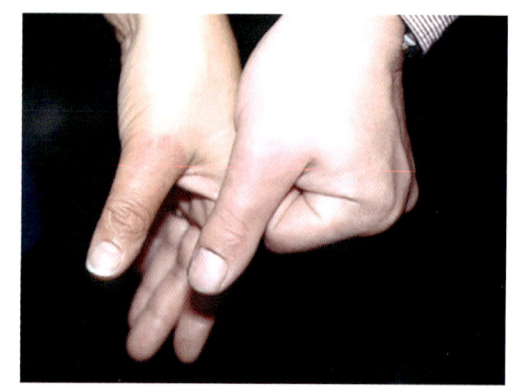

写真5.20　もしパルセーションがないと、この'親指テスト'に示されるように、血液循環が停止する。

(20頭ダブルのパーラーでは4台となる)、真空計を観察する。もし、十分な予備真空があれば、真空度は安定を保っている。

調圧器の機能
- まず調圧器が汚れていないか確かめる。
- 搾乳中に調圧器の近くに立ちその音を聞く。空気が流入する音を聞くことができるだろうか。搾乳中は、常に予備真空の過剰な真空圧が供給されているので、調圧器は絶えず大気をシステム内に吸引していなければならない。ユニットを装着すると何が起こるだろうか。空気の流入が断たれるだろうか。もし、調圧器が空気の流入を止めると、そのシステムは安定した真空度を供給できなくなることを意味する。その場合、不十分な予備真空か、調圧器の不備による可能性がある。
- システム内に空気が流入すると、真空度は2〜3kPa低下する。調圧器の音を聞かねばならない。もし正常に作動していれば、そのシステムが正常な真空度を回復しようとしているときは、空気の流入が止まっているべきである。もし空気を吸引しているようなら、それは調圧器に異常がある。
- システムの真空度が低下した後に、正常値に上昇する真空計を観察する。もし真空計が上がりすぎ、正常運転値以上に達し、その後下降する時は、調圧器の汚れか異常のいずれかである。

パルセーションシステム
- まずパルセーションがマスター型か個別型か、一挙動型か交互型かを調べる。
- 個々のパルセーターの音を聞き、それが作動しているかどうか知る。
- 個々のクラスターのライナーに指をあて、その動きを感じる。交互型パルセーションでは2個のライナーが交互に作動していることを検査する必要がある。もし動きが感じられなければ、そのユニットのパルセーション(拍動)が異常であることを示す。
- 拍動数を測定する。この結果を直近の検査報告と比較する。
- ショートおよびロングパルスチューブの状態を検査する。パルスチューブ内の穴はライナーの動きに影響する。ライナーはパルセーションチャンバー内で十分な真空度が得られなければ、ライナーは部分的にしか拡張できなかったり、まったく拡張できなかったりする。これは穴の位置と大きさによる。

搾乳者に不適切なパルセーションの影響を示すことは容易である。3本のライナーを閉じて、1本の開いたライナーの内側に親指を入れるよう搾乳者に指示する。搾乳時と同じように真空度の供給を開始し、ロングパルスチューブをよじってみる。こうすると拍動なしに連続的に搾乳しているのと似た状態になり、乳頭または親指の周囲の血液循環が停止する。写真5.20に示すように、搾乳者に生じた影響として、その赤く腫脹した親指をみることができる。

ライナーとゴム製器具
- パルセーターの機能を検査している間に、ライナーの内側を感じてみる。それが軟らかくてなめらかであるか、または粗雑で亀裂があるか。
- ペンライトがあれば、ライナーの内側を照らして観察する。
- ライナー交換の頻度はどのくらいでなされているか。
- ライナーが交換されてから次に交換されるまでに何回搾乳しているか。
- ライナーはどのくらいの頻度で交換すべきか。
- シェルからライナーを取り出してみる。破損しているか、または円形か。

第5章　搾乳システムと乳房炎

写真5.21　エアーインジェクターは洗浄液の攪拌を最大にし大口径の配管がきれいになるのを保証するために牛乳配管に設置されている。

- ライナーを長軸方向に裂いてみて、その状態を観察する（これをする前に必ず交換用のライナーを用意しておかないと、搾乳が困難になる）。そのライナーはきれいか。
- 他のゴム製器具の状態を、亀裂、穴、裂け目について検査する。

その他の検査

- クラスターにあるエアーブリードホールを検査する。もし塞がれていれば乳汁はクラスターから容易に流れ出ていかない。クラスターを牛からはずすときに、ライナーから乳汁が逆流してくるようなら、ブリードホールの閉鎖を示している。
- 最後に搾乳システムの検査をしたのはいつか。
- どのような検査を実施したか。
- 前回検査でみつかったすべての問題は解決されたか。
- 検査記録は残されているか。また、その結果を十分検討したか。
- 通常は誰がシステムの検査をしているか。

搾乳中に行われる観察

- ユニットが乳房に心地よく付着しているかをみる。
- ライナースリップの徴候が少しでもないか。
- 搾乳中の牛は機嫌がよいか、または蹴ったり落ち着きがなかったりしないか。
- 自動離脱装置の機能を検査する。
- ユニットの真空を遮断している間に、引くようにして離脱していないか。
- 牛が過少または過剰に搾乳されていないか。
- 牛が搾乳の終わりにクラスターを蹴ることがないか。
- 搾乳中、真空計がぶれなく静止しているかどうか。
- ユニットを離脱したら乳頭の状態をみる。
- クラスターをはずしたらすぐに、小出血、活約筋の反転、乳頭皮膚のよじれとチアノーゼのような乳頭損傷の証拠を観察する。
- 搾乳中に調圧器からの空気の流入があるか。
- はっきりした理由がないのにユニットが脱落するか。
- 二峰性の泌乳が認められないか。認められた場合、不十分な乳の搾出を示している。

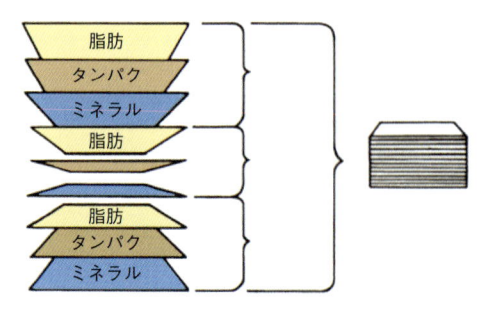

図5.11　日常的洗浄法に問題が生じると、乳汁のフィルムがプラント内に形成される。この模式図はどのようにして乳汁フィルムが発達するかを示している。

日常的洗浄法

　効果的なパーラーの日常的洗浄法は、搾乳システムから牛乳残渣と細菌を除去することにある。これにより乳質が維持され、パーラーの外観が改善され搾乳システムの寿命が延長される。日常的洗浄法に問題があると、システム内に牛乳が残留し、細菌が集積する。これが総細菌数を増加させる（第10章参照）。

　搾乳システムは、洗剤を含んだ適温の温湯と空気の物理的洗浄運動（スラグ流）によって洗浄され殺菌される。どのシステムが用いられているにせよ、洗浄液がシステム内のすべての汚染部位と接触しなければ、そのシステムの洗浄は不十分となる。頻発する洗浄不十分のすべては、不完全な液の循環、洗浄液の閉塞、洗浄液の低温または液量不足によっている。

　搾乳システムのタイプにかかわらず、次のものが要求される。

- 飲料用の水の供給（糞便汚染のない）
- ちょうど良い温度の水（温湯）のヒーター
- 温度計
- 洗剤
- 保護用布類
- 循環型洗浄用に、1個または2個の洗浄槽

　英国基準ではユニット1個あたり、循環洗浄用または酸性煮沸洗浄用（acid boiling wash、ABW）として、最低18Lの温湯を必要としている。これ以下では総細菌数が増加する。温湯はまた子牛への給与など他の目的にも用いられる。搾乳ユニットごとにガラスのレコーダージャーのあるシステムや大口径のパイプラインを持つシステムは、ユニット1個あたり18L以上の能力のボイラーを必要とする。

　搾乳システムは、乳汁がパイプに付着し始める前の、システムがなお暖かいうちの、搾乳直後に洗浄されるべきである。洗浄には2つの方法が用いられる。循環洗浄と酸性煮沸洗浄である。英国では循環洗浄型が最も多い。

　搾乳システムは、搾乳中の生乳の乱流が最小になるよう設計されている。それは過剰な乱流が衝撃力や生乳の'バター化'をもたらすからである。しかし日常的な洗浄では、システムのすべての内面が完全に洗浄されることを確実にするために、最大の乱流（スラグ流）が要求される。パーラーによっては、搾乳中の安定した真空度を供給する必要性以上に、システム全体から洗浄液を吸引するために、より多くの予備真空が必要とされる。

　配管に直接、あるいはいくつかのシステムは、エアーインジェクター（空気注入器）を備えている。それはすべてのパイプ内に泡立ちと旋回水を伴う乱流を増加させるために、空気のスラグを発生させるエアーインジェクターは、個々のパイプラインの全内面を物理的に洗浄するために、大口径システムでは必須となる。**写真 5.21** は、洗浄ラインと牛乳配管の接合部に位置する、エアーインジェクターを示している。

　すべての酪農用化学洗剤は安全に貯蔵し、正しく使用することが重要である。化学洗剤を扱うときは事故を避けるために、防護用品（ゴーグル、手袋、エプロン）を着用すべきである。化学洗剤は、いかなる汚染のリスクも避けるために、バルクタンクと同じ部屋に置くべきではない。

　日常的洗浄法に問題が生じると、**図 5.11** に示すように、システム内に乳汁のフィルムが形成される。これらのフィルムは細菌の栄養源となり、増殖して総細菌数が増加する（第10章参照）。

　乳汁の汚れには2種類ある。有機性と無機性である。有機性の汚れは乳脂肪、タンパク、糖から成る。もしこれらの残渣がシステム内に残ると、乾くにつれて固くなる。無機性の汚れはカルシウム、マグネシウム、鉄のようなミネラルの固まりからなり、よく'乳石'

第5章 搾乳システムと乳房炎

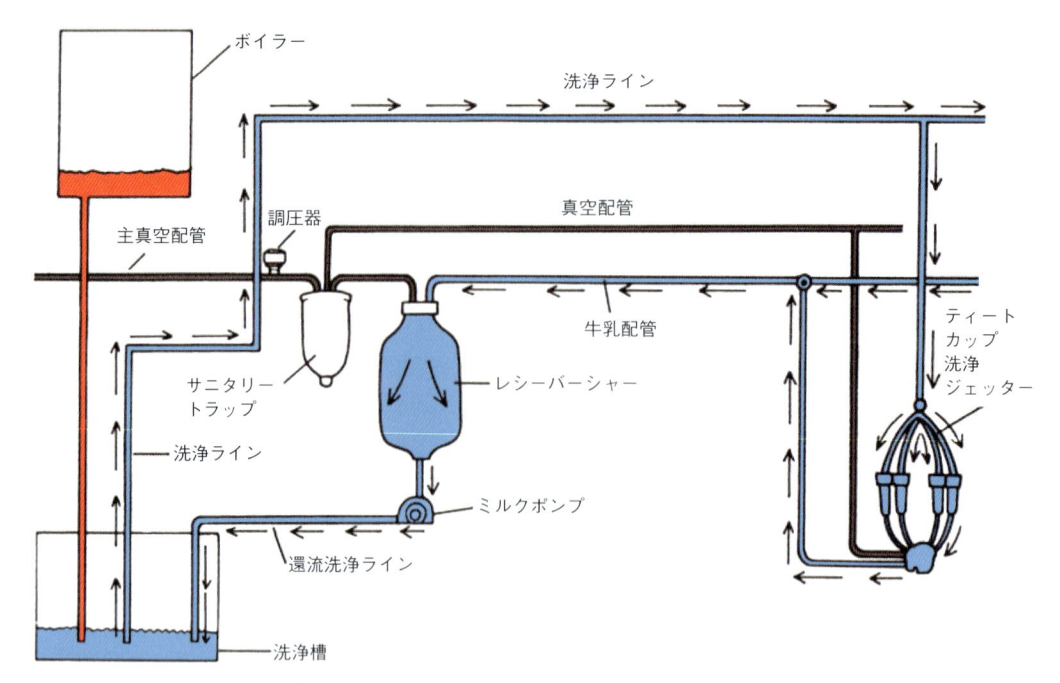

図5.12 循環洗浄法では、洗浄液が洗浄ラインに入り、クラスターを経て、牛乳配管に戻り、再循環のための洗浄槽に入る。

とよばれる。

乳脂肪

洗浄液の温度とpHは、すべての乳脂肪の除去を確実にするために、適正でなければならない。乳脂肪は35℃以下になると固まり始める。これは、循環洗浄後のすすぎの工程を考えるときに重要である。アルカリ性洗剤が乳脂肪の除去に用いられており、システムから除去できるように、脂肪球の乳化（破砕）が可能でなければならない。もし乳脂肪を含む液がシステム内に付着すると、それは他の乳固形分をもとらえる。これらはまた、ゴム製器具に悪影響を与える。

タンパク

タンパクのフィルム（薄膜）はみえにくい。それらはパイプに固着し除去困難となる。塩素化アルカリ洗剤はタンパクを破壊できるので、システムから除去できる。しかし、高温水は牛乳配管にタンパクのかたまりを形成

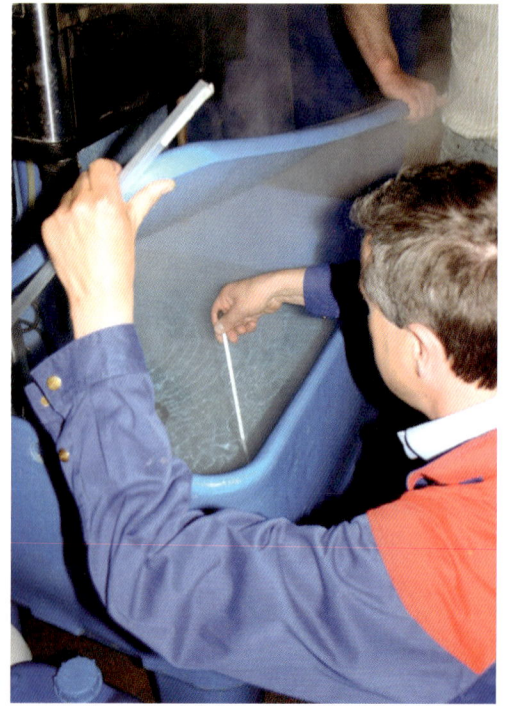

写真5.22 熱い洗浄液の温度をチェックする。

する。

ミネラル

カルシウム、マグネシウム、鉄は、もし沈着すると問題を生じる。特に硬水地域では、乳石が容易にパイプに形成される。これはチョーク様の膜としてみえる。酸性液がミネラル塊の集積の除去と予防に用いられ、多くの酪農家は定期的にシステム内を酸性液（乳石除去剤）で洗浄している。これらの洗浄液は通常、リン酸を含んでいる。これは熱湯を用いて毎週1回行われる。

バルクタンク

バルクタンクは、牛乳が空になるたびに洗浄しなければならない。今日ほとんどのタンクは、自動洗浄装置で洗浄されており、化学洗剤と噴射流でその過程を完了する。牛乳と接触するすべてのタンク内の部位が洗浄され消毒される。搾乳者は搾乳の前に、この過程が効果的になされたかどうか検査することが重要である。

自動洗浄装置は良い仕事をするけれども、それが自動であるがゆえに、悪く働くリスクもある。搾乳者は清潔度を検査するためにタンク内をみることはまれである。ときには問題が生じ、例えば洗浄噴射器が閉塞され、タンクの一部が洗い残されることがある。また、自動洗浄装置が化学洗剤を使い果たして供給されていないことなどもよくある。このため低温細菌が増殖し、乳汁フィルムが形成されて総細菌数の増加をもたらす。低温細菌は冷蔵状態で繁殖する細菌である。

真空配管

ときには、乳汁が真空配管に混入することがある。例えば、ライナーの破れから入る。この場合には乳汁はパルセーションチャンバーを通して吸引され、パルスチューブ内に入り、主真空配管に移行する。もし乳汁が真

写真5.23　温度計(a)と温度感知シール(b)は、洗浄液が適正な温度で循環していることを確認するために、洗浄配管の戻る場所に設置する。

空配管に入ったとするなら、排除する必要がある。すべての真空配管は少なくとも年2回は洗浄すべきである。

循環洗浄法

この洗浄法は3つのサイクルから成る。

- すすぎ：システムから過剰な汚れを除去する
- 洗浄：システムを洗浄する
- 殺菌：洗浄されたプラントから残存細菌を除去する

搾乳が終了したときは、レシーバージャーとミルクポンプ内のすべての乳汁を洗い出す。牛乳パイプをバルクタンクからはずす。クラスターとユニットの表面をすすいできれいにし（できれば温湯で）、そこでシステムは日常的洗浄の準備が整う。この作業はクラス

第5章　搾乳システムと乳房炎

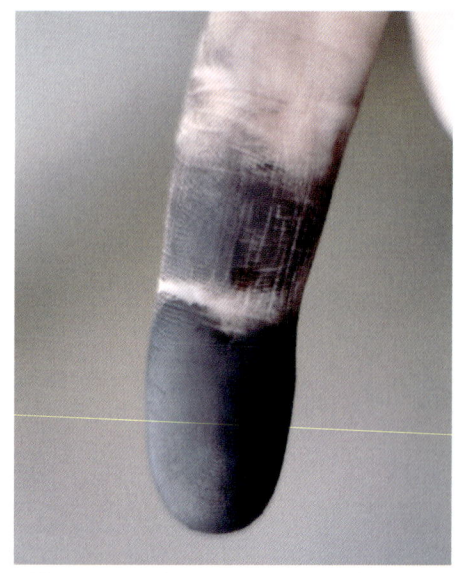

写真5.24　ゴム製パーツからの黒い付着物は、高濃度の塩素がゴムに損傷をもたらすことを示す。

写真5.25　殺菌液の高い塩素濃度はゴムを剥がしていく。

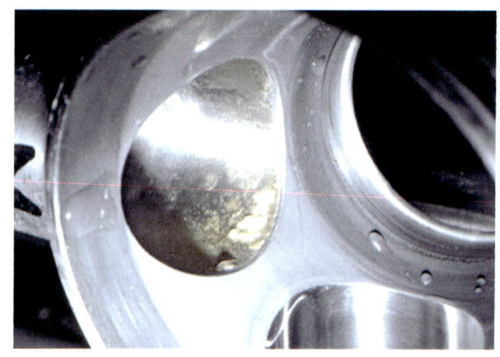

写真5.26　洗浄液の波立ちや流速が不十分であると、このように洗浄が無効となる。

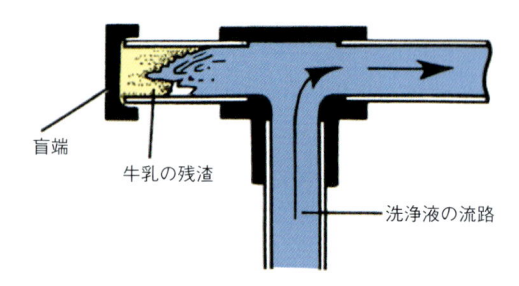

図5.13　沈着物は洗浄困難な死腔部にしばしば形成される。

ターに洗浄ジェッター（噴射器）を取り付け、ついで洗浄ラインに輸送のための真空圧をかける。こうすると図5.11に示すように、洗浄液は洗浄ラインに入り、クラスターを経て循環し、洗浄ラインに戻ってくる。

すすぎ工程

　搾乳直後に、38〜43℃の温湯で搾乳システム全体をすすぎ、水が透明になるまで汚れを洗う。この作業でシステム内に残った乳汁のほとんどが除去される。たいていの農家は冷水をすすぎ用に使っている。それは乳脂肪をガラス面やステンレススチールに付着させ、高温洗浄の前にプラントを冷却してしまうので、どのような状況でも冷水は使うべきでない。温湯の形をしたエネルギーが、高温洗浄前のパイプの加温に必要である。さらに、乳汁中のミネラルと糖は温湯でより容易に溶解される。

　すすぎ工程が終わると、大量の空気がシステム内に吸引されるのを防止するために、洗浄ラインのバルブを閉じる。この空気は、高温洗浄の前にプラントを冷やしてしまう。寒い天候時には、牛乳配管と洗浄ラインを絶縁することが望ましい。これらの配管のどこかが外部環境にさらされている場合には特に重要である。それは洗浄過程の間に過度に冷却されるのを防止するのみでなく、冬期の搾乳時の生乳の凍結を防止する。効果的なすすぎ

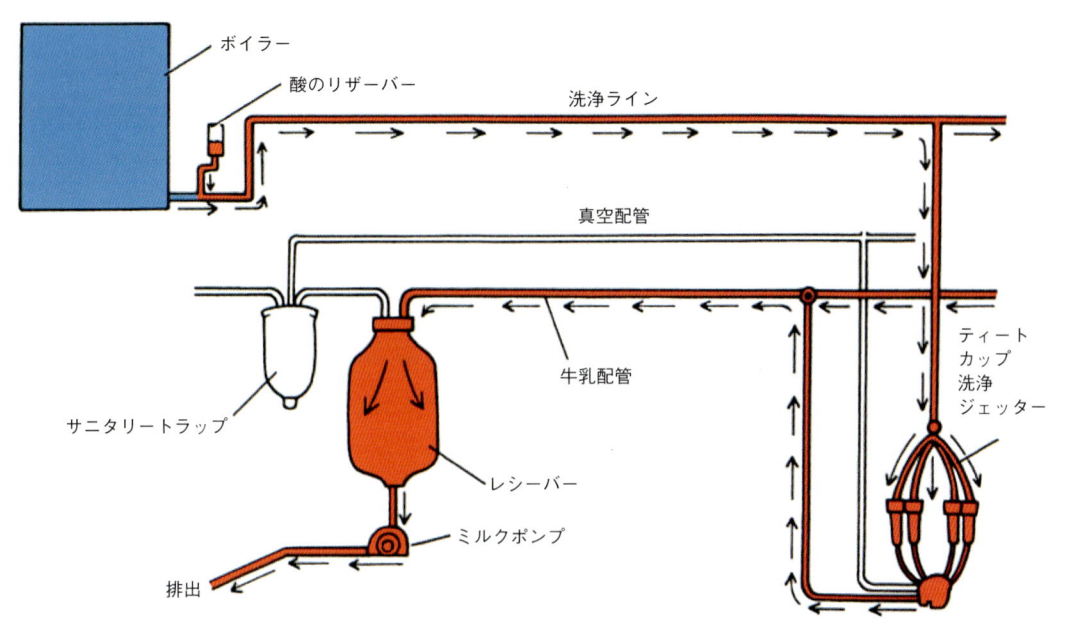

図5.14　酸性熱湯洗浄法による洗浄経路。熱湯と酸はシステム内を流れ、排出する。

工程ではシステム内の全残留乳汁の95％およびすべての糖が除去される。残りの残渣は化学洗剤による洗浄工程で除去される。

洗浄工程

循環洗浄法では、洗浄工程は乳脂肪を除去するためにアルカリ性洗剤が用いられる。通常はタンパクを除去するために塩素がこの洗剤に含まれているが、この形態では塩素は消毒作用を持たない。洗浄液は温度に非常に敏感である。一般にその洗浄力は最大71℃まで、10℃上昇するごとに倍加する。この温度を超えると不安定となり、気化しやすくなるので、効果が落ちる。しかし、少数の洗剤は冷水で循環するように工夫されているので、常にメーカーの指示に従うべきである。

十分なお湯の供給は欠かせない。ボイラー内で正確な温度のお湯を維持することが重要である。またボイラーは大口径の蛇口を持つことも重要で、そうすれば温熱の損失なしに急速に洗浄タンクが満たされる。

お湯の温度はボイラーの計器で定期的に検査し、サーモスタットとヒーターが正常に作動していることを確かめる（**写真5.22**）。ときにはボイラーの計器が不良であったり、ヒーターの器具がミネラルの沈着でケーキ状になっている。これは特に硬水地域に多い。ボイラーの能力を検査する最良の方法は、洗浄タンクをお湯で満たし、満タンの水槽の温度を計ることである。大事なのは温度である。

洗剤は正しく使わねばならないが、そのためには洗浄液の量を知らねばならない。どの

写真5.27　酸性熱湯洗浄（ABW）はきれいにするために熱湯と酸が必要である。酸はリザーバー（容器）に入れておき、熱湯と混合させて放出され、システム内を回り排出される。

くらいの洗剤を使うべきか、メーカーの指示を確認する。もし洗浄液が薄すぎると効果的に洗浄できない。もし濃すぎたら洗剤の無駄となり、システムのステンレスやゴム製器具を腐食させる。

お湯はシステム内を流れ、それに触れるパイプや容器を加温する。その後、洗剤液の正確な量のみを循環温湯に混合する。それを60～70℃で5～8分間循環させるか、またはメーカーの指示に従って実施する。

循環洗浄は洗剤の作用によるが、洗浄液の物理的な旋回流にもよっている。エアーインジェクターが乱流を作り出すことは、直接ラインに洗浄効果を与えるために最も重要である。

搾乳者は、すすぎや洗浄工程の間にレコーダージャーの外側に冷水をかけて洗ってはいけない。なぜなら、これによりジャーの温度および循環液の温度が低下するからである。

もしすすぎ工程が有効でなかったら、大量の牛乳残渣がシステム内に残される。この牛乳が洗剤のいくらかを不活化し、日常的洗浄法の効果を低下させる。

理想的には温度計や温度記録計は、洗浄液が正しい温度で循環されていることを検査するために、還流洗浄パイプに設置すべきである（写真5.23）。

もし液が長時間循環されると、その温度は低下し、タンパクがパイプ上に沈着する。搾乳者は朝食に出かけている間、温湯洗浄工程を走らせておくようにいわれている。洗浄工程の循環終了時には、搾乳システムは清浄となり、何らの牛乳汚染もない。

殺菌工程

殺菌剤による洗浄はシステム内の細菌数を減少させ、乳質の維持に役立つ。次亜塩素酸ソーダ（sodium hypochlorite）が最も多用されている殺菌剤であり、50ppmの濃度が用いられる。この液が循環し、サイクルの最後に廃棄される。

もし、あなたがシステム内のゴム製部分の内面を検査して、写真5.24にみられるような、黒いものが指に付着したら、それは高すぎる次亜塩素酸濃度によるゴムの損傷を示している。同様な影響は、写真5.25に示すような、殺菌液の黒色化をもたらすこともある。塩素系化合物はすべてのゴム製器具とライナーの寿命を短縮させると記憶すべきである。

循環洗浄に伴って多発する問題点の要約

- お湯の温度が十分でない－洗浄液は温度に敏感なので、効力が低下する。
- 液量の不足－洗浄液がすべての内面に接触しなくなる。このために、システム内のあ

写真5.28　クラスターのすべての部分が接触するための洗浄液が不足しているときは、洗浄の効果はない。

写真5.29　ユニットが、レコーダージャーとラインに直接接続している2つの混合型のパーラーはとても搾乳効率が悪い。

写真5.30 パイプラインの過度の屈曲。

写真5.31 ショートエアチューブの穴。

写真5.32 ライナーの亀裂。

る部分が洗浄されないで残る。特に牛乳配管の上の部分が残る。

- 搾乳後の冷水によるシステムの洗浄－これにより暖かいシステムを冷やし、乳脂肪を固まらせる。その後、高温洗浄液で冷えたシステムを暖めねばならず、洗剤で乳脂肪の凝塊を除去せねばならない。
- 洗剤濃度の過不足－少なすきると無効であり、多すぎると高経費となりかつ損傷性となる。
- 適正時間より長い洗浄サイクル－洗浄液が冷えて内面に物質が再付着する。
- 図5.13に示すように、洗浄困難な死腔部（デッドスペース）への堆積物の形成。
- 洗浄液の乱流または流速の不足－洗浄が不十分となり、沈着物が内面に堆積する（写真5.26）。洗浄液の不十分な流れのために、このシステムでは乳泥の形成が生じた。
- 洗浄ジェッターの閉塞－これにより1個のライナーまたは全ユニットが洗浄されないで残る。この影響は、どこかでジェッターが閉塞されていることによる。
- エアーインジェクターの故障－これにより大口径ラインの洗浄に必要な物理的な乱流が形成されない。

酸性熱湯洗浄（Acid boiling wash, ABW）

酸性熱湯洗浄は消毒のために必ず高温を要する。96℃以上の大量（18Lまたは4ガロン）の熱湯が個々のユニットに必要である。この熱湯は、図5.14に示すように、システム近くのボイラーから直接流入し排出される。これ

第5章 搾乳システムと乳房炎

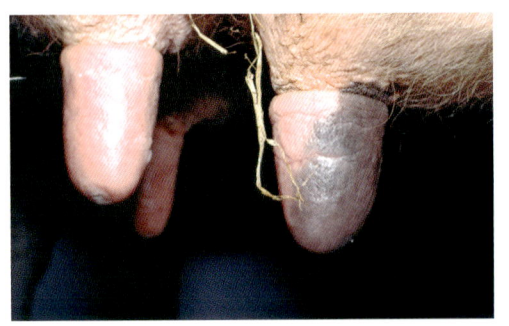

写真5.33 ユニットを取りはずした後の紫色の乳頭。これは乳頭のうっ血によって生じる。

写真5.34 汚れた調圧器。エアーフィルターが塞がれ、高い真空度となっている。

写真5.35 多数の重り式調圧器。

写真5.36 ミルクポンプの故障のためサニタリートラップが一杯となり、レシーバーから生乳が移動できなくなった。

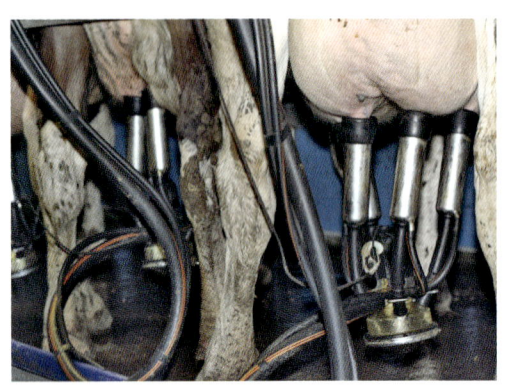

写真5.37 ユニットの位置調整不良は、乳房上のクラスターの捻れを生じさせる。

は循環洗浄法と同じ経路を通るが、唯一の違いは循環されずに排液される。

　洗浄されるべきシステム内のすべての部位に到達し、5〜6分かかる全サイクルの終了まで77℃を維持する。洗浄はじめの2〜3分間は希硝酸またはスルファニル酸が、内面に形成される沈着物を妨害するために、熱湯中に加えられる（写真5.27）。

　このシステムは高温と酸に強い構造でないといけない。そこには袋小路がなく、全システムは余分な熱の損失を避けるために、できるだけコンパクトにすべきである。この洗浄法は、お湯の温度や量が不足すると問題を生じるので、あまり普及していない。

酸性熱湯洗浄は循環洗浄法に比べて、毎日の洗剤量を軽減させ、より迅速な洗浄を可能にする。しかし、これには非常に高い温度まで水を熱するボイラーが必要であり、かなりの大きなエネルギーが要求される。

用手洗浄

搾乳バケツとそのクラスターはどのシステムにおいても、日常的な洗浄法の一部としてか、または洗剤とブラシによる用手法によって洗浄される。このやり方は労力と時間を要するが、最良の結果が得られ、さらに搾乳者がその作業の効果を直接目視できる。それらは乳房炎に非常にかかりやすい分娩直後の牛の初乳を搾るためにしばしば用いられるので、搾乳バケツのクラスターを完全に洗浄し消毒することが重要である(p.41参照)。

ある牧夫は**写真5.28**に示すように、クラスターと他の搾乳器具の一部を少量の洗浄液の入った洗い桶につけてよい効果を期待している。このやり方では、液がすべての内面に接触しておらず、物理的な洗浄作用がないのでほとんど効果がない。さらに、この洗浄法を、乳房炎牛を搾乳したクラスターに用いると、ライナーが乳房炎微生物によって汚染され、感染を拡散させるリスクが増える(p.124参照)。

洗浄法に問題点が疑われるとき

日常的な洗浄法の効果は、p.194〜201に述べるバルク乳の完全な細菌学的検査によって評価される。もし洗浄法に問題点が疑われるときには、その原因をつきとめねばならない。原因の多くは洗浄後のシステムを手と目によって観察することで判明する。例えば、パイプの端を取りはずし、内面を照明でみたりする。次の部位を、生乳の膜や乳泥の堆積がないかどうか細かく観察する。

- ライナー
- 牛乳配管(とくにパイプの上部)
- ジャーやラインの底部にある栓やバルブ
- 自動離脱装置のフローセンサー
- レシーバージャー
- 死腔部(デッドスペース)
- ミルクポンプ
- バルクタンク

搾乳システムによくみいだされる欠陥

次の点が搾乳システムのさまざまな問題点とその結果のリストである。

- 組み合わせのパーラー(**写真5.29**):ある酪農家または設置業者は、パーラーにふつうでないことを行う。**写真5.29**はレコーダージャーについた8つのユニットと、ラインに直接接続された4つのユニットを持つ、パーラーを示している。パーラーは2つのタイプの混合ではなく、ラインに直接に接続されたユニットか、またはレコーダージャーについたシステムかの、どちらかを選択しなければならない。混合型の搾乳効率は非常に悪い。
- パイプの過度の屈曲(**写真5.30**):これらは空気と牛乳の流れを妨害し、乳頭端に必要な真空度を低下させ、システム内の不規則な真空度の変動のリスクを招き、感染率を増加させる。
- ショートパルスチューブの穴(**写真5.31**):大気がショートパルスチューブ内に吸引される。これによりパルセーションチャンバー内に適用されるべき真空度が不十分となり、不完全なライナーの拡張をもたらし、その分房の搾乳能力を低下させる。ひどい場合は、ライナーはまったく拡張せず、その分房の搾乳ができない。
- ライナーの破裂(**写真5.32**):破裂したライナーは正常な拡張と閉鎖ができなくなる。第一に、搾乳とマッサージが不完全とな

第5章　搾乳システムと乳房炎

り、乳頭の損傷を生じ、新規感染のリスクが増加する。第二に、牛乳がパルセーションチャンバー内に吸引され、パルセーションチューブを通じて上行し、ロングパルスチューブに入る。これにより拍動そのものが障害される。

- 乳頭のうっ血（写真5.33）：これは多発する問題ではないが、次のようなさまざまな理由によって生じる。

    - 拍動の欠如、すなわち高い真空度が常に乳頭にきている
    - 不完全なまたは異常な拍動
    - 過度の真空度
    - ライナーデザインの不良
    - 不適合なライナーとシェルの使用
    - 過搾乳

    乳頭のうっ血は、牛を非常に不快にさせ、射乳反射を低下させる傾向がある。もし乳頭に損傷が生じると、それは乳房炎の可能性を増加させる。

- 調圧器のフィルターのつまり（写真5.34）：汚れた調圧器はシステム内の真空度の変化に迅速に対応することができなくなり、真空度の不安定をもたらす。これにより不規則な真空度の変動が増加し、新規感染のリスクが増加する。

- 多数の重り式調圧器（写真5.35）：これらはお互いに独立して作動している。これらはすべてシステム内の安定した真空の維持につとめているが、圧の変化にゆっくりと反応するので、お互いに相反して働きやすく、真空度の不安定をもたらす。

- あふれたサニタリートラップ（写真5.36）：浮球はジャー内に液があふれてくると持ち上げられ、真空の供給を遮断し、そのためすべてのユニットは牛から落ちる。これはレシーバージャーからスムーズに生乳を運ぶことができないミルクポンプの問題によって起きる。

- ロングミルクチューブが原因の搾乳ユニットの位置調整不良（写真5.37）、またはパーラー内の牛の位置との関係による搾乳ユニットの位置調整不良は、乳房上のクラスターのよじれをもたらす。これがライナースリップのリスクを増加し、乳頭がクラスター内で捻れるため搾乳を遅くし、そしてまた、1分房以上の分房の搾乳不足のリスクを増加させる。適正なユニット配列は、効率的な乳汁の流出を実現する。

第6章
搾乳手順とその乳房炎との関連

感染の移行を最小限にする	110
前搾り	111
乳房炎の検出	112
乳頭の準備	115
プレディッピング	116
搾乳前の乳頭の乾燥	118
乳頭準備の評価	119
射乳反射	120
搾乳グループの準備	122
搾乳ユニットの装着	123
乳房炎牛の搾乳	124
搾乳ユニットの離脱	126
牛間のクラスターの消毒	126
残乳	127
マシンストリッピング（ミルカーによる後搾り）	128
搾乳後の乳頭消毒	128
搾乳順序	128
搾乳頻度	129
ロボット搾乳	129
搾乳手順のまとめ	129

　本章ではよい搾乳手順を構成するさまざまな過程を述べ、さらに牛群の体細胞数を抑え、臨床型乳房炎を減らし、そして同時に搾乳を早くする方法を述べる。

　よい搾乳手順は、乳房の健全性への影響を最小限にしつつ、牛から効率よく牛乳を取り出す。それはパーラー内における伝染性乳房炎の伝播を防止し、環境性乳房炎のリスクを最小限にする手技を含む。その結果、細菌汚染の少ない良質な牛乳の生産がもたらされる。搾乳手順はこれらの目的を達成するように組み立てられるが、同時に実用的で省力的でなければならない。搾乳者はこれらの目的を達成するために、搾乳過程の各段階について科学的な意義を理解する必要がある。

　牛たちは不変性を好むので、牛群では一貫した搾乳手順を実行することが重要である。また牛たちはストレスを受けやすいので、乱暴な取り扱いや攻撃的な性格の搾乳者は避ける。牛は神経質になりやすく、このことは射乳反射に影響を与える。誠実で穏和な酪農家は、乳房炎のレベルを減らし、良好な搾乳手順によって乳量の増加、搾乳所要時間の短縮などの恩恵を受ける。

　衛生的な管理のもとで行われる搾乳のプラスの効果は図6.1に示すとおりである。これは、いかに良好な衛生管理が臨床型乳房炎および新規感染率を減少させるかを示している。伝染性細菌は搾乳過程の間に牛から牛へと移行するが、これは予測されたことである。この試みにおいて'部分的'と'完全'な衛生管理の間には、感染レベルにおいて、ごくわずかな減少しか認められないが、この試みでは、牛と牛の間でのクラスターの殺菌の有

第6章 搾乳手順とその乳房炎との関連

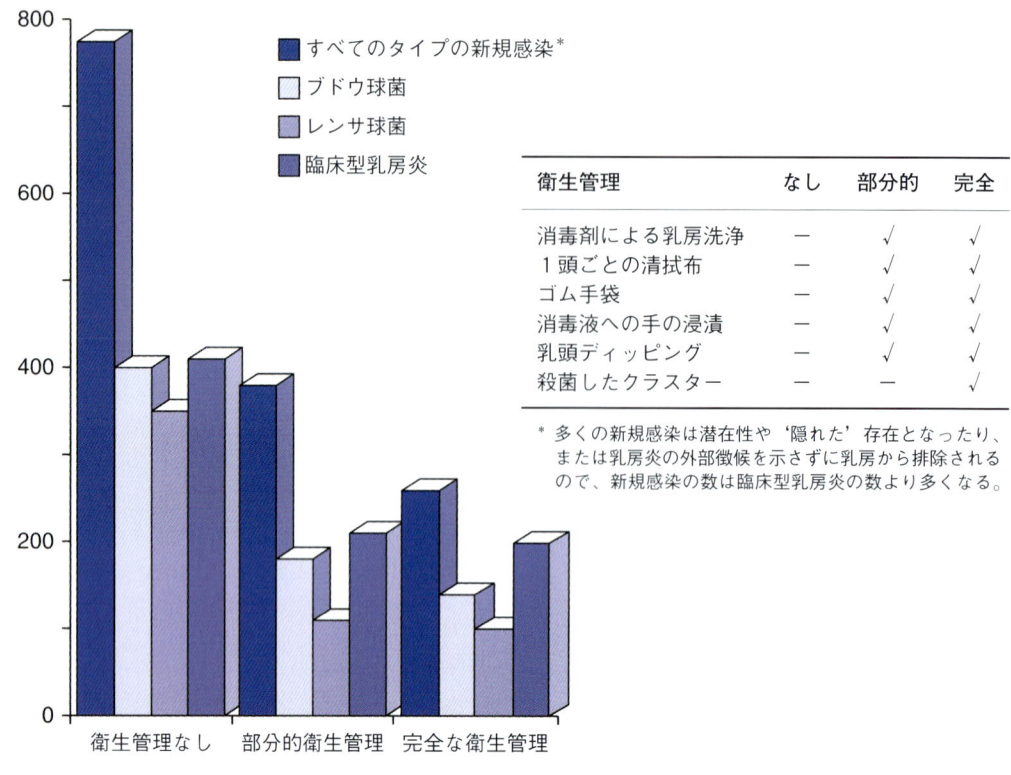

図6.1 さまざまな衛生管理方式が新規感染率と臨床型乳房炎に及ぼす影響。(Neave et al., 1969)

衛生管理	なし	部分的	完全
消毒剤による乳房洗浄	−	✓	✓
1頭ごとの清拭布	−	✓	✓
ゴム手袋	−	✓	✓
消毒液への手の浸漬	−	✓	✓
乳頭ディッピング	−	✓	✓
殺菌したクラスター	−	−	✓

* 多くの新規感染は潜在性や'隠れた'存在となったり、または乳房炎の外部徴候を示さずに乳房から排除されるので、新規感染の数は臨床型乳房炎の数より多くなる。

益性は限定されていることを示している。

感染の移行を最小限にする

感染は、搾乳中に次のものを介して牛から牛に移行する。

- ライナー
- 手
- タオル

感染のコントロールは、搾乳手袋の装着、1頭1枚のタオル、ライナーを良い状態に維持し伝播を最少にすることと必要に応じてのクラスターの洗浄である。

搾乳者は個々の牛を扱うので、伝染性乳房炎を伝播することがある。粗い表面を持った手を、搾乳時間中、清潔に保つために消毒することは非常に困難である(**写真6.1参照**)。この理由から、清潔なゴム手袋の装着が奨められる。しかし、搾乳を通してゴム手袋を清潔に保つことは絶対不可欠である。

1966年の試み(Neave et al.,)では、全搾乳者の手の半数が、搾乳開始前にすでに乳房炎細菌に汚染されていた。搾乳中に汚染は増加し、終了時には全搾乳者の手が汚染されていた。

他の試験(Neave et al., 1966)では、搾乳者の手が2種類の方法で洗浄された。消毒液で洗ったはじめのグループでは、その後30%の手しか汚染されなかった。しかし、水で洗っただけの第2のグループでは、95%の手が汚染されていた。

いったん手袋がすり切れたり破れたりしたら、それを廃棄しなければならない。多くの搾乳者はディスポーザブルの手袋を装着し、毎回搾乳終了後に廃棄している。手袋自

写真6.1 手の表面は粗く、そのためなめらかな表面を持つゴム手袋に比べて、清潔さを保つことが難しい。

身は感染の伝播を減らさない。消毒された手だけが感染を広がらせない。効果を発揮するためには、搾乳中、もちろん手袋を頻繁に消毒液ですすぐべきである。ゴム手袋の使用は、Staphylococcus aureus（黄色ブドウ球菌）やStreptococcus agalactiae（無乳性レンサ球菌）の感染を扱うときには特に有用である。Streptococcus agalactiaeは、搾乳者が感染牛に最後に接してから10分後でも、手から分離されている。実際、ある臨時雇いの搾乳者が、この方法で清浄な牛群内に感染を広げたことが知られている。

前搾り

これは、搾乳ユニットの装着前に、各乳頭から手で乳を搾る手技である。それは次の3つの理由から推奨されている。

- 射乳反射を誘起する
- 乳房炎発見の助けとなる
- 乳頭管から乳汁を勢いよく洗い出す。これにより前回の搾乳後に乳頭に侵入したほとんどの細菌を排除できる

乳房炎の早期発見は臨床型乳房炎の迅速な治療を可能にする。これはたんに高い治癒率をもたらすのみでなく、さらに重要なことは、他の牛への感染の拡散のリスクを減少さ

せることである。それはまた、乳房炎乳のバルクタンクへの混入を防止し、高い細菌数と体細胞数の混入を防止する。Streptococcus agalactiaeとStreptococcus uberis（ストレプトコッカス　ウベリス）感染の場合は、牛乳1mLあたり1億もの細菌が感染分房から排出される。このことから、これらの細菌感染のある牛群にしばしばみられる総細菌数のレベルや変動が分かる。

しばしば最初の2、3搾りには凝固物がみられるが、その後の乳は正常にみえる。これはおそらく乳管洞内の細菌への反応であり、乳房そのものには細菌はいない。このような場合は前搾り乳のみを捨てればよいが、その牛をチェックしておいて次の搾乳時に注意深く観察すべきである。

内用ティートシーラント（乳頭内充填剤）は現在広く乾乳期中に使用されている。搾乳者がこれらの充填剤と臨床型乳房炎の残渣を区別することは重要である。乳頭内充填剤は乳房炎の凝塊より明るい白色を示しており、それらはゴム様で容易に砕ける。

前搾りにはいくつかの欠点がある。前搾りは時間を要し、感染を広げる可能性を秘めている。例えば、もしあなたのところで、年間100頭の牛から45例の乳房炎が発生したとすると、1日2回搾乳では、1例の乳房炎を発見するために、のべ約5,500個の乳頭から前搾りすることになる。1日3回搾乳では、この値は実に8,000個以上の乳頭にのぼる。

ある人は、前搾りにより搾乳者の手や手袋が乳房炎細菌によって汚染されるので、牛から牛への感染の拡散のリスクが増加し、これは乳房炎の早期発見に失敗するリスクを上回ると考えている。しかし、優良な搾乳者は清潔な手袋をはめ、牛にディッピングをする。この作業は部分的には、感染拡大のリスクより低い。非常に長い時間乳頭と接触しているライナーからのリスクに比較し、通常は感染微生物の付着していない手袋をはめた手から

のリスクの方が、比較的低いといわれている。現在、前搾りをする酪農家はますます増えている。前搾りにより、良い射乳反射が促され、それは搾乳の速度を速め、また乳量を最大にしている。前搾りはまた臨床型乳房炎を発見する唯一の正確な方法である。

前搾りは乳頭の清拭前にするべきである。搾乳者の手を汚染した乳汁は、感染が次の牛に伝播される前に乳頭から洗い流される。乳汁はストリップカップに受けるよりも、パーラーの床に直接排出する方がよい(写真6.2)。ストリップカップは感染発見の助けとなるよりも、保菌物となる傾向があるからである*。パーラー内の個々の牛の乳房の下に黒色のタイルを貼ると乳汁の検査が容易となる。前搾り時には、親指以外の指と親指の間に乳頭をつかみ、決して手全体ではつかまない。これが感染のリスクをさらに低減する。ある搾乳者は両手を使い、同時に2つの乳頭を前搾りしている。

*；日本の現状では、訳者はストリップカップを推奨し、搾乳ごとにそれを殺菌することを推奨する。

乳房炎の検出

乳房炎は乳房の炎症である。乳汁の外観は炎症反応のタイプによって変化し、写真6.3にみられるように、凝固物(ブツ)、水様、糸引き様を示す。乳汁の外観のみで、単純に乳房炎の原因菌を特定することは不可能である。

搾乳者は次の方法のうち、1つまたは2つ以上の項目によって乳房炎を発見する。

- 前搾り
- 牛の行動の変化
- 分房の腫脹の観察
- 牛乳配管内の乳房炎検出器
- 搾乳終了時のミルクソック(milk sock、布製の靴下状のフィルター)またはフィルターの検査

前搾りの重要性はすでに述べたとおりである。前搾りは乳房炎を発見する上で最も信頼できる手技である。ある牛群では、上述したものとは別の方法に頼っている。

牛がいつもと違った経路または時間にパーラーにくるようであれば、何かがおかしいことを意味する。その牛は病気かもしれないし、またはいじめなどの他の要因によるかもしれない。優秀な牧夫は、異常行動をする牛をみつけて、乳房炎の初期例を発見する手だてとしている。

ときには乳汁は正常にみえるのに、分房が目にみえるほど腫脹していることがある(写真6.4)。もしその牛が健康で乳汁が正常であれば、この牛は治療すべきではないが、覚えておいて次の搾乳時に注意深くチェックすべきである。

もしその牛が病気である場合は、乳房の腫脹は非常に高い発熱によることがある。例えば、*Streptococcus uberis*感染によって、あ

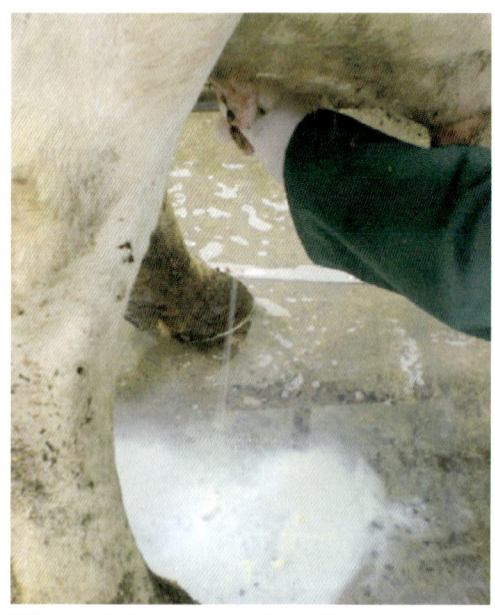

写真6.2　乳汁はストリップカップに受けるよりも、パーラーの床に直接排出すべきである。(訳者注：日本では推奨されていない。)

(a)

(b)

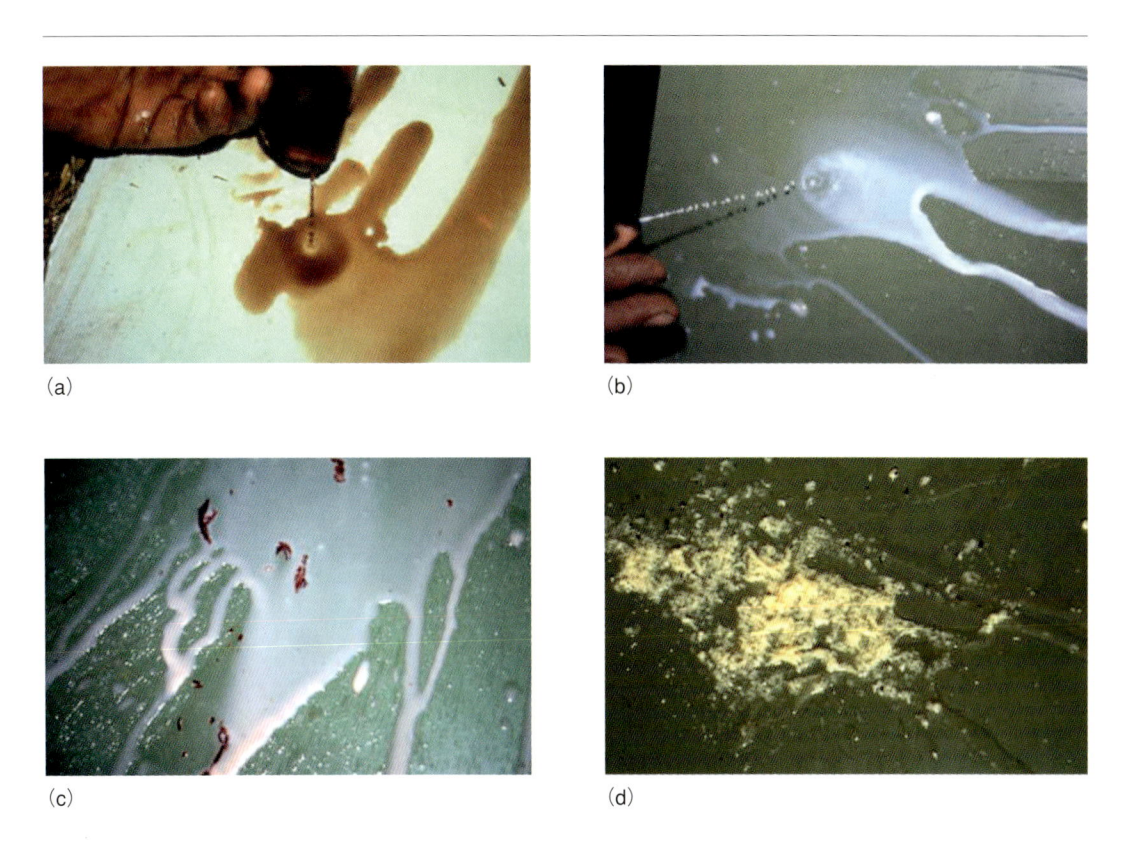

(c)

(d)

写真6.3 さまざまな乳房炎乳汁。(a)褐色水様乳、典型的な大腸菌感染。(b)いくらかの凝塊を伴う水様乳。(c)粘性のある赤色または褐色の乳汁は壊疽性乳房炎に関係している。(d)乳房炎を示す凝塊乳。

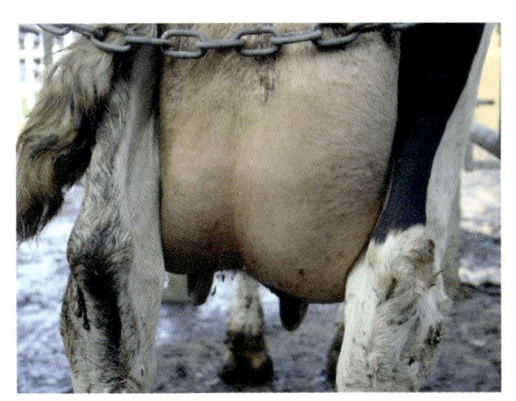

写真6.4 乳房の触診は、写真のように分房が熱感を帯び炎症化しているときに有用である。

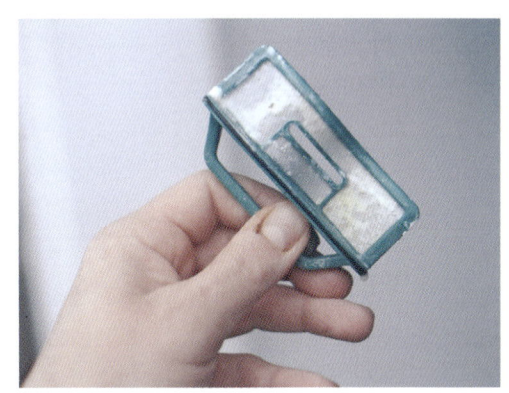

写真6.5 牛乳配管内の乳房炎検出器はロングミルクチューブに設置され、凝固物が存在するとフィルターにひっかかる。(訳者注:日本では推奨されていない。)

るいは Staphylococcus aureus や E. coli（大腸菌）のような微生物によって生じた、甚急性乳房炎による乳房内の毒素によることがある。これは非常に早く進行するので、乳汁はなお正常にみえる。これらの場合は、牛の命を救うために獣医師による迅速な治療が必要である。他の場合は、分房の腫脹がなく、乳汁の変化もごくわずかであるが、牛は大腸菌性乳房炎による菌血症のために重篤になっていることもある。これは第3章で詳細に述べた。

牛乳配管内の乳房炎検出器は、ロングミルクチューブに取り付けられる（写真6.5）。それにはワイヤーメッシュのフィルターがあり、ほとんどの乳汁は通過する。少しでも凝固物があるとフィルターにひっかかる。乳汁は乳の流れが障害されないよう、フィルターをバイパスできるようになっているべきである。フィルターは目の高さのロングミルクチューブ内か、クロー部の近くに設置されるべきで、そうすると、ユニットの取りはずしの際に容易に観察できる。たいてい、フィルターは観察不可能でないにしても、困難な場所に設置されている。

これらの検出器は搾乳者に対して、安全性について間違った考えを与えていることがある。ある人は、フィルターを決してチェックしないのに、すべての乳房炎がこの方法で発見できると考えている。これは誤りで、水様乳または非常に小さな凝塊を生じる乳房炎の場合は、検知器を通過してしまい、判断を誤る。配管内のフィルターは、凝固物を作るタイプの乳房炎を拾い取る。

検出器を有効に利用するためには、個々の牛の搾乳後に検査すべきである。レコーダージャーのあるパーラーでは、乳汁をバルクタンクに移動させる前に検査すべきである。検出器を検査しないときには、総細菌数と体細胞数の問題が生じる。これは乳房炎が見逃され、乳房炎乳がバルクタンクに混入するから

写真6.6 ミルクソック内の凝固物や大量の糞塊の存在は、搾乳手順の不良や乳房炎発見法の不良を意味する。

である。これは特に、乳汁が配管内を直行し、乳房炎の発見を検出器のみに頼っているシステムで起こりうる。

ここでは乳房炎乳は、凝固物がフィルターに現れる前に、バルクタンクに入ってしまう。しかし、こうした限界があるにもかかわらず、乳房炎検出器は乳房炎の発見になお有効である。しかし、ロングミルクチューブ中の乳汁の流れを妨げるために、乳頭端の真空度安定に問題を起こすことを知っておくべきである。

搾乳後にミルクソックまたはフィルターを検査することは重要で、特に搾乳者の衛生管理のチェックになる（ミルクソックやフィルターは、ミルクポンプとバルクタンクの間に位置する）。写真6.6にみられるような、凝固物や大量の糞塊の存在は、不適切な搾乳手順や不適切な乳房炎発見法を意味している。

ある牧夫は、乳房炎の発見をミルクフィルターの検査のみに頼っている。凝固物が発見された場合は、次回搾乳時に全牛の前搾り検査を実施して、感染牛を発見する。ある場合には、搾乳者は、1頭の乳房炎牛が発見されると、前搾りを中止することがある。これは、残された他の乳房炎牛を放置することになる。他の場合には、その牛自身が乳房炎を治してしまい、乳房炎牛が発見されないこと

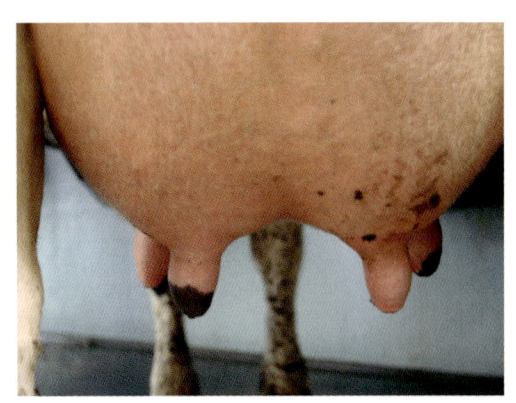

写真6.7　搾乳ユニットを装着する前に、乳頭は清浄化され乾燥していることを確かめる。

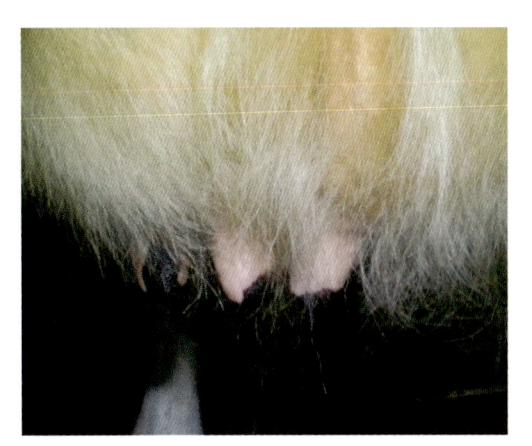

写真6.8　毛深い乳房は汚れをつけやすく、そのため環境性乳房炎のリスクを増加させる。

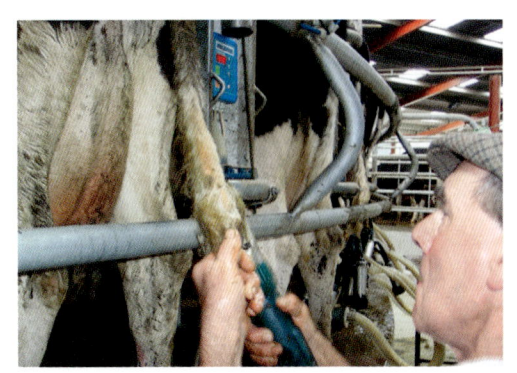

写真6.9　尾の長い毛は刈るべきである。さもないと他の牛や乳頭に汚れが飛散する。

もある。その場合でも次回搾乳時に、再び前搾りをすることが推奨される。

臨床型乳房炎は乳汁や乳房の視覚的な変化で発見される。ある搾乳者はCMT（California Mastitis Test）などの検査をして、CMTの結果に基づいて、どの分房が臨床的であるかどうかを判断している。もし搾乳者が、その分房が臨床型乳房炎になっているかどうかを検査し発見するために、さらなる検査に頼らねばならないようなら、その牛は臨床型乳房炎になっていない。

臨床型乳房炎のすべての場合に、治療前のサンプルを細菌学的検査のために採取することが奨められる。これによりその牧場に存在する乳房炎のタイプが特定され、特別な予防対策の実施が可能となる。

乳頭の準備

サマーセット（英国の地名）のある酪農家は、'もし牛の乳頭があなたの口にくわえてもよいほど十分に清潔でないなら、クラスターを装着するほど十分には清潔でない'という格言を搾乳者に呈している。これは搾乳前の乳頭の準備を、完全にまとめた表現である。

よい乳頭の準備は、衛生的な乳生産にとって必須である。これはまた環境性乳房炎のリスクの低減に役立つ。乳頭準備の目的は搾乳ユニットを装着する前の乳頭を清潔にし、そして乾燥させることである（写真6.7参照）。パーラーに入ってくる牛が清潔であることを確実にする最良の方法は、牛の環境を清潔に保つことである。これは特に舎飼い期に重要である。もし牛がパーラーに汚れた乳頭で入ってきたら、環境管理の問題について対処する必要がある。

写真6.8のような毛深い乳房は汚れを付着させやすく、搾乳者に余分な労力を強いることになる。乳房は毛刈りするか毛焼きしておくべきである。同様に余分な牛の尾の先端の毛も刈り（写真6.9）、尾の側面の毛も陰門ま

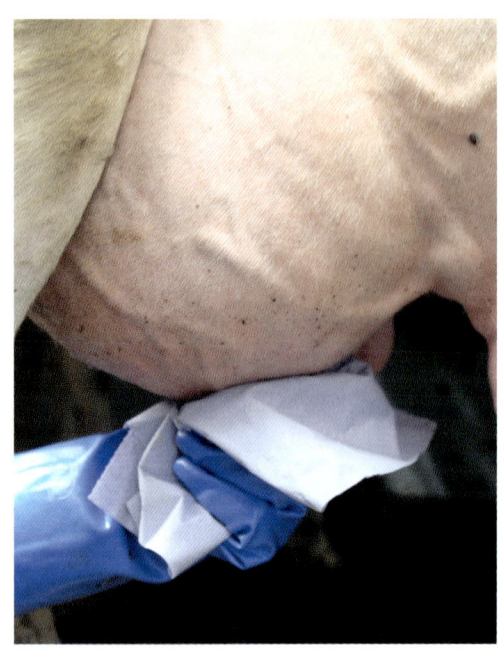

第6章　搾乳手順とその乳房炎との関連

写真6.10　目でみてきれいな乳頭はペーパータオルで乾拭きする。

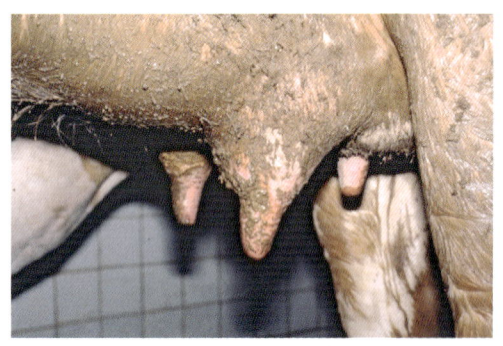

写真6.11　もし乳頭が汚れていれば、水洗いして乾燥するか、プレディップして乾燥させなければならない。

で刈るのが理想的である。

プレディッピング

プレディッピングは、搾乳前の乳頭を準備するための最良の方法であり、搾乳前に乳頭を消毒する方法である。その目的は、ユニット装着前の乳頭に存在する細菌の数を減少させることである。これは乳汁中に存在する環境性細菌の数を大きく減らし、そのことにより環境性乳房炎のリスクを減少させる。

プレディッピング液は作用が迅速でなければならない。殺菌作用が迅速である(30秒以内)と証明された薬剤のみが有用となる。効果を最大にするためには、きれいな乳頭をプレディッピング液でコーティングすべきである。最小限20～30秒間の接触時間が必要であり、その後ユニットを装着する前に、液を乳頭から完全に拭き取らなければならない。これならば、乳汁の化学物質汚染を確実に生じさせない。多くの牛群で、プレディッピングにより、臨床型乳房炎や総細菌数の減少、乳頭状態の顕著な改善がみられた。射乳反射をさらに大きくするので、プレディッピングをしたときは、多くの牛は乳汁を完全に早く排出する。プレディッピングはp.141で詳細に述べる。

プレディッピングを望まない多くの酪農家があるが、もし牛が肉眼的にきれいな乳頭をしてパーラーに入ってくるのなら、ペーパータオルで各分房を乾拭きしてやるだけで十分である(写真6.10)。写真6.11にみられるよう

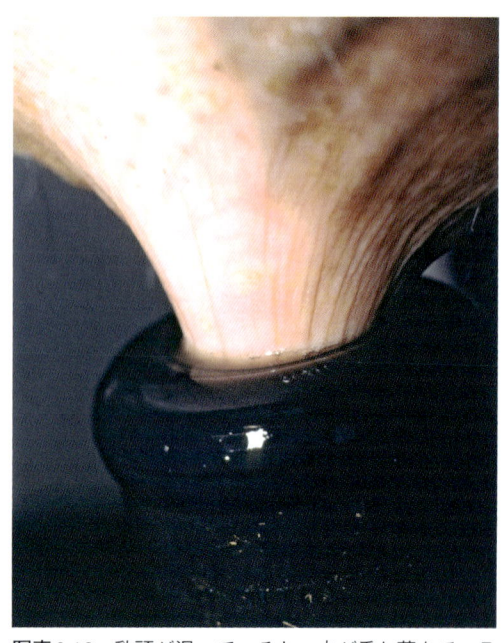

写真6.12　乳頭が湿っていると、水が垂れ落ちて、ライナーと乳頭の上部に溜まる。これは一般に'マジックウォーター'とよばれている。

写真6.13 自動乳頭洗浄スプリンクラーからの圧力のかかった水が、乳房と乳頭から汚れを取り去る。

に、もし乳頭が汚れていれば、よく洗って乾燥させなければならない。ひどい汚れでは、その汚れをやわらかくするために、乳頭の洗浄前に石鹸水で洗う。これにより泥などの除去が容易になる。

洗浄手技の不良は、細菌の排除よりも拡散を助長する。乳頭の洗浄は垂れ下がったホースからの水が最良である。牛と搾乳者の双方に快適なので、温水の方が奨められる。しかし、もし温水を使用するときは、温水タンクが清潔でふたをされていることが重要であり、消毒剤の添加が好ましい。

汚染水は緑膿菌感染の原因となる（p.58参照）。冬期に冷水で乳頭を洗浄することは射乳反射を低下させる。また、乳頭の状態に悪影響を与える。ある人々は、牛がパーラーに入ってくるときに、動力ホースで乳頭と乳房を洗っている。これは牛に苦痛を与え、乳頭と乳房をずぶ濡れにするので奨められない。

乳房を含まず乳頭のみを洗浄することが重要である。そうでないと、ユニットを装着するときに、湿った乳房から水が垂れ落ちて、**写真6.12**にみられるように、ライナーの上方に溜まる。これは一般にマジックウォーターとよばれ、ある一瞬そこにあるが、次の瞬間には消えている。もしその水がライナー上部から吸引されると、よくても乳汁を汚染し（総細菌数の増加をもたらす）、悪ければライナースリップを引き起こし、衝撃力を生じる。マジックウォーター中には高レベルの *E. coli* と *Streptococcus uberis* が存在しやすいので、衝撃力は新規感染のリスクを増加させる（p.93〜94参照）。乳頭の洗浄に用いられる水は少ないほどよい。もし洗浄した場合は、クラスターの装着前に乳頭を乾燥させることが必須である。

低濃度の消毒剤、例えば、60ppmのヨードまたは200ppmの次亜塩素酸ソーダの添加でさえ洗浄に用いる水には有効である。消毒薬の添加は、温水とパイプラインを、細菌汚染のない状態に保つことを助ける。それはまた乳頭上の細菌数を減少させ、搾乳者の手と手袋を搾乳時間中清潔に保つのに役立つ。

米国や中東の砂漠地帯のような高温気象下では、スプリンクラー舎内で自動乳頭洗浄が用いられる。ここでは牛がパーラーに入る前

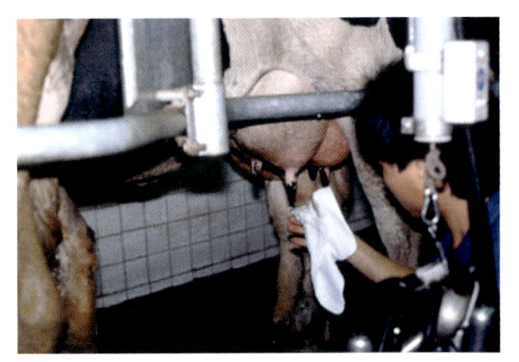

第6章 搾乳手順とその乳房炎との関連

写真6.14 共用の乳房を拭き取る布は牛から牛へと乳房炎細菌を伝播する。

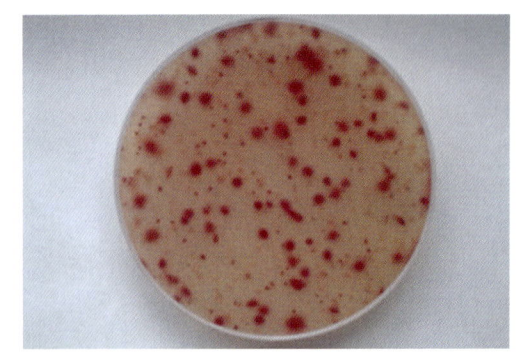

写真6.15 搾乳中に採材された乳房を拭き取る布からの細菌の発育。

に2カ所の集合場所がある。はじめの場所では、写真6.13にみられるように、床面に設置されたスプリンクラーから圧力のかかった水が出て、乳房と乳頭からすべての汚れを除去する。その後、牛たちは乳房と乳頭から水滴がなくなり乾燥するまで立っている。その後パーラーにすぐ近い第二の集合場所に移動する。スプリンクラー舎はパーラー内での必要な洗浄液量を減少させ、搾乳時間を短縮させる。しかし、乳房と乳頭の両方が湿るので、牛がパーラーに入る前に完全に乾燥させることが肝要となる。この方式は高温気象下でのみ使用されるが、著しく立ち時間を増加させない慎重さも必要である。さもなければ歩行困難に至る。

乳頭洗浄をしても搾乳前に乾いていなければ、乳汁中の細菌汚染が増加し、総細菌数が上昇する。それはまた、乳頭端の付着水滴中に細菌が集積し、環境性乳房炎のリスクを増加させる。最後に過剰に湿った乳頭はライナースリップを増加させる。洗浄しても搾乳前に乾燥していない乳頭を持つ牛群では、乳汁中の環境汚染の指標となる大腸菌数が高くなる(p.191〜192参照)。

搾乳前の乳頭の乾燥

牛は、1回使用のペーパータオルまたは布で、搾乳ユニットを装着する前に乳頭を乾燥させるべきである。写真6.14にみられるように、共用のタオルを用いなければならない状況では、このタオルだけで牛から牛へと感染が広がる。布タオルはしばしば非常に汚染されるので、その消毒は事実上不可能となる。唯一許容できる布タオルは、個々の牛ごとに取り替え、搾乳と搾乳の間に、洗浄、消毒、乾燥されたものである。布の素材は使いやすく乳頭をとてもきれいにするが、この作業の理解は労働力とエネルギーのコストによっている。

共用布の使用による感染拡散のリスクを、過小評価してはならない。多くの酪農家は、布タオルは搾乳中消毒液の入ったバケツに浸しているので、すべての微生物は殺菌されていると確信している。しかし、これは正しくない。

実験では、布タオル上の*Staphylococcus aureus*は3分間消毒液で洗っても、生存することが可能であった。*Streptococcus agalactiae*は布上で7日間生存し、2％次亜塩素酸液に5時間浸しても分離することができた。これは、搾乳中に消毒液に浸す数分間よりもはるかに長い。

布タオルの微生物を殺菌するのに、いかに消毒剤が無効であるかを示すことはごく簡単である。布タオルの使用は搾乳中の感染の拡散に何のリスクもないと確信している酪農家

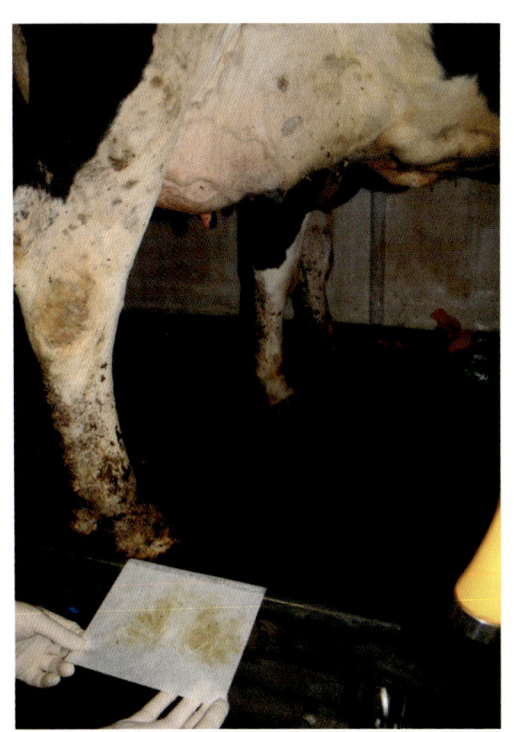

写真6.16 搾乳前の乳頭準備後に、白いペーパータオルで拭き取ることで、乳頭準備がどのくらい効果的に行われているかをみることができる。

に、これを証明することができる。搾乳中に、搾乳者に布タオルを絞らせて、そのしずくを血液寒天培地上にたらしてもらう。これを検査室で24時間培養する。写真6.15にみられるような細菌の発育が、それらのタオルのひとつから得られる。この結果はそれ自身が説明している。

ペーパータオルは安価で使い捨てであり、乳頭乾燥の理想的な手段となる。ある国では古新聞が用いられている。1枚ずつ切り離されているペーパータオルを使用することが重要で、そうでなければ、最初の牛から次の牛、またその次へと汚れや感染が付着していく。

薬剤入りのタオルが人によっては推奨されている。これらは消毒剤が浸み込んだ使い捨てのタオルであるが、きれいな乳頭を乾燥し消毒するために意図されており、汚れた乳頭を洗浄し乾燥させるためではない。もしそれを汚れた乳頭の洗浄に用いるなら、ペーパータオル使用を超えるメリットはほとんどなくなる。

乳頭準備の評価

乳頭の準備はさまざまな方法によって評価できる。いうまでもなく乳頭の清潔度は、ユニットが装着される前に観察することができる。ミルクソック(写真6.6参照)では、どんなに糞便で汚染されているかを、搾乳後に調

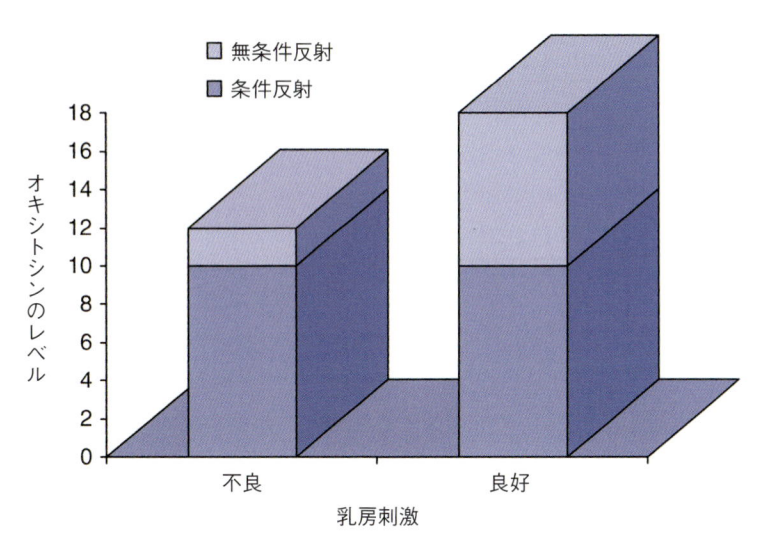

図6.2 乳房刺激の良し悪しによるオキシトシンのレベル。

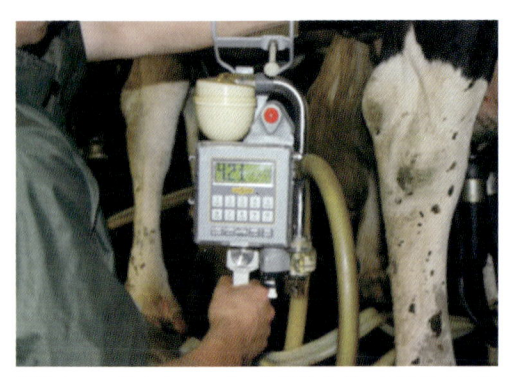

第6章　搾乳手順とその乳房炎との関連

写真6.17　ラクトコーダーは搾乳中ずっと乳汁の流量を測定する。

べることができる。牛群の牛の数を頭に入れておくことは重要である。高いレベルの糞の混入は、大きい牛群よりも小さい牛群の方に、はるかに大きな影響を与える。

バルク乳の大腸菌数を数えることは、もうひとつの有用なスクリーニング法である。変法として、写真6.16にみられるように、搾乳準備を終えた乳頭を白いタオルで拭いて、いかに汚れが残っているかをみることができる。また、搾乳中にライナーの内側を調べることも有用である。もしそれが汚れていたら、乳頭準備が不十分であることを示している。

射乳反射

乳汁は、乳頭先端への陰圧の負荷によって、乳房から排出される。これは文字通り、乳を'吸引'することである。乳頭が搾乳中にしおれないことが重要である。これは2つの手段でなされている。第一は乳頭基部の静脈叢（p.22参照）が血液で充満し、これにより乳頭が直立する。第二は、搾乳中の乳房内圧が高くなり、乳頭の拡張と腫大をもたらし、これが乳汁の取り出しを容易にする。

オキシトシンの放出は乳房内圧の増加をもたらす。乳房と乳頭への刺激は脳底部の下垂体からのオキシトシン分泌をもたらす。オキシトシンは乳房の腺胞筋に作用し、乳管の方へ乳汁を搾り出す。これが圧の増加をもたらし、乳汁のレットダウン（流下、射乳）とよばれる現象を生じる。

オキシトシンの放出は2種類の射乳反射によって生じる。条件反射と無条件反射である。

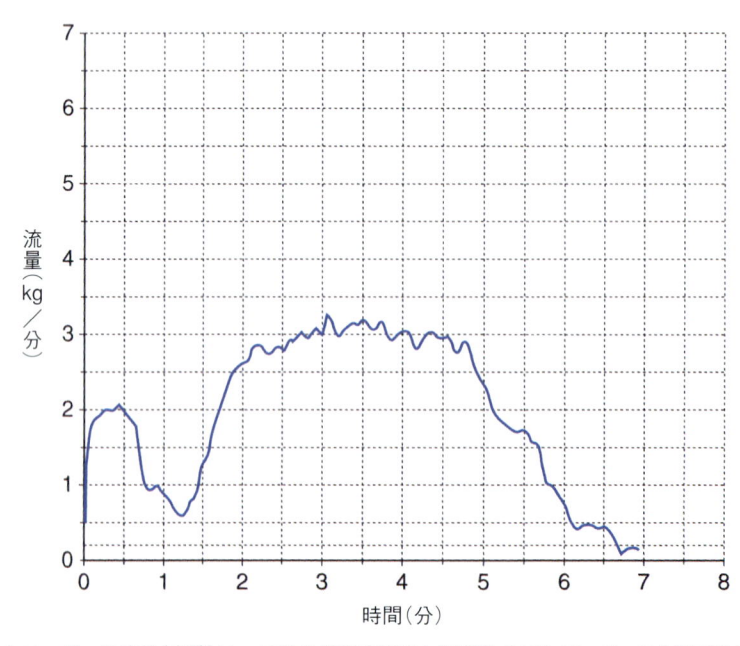

図6.3　ラクトコーダーの記録（実線）は、二峰性の乳汁流出と過搾乳を示している。7分間で乳量13.7kg。

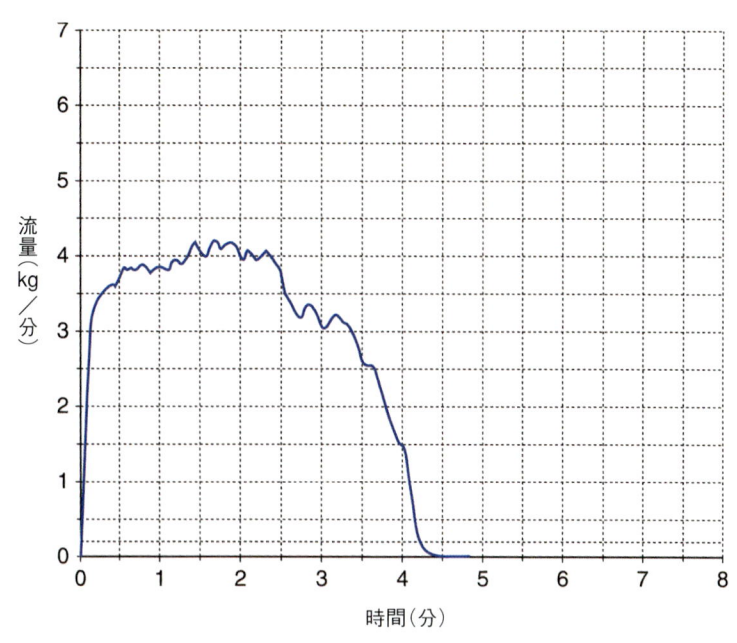

図6.4 ラクトコーダーの記録(実線)は、理想的な乳流量と短時間での搾乳を示している。4.25分間で14kg。

条件反射は真空ポンプの音や飼料の臭いのように、目、耳、鼻を通して牛に生じる。無条件反射は洗浄、プレディッピング、前搾り、乾燥などのような、乳頭の刺激の結果として生じる。

一般に条件反射の強さは一定なので、よい搾乳手順の目的としては、無条件反射の強さを最大にすることである(図6.2)。これにより、より一貫した搾乳手順の利益として配当金が得られる。

酪農家は、前搾りやプレディッピングによるよい乳頭の刺激により乳汁の搾出が早くなることを実感している。また十分な搾り切りの結果、乳量が増加する。

搾乳スピードの鍵となる要因は、血中のオキシトシン濃度ではなく、むしろオキシトシン放出のタイミングである。ある研究では、ユニットの装着直前の30～60秒間の乳房や乳頭のマッサージは、より早い乳汁の流出速度をもたらした。オキシトシンの射乳反射は比較的短く、10分を超えない。そのために、牛は乳頭刺激後、10分以内に搾乳を終了すべきである。射乳反射の利点を最大にすることは、搾乳を早め、乳頭の損傷を軽減する。そして乳房からのほぼ完全な乳汁の排出をもたらし、結果として生産性が向上する。

よい射乳反射は、個体からの乳流量を測定するラクトコーダー(Lactocorder)を用いて判定することができる。ラクトコーダーはクラスターと牛乳配管またはレコーダージャーの間のロングミルクチューブに設置する(写真6.17)。そしてその時間の乳量を測定する。図6.3は手による乳頭刺激がない牛の乳流量を示している。最初の1分間に、分あたりわずか2Lあまりの乳流量がある。これは乳管洞乳頭部と乳腺部に貯留していた乳汁である。しかし、装着の1分後に乳流量はわずか1L以下となり、その後もう一度射乳が起っている。結局、7分間かかって13.7Lの生乳を搾っている。これは二峰性の射乳(すなわち最初の流量、泌乳中止、ピーク流量)と呼ばれている。これはまたミルククロー内を単純にみることによって観察できる。

図6.3と比べ図6.4は、20秒間の用手乳頭

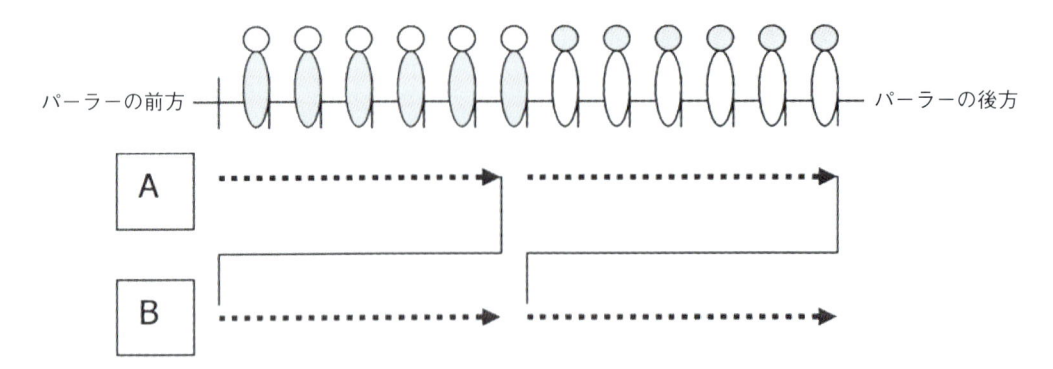

第6章 搾乳手順とその乳房炎との関連

図6.5 最初の仕事は、小グループ（この場合6頭）の牛をプレディッピングし、前搾りすることである（A）。ついで搾乳者は1頭目に戻り（B）、乳頭を拭き取り乾燥してユニットを装着する。その後、搾乳者は次のグループを開始する。

刺激を行い、刺激の1～2分後にユニットを装着した場合である。ここではユニットを装着するとすぐに、1分あたり4Lの割合で乳汁が流れ、この牛からは4分間に13.8Lの生乳が搾られた。乳頭刺激を行わなかった牛に比べ、3分間搾乳時間が短縮した。

搾乳グループの準備

短時間でも前搾りによる乳頭刺激を行うこ

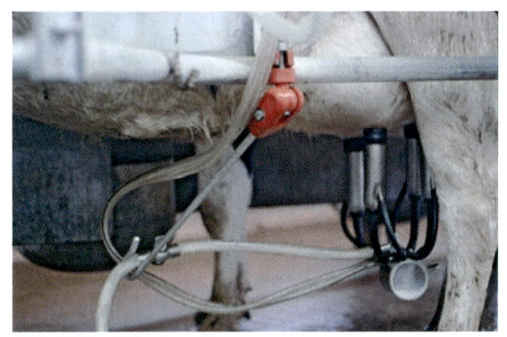

写真6.19 サポートアーム（支持棒）は、ロングミルクチューブの重さを緩和することによって、乳房上のユニットのねじれを防止するのに役立つ。

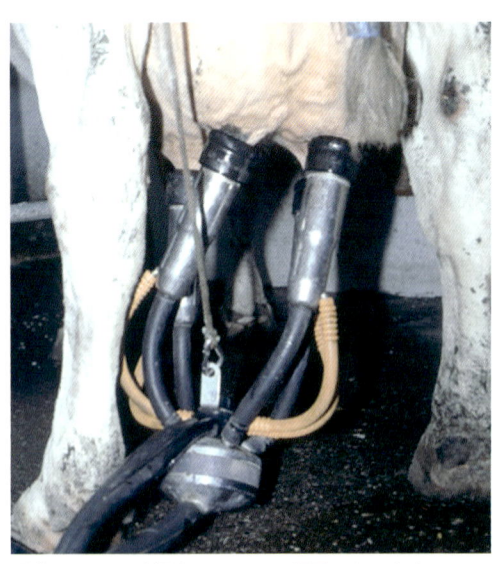

写真6.18 不適切なユニットの配置。ねじれたクラスターは牛を不快にし、その分房の乳汁排出を不良にし、ライナースリップを増加させる。

とは、搾乳時間を短縮するという大きな見返りがある。乳頭刺激に続いて適正な時間でユニットを装着しなければならないので、牛の搾乳グループの準備が推奨される。搾乳グループの準備は、搾乳者がグループの牛の数を設定し、オキシトシンが放出されると同時にクラスターを装着できるように、1～2分以内にユニットを装着する。

これはヘリンボーンパーラーで、乳頭刺激後1～2分以内にクラスターを装着することができるように、グループ内の牛を準備することを意味する。例えば、ひとりの搾乳者が前搾りをしてプレディッピングする作業を、4～6頭のグループの牛に続けて行う。それから彼は1頭目に戻り、乳頭を拭き取り乾燥

表6.1 乳房炎牛搾乳後のティートカップクラスターの消毒法。(Bramley et al., 1981)

処置	時間	検査例数	洗浄後のクラスターの陽性率(%)	クラスターから回収されたS. aureus/mL
冷水洗浄	5秒	19	100	100,000〜800,000
冷次亜塩素酸液(300ppm)の循環	3分	19	100	50〜2,000
66℃の温湯の循環	3分	18	22	0〜80
74℃の温湯の循環	3分	85	0	0
85℃の温湯の循環	5秒	530	3	0〜15

してクラスターを装着し、続いて残された牛にも繰り返し行う(図6.5)。その後、彼は次のグループへ移動する。

ロータリーパーラーでは、2人の搾乳者が乳房と乳頭の準備をする。装着するのに乳頭刺激後60〜90秒遅れて時間をとることが容易である。2人の搾乳者がいるヘリンボーンパーラーでは、ひとりはプレディッピングと前搾りをし、もうひとりは乳頭を拭き取り乾燥して装着するというように、ひとり一人作業を分担することができる。酪農家は、搾乳作業と搾乳グループを設定した搾乳牛が、搾乳をスピードアップさせることを理解している。

搾乳ユニットの装着

上手な搾乳者は、システム内に大量の空気を流入させることなく、ユニットを装着する。これは真空度を一定に保ち、ライナースリップや衝撃力のリスクを軽減させる。

ほとんどのユニットは注意深く整列させるべきで、そうするとクラスターはねじれることなく、乳房に心地よく配置される。これにより、牛は乳汁を平均的に排出できるようになる。

牛に不快感を与えているクラスターのねじれは、その分房の乳汁排出を不良とし、牛がユニットを蹴るリスクを増加させる(写真6.18)。これはまた、ライナー上部を通しての空気の流入のリスクを増加させる。

ユニットは、牛の後肢を通して延びるか、または牛の頭側前方に延びるロングミルクチューブにつながるようデザインされている。後者の場合は、写真6.19にみられるようなサポートアーム(支持棒)が、乳房上のユニットのねじれを避けるために必要である。これは米国やヨーロッパ諸国では多用されているが、英国では一般的でない。

ときには、搾乳者は写真6.20にみられるように、搾乳の遅い牛のスピードアップをはか

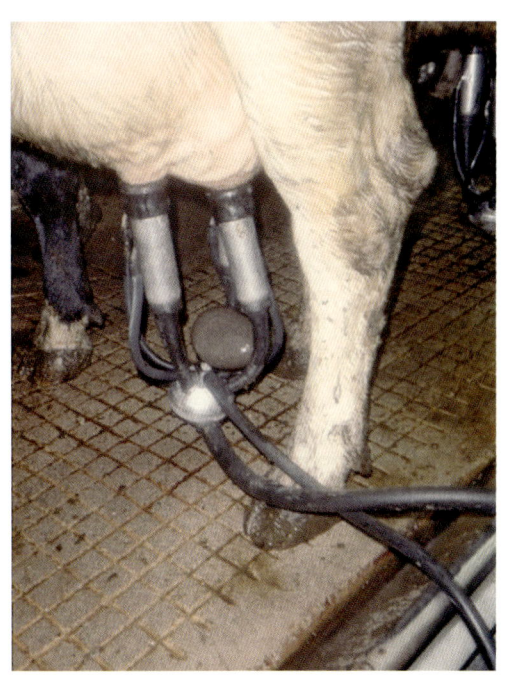

写真6.20 搾乳の遅い牛のスピードアップをはかるために、石やレンガをクローの上に置くことが知られている。これは奨められない。

第6章 搾乳手順とその乳房炎との関連

写真6.21 消毒液によるバックフラッシュユニットは、牛から牛への感染の移行を低減する。

写真6.22 受入バケツに接続された別個のクラスターは、健康牛への感染拡散のリスクを減少させ、バルク乳に混入する残留抗生物質のリスクを排除する。

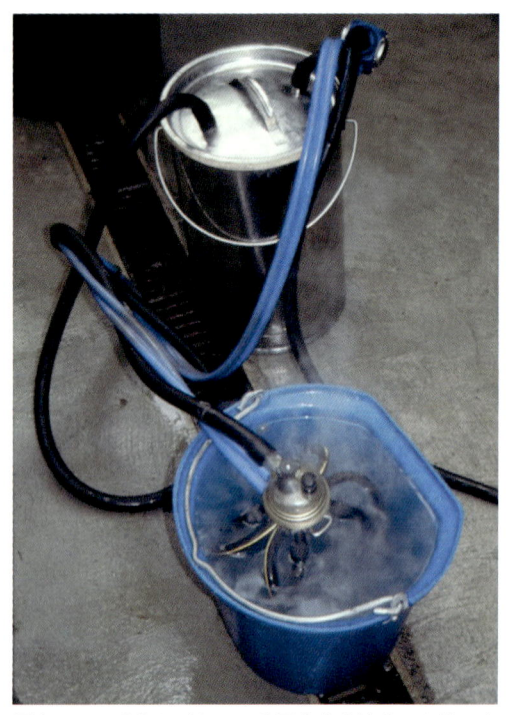

写真6.23 受入れバケツに乳房炎牛を搾乳した後、次の牛に装着する前にクラスターを消毒することが必須である。

るために、クローの上に小石やレンガを置いている。これは、乳頭を過度に引っぱってすでに存在する損傷を悪化させたり、間接的にかえって搾乳を遅くしたりするので奨められない。

乳房炎牛の搾乳

理想的には、新規乳房炎牛の発見後できるだけ早く、その牛を後方にまわし最後に搾乳すべきである。残念なことに、これが常になされているとはいえない。その理由は、時間がかかることと、個々の牛を分離したり後方に保持したりする施設がないからである。さらによいのは群分けすることで、乳房炎乳や抗生物質入りの乳がバルクタンクに混入するリスクが排除される(バルクタンクからまず最初に牛乳配管をはずすことを忘れないように!)。また、搾乳者の手や汚染されたライナーにより残りの牛群へ乳房炎を拡散することを減少させる。さらに搾乳者が総搾乳時間を延長させることなしに、より多くの時間をその牛の乳房炎治療にかけることができる。ライナーの状態もまた重要な因子となり、摩耗や亀裂のあるライナーは、平滑なライナーより多くの細菌を保持していることを思い出すべきである。

乳房炎牛を搾乳した後に、クラスターを消毒することが重要である。これは他の牛への感染移行のリスクを減少させる。多くの搾乳

写真6.24　受入れバケツに用いられたライナーが、きちんときれいになっていない。ライナー内に凝固物や沈殿物がみられる。

者はユニットを数秒間、消毒液に浸している。これは細菌数を減少させるが、すべての菌を殺菌するわけではなく、まして拡散の可能性を完全に排除するものでもない。

表6.1は、クラスターを消毒するさまざまな方法の効果を比較している。冷水で5秒間洗浄した後では、多くの細菌がまだ残存していることが分かる。残念なことに、最初の細菌数のデータがない。クラスターを消毒するには、74℃の温湯で3分間循環することが必要であるが、これは搾乳中では実行できない。唯一の搾乳中のクラスターの消毒法は、85℃の熱湯を5秒間注ぐことである。たいていの酪農家は、クラスターを次亜塩素酸やヨードや過酢酸液に数分間浸す方法で消毒している。この方法はユニットを完全に無菌にするものではないが、感染のほとんどを排除し、二次汚染のリスクを最小限にとどめている。

強い伝染力を持つマイコプラズマ性乳房炎が乳房の健康に脅威となっている世界の熱帯、砂漠地帯にある大型酪農場では、バックフラッシュユニットがパーラーに設置されている。これらは写真6.21にみられるように、85℃の熱湯でユニットを消毒している。これらの装置は非常に高価であり、マイコプラズマ感染がまれである温暖な地域では、もし適切な乳房炎防除対策を実施するなら、ほとんど必要ない。

感染の拡散を減少させる最も簡単な方法は、乳房炎牛の搾乳に別のクラスターを用いることである（写真6.22）。この方法ではその牛がパーラーに入ってくるとすぐ実施できる。このクラスターは、搾乳作業を遅延させることなく、使用のたびに十分消毒できる（写真6.23）。クラスターは、過酢酸、次亜塩素酸または別の適切な消毒液で消毒される。多くの酪農家は受入れバケツにつながったクラスターを持っている。乳房炎乳を別に集めることによって、抗生物質混入のリスクをなくしている。

乳房炎牛に用いられるバケツは、またしばしば分娩直後の初乳の採取にも用いられている。分娩直後の牛は、疾病抵抗性が低くなるので、感染に対して非常に感受性が高い。もしクラスターを使用のたびに消毒しないと、これは新規乳房炎感染の原因としてはたらく（写真6.24の汚染されたライナーを参照）。これらのユニットを放置しないで、ライナーを頻繁に取り替えたり、個々の搾乳終了後に完全に清浄化することが重要である。

多くの酪農家は依然として、乳房炎牛の乳汁をレコーダージャーに受け、そこからバケツに移したり、床に捨てたりしている。これにはいくつかのリスクが伴う。搾乳者がそのようにジャーに乳汁を入れることによって、残留抗生物質がバルク乳を汚染することを忘れているのかもしれない。レコーダージャーの基部にあるバルブが不良であり、乳汁がバルブを通過してバルクタンクに入ることがある。最終的に、抗生物質はバターファット内に蓄積され、ジャーが乳汁の放出後に完全に洗浄されないときには、ジャーの内面一帯のバターファットに抗生物質が蓄積される。抗生物質残留については第15章で述べる。

第6章 搾乳手順とその乳房炎との関連

写真6.25 二次汚染を最小にするために、ライナーの口の内側の小さいノズルから、液が放出される。

搾乳ユニットの離脱

いったん搾乳が終了した場合、すぐにクラスターへの真空の供給を遮断すべきである。エアーブリードホール（空気流入孔）を通じて大気がクロー内に侵入すると、陰圧が解除され、ユニットは乳房から'抜け落ち'る。自動クラスター離脱装置（ACR）が装着されているところでも、同様に作用する。なおまだ低圧下の状態にあるクラスターをはずすと、大きな衝撃力を生じ、乳頭括約筋を損傷する。

自動クラスター離脱装置の調節には次の3つの重要な要素がある。

- 最終的に自動離脱装置が始動する乳汁の流量
- 乳汁の流量を感知始動してから、真空圧を遮断するまでの時間（delay time）
- 真空圧を遮断してから、自動離脱装置が離れるまでの時間

最初に、自動離脱装置を始動させる乳汁の流量は、従来は200mL／分に設定されていたが、最近では400〜600mL／分に、3回搾乳の高泌乳牛では600〜800mL／分に増加してきている。

二番目に、乳汁の流量を感知始動してから真空圧を遮断するまで、時間の遅れがなければならない。さもないと、例えばライナースリップなどで一時的な流量の下降を起こした牛は、ユニットが早く離脱してしまう。

三番目に、真空圧を遮断してから自動離脱装置が離れるまでの時間の遅れは、ミルククロー内の真空が通気するための時間を考慮している。それによって乳頭端損傷のリスク

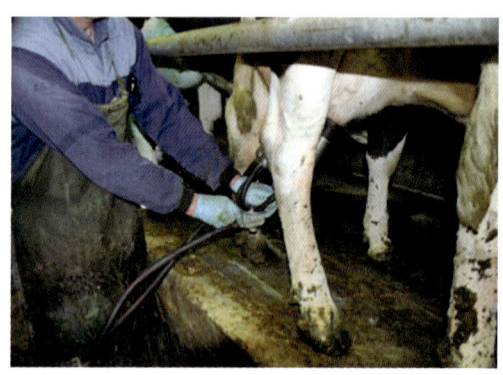

写真6.26 マシンストッリッピングは、片手をクローにかけて下方に圧力をかけ、その間に他方の手で分房をマッサージする方法である。これは奨められない。

を低減している。もし、かなりの数の牛がユニット離脱時に蹴る場合は、感知する乳汁の流量が低すぎるか、真空圧を遮断してから自動離脱装置が離れるまでの時間が不足しているかのどちらかである。

過搾乳は奨められない。なぜなら、ユニットの装着時間を延長し、搾乳を遅くし、そして乳頭端損傷、臨床型乳房炎、高体細胞数のリスクを増加させるからである。

牛間のクラスターの消毒

搾乳終了時に約2〜4mLの少量の乳汁がライナーの口の内側に残る。クラスターが次

の牛に装着されるとき、前の牛の乳汁がライナーの内側にたれ落ち、搾乳される次の牛の乳頭を汚染する。これは感染の移行のリスクを意味する。

ある時期には、搾乳と搾乳の間に消毒液入りのバケツにクラスターをつけることが、搾

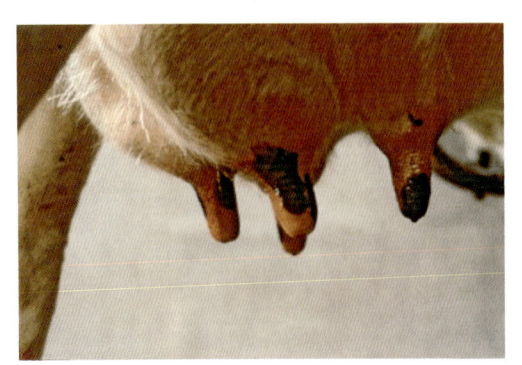

写真6.27 毎搾乳後のクラスターを取り外した直後に、個々の乳頭の全表面を消毒液で被覆すべきである。乳頭がディッピング液中のヨードによって褐色に染まっていることに注目。

乳手順の一般的な方法であった。次亜塩素酸に数秒間ユニットをつけると、汚染されたライナーからすべての細菌を除去できると一般に信じられていた。クラスターを消毒することの困難性は表6.1に示されている。クラスターの浸漬は細菌数を減少させるが、牛から牛への拡散の防除にはまったく役に立たない。

臨床型と潜在性感染におけるクラスターの殺菌効果を示した、1960年代末のMFE(乳房炎野外試験)の成績(p.11、図6.1)には限界があり、そのため、それらは推奨される5項目の乳房炎防除計画に組み入れられなかった。しかし、当時は、牛群サイズが小さく、乳量が少なく、環境性乳房炎が大きな問題ではなく、主な問題は潜在性乳房炎であったことを考えなければならない。

それ以来、乳牛群は大きく変化している。

バックフラッシュ装置は、環境性と伝染性細菌の両方を殺菌する。これがこの装置の唯一の利点であり、特に環境管理または乳頭準備が不十分である牛群において利点がある。

さまざまなクラスターフラッシュシステムが使用されている。ひとつは噴出液がライナーの口の内側の小さいノズルから噴射される(写真6.25)。他には、空気と噴射消毒液の波動を取り込み、それがロングミルクチューブに入り、クラスターを勢いよく流れ、ライナーを通って出る。

これがライナーに存在するすべての細菌(ブドウ球菌、レンサ球菌、大腸菌など)のレベルを低減することを示す十分なデータはあるが、これまで体細胞数や乳房炎発生を減らす点において、明白な利点を実証するよい試験データはない。ロボット搾乳では、ライナーはいつも次の牛の搾乳までに噴射洗浄されている。

残乳

いかに長くユニットを牛にかけていても、決してすべての乳汁を乳房から排出させることはできない。残留した乳は残乳とよばれる。残乳の量は通常初産牛で0.5L、経産牛で0.75Lである。

次のような残乳の量を増加させるさまざまな要因がある。

- 搾乳の直前または搾乳中に牛を妨害したり驚かせたりすると、射乳反射に影響する
- 乳房の刺激からティートカップ装着までの時間の遅延
- 不規則な搾乳間隔
- 乳頭の損傷
- ユニットの配置不良は、ひとつまたはそれ以上の分房の乳汁排出を不完全にする
- 自動クラスター離脱装置(ACR)の調整不良は、クラスターの早期離脱を生じる
- 欠陥のあるパーラーでの搾乳

- ライナーの変形は搾出不良を引き起こす

　良い搾乳手順は、残乳量を最小限にとどめることになり、その結果、乳量を最大にする。もし大量の乳汁が乳房内に残留すると、特に Streptococcus agalactiae 感染のような潜在性乳房炎の悪化をもたらす。それはまた、乳生産を減少させる。

マシンストリッピング（ミルカーによる後搾り）

　マシンストリッピングは、写真6.26にみられるように、片手をクロー上に置いて下方に圧を加え、他の手で乳房をマッサージする方法である。その目的は乳汁の排出を最大にし、乳房内の残乳を減少させることである。

　マシンストリッピングを強力に熱心に実行すれば、空気がライナー上部から侵入して衝撃力を生じるリスクがある。衝撃力は乳頭端に対して乳汁を強く逆流させる原因となる（p.93〜94参照）。もし細菌が乳頭管を貫通すると、新規感染が成立する。これらの理由から、マシンストリッピングは奨められない。

　今日の乳牛はよい乳房と乳頭の形状に選抜されている。さらに、残乳量を減らす最新の搾乳システムの能力は、デザインの改良により飛躍的に改善されている。

搾乳後の乳頭消毒

　クラスターを取りはずした直後に、写真6.27にみられるように、個々の乳頭の全表面を消毒液でコーティング（被覆）すべきである。これは、ディッピングまたはスプレーによってなされる。

　搾乳後の乳頭消毒の目的は、搾乳中に乳頭に付着した細菌がコロニーを形成したり乳頭管内に侵入する前に、すべて殺菌することである。搾乳後の乳頭ディッピングは伝染性乳房炎の防止法として必須である。この方法は、大腸菌や他の環境性乳房炎に対しては効果が低い（これらには搾乳前ディッピングがより重要である）。乳頭ディッピングについては第7章で詳細に述べる。

　パーラーを出た後、牛たちは清潔で新しく除糞された通路に沿って退去し、新しく整備された牛床に移動すべきである。牛を飼料や水に近づけると、20〜30分間は立っているので、その間に乳頭口は完全に閉鎖する。もし乳頭口が開いている搾乳直後に牛が横たわると、環境性細菌が容易に乳房内に侵入し、乳房炎を生じるリスクがある。

　ある牛群では、牛たちが搾乳の後長い時間、通路に立たされている。これは跛行に悪影響を与える。歩行が困難または病気の牛は、牛がそれを望むなら、搾乳後に横たわることを可能にしておく。牛たちは搾乳後、乳頭管が閉じるまで自然に餌を食べ、その後に休ませるべきである。

搾乳順序

　もし牛群を群分けすることができるのなら、搾乳順序は非常に重要である。多くの酪農家は牛を群分けするが、管理上の点から群分けをしている。乳房炎牛の拡散を減少させるために、牛は次の順序で搾乳すべきである。

- 高泌乳牛
- 低泌乳牛

写真6.28　ロボット搾乳の機械は、乳頭をきれいにするために回転ブラシを使用する。ユニットが装着される前に、乳頭は乾燥していない。

- 高体細胞数の牛
- 乳房炎牛および他の治療を受けた牛

　泌乳後期の牛は、泌乳期間中ずっと長く乳房炎細菌にさらされてきたので、潜在性感染を起こしている牛が多くいる可能性がある。そのために、伝染性乳房炎の最大のリスクはこの群にある。

　高体細胞数の群を作ることにより、牛群内の感染拡大を防ぐことができる。しかし、ほとんどの牛群は体細胞数が低いので、このような群分けは必要としない。

搾乳頻度

　搾乳頻度を1日3回または4回に増やすと、乳質への大きな影響なしに乳量が増加する。3回搾乳では、乳量は初産牛では15％、経産牛では10％も増加する。これは泌乳抑制タンパクの除去のためで、その結果、乳房内の乳汁合成が高まる。

　さらに、乳汁がより頻繁に乳房から排除されると、乳頭管と乳房内のあらゆる細菌を洗い出すことになり（および、搾乳回数の増加による新規感染機会の増加の可能性にもかかわらず）、1日3回搾乳の牛群の方が1日2回搾乳の牛群より、乳房炎の発生が低下する傾向を示す。1日3回搾乳を行っている群はまた、この乳汁排出行為により体細胞数が低い。

ロボット搾乳

　ロボット搾乳はより身近になってきており、ヨーロッパ大陸と米国では多数のロボットがみられる。ロボットは従来のパーラーで起きていることとは非常に違った方法で、牛を搾乳し、乳頭の準備と乳房炎の発見は自動的に行われる。いったん個々の分房の搾乳が終わると、その分房に付いているライナーが離脱する。これは個々の分房の過搾乳を最小限にする。搾乳後の乳頭消毒とともに、次の牛の搾乳までのライナーの消毒も自動である。もしロボットが働き、酪農家の管理と施設がロボット搾乳に適合しているなら、この技術には大きな利点がある。

　しかし、いくつかの大きな問題がある。前搾りが視覚的に観察されず、乳房炎は電気伝導度によって発見される。ちょっとした伝導度の変化によって生乳は廃棄され、その牛についての警告メッセージが出る。その牛は臨床型乳房炎に感染しているかどうかのチェックを受けなければならない。ほとんどのロボットは、乳房炎に関わる誤報の数を減らすために、酪農家が伝導度の閾値を調整することができる。新しいロボットは、乳房炎発見の精度を上げるために、個々の分房の伝導度を前回搾乳時の伝導度と比較し、その変化をみている。これは乳房炎の早期発見のために非常に有用である。

　乳頭は回転ブラシを使用し清潔にされる（写真6.28）。これは消毒液と物理的動作によってなされる。乳頭は乾燥されないというデメリットがある。もし搾乳前に乳頭が著しく汚れていた場合、乳頭準備は不完全となり、湿った乳頭には多くの環境性細菌が付着している。これは、環境性乳房炎の発生増加や総細菌数の上昇のリスクを、増大させてしまう。

　搾乳後の乳頭消毒は、通常、中央のスプレーノズルから噴射され、乳頭の内表面だけを覆う。外表面は完全には消毒されない。

　すべての牛が定期的に搾乳のために入ってくるわけではない。このことは間欠的な搾乳をもたらし、このような牛の体細胞数を増加させる。牛は適正な頻度で搾乳されることが重要である。これには、牛がパーラーに入るよう促すために、給餌するなどの方法がある。

搾乳手順のまとめ

　正しい搾乳手順の目的は、清潔で乾燥した乳頭に、できるだけ効果的に機能的なミルカーを正しく装着して搾乳することであり、

第6章　搾乳手順とその乳房炎との関連

こうすれば、乳質を維持しながら乳房の健康へのリスクを最小限にできる。これは次の手順によってなされる。

- 前搾り
- 乳頭を清潔にし乾燥させるように、乳頭の準備を行う。プレディッピングは最高の手技である。プレディッピングには30秒の接触時間をとり、その後、拭き取り乾燥する
- 乳頭準備後1〜2分以内にユニットを装着する
- 乳房面で四角になるように、クラスターの配置をチェックする
- 搾乳が終了すると真空を遮断し、その後、クラスターを取りはずす
- ポストディッピングにより乳頭を被覆する
- 飼料と水がある屋根付きの牛舎に牛を放ち、20〜30分間立っているようにする

　細心の注意を払い、これらの手順を実施するのは時間がかかるが、その努力は乳房炎発生数の低下、低体細胞数、より清浄な牛乳の生産、生産量の増加、搾乳者の衛生状態の向上、より快適な牛の日常というかたちで報われるであろう。

第7章
乳頭の消毒法

- ポストディッピング　131
- プレディッピング　131
- 実施方法：ディッピングまたはスプレー　132
  - ディッピング　132
  - スプレー　132
- ディッピング液の準備と保管　134
- ポストおよびプレディッピングに使用される薬剤　134
  - ヨードホール　135
  - クロルヘキシジン　135
  - 4級アンモニウム化合物（QACs）　135
  - ドデシルベンゼンスルフォン酸（DDBSA）　136
  - 次亜塩素酸　136
  - 酸性化亜塩素酸ナトリウム　136
  - 泡ディッピング剤　136
  - 粘稠性と界面活性能　137
  - バリアーディッピング　137
- 搾乳後の乳頭消毒　138
  - 乳房炎細菌の排除　138
  - 乳頭損傷部からの細菌の排除　139
  - ディッピング添加物による皮膚性状の改善　139
  - 自動乳頭消毒装置　140
  - 搾乳後の乳頭消毒の限界　140
  - ディッピングの季節的な利用　141
- 搾乳前の乳頭消毒　141
  - プレディッピングの効果がない場合は？　143
- ヨウ素の残留　144

　本章では、乳頭消毒の根拠、実施法（ディッピングまたはスプレー）、使用薬剤、関連するいくつかの管理不良、薬剤残留の重要性について検証する。乳頭の消毒は搾乳の直前（プレディッピング）または直後（ポストディッピング）に実施される。

ポストディッピング

　ポストディッピング（p.128も参照）は、ユニットを取りはずしたら、できるだけ早く行う。ポストディッピングをした後は、乳頭を拭きとって乾燥してはいけない。ポストディッピングは、乳房炎防除の上で最も有用な方法であり、5ポイントプランの不可欠な要素である（p.11参照）。本法は、一年を通じて、毎搾乳後に、すべての牛において実施すべきである。

プレディッピング

　プレディッピング（p.116～117も参照）では、搾乳前の乳頭に消毒液を処置し、クラスターの装着前に薬液を拭き取らなければならない。プレディッピングは新しい概念で、環境性乳房炎の発生減少と総細菌数の低下を目

第7章 乳頭の消毒法

的としている（第10章参照）。ほとんどの場合、ポストディッピングで使用される薬液とプレディッピングで使用される薬液は、殺菌が求められる速さが違うので、同じではない。

実施方法：ディッピングまたはスプレー

乳頭全体から細菌を排除するという重要な目的のためには（p.32参照）、消毒は乳頭端のみでなく乳頭全体に実施することが不可欠である。これにはスプレーを注意深く行えば有効であるが、ディッピングの方がより確実に行える。

ディッピング

ディッピング（浸漬）はスプレーよりも薬液が少なくてすみ（1搾乳時1頭あたりディッピングでは約10mL、スプレー法では約15mL）、もし正確に実施されたら、乳頭に優れた被覆を形成する。カップは乳頭を浸しても過度に薬液がこぼれないように十分大きく、同時に小型の乳頭も薬液に届き確実に浸漬できなければならない（図7.1）。

二室式のこぼれ防止カップもまた有用である（図7.2）。下部のカップを圧迫すると、薬液は上部のカップに移動する。もし容器にものがあたって倒れたり（または搾乳者の手があたったり）しても、上部のカップ内の液がこぼれるのみである。これらのカップはしばしば側面にフックがついていて、搾乳者のベルトにひっかけることができるので（写真7.1）、手軽に使用できる。どのタイプのカップを選択しても、その縁を乳房に接触させ、乳頭全体の浸漬を確実にするため、カップを揺らすことが肝要である。ディッピング用のカップは汚染を防止するために、定期的に洗浄すべきである。搾乳終了後にカップ内に残った薬液はすべて廃棄し、次回搾乳前にカップをきれいにしておかなければならな

図7.1 （左）小さく狭いディッピング用カップはヨード液があふれて無駄になり、搾乳者の手が黄色く染まる。（右）一方、薬液が少なく過度に広口のカップは小型の乳頭が十分浸漬されない。

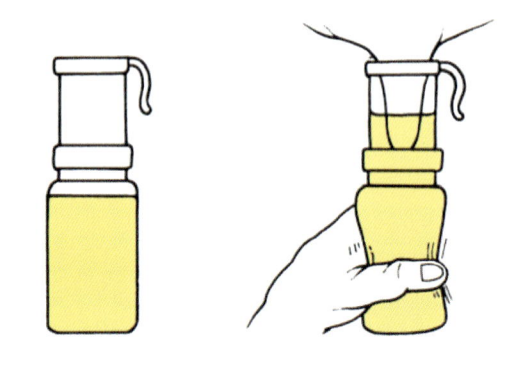

図7.2 こぼれ防止カップも使用される。もし容器が倒れても、上部のカップ内の薬液のみがこぼれる。

い。もしカップが搾乳中にパーラー内に引っ掛けられておれば、写真7.2のように、汚染されないよう注意する。

スプレー

乳頭をスプレーする方法もまた有効であるが、注意深く実施しなければならない。この方法は乳頭の一部をカバーするだけであれば、ディッピングよりも大変容易である。スプレーのノズル部は十分な長さを持ち、先端が上方を向いているべきで、そのまままっすぐ飛び出すものはよくない（図7.3）。スプレーは乳頭の下方からあて、乳房基部に向けて先端を円周状に回転させながら噴射する。完全に乳頭をカバーするには、少なくとも2回転が必要である。1回転目は左側に向けて乳頭

写真7.1 プレおよびポストディッピング用のカップは、搾乳中はベルトに保持され、便利である。

写真7.2 ディッピング用カップは、汚染されないように、パーラー内に保管するべきである。

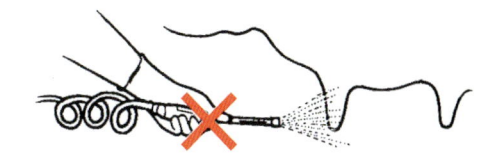

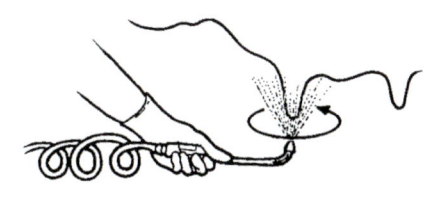

図7.3 側方からのスプレーの実施は、スプレーの先端が届く一部分しかカバーできない。スプレーは乳頭下部から円周状に回転させて、すべて確実にカバーできるようすべきである。

の左側面をカバーし、2回転目は右側に向けて右側面をカバーする。単なる円周状の回転では十分でない。

　ヘリンボーン式パーラーでは、ある搾乳者は搾乳終了後にゲートをあけて牛を放し、牛が出ていく時に乳頭スプレーを実施している。残念ながらこの方法では乳頭の一部しかカバーされない。もしヨード液が用いられていれば、**写真7.3**にみられるように、乳頭の片側しか被覆されていない様子が容易にみてとれる。薬液は乳頭先端の方に垂れていき、先端部の細菌コロニーを排除し、乳房炎伝播の最も重要な要因を減少させる。しかし、乳頭の一側面に消毒液が付着していなければ、その未処置の乳頭皮膚に乳房炎細菌叢が形成される。スプレーのノズルは定期的に点検しなければならない。最も多い失敗は次の2つである。

1. スプレーノズルの一部がつまって、ノズルの1側面からのみ薬液が放出されている。
2. ノズルからスプレーというより、ジェット状に勢いよく乳頭に薬液が噴出され、その結果、不十分な乳頭のカバーとなる。

第7章　乳頭の消毒法

第7章 乳頭の消毒法

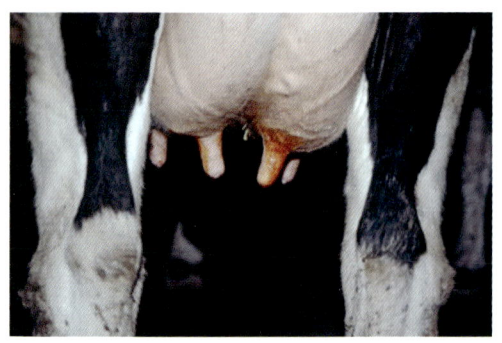

写真7.3 不適切になされたスプレーは、乳頭の片側しかカバーできない。

これらの失敗は、1枚の白いペーパータオル上に薬液をスプレーすることにより、確認される。タオル上の模様は、スプレーノズルの放出模様である。手動の庭木スプレーを使用したところ、その多くは、効果的に作用するための、十分なエアゾール（微細な煙霧状）にはならず、また十分に広いスプレー角度が得られなかった。

乳頭のカバーを確認する最も良い方法は、薬液散布後、直ちに乳頭を検査することである。そしてできれば、搾乳者が検査をしていることに気づかないような、例えば乳頭スコア検査のための訪問時に行う。これには、第14章の乳頭のスコアリングの項（p.254～255参照）にみられるように、ライトが必要である。このシステムでは、スプレー失敗の牛で、1個以上の乳頭の表面が薬液に半分もカバーされていないと、非常に厳しいスコアとして定義される。良い牛群だと '不良牛' はほんの5％である。悪い牛群だと90～95％もの牛が '不良牛' になっている。これは明らかに伝染性乳房炎の拡散に大きな影響を与える。ディッピングとスプレーの比較が**表7.1**に示されている。

ディッピング液の準備と保管

ディッピング液はそのまま使用可能なものもある。また濃縮液として売られ、希釈して使用されるものもある。直接使用できる薬液は、注意深く配合され、軟水で希釈されているので、しばしば安定性がより高い。濃縮液を希釈するときは、指示書にきちんと従うべきであり、理想的には、変質を避けるために2～3日分のみを希釈すべきである。井戸水の硬水は適さない（訳者注：日本の井戸水はほとんどが軟水である）。

使用していないディッピング容器は、凍結により水分と薬剤が分離することがあるので、凍結するような冷所からは離して保管する。使用時には、大量の水が散布されるような場所では、ドラム（ドラム缶状の容器）上の口をあけたままにしてはいけない。水が入ると薬液が希釈されたり、さらに悪いことに、もし循環中の洗浄液が入ると、薬液が変質して薬効が無効になることがある。

ポストおよびプレディッピングに使用される薬剤

ディッピングとスプレーにはさまざまな薬剤が使用される。それらの性状は異なってい

表7.1 ディッピング法とスプレー法の比較。

	ディッピング法	スプレー法
乳頭の被覆	一般に良好	注意深くすれば良好
一搾乳時牛一頭あたりの使用量	10mL	15mL
価格	非常に安価な器具	器具にやや経費が必要
注意点	汚れたカップ	つまったノズルでは流出速度が低下する
	カップを満たす乳頭が非常に短い牛もしくは長い牛	搾乳中に薬液が流出する

るので、最も効果的な消毒剤を特定することはできない。英国では、ある製剤は医薬品として承認されており、製造会社は乳房炎防除におけるその消毒剤の安全性と有効性をみるための野外試験を実施している。他の製剤は、乳房炎に関しては何もうたわずに、搾乳後の乳頭洗浄剤として、承認不要のまま市販されている。承認された薬剤は、明らかに最も安全である。最も優れたディッピングは、毎搾乳時にすべての乳頭をカバーすることである。

最も多用されている製剤は次のとおりである。

ヨードホール

これらはおそらくディッピング剤として最も広く使用されている化合物である。それらは本質的に不活性遊離ヨウ素の担体として働く化合物と合わさって、0.25～0.5％のヨウ素からなっている。遊離ヨウ素は細菌に作用して、徐々に消耗されるので、約3～5ppmのポストディッピング液中の一定の有効含有量を保持するために、より多くの遊離ヨウ素が担体化合物から放出される。ヨウ素の残留問題は、p.144～145で述べられ、それは低いことが示されている。

ヨードホールは水溶性が低く、そのため溶液とするために、界面活性剤が必要となる。ヨードホールは、強酸性であり、乳頭皮膚を刺激する。そのため、ほとんどの製剤はかなりの量の保護剤を含んでいる。他のディッピング剤と同様に、ヨードホールもその作用に選択性はない。それらは非常に速効性である。しかも、ほとんどの他の乳頭消毒剤のように、それらはどんな有機物とも反応するので、もし乳頭がひどく汚れていたり、たっぷり乳汁が付着していたり、あるいはディッピング用カップが糞便で汚染されていたりすると、その効力は著しく低下する。ヨード剤の利点の1つは、その色である。それは皮膚に着色し、搾乳後に乳頭がどの程度よくカバーされたかが容易にみてとれる（牧夫の手が着色することは望ましくないが）。過度に希釈されたヨード液は、カップ内で退色してみえるが、なお着色することができる。搾乳者によってはその臭いを好まず、特に乳頭スプレー時などに、煙霧を吸引して耐え難い呼吸器の刺激を生じる。

クロルヘキシジン

0.4～0.8％液として多く用いられているクロルヘキシジンは、ほとんどの細菌に対して広い有効性を示す。またその乳頭への強い付着能のために、ブドウ球菌に対して特に効果的であり、山羊の乳頭消毒剤としても多用されている。他のほとんどの消毒剤よりも、有機物によって影響されない。それは比較的色がないので、乳頭全体がカバーされているかどうかを確認することが容易でない。水溶性なので、界面活性剤はわずかしか必要がなく、また刺激がないので、添加されている保護剤もごく少量である。しかし、乳頭皮膚の状態を改善させるために、保護剤が添加されていることもある。

4級アンモニウム化合物（QACs）

これらの乳頭ディッピング剤は、4級アンモニウム化合物（殺菌作用物質）、皮膚と汚れに強く浸透する助けとなる'湿潤剤'、製剤の酸性度を安定化するpHバッファー、保護剤、および水分から構成されている。着色剤が、乳頭がディッピングされたことを示すために添加されていたり、増粘剤により乳頭皮膚上に長時間の付着を可能にしている。4級アンモニウム化合物は乳頭皮膚への刺激はないが、その効力を維持するには、注意深い配合が必要である。*Pseudomonas*（シュードモナス属）や*Nocardia*（ノカルジア属）に対する有効性は非常に疑わしく、これらの細菌はQAC液中で発育することが分かっている。

ドデシルベンゼンスルフォン酸（DDBSA）

DDBSAは2％液としてディッピングに用いられ、乳頭や人への刺激性がない。これは多くの細菌に対して広い有効性を示すが、細菌の芽胞には無効である。また数種のディッピング剤より作用が長く持続し（このことは大腸菌に対してある程度の防御能を持つ）、有機物の存在下でも大変有効である。

次亜塩素酸

次亜塩素酸は入手可能な化合物の中で、最も安価な製品で速効性をもつ。その主な欠点はすぐに有機物（牛乳、糞、皮膚片）と反応して無効となることである。通常の4.0％の濃度で使用すると、搾乳者の手を刺激し、布類をいためたり漂白したり、また特に初回使用時などは乳頭を過度に乾燥させる。これらの影響の一部は、製品を安定化するために用いられている水酸化ナトリウム（約0.05％）が原因となっていることがある。次亜塩素酸は乳頭スプレーでは吸入性疾患を起こすので安全に使用できない。着色されていないので乳頭をカバーする効果を評価することは困難である。

理想的には次亜塩素酸は、最初に低濃度で調製し、その後徐々に4.0％（40,000ppm）の濃度にあげていくのがよい。もし気候条件がよければ、乳頭の皮膚はよく順応し、その製剤は過度の反応を招くことなく用いられる。よい方の報告として、その強い酸化作用は、乳頭端の損傷（例えばブラックスポット、p.250参照）および偽牛痘のようなウイルス性皮膚病変の治癒を促進する（p.248〜249参照）。

その構造上の問題から、もし保護剤を用いるなら、搾乳直前に添加すべきである。次亜塩素酸溶液は比較的不安定である。そのため冷所にふたをして保存すべきで、そうでなければ急速に蒸発して失活してしまう。

次亜塩素酸化合物も入手可能で、例えばジクロロイソシアヌール酸ソーダ（sodium dichloroisocyanurate）の5g/L液は、より安定的で皮膚乾燥効果は強くない。

酸性化亜塩素酸ナトリウム

亜塩素酸ナトリウムと乳酸またはマンデル酸の混合液は、抗菌化合物である塩素酸と二酸化塩素を形成し、ほとんどの細菌、酵母、カビ類に対して有効である。酸性化された亜塩素酸ナトリウムの化合物は、活性体と基剤の2つの溶液に分けられ、使用直前に混合され同様に皮膚軟化剤と湿潤剤が加えられる。最終的な混合液は約0.3％亜塩素酸ナトリウムと被覆フィルムが合わさっている。

泡ディッピング剤

プレディッピングとポストディッピングでの泡ディッピングは、いくつかの農家においてよく行われている。泡は、低圧エアラインに付属したカップで作られるか、もしくは特別にデザインされたカップの基部を握ることによって作られる（写真7.4）。泡ディッピングは、通常の液体ディッピングより容易に行うことができる。カップの中に繰り返して出すことが非常に困難なものがあり、そういったものは結果として搾乳者の前腕を痛めることになる。しかし、泡は明らかにその中に気泡を伴った液であり、よく乳頭を覆っているようにみえるが、乳頭皮膚への化学的適用量

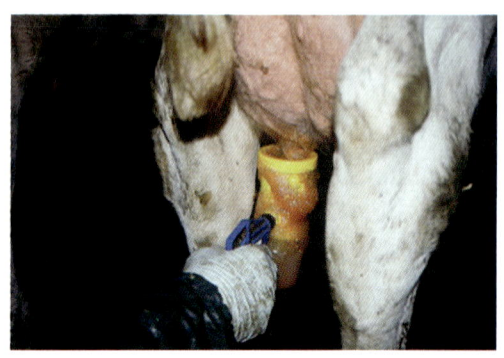

写真7.4 泡ディッピング。

は少ない。

粘稠性と界面活性能

ディッピングは、それらの粘稠性と界面活性能の性状によってかなり変わる。界面活性能は、乳頭皮膚のひび割れと裂け目への浸透を促進し、その結果、乳頭皮膚の細菌を排除する。粘稠性は、ディッピングの後の乳頭へのディッピング剤の付着能に影響する。**写真7.5**は、安価な粘稠性の低いディッピング剤を使用した結果、ほとんどのディッピング液が牛の下の床に落ちていることを示している。

バリアーディッピング

バリアーディッピングは搾乳後のみに使用される。それらはより高価で、これまでのものより濃く、滴りにくく、消毒剤とゲルとアルコール（しばしばイソプロパノール）から成り、アルコールが乾燥を促進する。ディッピング液が乾くにつれて、プラスチックフィルムが乳頭端を覆う形で残される。バリアーディッピングは、その部位により長く存続することが促進され、そのために搾乳間の環境性微生物に対する感染の防除をする。残存するプラスチックフィルムは搾乳前の乳頭準備のときに取り除かれる。あるバリアーディッピング剤は、次の搾乳時に残存するバリアーフィルムを取り除くために、プレディッピングを行わねばならないと明記している。高い粘稠性のために、バリアーディッピング液に乳頭を速やかに浸すことができ、乳頭にディッピング液を残さずに容器をはずすことが可能となる。そのためにバリアーディッピングは、その実施に時間が少し余計にかかる。それらは厚いフィルムのため、乳頭の状態をみることができ（**写真7.6**）、そのことがおそらく牧夫にその実施に余分な気配りをさせている。

それらは乳頭を覆うよく目立つカラーフィルムであるが、バリアーディッピングが従来のディッピングよりもより効果的であるという証明はない。乳房炎が減ったという通説では、より入念な実施のためであるとか、または、次の搾乳前に、プレディッピングを用

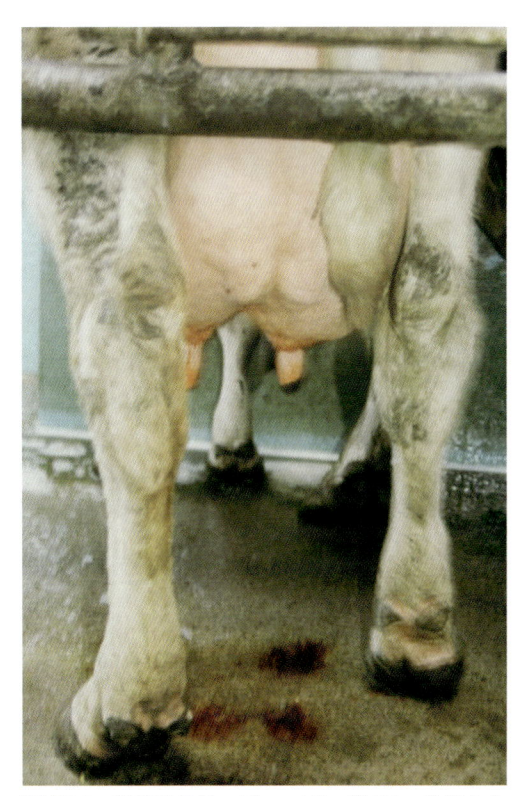

写真7.5 粘稠性の低いディッピング液は、乳頭から床に滴り落ちる。

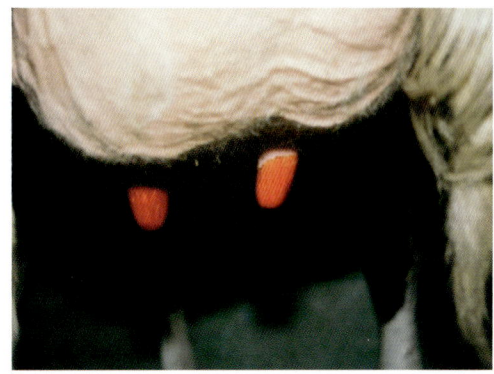

写真7.6 バリアーディッピングは目立つ被膜で乳頭を覆うが、それらが常により有効であるという証明は不十分である。

第7章　乳頭の消毒法

いてそのバリアーフィルムを除去する必要があったためとされている。ある人は、バリアーディッピング液の非常に高い粘稠性は、薬液の乳頭皮膚のひび割れや裂け目への浸透を阻止し、そのためブドウ球菌などの乳頭皮膚の細菌に対して効果が低くなることに関心を寄せている。これは特に、もしユニットの離脱とディッピングの実施の間に遅れがあり、その間に乳頭管の短縮が生じる場合にいえる。水様のディッピング液の方が、乳頭をカップに浸したときにかかる静水圧により、よりよく浸透するであろう。

乾乳牛のための外用ティートシーラント（乳頭被覆）はp.231で述べる。

搾乳後の乳頭消毒

搾乳後の乳頭消毒には、次のような3つの大きな理由がある。

- 乳頭皮膚からの乳房炎細菌の排除
- 乳頭損傷部からの細菌の排除
- 乳頭皮膚の性状の改善

乳房炎細菌の排除

搾乳中に伝染性乳房炎の原因菌は3つの媒介によって牛から牛へ感染する。

- 手
- タオル
- ライナー

手を介した伝播の防除は、搾乳手袋を装着し常に手を洗うことで達成される。タオルによる伝播の防除は、絶対に共用のタオルを使用しないことである。これには個々の牛に別のタオルを使用することと一般に考えられているが、それでもなお、同一牛の乳頭から別の乳頭へと感染が拡散することがある。ライナーによる拡散の防除は、クラスターの洗浄によってなされ、これは第6章に述べられて

いる。これらの方策にもかかわらず、なお牛から牛へのいくらかの感染はありそうである。

ライナーは、大きなリスクをはらんでいる。なぜなら、ユニットを離脱した後にライナーの口縁の内側に2〜4mLの乳汁が残されているからである。もし洗い流されなければ、この乳汁は、ライナーの内側に流れ落ちてしまい（写真7.7）、次の牛が搾乳されたときに乳頭を汚染してしまう。このことが、乳頭端のみでなく、乳頭全体を消毒することが重要であるという理由になる。他の牛からの感染に加えて、同一牛の乳頭皮膚から生じた乳

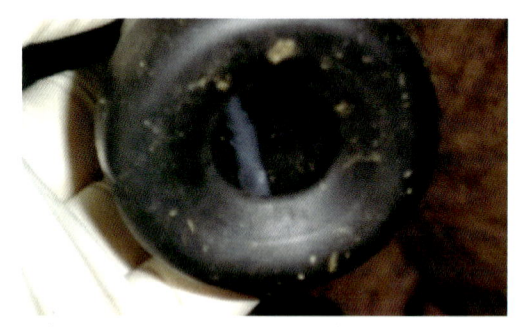

写真7.7　前の牛からのライナー内の乳汁の残留は、次に搾られる牛の乳頭に付着する。

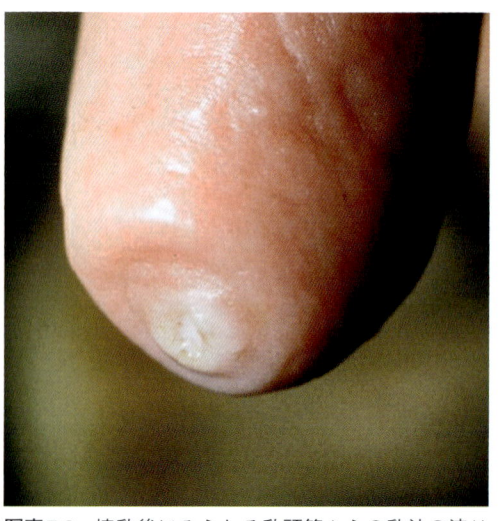

写真7.8　搾乳後にみられる乳頭管からの乳汁の滴りは、新規感染成立のリスクを示し、入念な搾乳後の乳頭消毒により排除することが必要である。

頭端の乳房炎細菌がある。搾乳終了時に乳頭管にある乳汁滴（写真7.8）が乳房炎微生物を含んでおり、これらが新規感染を招く可能性がある。

もし排除できなければ、これらの細菌はコロニーを形成するために増殖し、ついで徐々に乳頭管に侵入していく。これらの過程は、伝染性乳房炎細菌の粘着性性質（p.47参照）によって生じる。いったん乳頭管を通過し、乳房に到達すると、新規感染が成立する。

搾乳後の乳頭消毒は、搾乳中に汚染された細菌を排除するので、伝染性乳房炎の非常に重要な予防法となる。消毒剤はクラスターをはずした直後に浸漬すべきである。この時期にはなお乳頭管は開いており、少量の消毒液は乳頭口から入っていく。これにより、乳頭管内に入り始めた細菌の殺菌もまた確実になる。

乳頭損傷部からの細菌の排除

感染を伴ったどのような皮膚病変も治癒は遅い。乳頭消毒は皮膚表面からの細菌を排除する。これにより治癒が促進され、乳頭皮膚は、良好な状態に保たれる。荒れたり、亀裂を生じたり、またはひびわれた乳頭皮膚は（写真3.1参照）、*Staphylococcus aureus*（黄色ブドウ球菌）、coagulase-negative staphylococci、CNS（コアグラーゼ陰性ブドウ球菌）、*Streptococcus dysgalactiae*（スタフィロコッカス　ディスガラクティエ）のような微生物の温床となる。全乳頭の完全な消毒が、すべての細菌の殺菌を確実にするために重要である。

ディッピング添加物による皮膚性状の改善

乳頭皮膚は比較的皮脂腺が少ない。そのため連続的に乳頭を洗浄し、寒い風の日のような外部環境に濡れた乳頭をさらすと、防衛に役立つ脂肪酸が除去されひびわれを生じる。

乳頭ディッピングに最も多用される添加剤には次のものがある。

- 保護剤：これらは皮膚の周囲にシールを形成し、蒸発によって水分がなくなることを防止する。同様な製剤が乳房クリームとして用いられている

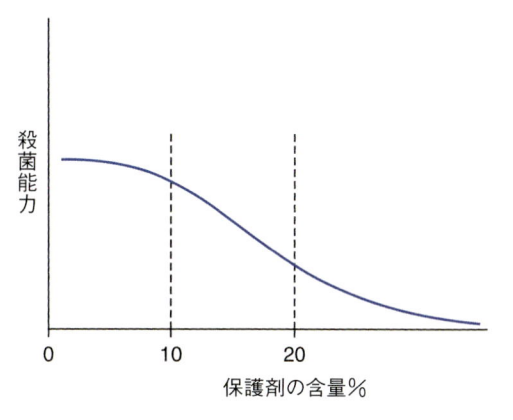

図7.4　保護剤の含量が10％を超えると、ディッピング液の殺菌能力は有意に低下する。

写真7.9　自動乳頭消毒装置がパーラー出口の床に設置されている。

- 湿潤剤：これらは水分を皮膚に引き入れるのに役立つ

ラノリン（保護剤）とグリセリン（湿潤剤）は最も一般的な添加剤で、ディッピング液の最大10%まで含まれている。添加剤の量が増えると、消毒剤の含有率が相対的に下がり、そのため最終製品の殺菌能力は低下する（図7.4参照）。この理由から、添加剤が10%以上含まれることはまれである。もしこれ以上の添加剤が含まれると、粘り気が出て、スプレー管の通過が困難となる。

自動乳頭消毒装置

パーラー出口の床に設置される、自動乳頭消毒装置もある。その多くは電子の'目'によって作動する。牛が歩いて通過しようとすると、'目'は床上のノズルまたは持ち上がった金属管（写真7.9）から消毒剤噴射の引き金を引き、乳房上に噴射する。

自動装置は継続的に改良されているが、いずれもなお完全な乳頭ディッピングほどの効果はない。これらの主な欠点は次のとおりである。

- 牛によっては早く通過し、少量のスプレーしか受けなかったり、まったく浴びないことがある。これは牛がスプレー通路に沿って通過するとき、個々の牛をくびきで保定することで、ある程度解消される。
- 非常に高い位置に乳房を持つ牛は、大腿部の内側にスプレーされ、スプレーが乳頭全体に届かない。また、低い位置に乳房を持つ牛では、乳頭の内側のみにしかスプレーされない。
- ある牛がスプレーのノズルの上に糞を落としたら、次の牛にその糞が吹きつけられる。あるスプレー装置では、噴射部が非常に垂れ下がった乳房を持つ牛の乳頭と接触することがある（そして汚染する）。

- もしパーラーの戸外に設置されていると、風の強いときには、消毒液スプレーが乳頭にあたらないことがある。
- ほとんどの装置はパーラー出口に設置されているので、牛がパーラーから出て行くときに消毒液がかけられる。これはユニットを取りはずしてからしばらく時間が空き、このときには乳頭管はすでに閉鎖し始めている。この理由で、自動乳頭消毒装置では*Corynebacterium bovis*のような細菌による高い細胞数が報告されている。
- この装置では、管理者が知らないうちに、消毒液がなくなっていることがある。警報装置を取り付けるべきである。

自動ディッピング装置はまた、ライナーの内側に取り付けられている（写真6.25）。高い仕事効率があるが、乳頭がディッピング液で覆われることを注意深くモニタリングする必要がある。

搾乳後の乳頭消毒の限界

ポストディッピングは、どの乳房炎防除プログラムでもその中核となっているが、いくつかの限界がある。

- すでに存在する感染には無効である。もしディッピングを、すでに伝染性細菌によって重度に汚染されている牛群に導入しても、急速な細胞数の減少や乳房炎の発生の低下は期待できない。ディッピングは細菌の伝播を防いで新規感染率を低下させるが、既存の感染には無効である。例えば、12カ月間にわたる研究で、新規感染は50%減少したが、全感染分房数はわずか14%の減少にとどまった。
- ポストディッピングをはじめた高体細胞数牛群では、体細胞数を急速に減らすことは期待できない。高い体細胞数は、泌乳期治療、乾乳時治療、淘汰によってのみ減少さ

- その主な効果は、伝染性微生物に対してである。環境性微生物は、搾乳と搾乳の間に乳頭端に付着し、搾乳過程の中で乳頭端への衝撃により乳頭管内を貫通する（p.93〜94参照）か、または乾乳期感染の結果存在する。搾乳後の乳頭消毒実施後は、比較的短い時間（1〜2時間）しか効かないので、この方法の環境性乳房炎予防の効果には限界がある。そのため搾乳前乳頭消毒の方が、環境性乳房炎の防除にはより重要である。
- それは、乳頭への刺激をもたらすことがある。これは特に湿った寒い気候のときに起こる。有害な影響は保護剤の添加によって弱くなったり抑止されたりするが、ある薬剤は他の薬剤より刺激性が強い。氷点下の気候では、農家によっては乳頭消毒を中止している。消毒剤は温度に敏感で、そのため非常に寒い天候では、乳頭ディッピングはより刺激的となるばかりでなく、殺菌能も低下している。
- 有機物によって不活化される。すべての消毒剤は乳汁や糞便の存在下では効果が低下する。この理由から、毎搾乳後にカップに残った消毒剤は廃棄すべきであり、カップをきれいにして、次回の搾乳前に新しい液を入れる。

ディッピングの季節的な利用

季節的なポストディッピングは、国によっては一般的であり、そこでは感染は冬期のみに広がると考えられている。ある牧夫たちは、夏季に搾乳後の乳頭消毒を中止したが、伝染性微生物により細胞数の上昇を招いただけに終わった。伝染性乳房炎細菌は年間を通して搾乳中に拡散する。有効性を得るためには、季節に関係なく、すべての搾乳後にすべての乳頭を消毒しなければならない。

搾乳前の乳頭消毒

搾乳前の乳頭消毒は環境性乳房炎の防除や、バルク乳の細菌数を減らすための重要な方法である。またプレディッピングは射乳刺激を与え、それにより搾乳速度を速める。

乳頭はミルカーの装着前に清浄にすべきである。乳頭は洗浄されるが、洗浄剤を含んだ液を用いるとさらに細菌数が減少する。乳頭を洗浄したときは、必ず搾乳前に乾燥させておく。

水なしの拭き取り、または洗浄と乾燥は乳

表7.2 搾乳前の乳頭準備法の違いによる効果の比較。（Galton et al., 1988より）

乳頭の準備法	感染分房数	減少率	付加減少率
無処置	27	—	—
洗浄と乾燥	15	43	—
洗浄して乾燥しさらにプレデッピングをして乾燥	9	67	40

表7.3 4戸の酪農家における、新規の環境性細菌による乳房内感染に対する、プレディッピングの効果。（Pankey et al., 1987より）

処置	対象分房数	感染分房数 S. uberis	大腸菌群	計	減少率
対照	553	31	41	72	—
プレディッピング	619	18	21	39	46

頭上の細菌数を減少させるが、搾乳前の乳頭消毒ほどの効力はない。搾乳前の乳頭をStreptococcus uberis（スタフィロコッカス ウベリス）溶液に、実験的に搾乳前の1～2時間さらした研究では、乳頭消毒の効果が洗浄と乾燥に優ることを示している（表7.2）。

洗浄と乾燥は感染分房数を43％減少させる。たとえ事前に洗浄と乾燥がなされていても、乳頭を搾乳前に消毒液でディッピングすると、さらに感染率を40％減少させた。

プレディッピングははじめカリフォルニア州に導入されたが、今日では広く北米で用いられており、ヨーロッパでも増加しつつある。この主な効果は環境性乳房炎の防除である。米国で大規模な野外試験が実施され（表7.3）、3年間にわたって4カ所の牛群が用いられた。プレディッピング群と対照群は牛群ごとに同数ずつとされ、それぞれの牛群は1つのグループとして舎飼いされ、給餌され、搾乳された。結果は、プレディッピングがなされた群において、Streptococcus uberis とE. coli（大腸菌）が原因となる環境性細菌の感染が46％減少した。英国でなされた野外試験の結果も同様であり、ある試験（Blowey and Collis, 1992）では臨床型乳房炎が約50％減少し、他の試験では30％減少した。プレディッピングはユニット装着の直前に実施すべきである。もし乳頭がひどく汚れている場合は、洗浄・拭き取りをした後に実施する。プレディッピング液は少なくとも30秒間の感作時間（コンタクトタイム）が必要であり、ユニットを装着する前に拭き取らねばならない。これを達成するために、多くの搾乳者は次の方法を行っている。

- プレディッピング
- 前搾り
- 拭き取った後、ユニットを装着する

この方法は、プレディッピング液の乳頭へのコンタクトタイムが長くなるという利点がある。また前搾りの際に乳頭が湿っていると、搾出が容易になる。他の人は、衛生と乳頭を清潔にするために、プレディッピングと拭き取りは、ユニット装着前の最後の手順とすべきであるといっている。どちらの手順を用いるにしろ、プレディッピングから十分な効果を得るためには、乳頭端を完全に拭き取ることが重要である。乳頭の胴部（側面）を拭き取ることは容易であるが、それでは乳頭管の先端にディッピング液の残りと細菌を残すことになる。

プレディッピングにとって、あきらかに作業スピードが重要である。ある新しく承認された製剤は、高い遊離ヨウ素含量（50ppm）を持ちながら、全ヨウ素含量（0.1％）は低く、30秒以内に乳頭表面の細菌を99.99％殺菌するという速効性を持ち、現在市販されている。この製品はまたpH6.5で安定的となり（ほとんどのヨードホールディッピング剤は酸性）、そのため保護剤は用いられない。

プレディッピングのみが環境性乳房炎を減少させるものではないが、乳房の汚染が高い総細菌数の原因となっているときには、プレディッピングは総細菌数を減らす。牛舎の状態を改善して、搾乳と搾乳の間に乳頭に余分な泥が付着していないようにすることも非常に重要である。もし乳頭がある時間消毒液に浸され、その後拭き取られるなら、この方法は、汚れや破片の除去にも非常に有効な方法となるに違いないと考えることは、きわめて論理的である。プレディッピングの有効性は、ある牛群で大腸菌群数がゼロとなったことにみられる。ポストディッピングと同様に、容器が糞で汚染されないよう注意すべきである。

搾乳前の乳頭ディッピングの提案者たちはさらに、乳頭がより湿っぽくなり、ユニット装着時にしなやかになり、このためライナー

表7.4 プレディッピングとポストディッピングの比較。

	プレディッピング	ポストディッピング
季節	気候によるが、特に舎飼い期	年間を通じ必要
作用のスピード	迅速でなければならない	重要でない
主な対象	環境性乳房炎	伝染性乳房炎
効果：		
体細胞数	限定的	体細胞数の減少
総細菌数	総細菌数の減少 （もし乳頭汚染が関与していれば）	総細菌数には無効

スリップが減少すると主張している。乳頭の状態も改善されるという人もいる。これはあきらかに用いられるポストディッピング剤(すなわち、保護剤の濃淡)によるであろう。乳頭皮膚の著明な改善は、プレディッピングが細胞数も改善するという通説の説明となる。

少数の農家は常用のポストディッピング製剤をプレディッピングに用い、ときには水で50：50に希釈して用いている。これは3つの理由からやめるべきである。

- ポストディッピング剤は、プレディッピングに要求されるような急速な殺菌作用を持たないであろう。
- ポストディッピング剤に用いられている高いヨウ素濃度は、プレディッピングとして用いると残留する可能性がある。
- もし希釈されたポストディッピング液がプレディッピングに用いられるなら、ポストディッピング液には完全な有効液が、希釈されてもなお維持されることが重要であり、そうでないとポストディッピング液の効果が減退する。

理想的な要件としては、プレディッピング用とポストディッピング用の両方に用いることができる単一の製剤である。

プレディッピングとポストディッピングの主要な点をまとめて比較したのが表7.4である。

表7.5 新規感染率に対する、大腸菌用培地を用いた効果。培地は、搾乳1時間前と搾乳直後の20個の乳頭に用いられた。

乳頭端からの 大腸菌の培養	搾乳 1時間前	搾乳 直後
感染分房の数	40中2 （5％）	40中14 （35％）
プレディッピングの効果	良好	不良

もし乳頭が搾乳直後に汚染されているなら、プレディッピングの効果が低いことに注目。

この表の項目に対するいくつかの例外が存在する。例えばプレディッピングは、新規の *Streptococcus uberis* 感染を減らし、そのことが体細胞数の減少に役立つ。また同様にポストディッピングはさらなる *S. uberis* の拡散を防止し、このことが総細菌数を減少させる。

プレディッピングの効果がない場合は？

プレディッピングは一般に環境性乳房炎に対する防除法として実施されている。もしそれが効果的であるならば、その効果は2〜3週間の間に期待できる(ポストディッピングの効果がみられるのに数カ月かかるのに比較して)。しかし、プレディッピングの効果がみられない状況には、次のことがある。

- 環境性感染が乾乳期に由来している
- 搾乳直後の重度の乳頭端汚染による乳房炎。この影響は表7.5に示されている

第7章　乳頭の消毒法

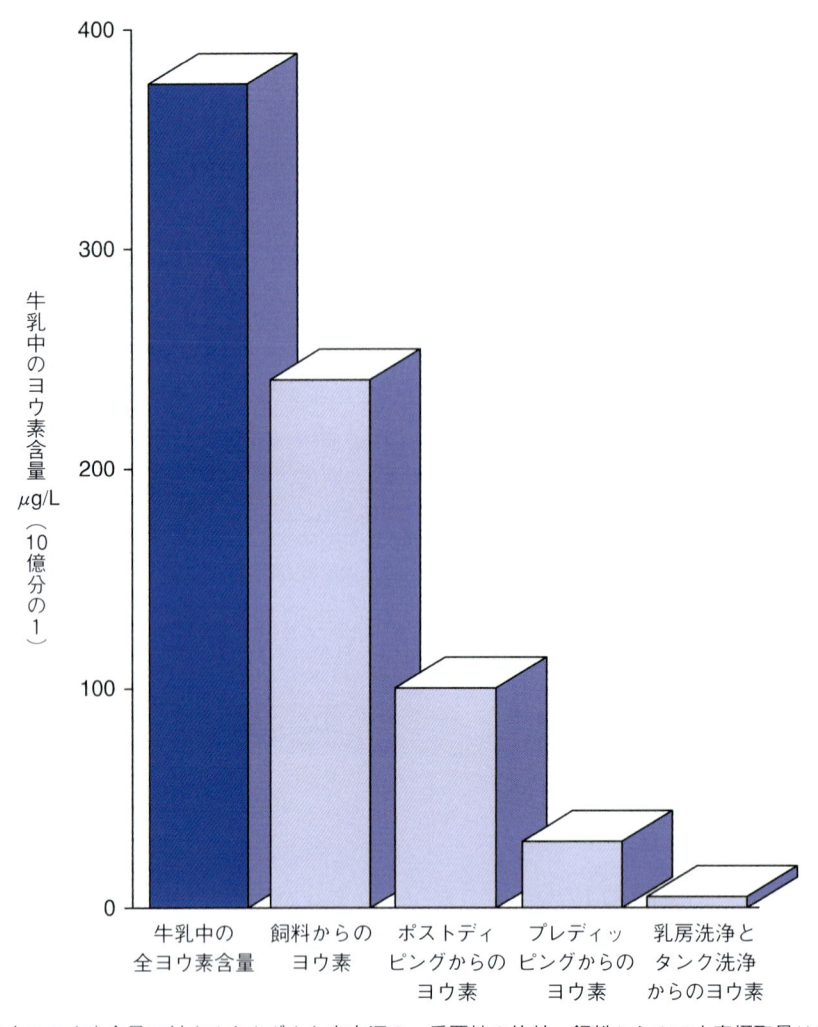

図7.5　牛乳中のヨウ素含量に対するさまざまな由来源の、重要性の比較。飼料からのヨウ素摂取量は農家によって非常に差がある。

ヨウ素の残留

　ヨード剤製品の広範な使用が牛乳中のヨウ素含量の増加を招く、という懸念が示されている。牛乳はたしかに人にとって重要なヨウ素の供給源である。多くの牛乳は約350μg/Lのヨウ素を含んでいる。成人1日の摂取ヨウ素要求量は150μgであり、この量は平均的な牛乳430mL（0.75パイント）の摂取によって得られる。乳汁中のヨウ素のほとんど（70〜80％）は牛の飼料に由来する（図7.5参照）。飼料の種類は多いので、牛乳中のヨウ素含量は大きく変化する。例として、ある試験（Blowey and Collis, 1992）では、牛群のバルク乳ヨウ素含量は200〜4000μg/Lの幅があった。バルクタンク洗浄剤およびヨウ素が添加されている乳頭洗浄液からのヨウ素量は、ごく少ない。おそらく驚かれるが、プレディッピングよりも搾乳後の乳頭消毒からのヨウ素の残留の方が多い。これにはいくつかの要因が関係している。

- プレディッピング液はクラスターの装着前に乳頭から拭き取られている。
- 搾乳直後に用いられたヨウ素は、乳頭管内

に侵入する。
- 搾乳前に乳頭のから拭きのみをする牛群では、ポストディッピング剤のヨウ素が次回搾乳時になお乳頭表面に残っていることがある。
- ヨウ素は乳頭皮膚を貫通し、ついで乳管洞壁を通過して、乳汁中に移行するという有力な証明がある。

総ヨウ素含量が低く(0.1%)ても、高い遊離ヨウ素含量(50ppm)を保持している製剤が市販されている。この製剤は、総ヨウ素含量0.5%で2ppmの遊離ヨウ素を含有する従来の製剤と比べ、残留性が低く(そしてより速く殺菌する)、そのためプレディッピング剤として理想的である。これはまたpH6.5で安定であり、保護剤なしで用いることができる。

ヨード系の乳頭消毒剤をスプレーで用いると、空気中のヨードが増える。そのレベルは人の健康に被害をもたらすほど高くはならないが(Blowey and Collis, 1992)、その蒸気は牧夫を刺激することがある。

英国で推奨されている最大ヨウ素摂取限界量は2000μg/L(摂取要求量の13倍)である。ある極端な農家の牛乳では、1日わずか500mL(1パイント以下)の摂取で、この限界を超えるであろう。しかし、消費される牛乳のほとんどは多くの牧場からのものが混合されており、そのため購入された牛乳でこのような極端な濃度にはならない。

第8章
環境と乳房炎

さまざまな環境	148
牛床のタイプ	148
敷き草	150
ノコクズとカンナクズ	150
砂	150
灰	151
細切紙片（シュレッダーにかけられた紙片）	151
マットとマットレス	151
敷料の量	152
牛床の消毒剤	152
許容スペース	153
換気の重要性	154
牛床型（Cubicle）（フリーストール）システム	155
大きさ	156
仕切りの高さ	157
牛床の長さ	158
ネックレール	158
ブリスケットボード（胸板）	158
牛床の材質	159
管理	161
敷き草牛舎	162
牛の密度	162
ベッド作り	162
区画（ヤード）のデザイン	164
砂式牛舎	164
一般的な環境への配慮	165
牛の密飼いを避ける	165
残飼の除去	166
牛をやさしく扱う	166
ゴム製のパーラー床の表面	166
すきま風の防止	167
ヒート（熱）ストレス	167
分娩した牛グループの確立	168
乾乳牛の衛生	168

第8章　環境と乳房炎

牛にとって清潔で快適な環境を維持することは、乳房炎の防除と清潔で品質の高い牛乳生産の両方にとって、最も重要である。快適性と清潔性はまた、跛行の発生にも影響する。乳房炎の発生が乳頭、特に乳頭端への細菌の汚染と関係していることは、よく知られている。本章は基本的に、牛を清潔に保つための要因を取り扱う。

さまざまな環境

乳牛は非常に幅広い環境下で飼養されている。すなわち、乾燥した夏季には草地に放牧され、湿度の高い春と秋にはどろどろした出入り口を歩かされる。アリゾナ、カリフォルニア、イスラエル、サウジアラビアなどの高温気候下ではオープンヤード（写真8.1）で、またヨーロッパと北アメリカ北部では牛床型（cubicle）（フリーストール）、カウシェッド（屋根付きの空間）、ストローヤード（敷き草のある区画）（写真8.2）で乳牛が舎飼いされる。

環境がどうであれ、乳房炎の増加と乳汁への細菌汚染の増加をもたらす2つの主要な要因がある。

- 舎飼い：囲い込むことは牛と牛の接触がより近くなるため、糞便による汚染の機会が多くなる。
- 湿度：ぬかるんだ状態は乳房へ糞便の付着を容易にし、環境性微生物の増殖を高める。

写真8.1　開放的な砂地の区画にいる牛。高温気候地域の典型。

写真8.2　敷き草のある区画。温帯気候の典型。牛にとっては非常に快適であるが、乳房炎防除には高度な管理が要求される。

しばしば、冬期に牛が草地から舎飼いになるときに、乳房炎が増加する。その一部は牛と牛との接触に関係しており、またその一部は、少なくとも英国では、時期的にぬかるみやすい気候と一致しているであろう。

通常、大量の大腸菌（E. coli）およそ1,000（10^3）/gが糞便中に排泄されている。濃厚飼料が給与されている分娩まもない牛では、この量はかなり増加（10^6/g）する。これより悪い場合もあり、ストールの牛床後方で高泌乳牛が乳漏を起こすときなどのように、ときどき乳汁と敷料、糞便が暖かくミックスされる場合などがある。このような敷料は10^9/gもの大腸菌を含むことがあり、乳腺に対して強敵となる。特に乳頭管が開いている乳漏時に、乳房炎の感受性が非常に高くなる。乳漏は高泌乳乳牛にとって大きな問題となる。

牛床のタイプ

細菌の発育は4大要素の存在にかかっている。

1．食物
2．暖かさ
3．湿度
4．中間域のpH

もしこれら要素のひとつでも欠けると、細菌の成長は制限される。例えば、牛床が非常に乾燥していれば、非常に高いpHをもたらすような製品を利用した場合と同様に、乳房炎を低減するであろう。もし床材が、例えば砂のような無機物のものであれば、それは不活性であり、細菌の発育を促進しないので理想的である。

牛床のタイプとその管理法のどちらも、大腸菌のレベルに大きく影響する。4種類の牛舎構造を比較したものを表8.1に示す。システム1、2、3（砂、敷き草、管理良好なノコクズ床）の状態で飼養された150頭の牛には、ひと冬中大腸菌性乳房炎の発生がなく、システム4（ぬかるんだノコクズ床）で飼養されたわずか24頭の牛では3カ月間に7例も発生したことは興味深い。

表8.2は、異なったタイプの敷料が、乳頭上にいかに異なった微生物の発育を助けるかを示している。ノコクズはすべての大腸菌群とKlebsiella（クレブシエラ類）の両者にとって最も悪い敷料となり、一方、敷き草は乳頭皮膚の環境性レンサ球菌数を非常に増加させる。

これは臨床的な野外例とも一致しており、Streptococcus uberis（ストレプトコッカス ウベリス）性乳房炎は敷き草の牛床と関連して多い。ぬかるんだ保管不良のノコクズは高い大腸菌群数を示す。しかし、ノコクズが乾燥した状態で（すなわち、発酵させないように）保存され、牛床でも乾いた状態で管理されるなら、ノコクズやカンナクズを牛床材料として用いて悪いという理由はない。ゴムマットおよび自動スクレイパー（掻き取り機）が使用されているところでは、それらは特に有用である。

砂や灰を用いた牛床はおそらく理想的であり、大腸菌とS. uberisの発生を低減するが、しかし砂は、スラリーシステム（糞尿混濁物の掻き取り装置）に問題を生じることがある。

以下の項では、個々の牛床材料の主な性状について述べる。

表8.1 さまざまな牛舎構造による大腸菌数。（Bramley et al., 1981）

グループ	牛舎構造	敷料中の大腸菌数／g	大腸菌性乳房炎の数
1	砂の牛床	37,000	0
2	敷き草の区画	47,000	0
3	管理良好なノコクズの区画	44,000	0
4	管理不良なノコクズの区画	66,000〜69,000	7

表8.2 3種類の敷料による乳房炎微生物発育の比較

	細菌数（幾何平均）					
	ノコクズ		カンナクズ		敷き草	
	牛床[a]	乳頭[b]	牛床	乳頭	牛床	乳頭
全大腸菌群	5.2	127	6.6	12	3.1	8
Klebsiella	4.4	11	6.6	2	6.5	1
レンサ球菌	1.1	38	8.6	717	5.3	2,064

a：牛床材料1gあたりの数（×10^6）
b：乳頭スワブあたりの数

第8章　環境と乳房炎

写真8.3　カバーをかけずに保管されている敷き草の束は湿った状態になり、もし敷料として用いられると、乳房炎の誘因となる。

敷き草

敷き草は有機物であり、そのため細菌の発育を助ける。これは特に敷き草がぬかるんでいるときにいえる。通常の敷き草は約12%の水分（乾物DMは88%）を持っているが、もしその草が濃霧のときに巻き取られ、空気の流れをさえぎったプラスチックシート内に貯えられたり、あるいは野外に貯えられたり（写真8.3）したときは、水分は30%にも達する。湿った敷き草は、水分を少ししか吸収しないだけでなく、乳房炎の原因となる酵母やカビを含んでいる。ぬかるんだ敷き草は特にS. uberis性乳房炎の大発生と関連しているので、敷料に用いる敷き草は常にカバーをかけて保管すべきである。

ノコクズとカンナクズ

ノコクズとカンナクズもまた有機物であり、細菌の発育を助ける。ノコクズを用いるときは、釜焼きで乾燥されたものを用い、新鮮なノコクズを用いてはいけない。釜焼きで乾燥されたカンナクズは約90%が乾物であるのに対し、最近切り倒されたばかりの木のノコクズは乾物量が70%にも低下しており、もし湿った野外で保管されるとさらに低くなる。すでに30%の水分を含んでいる材料を牛床に用いることが、ほとんど利点のないことは明白である。もしその中が暖かく感じられたら、その使用は危険である。ある会社は、今日、牛床材料として、廃棄されたパレットなどから細かいウッドチップ（木片）を製造している。これはよく脱水すべきであり、そうでないと細菌の発育を助ける。

砂

砂はおそらく理想的な敷料であろう。もし深さが十分であれば（10〜15cm）、良好で快適な正常な牛床となり、そのため乳房炎と跛行の両者を低減する（写真8.4）。無機物なので、清潔であれば、細菌の発育を助けることはない。しかし、もし牛床後部の砂が黒変し泥状化していたら、掻き出して清潔な砂と交換すべきである。これは砂が、尿、乳汁、または糞便で汚染されたときに生じる。そしてその上に横たわった牛の暖かみが、細菌数を非常に増加させてしまう。砂の牛床は常に後部に砂止め（縁）を作っている。これは、牛が立ち上がるときに、後肢でその砂止めを押し付けることができるという利点があり、このことが牛床の快適さを増す。

砂のタイプはまた、注意深く選別されなければならない。もし粘土質の含量が非常に高いならば、その砂は凝縮して硬くなり、特にしばしば水分が多くなる牛床後部で多い。これは牛を不快にさせ、牛床後部に水溜りができ、そのため乳房炎のリスクが増加する。白

写真8.4　この砂の牛床（砂止めを持つ）は、良好な快適性を与えるが、隣接の牛床の後部がぬかるんでくる場合がある。もしこの場所の砂が黒ずんできたら、それを掻き出して、きれいな砂と交換する。

分の手の中で牛床の砂を握ってみる。もしそれがボールのようにかたまり、手を開いてもその形のままであれば、粘土質の含量が非常に高い。他のほとんどの敷料と同様に、砂はカバーをかけて保管するのが最良である。そうでないと、敷料として用いる前に、湿りすぎることがある。

灰

紙類、ボール紙（厚紙）、木材を燃焼した際の廃棄物である灰が、近年、牛床の敷料として導入され、ある程度利点が認められているようである。その強い乾燥能および吸湿能に加えて、非常に高い9～11のpHを持っており、そのこと自体が S. uberis を含む細菌の発育を低減する。しかし、乳頭が過度に乾燥したり、表面火傷にならないように注意せねばならない。灰はディッピング剤の防護フィルムに付着する傾向があるので、特に防護用のポストディッピングが用いられるときは、表面火傷に注意する。ほとんどの酪農家は灰を他の敷料と混合して用いている。特に砂とよく混合され（写真8.5）、凝縮しないような乾燥材料となっている。灰はまた、敷き草の発酵速度を落とすために、区画の底部に5～10cmの層として利用されている。またコンクリート上に灰を播くと、良好な、しっかりとした、滑らない床面になる。

細切紙片（シュレッダーにかけられた紙片）

細切紙片が敷料として用いられているが、しかし一般的にはなっていない。それは特別な吸収能はなく、湿るとマットのようになり、固くなる。それはまた牛の腹部に付着しやすく、その部位がだらしなくみえる。ボール紙細片と木材細片との混合物は、建設業界から廃棄された石膏ボードの細片より良好である。

マットとマットレス

理想的な牛床は、牛が横たわりたくなるように柔らかくしなやかであるべきであるが、同時に、牛の動作による破損を防ぐために十分強くなければならない。また、清潔で衛生的であるべきである。マットレス（写真8.6）とゴム製マットは快適性の増進と敷料経費の節減の両方を代表する良好なものであるが、写真8.6のように、乾燥しふんわりと敷かれた状態を保たなければならない。そうでないと、乳房炎と飛節びらんのリスクが生じ、また牛床を嫌がるようになる。いくらかの敷料

写真8.5 木材と紙類の燃焼施設から出た灰が、最良の牛床を作るために、砂と混合されている。その高いpHが、特に S. uberis のような細菌の発育を防止する。

写真8.6 牛床マットレスはしばしばゴムチップ（細片）を詰め込んだキャンバスの袋からなっている。マットレスは十分な大きさでなければならない。そうでないと、牛床の後部がぬかるみ、滑りやすくなる。

を常に用いるべきで、その量は牛床の柔らかさに応じて変える。これには2つの理由がある。ひとつ目は、牛床を乾いた状態に保つことであり、そうでないと汗ばんだ皮膚がぬかるみを作り、乳房炎の誘因となる。これは特に、牛床上に乳漏があった場合にそうなる。2つ目は、そのままだと牛が横たわるときに牛床上を滑ってしまうので、滑らないために牛床を少しカバーする敷料が必要となる。不十分な敷料は飛節擦過傷の誘因となる。

もし牛床マットレスの後端が滑りやすければ、牛が立つために後肢の蹄先を押し付けて滑ってしまうことがあり、これが跛行の発生を増加させる。このことが多くの酪農家を、後部縁を持った牛床へと回帰させた。マットレスはしばしば、マットよりもより柔らかくより快適であり、理想的には牛床の後部まで敷き詰める。そうでないと、飛節が後端にかかるために、牛にとって不快となることがある。

敷料の量

乳房炎に影響するのは、敷料のタイプのみでなく、用いられる敷料の量とその交換頻度もまた重要であることは明らかである。十分な敷料、特に敷き草やカンナクズのような乾燥材料は、牛を清潔に保つために必須である。必要絶対量は、牛床のデザイン、マットまたはマットレスの有無、建物内のスペースに応じて変化するであろう。例えば、牛床の通路が狭い、あるいは牛のくつろぎ場所が少ないなどの、スペースに制限がある場合は、より多くの敷料が必要となる。非常に大まかな敷料の必要量(kg／牛／日)が、表8.3に示されている。

表8.3に示した量はおよその数値に過ぎない。用いる敷料が多ければ多いほど、牛が清潔になることは明白である。例えば、写真8.7にある敷き草の使用量は5.0kg／牛／日であり、通路を含めて良好なカバーとなっている。敷き草にはS. uberisのリスクが残るものの、牛たちは非常に清潔であり、跛行と乳房炎は少ない。

牛床の消毒剤

少量の石灰(表8.3)あるいは他の市販の牛床消毒粉剤の添加は、牛床の乾燥に役立ち、またその高いpHは消毒剤として作用する。しかし、S. uberisはpH9.5まで増殖可能なので、かなりの量を使用する必要がある。加水石灰または消石灰(水酸化カルシウム、$Ca(OH)_2$)、あるいは粉砕石灰石(炭酸カルシウム、$CaCO_3$)を用い、生石灰(酸化カルシウム、CaO)は用いないことを確認する。後者は、

表8.3 牛床および区画(ヤード)あたりのおよその敷料と消毒剤(石灰)の必要量(kg／牛／日)。量は牛の密度、換気、天候および食餌などの要因によって、大きく変化する。

敷料のタイプ	牛床	マットまたはマットレスのある牛床	区画
敷き草	2.5	1.0	15
ノコクズ	2.0	1.0	nu[a]
砂	8.0	1.0	10
灰	4.0	1.5	nu
ボール紙	2.0	1.0	nu
石灰	0.05	0.025	nu

[a] nu ＝ 使用されない

写真8.7 広い通路と深い敷き草の牛床は、牛を清潔に保ち、乳房炎と跛行の両者の低減に役立つ。

激しい乳頭の火傷を生じる。石灰は牛床に添加すべきで、ついで表面になる敷料に加える。こうすると、過度の乳頭の乾燥をさらに防止できる。写真8.6では、これが実施されていない。さまざまな他の市販の牛床消毒剤も入手可能であり、それらの主な効能は、乳頭皮膚の火傷を生じることが少ないというものである。

許容スペース

本章の初めに、舎飼いの牛は接触の機会が増えて、それが乳房炎の誘因になると述べた。そのため、より広いスペースで空間と床面積を与えれば、有益になる。旧来の牛床の建物はひさしまでわずか3mの距離しかなく、天井は牛床の仕切りで支えられ、牛床間の通路幅はわずか2.4mであった。近年の牛はもちろんはるかに高泌乳であり、建物はひさしまで6mの高さに直立し、牛床後部間の通路幅は4.5mにもなっている。この通路幅2.4mから4.5mへの変化は、牛にほぼ2倍のスペースを与え、もちろん、通路内のスラリー（糞尿混濁物）の量は半分になっている。

ほとんどの農場では全牛床のうち、牛が占めているのは90〜95％以下である。言い換えると建物内の牛の数より、牛床の数が5〜10％多い。これは特に高泌乳牛に多く、しばしば農場保証監査計画の必要条件となっている。建物が2列牛舎であるべきか、3列牛舎であるべきかに関しては、かなり多くの議論がある。そのことが給餌の許容スペースに関係し、ひいては乳房炎と跛行に間接的に影響するからである。もし牛床の幅が1.2mであれば、2列牛舎は給餌スペースが牛あたり60cmとなり、理想的であるが、一方3列牛舎の牛あたりの給餌スペースはわずか40cmに過ぎなくなる。もしスペースが制限されると、牛床は快適でなくなり、あるいはその建物の換気が悪くなる。そうなると牛は外のコンクリート上に休むようになり（写真8.8）、明らかに衛生的に問題であり乳房炎の原因となる。

許容スペースはまた、敷き草の区画（ヤード）でも重要であり、特に移行期の牛と分娩直後の牛に重要となる。この2つのグループは新規感染を招く大きなリスクを持っている（p.62〜64の乾乳期感染の項を参照）。1頭あたりの休息場所が8平米あれば余裕のあるスペースであり、分娩直後の牛には10平米に増やす。もし舎飼いに制限があるなら、不良なまたは暑熱の天候の期間はシェルターや日陰を準備する必要があるが、短期間のスペース増加のためには、屋外の屋根つきの場所を用意する。

写真8.8 不快な牛床と暑い天候が重なり、大多数の牛が屋外に出て寝そべり、乳房炎の増加をもたらす。

写真8.9 呼気中の水分の量から分かるように、牛は'極端に'湿り気の多い動物である。牛は、牛乳の生産に加えて、尿、糞便、呼吸および汗から1日50L以上の水分を排出している。

第8章　環境と乳房炎

換気の重要性

牛は極端に湿り気の多い動物である（写真8.9）。大量の食物を消費する高泌乳牛によって生産される水分は、巨大である。およその数値は次のとおりである。

- 皮膚と気道から1日あたり4〜5 L（非常に暑い日はこの3倍）。
- 尿として1日あたり20 L。
- 糞便として1日あたり30 L。

高泌乳牛はまた、乳量に応じて、約1.5〜2.0kW／時間の大量の熱を発生する。そのため、この熱と湿り気を除去するために換気が良好になるように建物を設計すること、および密飼いによる熱と湿度の集積を避けるために牛群を適正に配置することが非常に重要である。現在の英国の状況では、牛が冷えすぎるようになることはない。牛を舎飼いする主な理由は、給餌のしやすさと土地の保全（四肢による侵害から、すなわち、踏まれることによる草地の損傷から）のためであり、牛を保護するためではない。そのため、牛をできるだけ低い環境温度近くに保ち、激しい雨や直射日光から守られたら、理想的である。ぬかるみ、高温および多湿は乳房炎の誘因となる。ヒート（熱）ストレスは牛を過度に立った状態にし、乳房炎の誘因となる。これは本章の終わりに述べる。

写真8.10　天井の梁からしたたる水滴は、換気不良の徴候と考えられる。

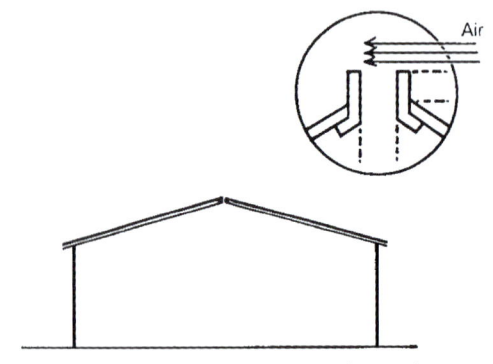

図8.1　屋根の先端を23〜30.5cm開放し、高さ15cmのアップスタンドを取りつけると、換気が改善される。

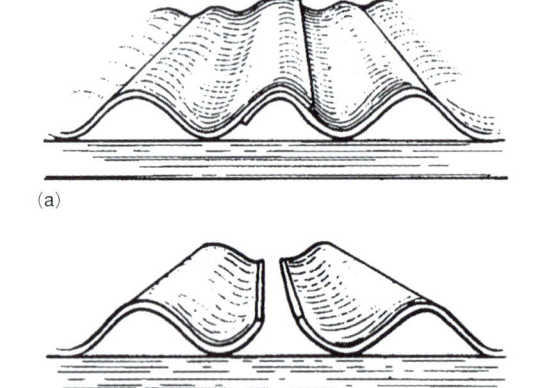

図8.2　(a)常用の屋根は、波板の2端が下方を向き、隣接する波板が重ねられている。(b)波板の上下を反対にして2端が上方を向くようにし、かつ各波板の間隔を1.3〜1.9cmあけると、換気がよくなるので奨められる。

長く狭い、行き止まりになった敷き草の区画では、奥の方では湿気と古くさい空気が感じられ、特に危険である（図8.15）。同様に、低い屋根を持った換気不良の牛舎では、寒い朝など水滴が牛と牛床に落ちており、乳房炎やIBRなどの呼吸器疾患を誘発する。もし水滴と霧のために牛舎の遠方が見通せなかったり、もし水滴が天井から牛の背中に落ちているようなら（写真8.10）、換気は完全に不十分である。十分な換気を得るいくつかの方法を以下に述べる。

- 屋根の先端部を十分開放する。空気は単純にそこから建物内に流れ込み、そして再び出て行く。これは屋根の先端部を23〜30.5cmあけ、その両端に15cmのアップスタンドを取り付けることによってなされる（図8.1）。アップスタンドの上の空気の流れが、吸引作用を発揮する。狭い開放部を持った常用の波板屋根は十分な空気の流れを生じさせない。
- 新しい建物を建てる場合には、波板材料を上下反対にし、各波板の両端を1.3〜1.9cm開放しておく（図8.2a, b）。もし建物内に熱を生産する十分な数の牛がいて、空気の流れが上向きであるならば、ほとんどの状況下で、この方法は雨の侵入を防止し、換気を改善させる。また、より少ない屋根材料ですむので、経費の節減にもなる。
- 既存の牛舎では、波板の波上部を4〜6波ごとに、グラインダーで細い溝状に切り目を入れると、同様な効果が得られる（図8.3）。これを屋根の先端部に実施すると、特に効果が大きい。
- 建物の側面と切妻端をヨークシャー板材（幅広い縦型の板）で覆うが、各板の間を12.7cm開ける。多くの建物では、交互に板を置けば十分である。特にそれが給餌通路に面していたり、あるいはその場所が雨から合理的に保護されていればなおさらである。そうすると建物は側壁がまったくなくなり、最良となる。
- 複数のスパンを持った建物は避ける（図8.4）。建物が独立して建っていれば、はるかによい空気の流れが得られる。また非常に幅広い（すなわち、18.3m以上）建物も避ける。
- 十分な排水を確保する。水溜りは建物内の湿度を増加させ、乳房炎を誘発する。土や砂地上の敷き草の区画、および通路がすのこ状になっている牛床型の牛舎では、両方とも水溜りの大きさを減少させる。
- 古い木造の建物では、前面の板の一部を切り取ることによって、空気の流れがしばしば、図8.11のように改善される。もし牛が乗り超えられないようなレールや同様なものがあり、雨への直接の曝露がなければ、この方法は大きな改善をもたらすであろう。

写真8.11 この木造の牛床型建物は隣の建物に接近していたので、前面の板のほとんどを除去すると、牛の快適性が改善されたばかりでなく、空気の流れがよくなり、全体の換気が改善された。

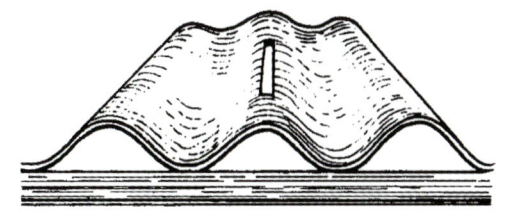

図8.3 波板屋根の波上部を4〜6個ごとに小溝状に切りこむと、既存牛舎の換気が改善される。

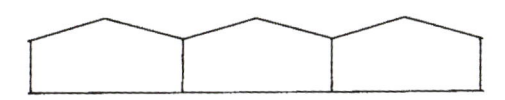

図8.4 このような多重のスパンを持った牛舎は避ける。広すぎないスパンを持った独立した建物で、最良の換気が得られる。

牛床型（Cubicle）（フリーストール）システム

牛床型システムの最も重要な特徴は、その設計と管理である。牛床は牛にとって快適で、

第8章　環境と乳房炎

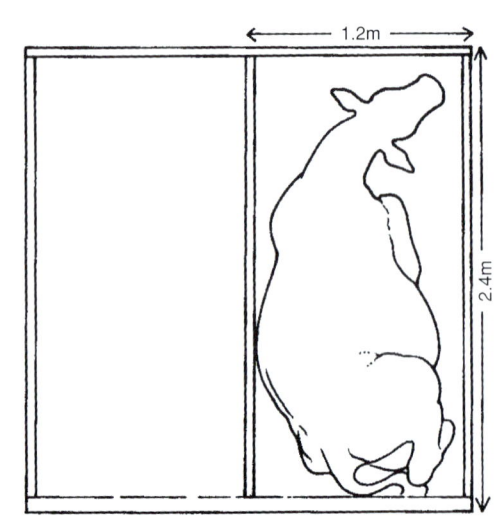

図8.5　単列式の牛床では2.4mの長さが必要である（上）。2列対面式では2.3mの長さでよい（右）。

常用され、かつ合理的に清潔な状態を保てるように設計すべきである。

　快適でない牛床はしばしば清潔な状態を保っているが、これはたんに牛が利用しないからにすぎない。多くの牛は屋外のコンクリート上に寝そべり、そのため乳房炎（および跛行）が問題となってくる。写真8.8はその典型的な例を示している。この例では、暑い天候と不快な牛床が重なって、ほとんどの牛が屋外に出ており、結果として乳房炎を増加させる。

　その牛床を受け入れるかどうかを決める最も重要な要因のひとつは、分娩前の若牛の調教である。調教は必須であるが、牛床の設計もまた重要であり、以下の項で述べる。

大きさ

　これは牛の大きさに従うべきであるが、近年の大型ホルスタイン種では、長さ2.3～2.4 m、幅1.2mが合理的な大きさとなる（図8.5）。その牛床を受け入れるには、長さが最も重要な要因となるようである。もし牛床の幅が広すぎると、牛はまっすぐに横たわらなくなり、このため写真8.12のように、牛床の汚染を招く。金属製の牛床の下の仕切りが高すぎる場合もまた牛が斜めに座ることにつながる。例えば、牛床面より55cm以上の場合である。

　2列型の対面式牛床（図8.5右）では、前方

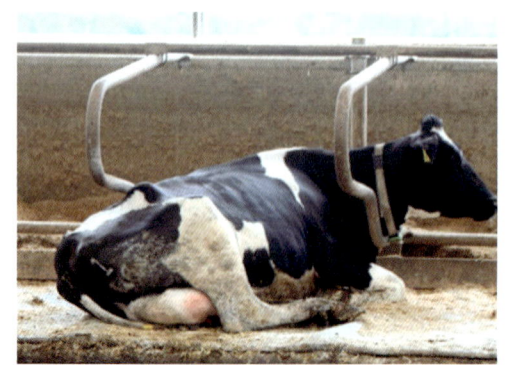

写真8.12　もし牛床があまりにも幅広かったり、牛床の後部の仕切りの端が高すぎると、牛は斜めに横たわり、牛床の汚染を招く。

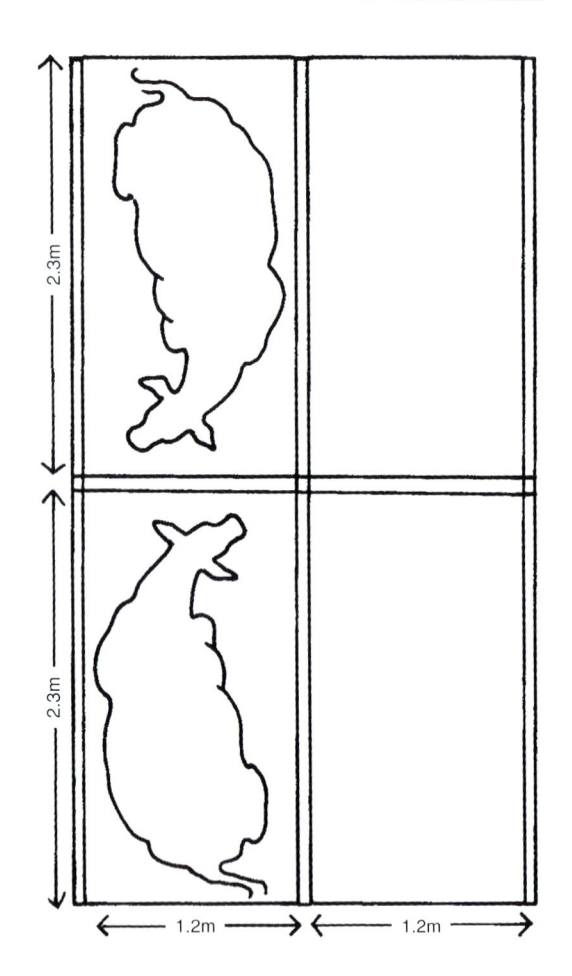

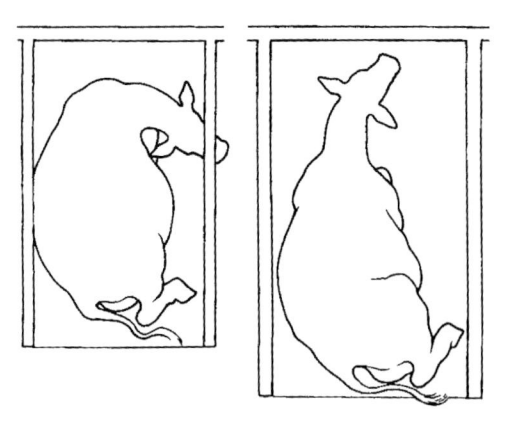

図8.6 （左）短すぎる牛床では、牛は首を曲げて座らねばならず、反芻の障害となる。（右）反芻の間は首を伸ばせるよう、また立ち上がるときには首を突き出せるように、牛床の前方部にスペースが必要である。

部分を共有するので、2.3mの長さでよい。牛床は、牛がその中で寝そべり、反芻のために首を前方に伸ばせるようにすべきである。もし牛床が短すぎると、牛は首を曲げて座らねばならず（図8.6）、反芻が困難となる。加えて、再起立するために、牛が首を突き出すスペースが不十分となる。

牛床が不快であると、牛が立ち上がるまでに長時間かかるようになり、跛行を誘発する。幅の狭すぎる牛床、または非常に硬い仕切りを持つ牛床では、牛が横たわるときに第一胃の圧迫を招く。こういう牛床は牛に好まれないし、また反芻も障害される。図8.7はそのような設計の一例である。大型牛の第一胃が牛床の仕切りによっていかに強く直接圧迫されているかが分かる。垂直の棒ABと水平の

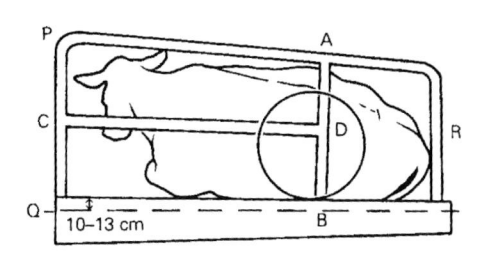

図8.7 非常に硬い仕切りを持つ牛床は快適でない。第一胃が圧迫される（円の部位）。

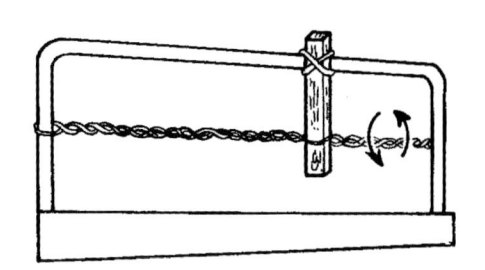

図8.8 可動性の仕切りは牛を非常に快適にさせる。下方の水平棒を適当な張力を持ったロープに置き換える。2本のロープの間に固定した木片を回転して（矢印）、張力を与える。ロープをピンと張った後で、木片を上の横棒に固定する。

棒CDを取り除き、図8.8のように、適当な張力を持ったロープに置き換えると、その牛床ははるかに快適となる。

仕切りの高さ

仕切りの高さも重要で、特に牛床の前が重要である。もしその高さPQ（図8.7）が低すぎると、その牛は立ち上がる時に不快感を伴うであろうし、隣や向かいの牛とスペースを共有して座ろうとするときに首を押し下げなければならなくなるであろう。これはさらに快適性を減退させ、反芻を障害する。牛の大きさによって適切な高さが異なることなることは明白であるが、ホルスタイン種には1.32m

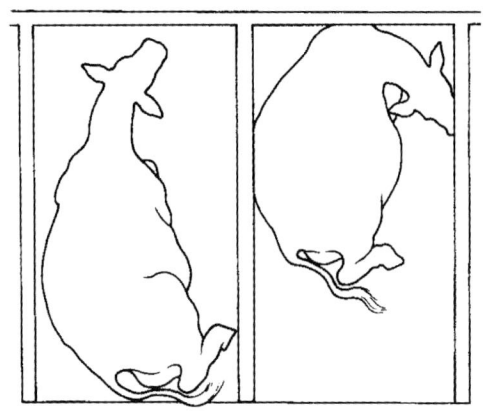

図8.9 牛によっては牛床の前方に移動しすぎて、頭部を突き出すことができなくなり、そのため起立が非常に困難となる。

第8章 環境と乳房炎

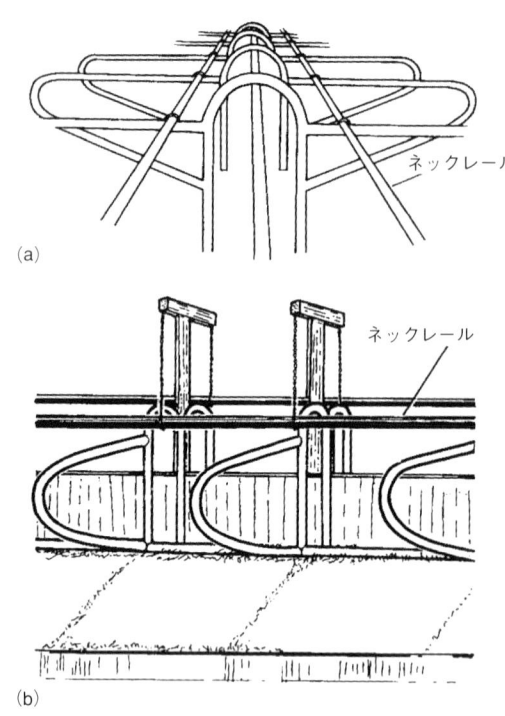

図8.10 (a)ネックレールは牛床仕切り上に固定したり、(b)さらに好ましいのは、仕切りの上方に吊り下げたりする。

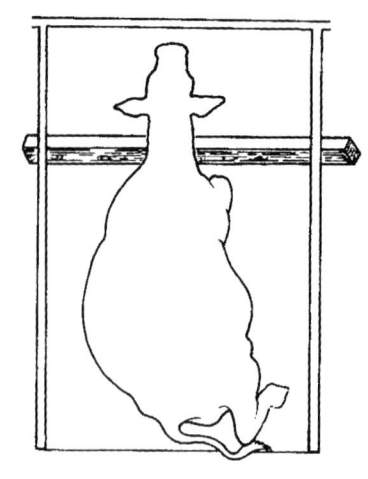

図8.11 ブリスケットボードは牛が前方に膝で移動するのを防止する。膝の損傷を防ぐために、牛床前方に向けて、少し角度をつけて設置する。

が指示されている。後部の直立柱R（図8.7）はなくすのが最善で、図8.10に示したように片持ち梁の仕切りがよい。

牛床の長さ

長い牛床では、牛が前方に行きすぎ、座っていたり立っていたりするときに、牛床上に排便することがある。また牛によっては膝であまりにも前方に移動しすぎて、前仕切りに密着する（図8.9）。そのため起立が困難となったり、まったく起立が不能になったりする。これは快適でない牛床で最も多く発生する。理想的には、前方部の首を伸ばせる長さとして最低1.2mあれば、起立が容易となる。

ネックレール

牛床内に牛を正しく位置させる手助けとして、ブリスケットボードまたはネックレール、またはその両方が用いられる。ネックレールは図8.10に示されているように、牛床仕切りの上に固定されたり、上方に吊り下げられている。いずれの場合も牛床先端部から約30〜45cmとすべきであるが、これは牛床の長さによって大きく変化する。吊り下げレールでは、立位の牛の頸部の高さから7.5〜10cm下方がよいとされる。なぜなら牛床仕切り上に固定したレールでは低すぎて、牛が牛床を嫌うからである。しかし、両者とも欠点があり、いったん牛が座ると、図8.9に示されたように牛が膝をついて動くことを防止できない。しかし、牛が立ち上がると、牛の頸部上のレールの存在により、牛は牛床の後方に落ち着き、排尿と排便を通路上にする助けとなる。

ブリスケットボード（胸板）

牛床後部から1.72mの位置に設置されたブリスケットボード（図8.11）は、牛が前方に行かないよう、確実に防止する。しかし、牛が立ち上がると、容易に板の前方に立つことができ、牛床後部に排便する。そのためネックレールとブリスケットボードを組み合わせて用いる必要がある。

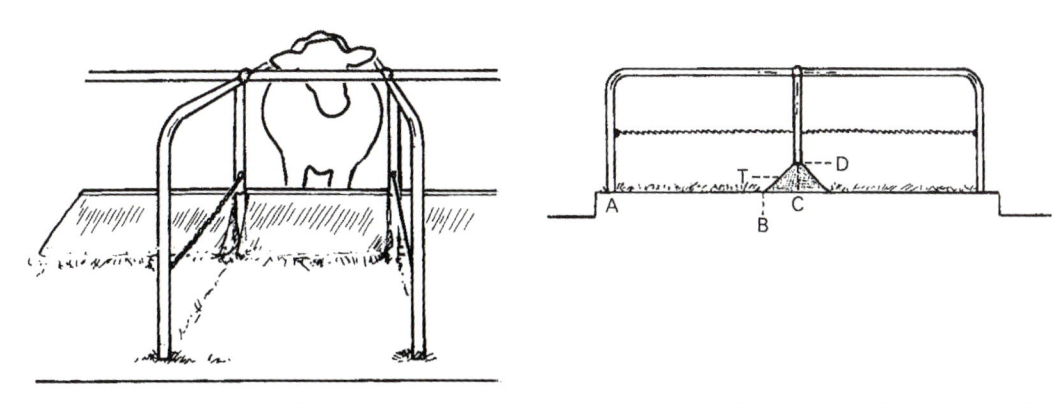

図8.12 牛床の対面部の間に設置されたピラミッド型のコンクリート（または前仕切りに対して三角形に）は、牛がさらに前方に行くのを防止し、一方、同時に、反芻および起立時の首の突き出しに十分なスペースを与える。これは牛が牛床を嫌うようになるので、今日ではあまり用いられていない。

ブリスケットボードは図8.11に示されたような尖った四角い端より、むしろ丸い端とすべきである。軟らかい塑像の、枕型をしたプラスチック製チューブが理想的である。しかし、それは高すぎてはいけない。またそれらは、座位の牛の一部が'自然に片方の前肢を投げ出す'のを防止する。

かつて高さ0.38ｍの長いピラミッド型のコンクリートが、牛床内の牛の正しい位置付けの手段として、2列対面式牛床の間に用いられた（図8.12および写真8.13）。牛が座ると、さらに前方に移動することができなくなり、かつ高さCDは、牛床の対面部を超えて牛が首を伸ばせることを意味する。牛が完全に立ち上がったときは、牛はBの後ろに前肢を着地せねばならず、そのため排便は尿溝に落ちる。しかし、立とうとして体を持ち上げるときに、一方の前肢をコンクリートの斜面であるTに置かねばならず、多くの牛はこれを嫌がることが判明した。この方式はなおいくらかの舎飼い牛舎で利用されているが、しかし多くはない。

牛床の材質

牛床の材質には石灰石、土、砂およびコンクリートのすべてが用いられる。前三者はすべて、徐々に侵食されて穴があき、牛床の後部がぬかるんできて、牛床が汚染され、乳房炎感染の原因になるという欠点がある。写真8.14はその典型的な例を示している。

図8.13は牛が牛床に横たわったときに接触する主要な3点を示している。これらは両膝

写真8.13 牛床の2列対面部の間の高さ0.38ｍのピラミッド型コンクリートは、牛の前方への移動を防止するために、かつて用いられていた。今日では一般的でない。

第8章　環境と乳房炎

写真8.14　非常に汚れた牛床は乳房炎のリスクを高める。

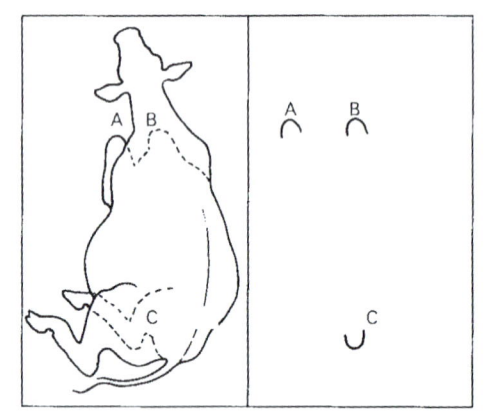

図8.13　A，B，Cの3カ所は牛が牛床に接触する主要な場所であり、敷料を十分にしなければならない。

トやマットレスはこの不均一性の発生を防止するが、なお飛節の擦り傷を防止するために、敷料が必要である。

飛節の擦り傷の進行した症例が**写真8.15**に示されている。損傷ははじめ挫傷した皮膚上に脱毛がみられ、ついで飛節嚢に液がたまってくる。（関節嚢は小型のショックアブソーバーの袋で、骨の突起部を保護し、皮膚、筋肉および腱をスムーズに骨の表面を滑らせる機能をもつ。）皮膚が破れたときにのみ、**写真8.15**のような腫脹が感染する。

大多数の牧場は、今日、牛床にコンクリートを用いている。これは確かに清潔さを保つのは容易であるが、硬く快適でないので、このような牛床は牛に嫌われてしまう。マット、マットレス、または深い敷料が不可欠となる。

もし牛が縁を持った牛床に慣れてくると、牛はしばしば通路に肢を下ろす前に、かかとで縁に触れる。この縁を取り除くと（例えば、牛床の床をコンクリートにすることによって）、牛によっては神経質になる。なぜなら牛はいつどこに肢を下ろしたらよいか分からなくなり、これがまた牛床嫌いを誘発する。縁を持った牛床（**写真8.4**に示したような）を好む人々が増加している。牛床後部を清潔に保つこと（そして牛を正しい位置に保つことが肝要）にさらなる努力が必要であるが、縁の位置は牛に、よりよい位置とする。すなわ

（AとB）と右（**図8.13**のように）または左の飛節のいずれかで、牛がどちらに横たわるかによって変化する（C）。これら3カ所の接触点は多くの牛床で明確に認められている。敷き草が飛び散っている3カ所を探すと、しばしばコンクリートが露出している。コンクリートが用いられていなければ、牛は常に体を持ち上げるので、しだいに牛床の前部または後部がすり減ってくぼみができ、快適ではなくなってくる。後部のくぼみはまた糞便で汚染され、**写真8.14**のように、敷料が湿ってくる。

砂が用いられるならば、牛床全体への散布が保てるように、砂を十分深く入れる。マッ

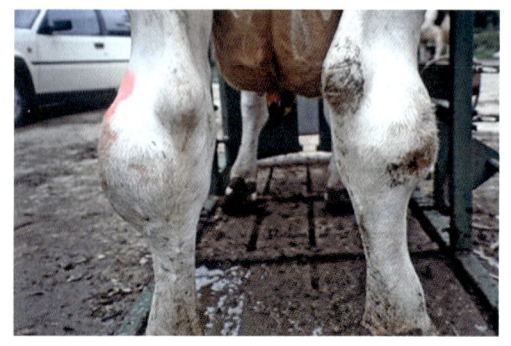

写真8.15　硬い床に座った結果生じた、巨大な飛節の腫脹。皮膚表面の脱毛と擦過傷は主な磨耗点を示している。

ち牛の尻尾が牛床内にとどまり、スラリーの通路にいかないようにする。牛が立とうとするときに、縁が後肢の接触点として用いられるようにする。

高い縁石(例えば、12.5〜15cm以上)のある牛床は、かつて問題であると考えられていた。それは特に若牛が高いステップから後ずさりでおりることに、神経質になるからであった。しかし、もし牛の練習が進んでくると、ステップの高さは快適性の大きな要因とはならなくなり、25cmのステップでも許容できるようになる。

牛床の傾斜度は重要で、前方から後方にかけて10〜13cm低くするのがよい。これは図8.7のQからRに相当する。牛は前方に高いところに寝そべることをより好む。水平、またはさらに悪く、逆に傾斜した牛床は嫌われてしまう。

管理

牛床や区画(ヤード)の清掃と更新は、理想的には搾乳中になすべきである。そうすると、牛がパーラーから出てくると、牛は清潔な通路を通って帰ってくることができ、新鮮な飼料を食べ、そして清潔な牛床に横たわることができる。理想的には、少なくとも1日2回(および牧夫が通りかかるたびに)、すべての汚染物を牛床の後部から掻き取るべきである。もし敷き草やノコクズまたはカンナクズが用いられていたら、新鮮な敷料を毎日追加する。もし敷き草が豊富にあるなら、牛床の敷料を週2回交換すると十分であり、または必要に応じて毎日、牛床の前方の新しい敷き草を掻いて後方に移動させるとよい。週1〜2回、少量の水酸化カルシウム(消石灰、Ca(OH)$_2$)または粉末炭酸カルシウム(石灰石、CaCO$_2$)を牛床の後部に散布すること(写真8.16のように)もまた、石灰が水分を吸収するので、牛床を乾いた状態に保つのに有効である。石灰は新鮮な敷料(例えば、敷き草やノコクズ)で覆っておく。こうすると、石灰が直接および過度に乳頭と接触することが妨げられるが、そうしないと乳頭にひびわれを生じることがある。生石灰(酸化カルシウム、CaO)は乳頭に火傷を生じるので用いない。

定期的に敷料を更新することの重要性が図8.14に示されている。週1回、牛床にノコクズを追加する場合は(A)、大腸菌数は非常に

写真8.16 水酸化カルシウム(消石灰)は牛床のベッドの乾燥と消毒をする。しかし、乳頭の乾燥とひびわれももたらすので、過剰には用いない。

写真8.17 半自動システム。トラクターが通路からスラリーを掻き取り、ブラシが右方の牛床後部から汚れたものを除去し、そして清潔なノコクズが左方の牛床に追加される。その後、この建物は搾乳後の牛の移動準備ができている。

第8章　環境と乳房炎

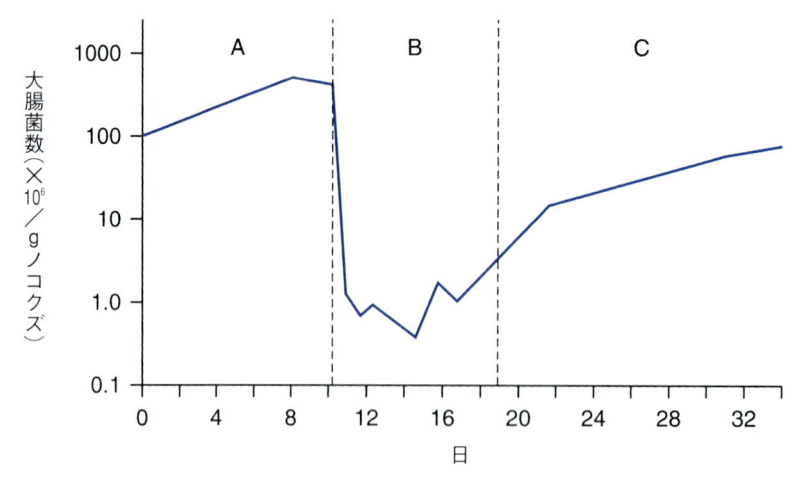

図8.14　牛床敷料の定期的な更新の重要性。週一回ノコクズを追加する方式では大腸菌数は高く（A）、毎日追加する方式にすると急速に低下する（B）。しかし、週一回に戻すとすぐに悪化する（C）。（Bramley, 1992）

高い。それを毎日取り替えると（B）、その数は低下するが、はじめの週1回に戻すと（C）、大腸菌数は悪い状態に戻る。

牛床の通路は毎搾乳ごとに掻き取るべきであり、理想的には牛が牛床に帰ってくる前がよい（写真8.17）。こうすると搾乳後最初の20〜30分間の危険期に、乳頭をできるだけ清潔に保つことができる。この時期は乳頭括約筋が完全には閉じていないので、乳房炎の感受性が高い。通路の清掃はまた、牛が汚れた肢で糞便を牛床に持ち込むことを少なくする。

敷き草牛舎

敷き草牛舎(straw yards、loose yards)（写真8.2)は確かに牛の快適性は良好であり、牛に選ばせると、牛床式よりむしろこの区画（ヤード）式を好むであろう。しかし、それらに問題がないわけではない。牛床式の牛は排尿や排便を通路内にするように位置づけられており、このため乳頭と乳房が清潔に保たれているが、区画式の牛では乳房の糞便汚染の機会が大きくなる。そのため、一般的に乳房炎のリスクが増加し、特に区画のデザインが悪かったり、管理が不良であったりするとより増加する。しかし、牛は牛床式より快適なので、通常は跛行の発生が低くなる。敷き草の使用量は牛床式よりはるかに多くなり（ほとんど10倍以上）、そのため敷料費と労務費の両方が上昇する。

牛の密度

牛の密度は少なくなる傾向がある。それはもし牛床式と同じ広さの建物を用いると、牛床式より区画式の方が牛の数を減らさなければならないからである。現在の推奨値は、牛1頭あたり休息場所に6平米、給餌と歩行場所として1.8平米、合計約8平米である。また分娩直後の牛と移行期の牛には1頭あたり10平米を与える。大型牛には、これより広い区画が必要となる。

ベッド作り

区画（ヤード）は少なくとも1日1回はベッド作りが必要で、朝の搾乳中が望ましく、牛床式の牛と同様に次のようにする。

• 牛を搾乳後30分間、立たせて給餌するよう誘導する（しかし、これは混雑したすきま風の入る通路に立たせておくことではな

い）。
- 牛が区画に戻ってくる通路は、牛が歩いてくる前に掻き取って清掃するべきである。

ベッドに使用する敷き草は清潔で乾いており、カビていないものを用いるべきである。戸外に貯蔵された敷き草は乳房炎のリスクを有意に増加させる。たとえ豊富に使用可能であっても、湿ってカビた敷き草は、乳房炎の大発生を生じることがある。酵母やカビによる乳房炎は特に問題であり、治療に対する反応も乏しいからである。

敷き草のベッドは温度が高くなる傾向がある。幸い、ぎっしり詰まった底部に生じる嫌気性発酵は、大腸菌群の発育には適さない。しかし、通常の区画の表面温度は約40℃となり、これが細菌の発育を促進する（**写真8.18**）。敷き草の量を過剰にすると、オーバーヒートを生じ、そのため大腸菌数が増加するといういくつかの示唆がある。区画は頻繁に、少なくとも5週ごとに、掃き出すべきである。もし長期に放置されると、乳房炎のリスクが増加する。ある農家は2～3週ごとに頻繁に実施しており、その方が敷き草の量が少なくて

写真8.18 敷き草の区画で発酵した堆肥で、約40℃の熱を持っている。この上層部のみが乳房炎微生物を含みやすい。

すむといっている。掃き出し後は、水酸化カルシウム または粉末散布灰(powder station ash)を、ベッドの更新の前に、床面に散布するとよい。これにより発酵の速度が遅くなり、その区画の次のベッド材料がヒートアップするまで時間がかかるようになる。

コンクリート底よりも底石式の方が、排水がよいので、優れていることがある。しかし、これは、コンクリート底が平坦で排水不良であるような区画で、主として重要になる。ベッドに立ってみて、敷き草がピチャピチャするようなら、湿りすぎである。

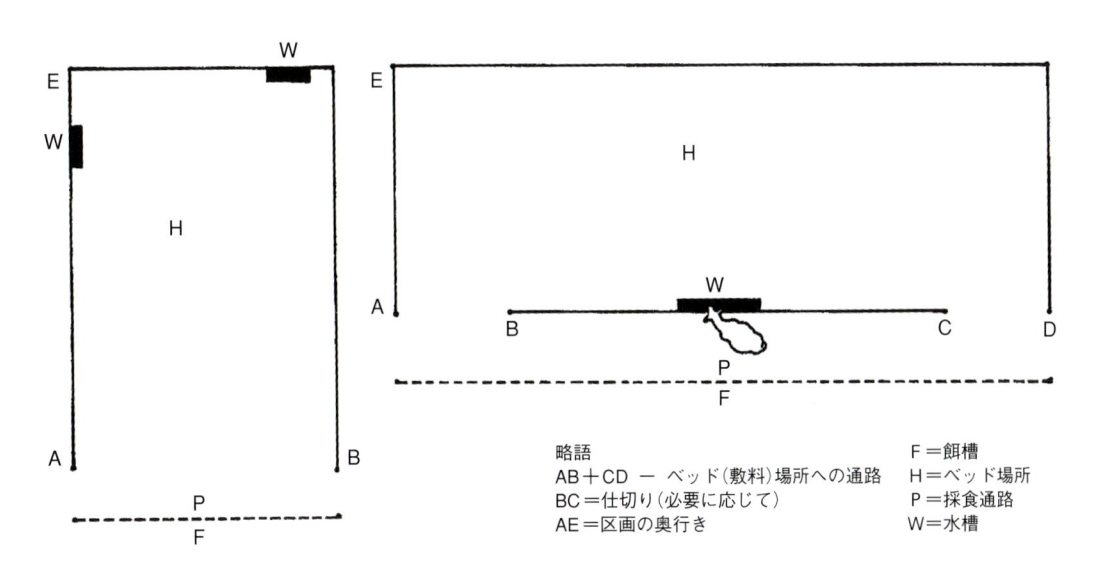

略語
AB＋CD ― ベッド(敷料)場所への通路
BC＝仕切り(必要に応じて)
AE＝区画の奥行き
F＝餌槽
H＝ベッド場所
P＝採食通路
W＝水槽

図8.15 敷き草牛舎のデザイン。水槽の配置が悪く、長く狭い、換気不良の区画(ヤード)は避けるべきである(左)。より有用なデザインが右図に示されている。

第8章　環境と乳房炎

写真8.19　特別なシェルターがないときは、牛は日陰を得るために建物の壁に沿って集まる。

写真8.20　高温気候下で日陰を得るための人工的な遮蔽物（シェイド）。牛が日陰の下にいかに寝そべっているかに注目。

写真8.21　区画（ヤード）は6〜8週ごとに清掃して、新しい砂を追加する。

区画（ヤード）のデザイン

乳房炎との関連で、敷き草牛舎の最も重要な点のひとつは、区画のデザインである。奥深く狭い区画（図8.15左のような）は、牛が奥に行くのにかなりの距離を歩かねばならないので、より容易に汚れやすい。図に示された例のような水槽の配置（W）も、ベッド場所を通過しなければならないので、非常に不都合である。

図の右に示されたデザインの方がはるかによい。水槽（W）への接近は飼槽の通路（P）からのみであり、このためベッド場所を過度に汚染することが避けられる（また水槽の水があふれても被害は少ない）。

仕切りBCの価値については意見が分かれている。飼槽や水槽への接近を妨げることによって、ABとCDの汚れはひどくなるが、BCから後ろの場所（H）は清潔に保たれ、牛は可能なら壁際に寝そべるのを好む。あるシステムでは、AからDにかけて連続的に約30cm高くしている。こうすると敷き草のベッドがよく保たれ、区画への接近がどこからでも可能になる。区画の奥行き（AE）は、少なくとも7.3m以上で、できれば9.1m以下とし、飼槽の通路（P）幅は最低3.5m、および飼槽（または床部分）（F）幅は1頭あたり0.76mとする。通路（P）の掻き取りを1日2回行うと、ベッドの糞便汚染がさらに減少する。

換気は、牛床式および牛小屋（カウシェッド）式と同様に、敷き草牛舎においても重要であり、屋根の開放によって改善される。しかし、コストの関係からまれにしか実施されていない。乳牛にとって理想的な湿度は約70％であるが、冬期の英国では、多くの建物で85％以上に達している。また、高い湿度は夏の高温気候下の牛にヒート（熱）ストレスをもたらすので、可能なら避けるべきである。

砂式牛舎

高温気候地帯および砂漠地帯では、牛は砂を用いた囲いや区画で舎飼いされ、牛床や屋根のある板囲い場所に接近できる。日陰はぜひ必要で、特別な遮蔽物（シェイド）がない場合は、牛は写真8.19にみられるように、建物の縁に沿って集まり、日陰を得る傾向がある。さらに多いのは、日陰を得るために背の高い

建物を建てると、牛はその日陰に沿って寝そべる。日陰を作る場所の大きさと位置も重要である。理想的には、1日を通じて砂式の区画に日陰が得られるよう、異なる場所に設置するのがよく、そうすると日陰を作るすべての場所はまた、1日1回は日光を浴びて乾燥する。**写真8.20**は日光シェルター(覆い隠すもの)の下に寝そべる牛を示している。

乾期には、6〜8週おきに砂式の区画を掃き出すべきである。砂の表面を掻き取って除去する。中東では、汚れた砂(砂と乾いた糞)は園芸用に価値のある製品となる。新しい砂を区画の表面に追加する(**写真8.21**)。

砂は排水がよく、また太陽熱により糞塊は乾燥されるので、毎日トラクターとスクレーパーで砕かれる(**写真8.22**)。

雨期には、砂式の区画は非常にぬかるみ(**写真8.23**)、搾乳前の乳頭の清浄化が重要な作業となる。環境性乳房炎のリスクが大幅に増加する。もし可能なら、区画が乾燥する時期まで、できれば冷却装置としてファン(扇風機)を備えた、牛床式牛舎で牛を飼育するとよい。

一般的な環境への配慮

すべての飼養方式に共通する、いくつかの一般的な管理法のポイントがある。

牛の密飼いを避ける

過密状態の牛は牛舎が高い湿度になり、特に若牛などでしばしばストレスとなる。可能なときはいつでも、動き回れる広場を設けるべきである(**写真8.24**)。世界の多くの地域では、この広場にすべて屋根を取り付ける必要はない。なぜなら、激しい雨や強い風のとき以外は、牛はかなり低い気温でも戸外に出て行くからである。高温気候下では、広場は夜間に利用される。

大きい広場(および給餌施設)を用意することはまた、発情の発見にも役立ち、跛行の減

写真8.22 砂式の区画は毎日、乾いた糞塊を砕くために、スクレーパーをかける必要がある。

写真8.23 雨期には、戸外の砂式の区画は大変問題となる。

写真8.24 温帯地域では、清潔で開放的なブラブラする広場および飼料給与場所に牛が行くことは、乳房炎の予防に役立ち、跛行が減少し、発情発見が改善される。

少にも役立つ。これは歩き回るのに十分なスペースを持っている牛の方が、長時間立ったままでいる牛よりも、蹄に対する損傷を受けにくいからである。さらに他の牛から離れて歩き回ることが可能であれば、発情徴候をよ

第8章　環境と乳房炎

写真8.25　餌槽周囲に食べ残しのサイレージが放置されていると、牛は戸外に寝そべりがちになり、環境性乳房炎の感受性が高くなる。

写真8.26　搾乳パーラー内のゴム製の床面は、跛行と乳房炎の両者の防除に利点があるとされている。

り発現しやすくなるばかりでなく、そのような牛の発見もまた容易になる。

残飼の除去

　食べ残したサイレージや他の飼料が飼槽の周囲に散らかっていると、牛は戸外に寝そべる傾向がある(写真8.25)。これはまた環境性の乳房炎細菌、特に E. coli、Bacillus licheniformis および Bacillus cereus などの良好な培地となり、そして乳頭が汚染され、高い総細菌数をもたらす。そのため飼槽周囲は定期的に清掃すべきである。

牛をやさしく扱う

　今日、ストレス下にある牛は、乳房炎を含む感染症にかかりやすいという、数多くの証明がある。もし通路や出入り口に牛が急き立てられると、乳頭を傷つけたり、ひどく汚したりする。もしパーラー内に急き立てられると、乳汁の流下(レットダウン)が妨げられ、その結果として搾乳時間が長くなり、乳頭端損傷が増加し、乳量が減少する(若牛の乳汁流下不全の項、p.24～25参照)。追い立て柵は牛たちの集合場所に十分な場所を確保し、パーラー内への牛の流れは牛の自由な速度に任せる。もし柵で牛を前方にあまりに強く押すと、牛はストレス状態となり、その後のパーラー内での取り扱いがより困難となり、乳汁の流下が悪化する。やさしく扱われている牛と、乱暴に扱われている牛は、訪問者に対する反応によって、すぐに見分けられる。

　ほとんどの牧場は今日、パーラーの出口にフットバス(脚浴槽)を設置している。'開放'している乳頭への汚染を避けるために、そのバスは深くなりすぎないようにし(約7 cm)、溶液は毎日取り替え、多頭飼育では、同時に2頭が通過できるように十分広くすべきである。

ゴム製のパーラー床の表面

　今日、パーラーの床にゴムマットを設置する酪農家が増えている(写真8.26)。本来の目的は跛行の防止であるが、乳房炎の防除にもある程度有益である。それはより快適なので、牛はより静かに、より落ち着いて立っている。このことがライナースリップを少なくしていると報告されている。牛はパーラーへよりよく入ってくるといわれ、このために全搾乳時間が短くなる。これは乳房炎と跛行の両者を低減する。他の有力な利点として、ゴムの床はある種の防護用ディッピング剤によって生じる床の侵食を防止する。写真8.27は、いかにパーラーの床のセメント表面が、ある市販

のディッピング剤によって侵食されたかを示している。表面の白い集塊は前搾り乳による乳房炎発見を非常に困難にしている。それに対して、乳汁は黒いゴム床では大変容易に検査できる。

すきま風の防止

乳房を冷やすと免疫反応、すなわち乳頭管内に侵入してきた感染に対する抵抗性を減弱させる。乳房を冷やすとまちがいなくひびわれやあかぎれをもたらし、このため乳房炎にかかりやすくなる。これは特に、乳頭管が閉鎖するまでの20〜30分間、牛を立たせておく搾乳後に重要となる。特に乳頭ディッピング剤によってなお乳頭が湿っているときに、牛を吹きさらしの区画またはすきま風の入る通路に立たせておいてはいけない。給餌するために、牛を舎内に帰させる方がよい。

ヒート(熱)ストレス

管理の他の側面として、乳牛を涼しく保つこともまた重要であり、英国でさえも、ヒートストレスは問題となり、乳房炎の増加を招く。ヒートストレスは、驚くほど低い温度でも牛に影響することができ、例えば、24℃の低い温度でも、特に湿度が高ければ、その初期の変化がみられる。このことは温湿指数(tem-perature humidity index, THI)の利用につながり、次の式で計算される。

THI ＝ 温度+(0.36×結露点)+41.2

建物は真夏に高温に達し、もし屋根が多数の透明板で覆われていたら、その建物を効果的に温室に変えてしまう。この影響を避けるために、屋根の10％以上がパースペックス(Perspex、商品名、無色透明のプラスチック)板であってはいけない。その状態は高泌乳牛によって生産される熱によってさらに悪化される。40Lの泌乳牛は1日あたり1.7kW

写真8.27 このパーラーのセメントの床表面は、防護用乳頭ディッピング剤によって剥げ落ち、白い集塊を露出している。これは前搾り乳による乳房炎発見をより困難にする。

の熱を生産し、60Lの牛では2.2kWに増加する。

臨床症状はさまざまで、喘ぎ(パンティング・浅速呼吸)、発汗、尾振り、および食欲減退がある。牛は長時間立ち続け、一群として立ち、特に水槽の近くに立つので、非常に汚れてくる。舌で水を撒き散らすからである。ぬかるみ、過剰な起立時間、牛同士の近接、および被毛の汚れの組み合わせが、乳房炎の増加を招く。

さまざまな防除対策が可能であり、そのすべてが建物温度の低下と空気流の増加を目的としている。内部の隔壁の除去は、建物内の空気流の改善の助けとなり、ヨークシャー板を建物外周から取り除く。ファン(扇風機)は、空気の流れを加速することによって冷却効果を生じるので、大いに価値がある。もし湿度が高すぎていなければ、噴霧装置がさらなる冷却効果を発揮する。

パースペックスの屋根板は、温室効果を低減するために塗装される。そして牛床占有時間を減らすべきであり、それはおそらく夜間に、'低温'の戸外に牛を向かわせることによってなされる。すなわち'高温部'から牛を'低温部'に移動させる。これはまた、建物を冷却させることにつながる。

他の防除対策には、日陰を作るために植樹することがあり、葉からの蒸散もまた気温を

第 8 章　環境と乳房炎

写真8.28　もし乾乳牛と未経産牛が、この写真のように餌槽から給餌されるなら、牛たちが汚れた地面に寝そべらないように、餌槽を定期的に確実に移動する。

下げる。食欲が低下するので、嗜好性のよい飼料を最大にし、十分な冷水の流れを供給する。フロリダでは、牛に深い冷水プール内を歩かせている。

例えば、ジャージーやブラウンスイスなどとの交雑種は、長期的には有用であろう。

分娩した牛グループの確立

すべての牛は周産期に免疫抑制の時期に入り、乳房炎を含むあらゆる疾病の感受性が高くなる。このことは第3章で詳述された（p.36〜42）。もしその牛が同時に、牛舎、給餌あるいは管理の欠陥から高度のストレスに曝されていれば、免疫抑制はさらに深刻化する。この理由から、多くの大規模牛群では、今日、分娩直後グループや周産期グループが形成され、残りの牛群の牛よりも'やさしい'環境に置かれている。ここでは牛を小グループで維持し、低密度とし、そしておそらく分娩後1〜2週間、牛を主要グループの牛床牛舎に戻す前に、敷き草牛舎（ヤード）で飼養する。

この方式で乳量が増加し、跛行が減少したことが認められている。おそらく驚くべきことに、敷き草牛舎から牛床牛舎に移動させたときに、牛床の受入れがよくなった。もちろん、このグループは低密度とし、清潔で良好なベッドの区画で飼うことが最も重要であり、そうでないと、乳房炎の問題が生じてくる。このグループには、もしすでにルーチン化（日常化）されていなければ、プレディッピングを確実に実施すべきである。

この方式の欠点は、搾乳者にとっては、パーラー内に追加のグループを導入することになり、牛にとっては、これがグループ内に変化を生じることである。牛にとっては、頻繁な社会的グループの変動はストレスが多くなる。ある牛は、新しい社会グループに導入されると、最初の数日間は毎時10回の攻撃的な内部干渉を受け、すなわち、24時間ごとに240回の内部干渉を受けると推定されている。

乾乳牛の衛生

乾乳牛の衛生はしばしば見過されている。第4章（p.62〜66）に述べたように、危険期は乾乳最初の2週間と分娩前2週間である。もし分娩後の経産牛や若牛の12頭中1頭に、泌乳初期4週以内に乳房炎が発生するか、細胞数が分娩直後の若牛で高値（15％以上の牛が20万以上）であるなら、これは環境性の乾乳期感染を意味するといわれている。考えられる防除対策には、環境の改善（写真8.28）、乾乳軟膏注入時の衛生対策、内用ティートシーラントの適用、乾乳前の乳量の減量、および乳頭端損傷を最少にすることが含まれる。これらの時期における環境衛生は不可欠であり、牛群の密度は搾乳牛の群よりも少なくすることが望ましい。もし草地にいるなら、分娩の近い牛は2週間ごとに清潔なパドックに移動すべきであり、少なくとも4週間は同じパドックに戻さない（写真8.28）。しかし、この忠告は実行面でかなりの困難性を伴っている。なぜなら、分娩近い牛を注意深く観察できるパーラー近くには、よく排水された草地がしばしば1〜2カ所しかないからである。

第9章
体細胞数(Somatic Cell Count, SCC)

なぜ体細胞数が重要なのか ... 170
- 金銭ペナルティ　170
- 法令の順守　170
- 乳量の減少　170
- 加工または飲用乳への適合　171

体細胞数の測定法 ... 172
- 自動測定法　172
- DCC体細胞数測定器　172
- カリフォルニアマスタイティステスト
  (カリフォルニア乳房炎試験：CMT)　172
- 採材前のバルク乳の混和　172

体細胞数に影響する要因 ... 174
- 乳房炎　174
- 乳房炎微生物のタイプ　174
- 年齢　174
- 泌乳時期　175
- 日内変動および季節的変動　175
- ストレス　175
- 搾乳頻度　176
- 日々の変動と管理要因　176

牛群の体細胞数 ... 176
- 非常に低い体細胞数の牛群　177

個々の牛の体細胞数(ICSCCs) ... 179

体細胞数データの解釈と利用 ... 180
- 培養　180
- 早期の乾乳時治療　181
- 個々の分房の乾乳　181
- 泌乳期の治療　181
- 搾乳順序　182
- 淘汰　182
- バルク乳への送乳停止　183
- 治療効果の判定　184

症例検討 ... 184

第9章 体細胞数（Somatic Cell Count, SCC）

本章では、なぜ体細胞数が重要なのか、体細胞数はどのようにして測定されるのか、高い体細胞数をもたらす要因、高体細胞数の牛への対策、そして、どのように個々の体細胞数データが利用できるかの症例について述べる。

体細胞数（SCC）とは、牛乳中に存在する細胞の数である（'体'細胞は、侵入してきた細菌から区別される）。体細胞数は乳房感染のひとつの指標として用いられる。

体細胞は白血球と上皮細胞からなる。白血球は、疾患（p.38〜39参照）やときには損傷のために生じた炎症に対する反応として乳汁中に出現する。上皮細胞は、乳房組織の上皮が剥がれたものである。白血球は体細胞数のほとんどすべてを構成し、特に体細胞数が高いときはそうである。

体細胞数はかなり大まかな測定法であり、その結果は多くの要因に影響される。一般に、高体細胞数の原因は伝染性乳房炎の細菌であり、それらは大多数の潜在性乳房炎の原因にもなっている。そのため牛の体は、この潜在性乳房炎を排除するために、多数の白血球を乳汁中に送り続けなければならない。

体細胞数は牛乳1 mLあたりの体細胞数を千単位で測定している。農家への結果も通常千単位で報告され、例えば250という数は、牛乳1 mLあたり25万の体細胞数を意味する。体細胞数を0にすることは不可能である。

なぜ、いかなる酪農家も牛群の平均年間体細胞数が15万以下であってはいけないのかの理由はない。これは低レベルの潜在性感染と、乳生産組織への最小限の傷害を意味すると同時に、この状態で最大の乳量が得られ、高品質乳の生産が確かになり、よって魅力的な報奨金が得られる。

なぜ体細胞数が重要なのか
金銭ペナルティ
英国のすべての乳業会社は、高体細胞数を出す農家にペナルティを課すシステムをとっている。高体細胞数の牛乳では、加工品の生産量は減少し、牛乳の店頭配置期間は短くなる。ペナルティの金額は変動し、ほとんどの会社は平均体細胞数が25万を超えると、ペナルティを高くしていく方式をとっている。多くの会社はまた、体細胞数が20万または25万以下の場合に、'報奨金'を支給している。農家は、低体細胞数牛乳を生産することが現実の経済的利益になるので、この報奨金制度を好感している。

法令の順守
ほとんどの国は、それ以上になると農家から牛乳を集荷しない体細胞数の最大値を決めている。EUでは、平均体細胞数が3カ月以上にわたって40万を超えると、牛乳は農家から集荷されなくなる。米国では、この基準値は2009年では75万である。

ほとんどすべての乳業会社は、今日、体細胞数または総細菌数（第10章参照）がある基準値を超えた場合に課される、金銭的なペナルティ方式をとっている。これは、生産された牛乳が最高の品質であることを保証することを意図している。これらの生産基準に適合しない農家は、その牛乳の品質に応じて金銭的なペナルティが課される。

ペナルティの金額は、牛乳の用途（チーズ、飲用乳）および供給量に応じても変化する。もし供給量が大量であれば、加工に適した品質を誘導するために、チーズメーカーはより低い体細胞数の基準値を提案していくであろう。

乳量の減少
多くの農家は、牛群の体細胞数が上昇すると、それに応じて乳量が減少することをよく知っている。これは乳房炎細菌とそれが生産する毒素によって、乳生産組織が破壊される結果として起こる。

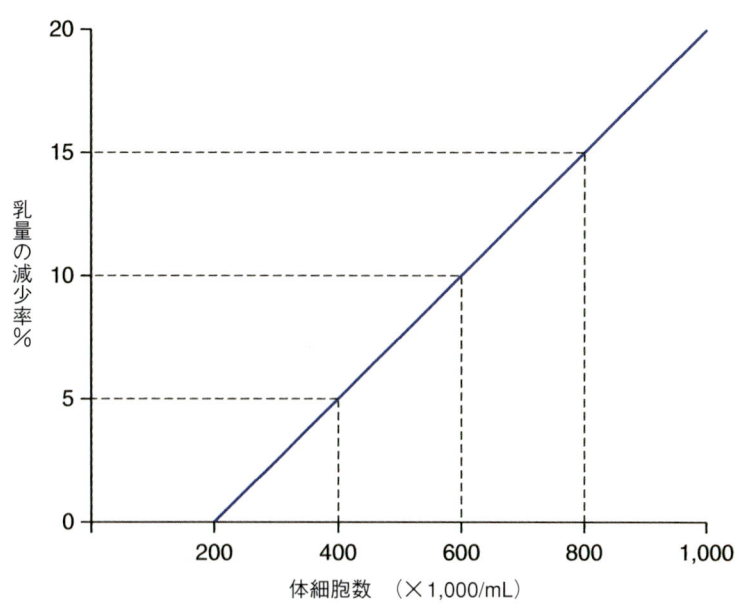

図9.1 牛群体細胞数の乳量に対する影響：乳量は体細胞数の基準値20万から10万増加するごとに、2.5％減少する。(Philpot, 1984より引用)

あるカナダの研究では、20万を基準値として、体細胞数が10万増加するごとに乳量は2.5％減少することが示された。これは図9.1に示されている。例えば、体細胞数36万の平均乳量7,000Lの牛群は、潜在性乳房炎のために4％の生産量低下、または1頭あたり280Lの乳量損失と計算される。

加工または飲用乳への適合

高体細胞数に伴う最終的な最も重要な関係は、小売業者と加工業者に牛乳が受け入れてもらえるかどうかである。牛乳の品質は、農家を出るときと同じ状態が保たれるのみであることを、知っておかなければならない。低品質乳はいつまでも低品質のままである。

高体細胞数の牛乳は、カゼイン、乳糖およびカルシウム含量が低く、酵素のプラスミンとリパーゼが高い(p.27参照)。表9.1は低および高体細胞数牛乳の成分変化を示している。

カゼインの減少は加工製品の減少をもたらす。カルシウム値の低下により、チーズの凝固性が低下し、乳脂肪分の損失の増加、および水分含有量が高くなる。プラスミンの増加は、タンパクの生産を低下させ、モツァレラチーズ(味の軽い白色半硬質のイタリア産チーズ)の伸びる性状に影響し、ヨーグルトの性状をゆるくし保水性を低下させる。プラスミンは殺菌温度に抵抗し、最終加工製品にも作用し続ける。リパーゼは脂肪を破壊し、酸敗臭を生じさせる。

表9.1 体細胞数が乳成分に及ぼす影響。

成分	低体細胞数	高体細胞数	増減％
乳脂肪	3.90	3.90	100
総タンパク	3.35	3.32	99
カゼイン	2.6	2.1	82
ホエータンパク	0.75	1.22	162
乳糖	4.6	4.2	90
カルシウム	0.12	0.04	33
ナトリウム	0.057	0.105	184

体細胞数の測定法

自動測定法

　大多数の検査所は、1時間に大量のサンプルがこなせるフォソマチック体細胞数測定機（Fossomatic cell counter）を採用している。ベントレイ（Bentrey）などの他の自動測定器もある。これらいずれの方法を用いても、牛乳の測定値には±5％までの誤差がある。バルク乳と個々の牛の乳はすべて自動測定器で測定される。

DCC体細胞数測定器

　DCC（DeLaval Cell Counter）はポータブルな体細胞数測定器であり、結果は数値で得られる。本機では、農場内で、個々の牛、分房、バルクの生乳の正確な測定が可能である。これらのポータブルな測定器は、世界中で、酪農家、獣医師および検査所で用いられている。乳汁を検査カセット（サンプルごとにひとつ）に入れ、DCC機に挿入する。約1分後に、結果が数値で表示される。本機は農場および牛の単位で、乳汁の品質を管理するための大変有用な器械である。ウィスコンシン大学の独自の研究で、DCCは正確に体細胞数を測定することが示された。

カリフォルニアマスタイティステスト（カリフォルニア乳房炎試験、CMT）

　この方法は生乳中のおよその体細胞数を測定することによって、潜在性乳房炎を発見する簡易な試験法である。CMT試験の結果は数値では示されないが、高いか低いかの指標となる。痕跡的な反応以上のいかなる結果も、乳房炎の可能性がある。CMTの利点は以下のとおりである。

- 安価である
- 搾乳中に搾乳者が実施できる
- 結果が迅速に得られる
- 個々の牛の乳汁の体細胞数は乳房全体の結果を示すだけであるのに対して、各分房の感染程度が示される。

検査は次の手順でなされる（図9.2参照）。

- 前搾り乳を捨てる
- 各分房から1、2搾りを浅い皿の中に落とす
- 皿を傾けて余分な乳汁を捨て、1サンプルあたりの規定量にする
- 等量の試薬を乳汁に加える
- この液を混和し、30秒後に、皿の底面にみられるゲル状物の変化を検査する。皿のついた板は、次の牛に移る前に洗浄する。

CMTの欠点は次のとおりである。

- 試験結果に変動が大きい
- 検査者によってかなりの変動が生じる
- 体細胞数40万以上でしか、変化がみられない
- 数値が得られない
- すべての感染分房を抽出することはない

　結果は5段階のスコアとして示される。乳汁と試薬の混合物が水様のままなら陰性で、最高値の体細胞数では、乳汁と試薬の混合物はほとんど凝塊状になる。これはゲル反応の状況に応じて判定される。

採材前のバルク乳の混和

　体細胞は乳脂肪に集中するので、代表的なサンプルを得るためには、生乳の採材前にバルク乳を少なくとも2分間、混和すべきである。そうでないと、体細胞数の結果が高くなることがある。Edmondsonは、非混和乳の体細胞数が48万6,000であったのに対し、バルク乳の2分間混和後では11万9,000になることを見い出した。

1. 前搾り乳を捨て、各分房の1,2搾りを浅い皿に受ける。

2. 余分な乳汁を捨てる。

3. 等量のCMT試薬を乳汁に加える。

4. 乳汁と試薬を混合する。

5. ゲル状の糸は陽性である。

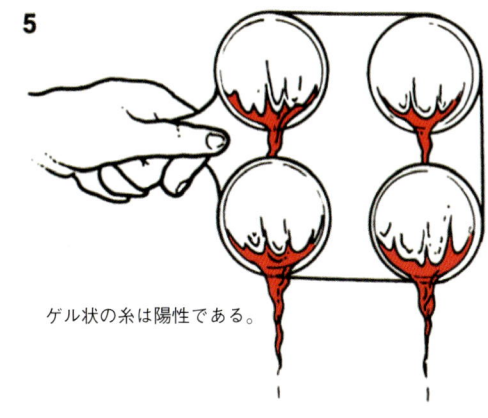

混合液の'ゲル化'したは'ねばりけ'反応の有無を検査する：ゲル状の'糸'は高体細胞数の分房を示す。

図9.2　カリフォルニア乳房炎試験(CMT)の検査手順。

第9章　体細胞数(Somatic Cell Count, SCC)

体細胞数に影響する要因

体細胞数について議論するときは、その起源に注意する。例えば、'体細胞数'は次のことと関係している。

- 個々の牛および各分房から採材された体細胞数。
- その日のバルク乳の体細胞数。
- 3または12カ月間にわたる平均バルク乳体細胞数。その他。

本項では個々の牛の体細胞数を扱い、次項で群の体細胞数を扱う。

乳房炎

乳房炎は体細胞数増加をもたらす主要な要因である。乳房炎微生物が乳房に侵入すると、防御機構は細菌を捉えて殺すために、大量の白血球を乳汁内に送り込む(p.38〜39参照)。感染が排除されると、体細胞数は正常値に復帰する。もし白血球が微生物を排除できなければ、潜在性感染が成立する。そうなると白血球は持続的に乳汁内に移行し、体細胞数を押し上げる。

乳房炎微生物のタイプ

伝染性細菌(p.50〜56参照)は環境性細菌より、はるかに多く潜在性乳房炎を起こしやすく、そのためバルク乳の牛群体細胞数が高くなる。この例外は、Streptococcus uberis (ストレプトコッカス　ウベリス)である。環境性微生物による感染は急速に排除され、体細胞数は通常、乳房炎の時期のみに上昇する。

異なった細菌は体内で異なった免疫反応を生じる。さらに、同じ微生物であっても、同じ動物に異なった反応を生じることがある。

急性のE. coli(大腸菌)感染の場合は、p.41に述べたように、しばしば非常に異なった反応をもたらす。免疫系がよく反応した場合は、白血球数は膨大な数に増加し、例えば、乳房内にE. coliが侵入したあと、4時間以内に2,000万/mLにも達する。他の例として、特に泌乳初期の牛で、もし防御機構が反応しなかった場合は、体細胞数の増加はなく、どんな治療をしても牛は死んでしまう。これは牛からの何の抵抗も受けず、その細菌が自由に増殖し、毒素を生産するからである。

微生物によっては、体細胞数と乳房の感染の程度に相関がある。例えば、激しいStreptococcus agalactiae(無乳性レンサ球菌)感染は感染分房に1,200万/mLにも達する高い体細胞数をもたらし、その数値は感染の程度とよく相関する。他の乳房炎細菌、特にStaphylococcus aureus(黄色ブドウ球菌)は、表4.5に示したように、非常に変化の多い反応を生じる。個々の分房の体細胞数から乳房炎微生物を識別する方法はない。

年齢

S. aureusの問題がある群では、高齢の牛ほど高い体細胞数を示す傾向がある。これはたんに、過去の泌乳期を通じて乳房が感染に曝されていた期間が長いためである。乳頭管は乳腺への細菌の侵入を簡単に許すくらい、損傷していることもある。また高齢牛では、免疫機構がより効果的になっている。

図9.3はS. aureusに感染した牛群の体細胞数の分布を示している。この牛群は3グループに分けられた：初回分娩牛(L1)、2〜4産次の牛(L2〜4)、5産以上の高齢牛(L5)である。L1のわずか11%が100万以上の体細胞数を示したのに対して、L2〜4牛では21%、L5では46%であった。

初産牛は2万〜10万の体細胞数にとどまる傾向があり、乳房炎がなければ、この値を維持する。個々の牛の体細胞数データを検討するときは、年齢層の差異をチェックする。もし高齢牛が高体細胞数を示したら、S. aureusの問題が示唆され、細菌学的に確定される。

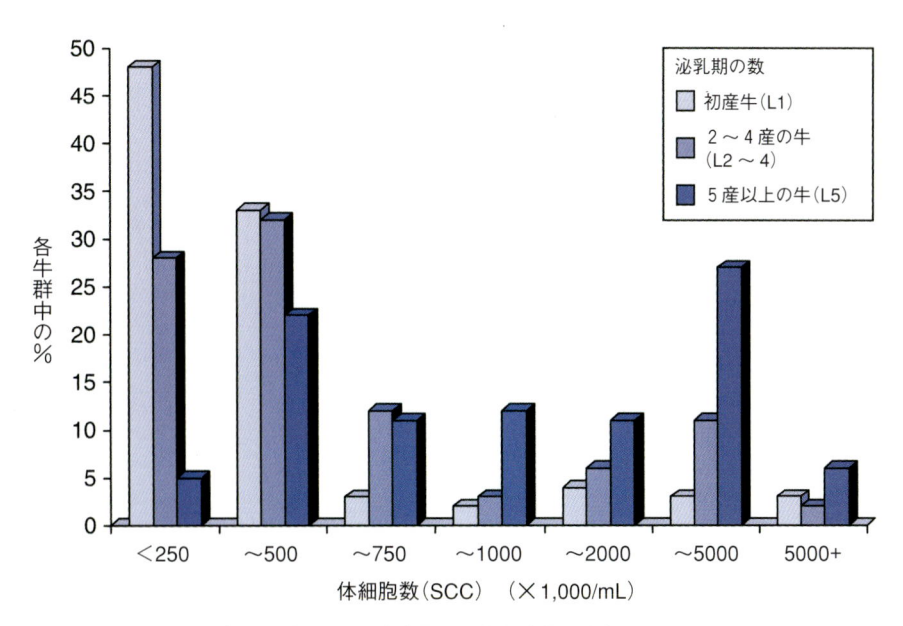

図9.3　*Staphylococcus aureus* 感染牛群における産次数別の体細胞数の分布。

泌乳時期

すべての牛ではないが、体細胞数はしばしば分娩後7〜10日まで高い。また泌乳末期にかけて、乳生産量の減少に応じ、潜在性乳房炎に罹患した牛では体細胞数が増加する。例えば、1日の乳量が20Lの潜在性乳房炎の牛が1,000万個の細胞を放出するとすると、その牛の体細胞数は50万/mLとなる。この同じ牛が1日5Lしか乳を出さなくなると、体細胞数は濃縮効果によって有意に増加する。この影響は1日5L以下の生産をしている牛では、著しく大きい。潜在性乳房炎に罹患していない牛では、泌乳末期であっても、体細胞数はそれほど変化しない。

日内変動および季節的変動

同一の搾乳間隔をしていない牛群では、朝の搾乳より午後の搾乳で、体細胞数が高くなる傾向がある。この理由のひとつは、搾乳間隔が短く、乳量が減ることによる、濃縮効果のためであろう。これは朝と午後の牛乳を、別々に保管するタンクを持つ牛群で認められ（**表9.2**参照）、ここでは14〜10時間の搾乳間隔であった。1カ月間の平均値は午後の搾乳で有意に高くなった。

放牧の牛群では、体細胞数は冬より夏に高くなる傾向を示すが、その理由ははっきりしない。潜在性感染を持った季節分娩の牛群では、ほとんどの牛は泌乳末期に向けて体細胞数は上昇する。**図9.4**は秋期分娩牛群の月および年間の体細胞数の平均値を4年間にわたって示している。月別平均は年間を通じて変動している。夏期にはほとんどの牛は泌乳末期となり、月平均値は上昇しているが、冬期には再び低下している。

ストレス

発情（交配）、疾病、または結核検査のような、ストレスをもたらすあらゆるできごとは、

表9.2　不均衡な搾乳間隔の牛群における朝と午後の搾乳の体細胞数の変化。

搾乳	平均体細胞数	変動幅
朝	147,000	±60,000
午後	221,000	±70,000

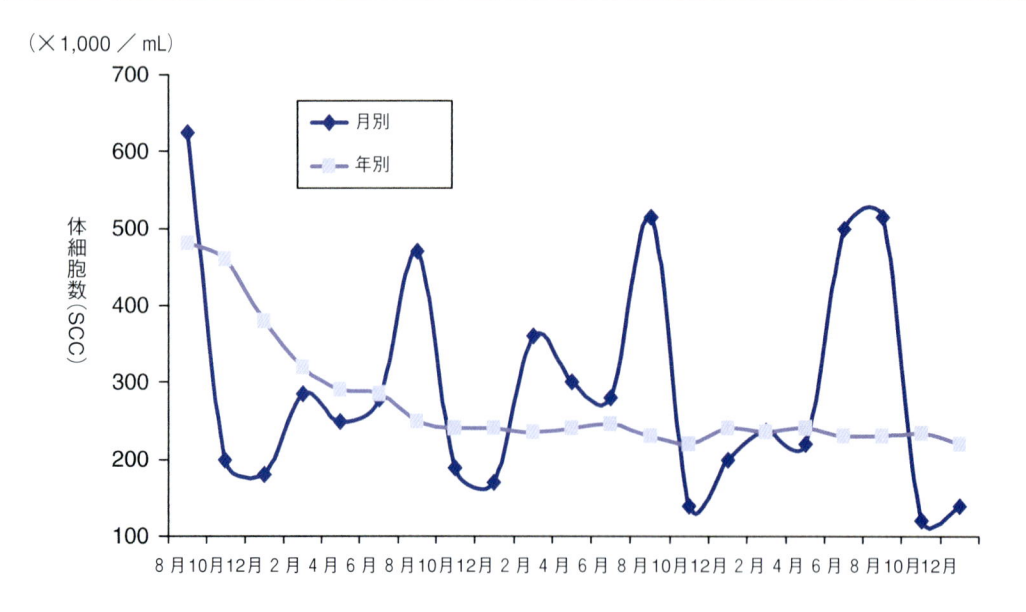

第9章 体細胞数(Somatic Cell Count, SCC)

図9.4 季節分娩の牛群にみられるバルク乳体細胞数の年別と月別の変化。

体細胞数に影響する。血中の白血球数の増加は、しばしば乳量の減少を伴い、さらに濃縮効果を生じる。ストレスは牛群の体細胞数増加には関与しないであろう。

搾乳頻度

農家によっては乾乳前にしばしば1日1回搾乳、さらには隔日搾乳をして、回数を減らしている。研究報告では、泌乳末期に間欠搾乳をすると、体細胞数が劇的に増加している。

その試験では、感染がなく1日5L以上の牛群の平均体細胞数は23万7,000であった。これらの牛を2日間搾乳しないでおくと、体細胞数は54万に増加した。さらに4日間搾乳しないと、平均体細胞数は760万に増加し、牛によっては1,500万の高値に達した。これらの結果は、牛はただちに乾乳されるべきであることを、明快に示している。

この増加の原因は、乳汁(および細菌)が流出されないので、細菌数と体細胞数が有意に増加するためである。このことはまた、1日3回搾乳の牛群の体細胞数が、なぜ通常低いかの説明にもなる。

日々の変動と管理要因

体細胞数は毎日変動する。これには栄養、分娩様式、導入先、搾乳機械の機能などの管理要因とともに、前述したさまざまな要因すべてがからんでいる。ある研究では、搾乳システム内の予備真空の値が低くなるにつれて、牛群の体細胞数が増加することを確認している。それゆえ、体細胞数を低く保つためには、機械の管理を良好に保つことが重要である。

牛群の体細胞数

上述した要因は個々の牛の体細胞数の変動を説明している。牛群では、これらの変動の多くは平均化されている。牛群の体細胞数に非常に大きく影響する要因は、潜在性乳房炎の程度である。この程度が高くなると、体細胞数は上昇する。20万以下の体細胞数を持つ牛群では伝染性乳房炎細菌がほとんどいないのに対し、50万以上の牛群では、その体細胞数は重大な問題となる。

しかし、群の体細胞数は臨床例の数とは必ずしも一致しない、それは高い環境性乳房炎

の汚染があっても、ほとんど体細胞数に影響しないからである。体細胞数への影響のという点では、臨床型乳房炎と潜在性乳房炎（高体細胞数）は、2つの別の形態である。

農家はさまざまな形で、牛群のバルク乳体細胞数の結果を受け取っている。

- 個々のタンクの測定値
- 月平均値
- 3カ月平均値
- 年間平均値

これらはすべて異なった数値となり、誤って判断されることがある。特別な数値は、その日に牛群に何が起こったかによって大きく変動する。サンプル数を増やすほど、変動幅は大きくなる。

体細胞数が増加していた牛群で、2〜3回低値が続くと、その問題が解決したことを意味する場合もある。ある場合にはこれがあてはまり、高体細胞数の牛が乾乳されたり、売却されたときなどである。しかし、大多数の場合は、それは一時的な低下にすぎず、再び上昇する。

図9.5は13カ月間にわたる150頭の牛群における、毎日のバルク乳、月別平均、3カ月平均、年間平均の体細胞数を示している。5月の初めに'A'で記した点で、バルク乳の体細胞数が高くなっている。次の次の6回の数値は低下しているので、多くの農家は、問題が解決したものと考える。しかし、その後の3カ月間の動きをみてみると、すべての体細胞数指標が上昇しており、'A'の問題が一時的ではなかったことを示している。牛群に何が起こっているかを知るために、体細胞数の傾向を知ることが重要である。

この牛群では、8月から12月にかけて群の体細胞数に大きな改善がみられ、月別および3カ月平均体細胞数が低下している。年間平均値は変化に乏しく、この体細胞数測定指標では、非常にゆっくりとした変化を反映している。

牛群の高い体細胞数は、増加の原因である牛たちを容赦なく短期間に淘汰するか、バルク乳への混入を停止することによってのみ、減らすことができる。しかし長期的には、潜在する乳房炎の問題の解決にはならない。2〜3カ月間の最小限の努力で、体細胞数を35万から15万に低下させたいと望む農家は、失敗しがちである。それは感染が乳房内に隠れており、淘汰、乾乳、または泌乳期治療によってのみ排除されるからである。多くの場合に、体細胞数を低下させるスピードには以下の要因が関係している。

- 存在する感染のタイプ
- 牛群中の感染牛の比率
- いかに適切な防除手段が実施されたか
- 淘汰の方針
- 農家の経営状態
- 指導に従う姿勢
- 個々の問題牛にとられた処置

非常に低い体細胞数の牛群

体細胞数を非常に低くすることは可能であるか？　これに対する応えはノーである。以前は、牛群の体細胞数が極端に低いと、牛は乳房内に侵入してきた感染源と闘う能力を失い、そのため環境性乳房炎によりかかりやすくなると考えられていた。

これは事実ではない。細菌が排除されるか否かは、乳汁中に動員される白血球の移行速度が問題で、感染の発生以前に存在する白血球の数ではない。

10万以下の体細胞数を持つ牛群は、より高い体細胞数を持つ牛群より、臨床型乳房炎の発生が少ない、という数多くのデータがある。サマーセット獣医診療所における7万以下の体細胞数を持つ11戸の農家では、乳房炎の発生率は低く、臨床型乳房炎は年間100頭あた

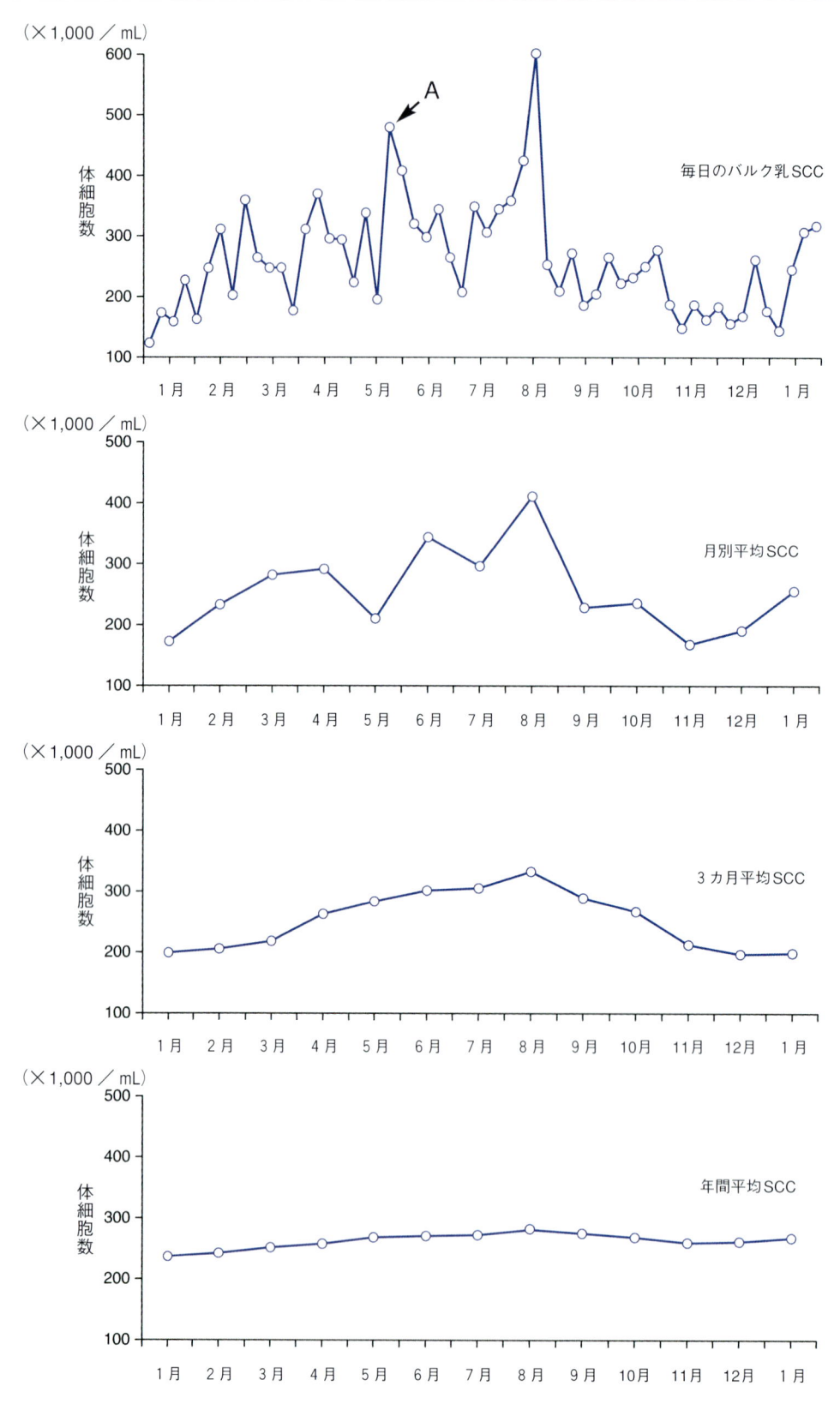

第9章　体細胞数(Somatic Cell Count, SCC)

図9.5　13カ月間にわたる毎日のバルク乳、月別平均、3カ月平均、年間平均の体細胞数(SCC)。

表9.3 異なった乳房炎予防対策と環境管理をとる4戸の牛群における、12カ月間の伝染性および環境性乳房炎の発生数。

牛群[a]	A	B	C	D
体細胞数（×1,000/mL）	125	125	300	300
伝染性乳房炎の予防対策	良好	良好	不良	不良
環境性乳房炎の予防対策	良好	不良	良好	不良
伝染性乳房炎の数	7	6	25	24
環境性乳房炎の数	10	43	4	42
乳房炎数の合計	17	49	29	66

[a] すべての牛群は100頭ずつからなる。

り7～21例であった。

この数値は目標とされている年間30例（p.205参照）より、かなり低い。しかし、いくつかの体細胞数の低い農家は、体細胞数の高い農家より多くの臨床型乳房炎を示す場合があることを知っておくことは重要である。これは高度の環境性乳房炎のためである。表9.3はこの仮定的な例を示している。

A群は、伝染性および環境性乳房炎の両者とも良好な予防対策であり、全乳房炎発生率（年間牛100頭あたり）は17となり、目標値の30よりかなり低い。

B群は、環境性乳房炎が大問題であり、それは汚れた牛や搾乳手法の不良などが原因である。しかし、なお伝染性乳房炎対策は良好である。このため、B群は高い乳房炎発生率と低い体細胞数を持っている。

C群は、高体細胞数であるが、環境性乳房炎の問題がない。そのため乳房炎発生率はなお低く、目標値以下の29例にとどまっている。D群は、両タイプの乳房炎とも問題があり、乳房炎発生率は66と高い。

これらの牛群の体細胞数が我々に教えていることは、伝染性乳房炎の予防対策が良好になされていることである。上述の例は、群の体細胞数と臨床型乳房炎の発生とは関係がないことを示している。牛群は高いあるいは低い体細胞数を持ち、高いあるいは低い臨床型乳房炎の発生率を示す。しかし、たいていの低体細胞数牛群は良好な管理がなされているので、環境性乳房炎のリスクはしばしば低くなっている。これはすべて細部まで注意がいきわたっていることによる。

個々の牛の体細胞数（ICSCCs）

個々の牛の体細胞数は、高体細胞数牛の発見に最良の方法となる。20万以上の数値は、潜在性の感染を示唆する。個々の牛の体細胞数は全4分房からの合乳で測定される。分房乳体細胞数は個々の分房から得られる。

体細胞数測定用のサンプルは必ずしも無菌的な方法を必要としない。しかし、糞塊は電気的測定に問題を生じる。また前搾り乳は高体細胞数になるので、捨てるべきである。

各牛が定期的に採材されている牛群では、個体牛の体細胞数は電気的に測定されるが、採材から結果が返ってくるまで時間がかかる。そのため、農家が受け取ったときの数値は過去のデータとなっている。これは、現在の乳房の状態とは必ずしも一致しなくなっている。

最大の利点を得るためには、各牛から毎月採材するべきである。そうすると個々の結果のみよりも、その傾向が判明する。1回の高体細胞数は、その時点での感染状態を示している。しかし、次回の検査で低値となること

表9.4 3頭の牛における分房乳と個々の牛の乳の体細胞数（×1,000/mL）の関係。

	牛2	牛60	牛140
個々の牛の乳の体細胞数	139	314	582
判定	非感染	感染の疑い	感染
分房乳の体細胞数			
左前	20	600	425
右前	52	31	673
左後	570	573	423
右後	33	51	807

第9章 体細胞数 (Somatic Cell Count, SCC)

もある。

1回の検査のみで行動を起こすことのリスクは、本章の初めにすでに述べた。高体細胞数の牛を飼育する多くの農家は、牛群の1回のスクリーニングに基づいて牛を淘汰してきたが、牛群の体細胞数に変化のないことが分かっただけであった。淘汰は、決して1回の体細胞数によって考えてはいけない。

個々の牛の体細胞数の大きな問題点は、どの、あるいはいくつの分房が感染しているのか、またどの程度の感染であるのか、区別がつかないことである。このことを表9.4に示した。

表9.4に示された個々の牛の乳汁の成績とその判定指標から、牛2は潜在性感染がないと推測される。しかし、分房乳の結果は、左後の分房にかなりの感染があることを示している。牛60と牛140の個々の牛の乳汁の成績とその判定は一致している。

体細胞数データの解釈と利用

個々の牛の体細胞数データは、注意深く検討する必要がある。問題のある牛群に対しては、バルク乳への関与率が重要となる。ある牛群では、少数の牛がバルク乳体細胞数に大きな比重を占めていた。ある牧夫は、長期の損益を何ら考慮せずに、これらの牛の淘汰を決定している。これは、これらの牛が潜在性感染の徴候であり、淘汰が実行されたら、その徴候が消え去ると考えたからであるが、その後も感染は牛群の中に拡散し続けていく。

多くの農家は毎月の体細胞数データを受け取っているが、この情報は、最大の利点を得るためには、必ずしも生かされていない。泌乳期について個々の牛の体細胞数データをみることは重要である。何回の検査結果が20万を超えていたか？ この牛は前回の泌乳期に問題があったか？ その場合には、*Staphylococcus aureus* や *Streptococcus uberis* などの慢性感染が推測される。もしこれが最高の体細胞数を示す高齢牛であれば、*Staphylococcus aureus* の問題が示唆される。もし泌乳末期の牛が最高の体細胞数を示していれば、感染を治療し排除するために、抗生物質による乾乳時治療をして乾乳する。もし牛群の15%以上が20万以上の体細胞数を示したら、これは広範な潜在性感染の拡散を示唆している。

3～4カ月間の体細胞数のデータを集積し、検討した後に、いかなる行動を起こすべきかを知る必要がある。さまざまな選択肢がある。

培養

高体細胞数牛からの採材によって、牛群に存在する伝染性乳房炎の微生物が同定され、適切な対策がとられる。無菌的なサンプルは適切に採材され、正しい方法で検査所に送付される。

個々の牛の体細胞数では、いくつの、あるいはどの分房が感染しているのかを知ることができないので、成功率を最大にするために、まずCMTを実施して、陽性度の高い分房だけから乳汁サンプルを得ることが推奨される。

サンプリングする牛の範囲を決める。持続的に高い数値を示す牛は選択に入れるべきであり、若牛と高齢牛を取り混ぜる。その牛が淘汰または死亡するかどうかは関係がなく、必要なことは感染の原因を同定することである。

同定された微生物の存在に基づいて、高体細胞数に対する防除の選択肢には次のことがある。

- 治療
- 分房の乾乳
- 早期乾乳
- 淘汰
- 搾乳順序を最後にする

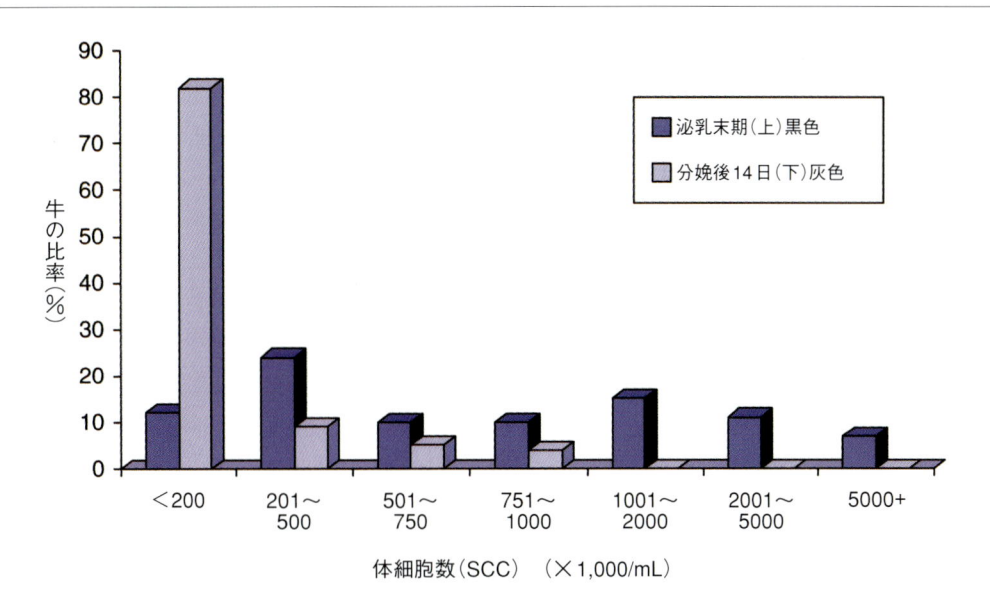

図9.6　乾乳時治療の効果を示す泌乳末期と分娩後14日目のの個々の牛の体細胞数。

早期の乾乳時治療

早期の乾乳時治療は、もしその高体細胞数牛が泌乳末期であれば、考慮すべきである。その牛の乳汁がバルク乳から除かれることで、牛群の体細胞数は、ただちに減少するであろう。そしてまた、清浄牛への感染の拡散のリスクも取り除かれる。

残念ながら、乾乳時治療はすべての感染を排除するものではない。Staphylococcus aureusはその典型的な例である（p.229参照）。もし感染がStreptococcus agalactiaeによるものであれば、乾乳時治療は非常に有効となる。しかし、乾乳期の長い牛は、過肥になって分娩障害を生じたり、次回泌乳期にさまざまな代謝性疾患を招いたりするリスクがある。

潜在性感染を排除するという乾乳時治療の利点は、個々の牛の乳汁の体細胞数を用いて示される。ある試験で、38頭の牛が、乾乳時治療を用いた乾乳前の最後の2カ月間、採材された。それらの牛は分娩後14日目に再度採材された。その結果は図9.6に示されている。牛の60％以上が、乾乳前に50万以上の体細胞数を持っていたが、分娩後はわずか9％になった。このことは、乾乳時治療が、泌乳末期における潜在性感染のほとんどを排除したことを意味している。

個々の分房の乾乳

ある農家は、CMTまたは個々の分房の体細胞数に基づいて、1個の感染分房のみを乾乳している。正確に感染分房を識別し発見するために、CMTを3～4回の搾乳時に行うことが推奨される。1個の分房を乾乳することは実用的であるが、もし2つまたはそれ以上の分房が感染していると、あまり意味がない。この分房に抗生物質の乾乳時治療を行わないことが重要であり、もしそうすると抗生物質問題をもたらす可能性がある。分房の乾乳の詳細と試験結果は第12章で述べる。

泌乳期の治療

泌乳期の潜在性Staphylococcus aureus乳房炎の治療は一般に成功しない。この菌は慢性化しやすく、定着しやすいからである。どの細菌を対象に治療を試みようとしているか

第9章　体細胞数(Somatic Cell Count, SCC)

を知ることは重要である。

　*S. aureus*感染の治癒率は非常に低く(p.216, p.224～225参照)、泌乳期ではしばしば25%以下である。また高い治療費(乳房内抗生物質、牛乳の廃棄、余分な労力)もあって、この行為は非常に経費がかかる。泌乳期に*S. aureus*の治療を試みる例外的な唯一の機会は、その牛が特別な高泌乳牛であり、農家がこの種の治療は必ずしも成功しないことを受け入れる準備があるときだけである。

　もし高体細胞数が*Streptococcus agalactiae*によるものであれば、治療の価値は十分ある。残念ながら*Streptococcus uberis*による慢性感染は治療が非常に困難である。

　これらの考察は、治療法にさまざまな選択肢があり、どの治療方法を用いるべきかを決めるときに、細菌検査の重要性を示している。

　ある獣医師や農家は、どの分房を治療するか決めるために、CMTを推奨している。これは論理的であり、責任のある治療法である。しかし、2つの問題が生じる。ひとつは、CMTは体細胞数40万以上でのみ陽性反応を示すのに対して、感染は体細胞数が20万を超えるとすでに存在している。これはすべての感染分房が発見され治療されるとは限らないことを意味している。2つ目は、*Staphylococcus aureus*のような細菌は間欠的に排菌されるが、このことは各搾乳ごとに分房の体細胞数が変動することを意味している。高体細胞牛の治療で、最良の方法は、全4分房に乳房内投与し、全身的な抗生物質投与を併用することである。長時間治療はさらに成功率を高くする。

搾乳順序

　高体細胞数牛は感染の保有者としてはたらく。これらの牛を最後に搾乳することは、感染の拡散を減少させる。いくつかの牛群では、これらの牛を隔離してから、その隔離(状態)を維持することが大きな問題である。多くの牛群では、この方法は最良であるが、たとえ不可能でないとしても実施困難である。研究報告では、この方法は疾病の伝播防止に比較的有効であったとしている。

　高体細胞数の牛群の問題では、高体細胞数グループを作って最後に搾乳するようにすると、感染の伝播が減少する。いったんある牛をこのグループに入れたら、その牛を泌乳期終了まで、または2カ月続けて体細胞数が低くなるまで、そのグループにとどめておく。これらのグループ分けは、舎飼い期など、群分けが可能であるとき、あるいは疾病の防除を助ける短期間の方法として用いられる。伝播を減らすために、高体細胞数牛の搾乳後にクラスターを消毒することは可能である。もし牛群をグループ分けにできれば、搾乳順序は重要である。

淘汰

　これは問題のある牛を永久的に排除する手段であるが、淘汰牛と導入牛との大きな価格差のために、経費がかかる。さらに、もし淘汰牛が市場で購入した牛で置換されると、スタート時点に戻り、新たな高体細胞数牛と取り組まねばならないこともある。高い乳量を出す牛や、持続的に低体細胞数である牛、過去に乳房炎のない牛は、ほとんどの市場には出てこない。

　決して、体細胞数のみに基づいて、淘汰をしてはいけない。存在する感染のタイプのような要因を常に考慮すべきである。例えば、もし高体細胞数が*Streptococcus agalactiae*によるものであれば、治療により体細胞数を減少させることが可能である。この場合、これらの牛の淘汰は、牛群の体細胞数を減少させるが非常に費用のかかる手段となる。もちろん、もし感染が*Staphylococcus aureus*であり、牛が慢性感染にかかり、バルク乳体細胞数に高い比率を占めていれば、淘汰は適切な行動となる。

3回以上連続的に高体細胞数を示す牛は、淘汰を考慮しなければならないが、他の要因も考慮することが必要である。これらには次のことがある。

- バルク乳への関与の比率(%)
- 細菌検査の結果
- 牛群の体細胞数と金銭ペナルティ
- この範ちゅうに入る牛の数
- 個々の牛が過去に経験した乳房炎の回数
- 乳量
- 繁殖の状態
- 健康状態
- 新規導入予定先

どの牛も淘汰を決める前に、治療、早期乾乳、または感染分房の乾乳などの選択肢を、注意深く考慮すべきである。

バルク乳への送乳停止

高体細胞数牛の乳汁をバルク乳に加えないことによって、牛群の体細胞数を減少させることができる。これは状況を改善する即効性があり、農家がどのような行動を起こすべきか考える時間を与えるが、お金のかかる選択肢である。その農家が割り当て乳量を超えているときには、この一時的な方法は大変価値がある。

ある農家はこの乳汁を子牛に与えている。

表9.5 個々の牛の体細胞数(×1,000/mL)のまとめ。

全牛群の年間平均体細胞数[a]	305
今月の牛群の平均体細胞数[a]	396

	平均体細胞数	6月	7月	8月	8月時点の牛数
初産牛	277	137	115		29
2産牛	725	445	377		28
3産牛	191	189	224		21
4産牛	140	886	1002		14
5産牛	191	763	556		21

牛No	産次	泌乳日数	現泌乳期の平均体細胞数	体細胞数20万以上の回数	5月	6月	7月	8月	バルク乳体細胞数への寄与度(%)
1385	4	262	1012	7	498	90	682	9720	14
0651	2	16	3631	1	795			3631	9
0331	7	201	474	1	60	18	102	3578	9
0678	4	13	3414	1				3414	4
0318	7	153	829	4	485	218	1903	2021	5
0258	6	140	1360	5	384	645	833	1911	4
0016	4	291	452	2		50	4120	1472	3
0117	6	404	92	3	74	59	241	1329	0
0338	6	66	1710	2			2079	1252	3
1247	3	77	557	2	345	145	411	1244	2
0101	4	18	1152	1				1152	3
0477	4	211	480	5	780	5	761	1021	2
0612	2	362	201	7	412	290	423	1013	1
0255	6	308	1054	8	3534	69	1299	875	2
0028	3	334	607	6	74	90	237	836	1

[a] 体細胞数(SCC) ×1,000/mL

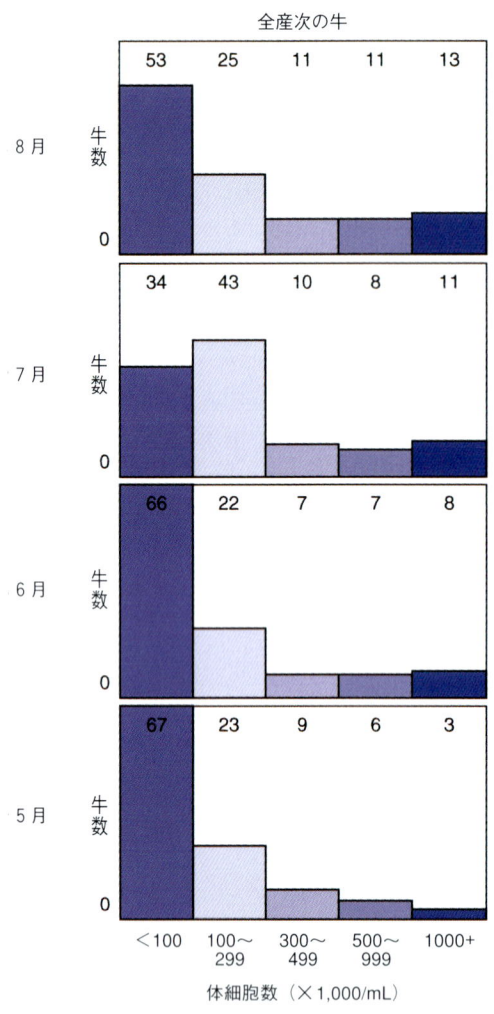

第9章 体細胞数(Somatic Cell Count, SCC)

図9.7 全産次の牛を含む過去4回の牛乳検査の個々の牛の体細胞数の分布。

これは問題のある方法で、乳房炎乳は未成熟な乳房への感染を生じると考えている人もいる。乳房炎微生物は、他の子牛の乳頭を吸って乳房に移行したり、ハエによって伝播することもある。この理由から、この乳房炎乳を雄子牛にのみ給与することを推奨している人々もいる。

治療効果の判定

乳房炎牛は通常は高体細胞数を示す。この数は治療がうまくいくと減少する。細菌学的な治癒、すなわちすべての細菌が乳房から排除されたときは、体細胞数は40万以下に低下することが期待される。もし感染が持続され潜在性に移行すると、体細胞数は高値のままとなる。

症例検討

表9.5は140頭飼養の農家の個々の牛の体細胞数を、英国のNMR(National Milk Record)を用いて示している。これらのデータはINTERHERDコンピュータープログラムに取り込まれ、詳細な解析がなされた。

これらのデータは、現在の牛群の月平均体細胞数が39万6,000であり、年間平均体細胞数が30万5,000であることを示している。39万6,000という体細胞数は非常に高いレベルの潜在性乳房炎を意味しており、農家は体細胞数ペナルティによって牛乳価格の10%を失っている。年間平均体細胞数はゆっくりと変化するが、もし増加するようなら、問題は悪化しているといえる。39万6,000という体細胞数は毎月の牛乳検査からきており、牛乳購買者の数値とはかけ離れており、彼はバルク乳をより頻繁に検査しようとするだろう。

乳量が低下した8月には、29頭の初産牛の平均体細胞数は11万5,000を示し、感染のないことが分かる。しかし、4産牛14頭の結果は平均体細胞数が100万を超え、このグループの牛は重度の感染を持っていることを示している。

泌乳のまとめをみると、8月にバルク乳への寄与度が最高値を示した牛が分かる。バルク乳への寄与度は体細胞数と乳量の組み合わせによって決まる。検査当日には113頭の牛が搾乳されていた。表の最初の6頭、すなわち搾乳牛の5%が、バルク乳体細胞数の45%を占め、この表の他の3頭が、さらにバルク乳体細胞数の9%を占めている。これは検査日に少数の牛(8%)がバルク乳体細胞数のかなりの部分(54%)を占めたことを説明している、典型的な牛群の例である。

表9.6 泌乳期別の平均個体乳細胞数。

泌乳日数(日)	牛数	6月2日	細胞数	7月3日	細胞数	8月2日	細胞数
>100	29	37.92 kg	124	34.43 kg	289	31.73 kg	398
100～199	27	33.80 kg	511	29.45 kg	516	26.47 kg	324
>199	57	30.94 kg	284	24.63 kg	351	22.17 kg	428

図9.7は過去4回の検査記録から牛群の体細胞数の分布をまとめたものである。この表の8月をみると、13頭の牛が100万以上の体細胞数を示し、11頭が30万～50万で、53頭が10万以下であった。また牛群の31％が体細胞数30万を超えており、群内に広範な潜在性感染があることを示している。

表9.6は泌乳期別の体細胞数を示している。8月には、泌乳100日までの平均体細胞数は39万8,000で、100～199日は32万4,000、200日以上は42万8,000である。もし体細胞数が泌乳末期のグループで高いならば、これらの牛の乾乳が、体細胞数低下への簡易な方法となろう。

この牛群では細菌検査のためのサンプルが採材されていない。そこで、バルク乳への寄与度が高い上位10頭を選び、バルク乳サンプルとともに、細菌検査に送付すべきである。これが高体細胞数の原因を確定する一助となる。

農家訪問は乳房炎管理のために実施する必要がある。この訪問の間に、防除対策がより緊密に確立され、実施中だが効果のない作業や器材の使用が中止される。群内への感染の拡大を考慮せずに、高体細胞数の牛と取り組むことは、長期的な利益をもたらさない。この段階にまで進んだら、次いで個々の牛への行動がとられる。

ここで、バルク乳への体細胞数の寄与度が高い牛の中から、個々の牛について考え、取るべき有効な行動を考えてみよう。これらの牛は最高の体細胞数を持つ牛とは限らない。我々は牛群の体細胞数の低下を目的としているので、バルク乳への寄与度が検査すべき鍵となる。

牛1385

本牛は4産目で、バルク乳体細胞数への寄与度は14％、分娩後262日、1日乳量15Lである。本牛は妊娠しており、そのため乾乳が可能である。もしCMTが1分房のみ陽性であれば、変法としてその分房のみを乾乳する方法もある。これについては第12章で述べる。4分房または1分房の乾乳は、その乳汁がバルクタンクに入らないので、群の他の牛を守ることになる。

牛651

本牛は2産目で、群体細胞数への寄与度は9％、分娩後わずか16日である。本牛の前泌乳期の最後の体細胞数(記録では5月)は79万5,000であった。これは乾乳時治療(もしなされていたら)が無効であったことを意味している。本牛が臨床型乳房炎にかかっていないことを知ることは重要であり、もしかかっていたら治療される。もしかかっていないなら、なお高体細胞数を保っているかどうかを知るために、CMTを実施すべきである。CMT検査は、このような高体細胞数に対しては、非常に明白である。もし検査結果が高ければ、短期的な手段として、その乳汁を雄子牛に与える。そして無菌の乳汁サンプルを採取して、感染の原因(菌)を確定し、どの行動を取るべきかを決める。

第9章 体細胞数(Somatic Cell Count, SCC)

表9.7 牛331の体細胞数の履歴。

分娩回数	分娩日	子牛の数	最終授精日	受胎日	分娩間隔	総乳量	305日乳量	脂肪	タンパク	乳糖	体細胞数	経費	乳房炎回数	跛行回数	体細胞数超過回数
0		1	11/12/2000....669	12/12/2000....670	950								0	0	0
1	18/09/2001	1	03/12/2001....76	07/12/2001....80	360	6,510	6,332	4.35	3.54	4.67	27		0	0	0
2	13/09/2002	1	12/12/2002....90	19/12/2002....97	377	9,011	8,802	4.31	3.39	4.50	52		0	0	0
3	25/09/2003	2	24/12/2003....90	31/12/2003....97	377	9,478	9,328	4.28	3.42	4.46	48		0	0	0
4	06/10/2004	2	30/03/2005....175	08/04/2005....184	464	11,732	10,474	4.33	3.41	4.34	75		0	0	3
5	13/01/2006	1	30/03/2006....76	02/04/2006....79	359	10,518	10,518	4.29	3.10	4.35	51		0	0	0
6	07/01/2007	1	09/04/2007....92	12/04/2007....95	375	9,605	9,315	4.78	3.24	4.25	116		0	0	0
7	17/01/2008	4	23/06/2008...158			9,708	9,708	4.32	3.15	4.48	474		0	0	1

7産次の泌乳記録

回	検査日	泌乳日数	1日乳量	脂肪%	タンパク%	乳糖%	体細胞数×1,000
1	05/02/2008	19	39.8	5.11	2.95	4.40	110
2	06/03/2008	49	42.6	4.70	3.22	4.51	158
3	04/04/2008	78	35.0	3.80	3.20	4.53	82
4	06/05/2008	110	38.1	3.87	3.12	4.50	60
5	03/06/2008	138	36.9	3.11	2.99	4.90	18
6	03/07/2008	168	31.7	5.84	3.17	4.22	102
7	05/08/2008	201	27.7	3.71	3.49	4.19	3578

牛331

本牛は7産目で、分娩後221日である。本牛はこの泌乳期に1回だけ体細胞数が20万を超えた。最後の検査で357万8,000を示し、バルク乳体細胞数への寄与度は9％になった。現泌乳期の平均は47万4,000である。

表9.7は、本牛の過去の体細胞数の履歴を示している。本牛は高齢であるが、体細胞数が20万を超えたのは生涯でただ1回である。体細胞数が直前の10万2,000から約400万に飛び上がったことは、本牛が検査日に臨床型乳房炎にかかっているか、すでにかかっていたかを示しているが見逃されていた。農家への質問で、本牛は検査日の翌日に乳房炎になったことが判明した。もし臨床型乳房炎の治療に成功するなら、体細胞数は次回検査日には低下するであろう。

牛678

本牛は4産目で、分娩後13日、バルク乳体

表9.8 牛258の体細胞数の履歴。

分娩回数	分娩日	子牛の数	最終授精日	受胎日	分娩間隔	総乳量	305日乳量	脂肪	タンパク	乳糖	体細胞数	経費	乳房炎回数	跛行回数	体細胞数超過回数
0		1	27/11/2000...886	27/11/2000...886	166								0	0	0
1	03/09/2001	1	25/11/2001....83	21/11/2001....79	359	7,107	6,807	4.68	3.91	4.82	32		0	0	0
2	28/08/2002	2	03/01/2003...128	10/01/2003...135	415	9,345	8,851	4.38	3.67	4.60	66		0	0	0
3	17/10/2003	2	19/02/2004...125	15/02/2004...121	401	9,302	8,840	4.40	3.70	4.67	57		0	0	0
4	21/11/2004	3	06/01/2006...411	15/01/2006...420	700	15,102	11,304	4.46	3.71	4.35	531		0	0	14
5	22/10/2006	1	24/06/2007...245	12/06/2007...233	513	12,707	10,313	4.63	3.44	4.33	723		0	0	13
6	18/03/2008					7,830	7,830	4.40	3.16	4.33	1,360		0	0	5

7産次の泌乳記録

回	検査日	泌乳日数	1日乳量	脂肪%	タンパク%	乳糖%	体細胞数×1,000
1	04/04/2008	17	25.5	4.86	3.44	4.15	3812
2	06/05/2008	49	34.3	4.76	2.70	4.59	384
3	03/06/2008	77	36.9	3.52	3.16	4.22	645
4	03/07/2008	107	32.7	4.62	3.39	4.37	833
5	05/08/2008	140	26.5	4.45	3.23	4.26	1911

細胞数への寄与度は4％である。本牛の前泌乳期の平均体細胞数は9万6,000と12万1,000で、20万を超えたことがなかった。年齢にもかかわらず、本牛は慢性乳房炎にもかかっておらず、そのため助言は牛651と同じでよい。この高い数値は、分娩直後であるためという可能性もある。

牛318

本牛は7産目で、分娩後153日、体細胞数は200万を超え、全体細胞数への寄与度は5％である。本牛は前2回の泌乳期に、91万1,000と200万以上という高い体細胞数を示し、慢性的な高体細胞数が明白であり、すぐに牛群から淘汰すべきである。

牛258

本牛は6産目で、分娩後140日である。現泌乳期に検査値が5回20万を超えている。最後の検査値は191万1,000で、バルク乳への寄与度は4％である。泌乳期の平均値は136万である。本牛の前歴を調べることは、適切な管理方針の決定に大きな助けとなる。

表9.8は、本牛の過去の泌乳期の履歴を示している。本牛の4産目と5産目の平均体細胞数は53万1,000と72万3,000であった。さらに本牛は、4産目で14回、5産目で13回、20万を超えている。本牛は毎泌乳期に抗生物質による乾乳時治療を受けている。この履歴から本牛は、*Staphylococcus aureus* や *Streptococcus uberis* などの慢性潜在性感染を持っている可能性が高いことが分かり、これらは治療に反応していない。この牛は牛群から淘汰すべきである。この牛群は非常に高い体細胞数を持っており、この牛と牛318は全体細胞数への寄与度が9％になっているので、できるだけ早く淘汰すべきである。

もしこの牛が、体細胞数が低く、農家がペナルティを課されていない牛群の中にいたとしても、なお淘汰すべきである。しかし、淘汰のタイミングは変更してもよい。牛群の乳房炎防除対策が、低体細胞数に反映されているように、効果的であることは明白なので、本牛を泌乳期の最後に淘汰してもよい。衛生対策がしっかりしているので、この牛は他の牛へ感染を伝播するリスクが低い。変法として、分房の乾乳もある。

これらの結果は、個々の牛の体細胞数の解釈は注意深く考える必要があり、行動は、1回のスクリーニングに基づくのではなく、一連の検査結果に基づいてのみとるべきであることを示している。

第10章
バクトスキャンと総細菌数(TBC)

乳汁中の細菌の3つの起源	**190**
乳房炎微生物	190
環境からの汚染	191
汚染された搾乳器具	192
不十分な冷却	**192**
バルク乳の解析(BTA)	**194**
バルク乳に行う一般的な検査	194
いつバルク乳解析をするか	196
バルク乳サンプルの解釈	197
問題のある牛群のバルク乳解析の応用例	198

　本章では、乳汁中の細菌の起源を述べ、培養法とバクトスキャン(Bactoscan)法を比較し、バルク乳解析がいかに高総細菌数の原因の解明に役立つかを示す。

　高い総細菌数(Total Bacterial Count, TBC)は2つのルートで農家に影響する。直接的には、金銭ペナルティおよび乳房炎が増加する可能性という形として、間接的には、消費者や製造業者に受け入れてもらえない、低品質で短い寿命の乳製品の原料として影響する。ある種の細菌は、カゼインと脂肪を分解する酵素であるプラスミンとリパーゼを増やすために、異臭の原因となる。ある生産者は、滅菌は乳汁中のすべての菌を殺菌するのみでなく、牛乳の品質問題もすべて解決すると信じているが、これは間違いである。

　乳汁中の総細菌数は、一定の時間に、特殊な培地と特定の温度を用いて培養され、測定された、細菌数の測定値である(培養法)。これはときには総生菌数(Total Viable Count, TVC)ともよばれる。

　バクトスキャン法は、電気的な方法を用いて総細菌数を測定する。本法は、総細菌数を従来の72時間と比べて、10分で測定する。バクトスキャンは、生きているコロニー数 (colony-forming unit, cfu)の計算と比べて、はるかに正確であり、生きた細菌と死んだ菌体(細菌)のすべての細菌を数えている。それは、培地や設定温度に関係なく、また、培養法では検出されなかった低温菌(冷蔵状態で発育する細菌)など、すべての細菌を測定する。

　両測定法とも、結果は乳汁1 mLあたりの細菌の総数で表される。単純化されて、これらの数値は農家に一般に千単位で報告されている。すなわち数値9は、総細菌数9,000/mLを意味する。

　牛乳購買者の大多数は総細菌数をバクトスキャン法に変更した。両測定法の比較を**表10.1**に示した。両測定法間に正確な数値上の相関はない。バクトスキャン法のさらなる利点は、農家が高い数値を迅速に知ることができ、それに対する行動がとれることである。

　1992年のEC委員会は、酪農製品に対する規則92/46/EECで、10万/mL以下にするよう細菌数を求めた。ほとんどの乳業会社は品質の高い牛乳のみを購入するということを、記憶しておくべきである。良好な衛生管理の牛群は、バクトスキャンで2万以下になるだろう。多くの牛群は1万前後の数値であり、

第10章　バクトスキャンと総細菌数(TBC)

これらの牛群では、しばしばプレデッィピングとパーラーの細心な衛生管理をしており、また、**写真10.1**にみられるように、最善の洗浄基準が保たれている。

しかし、農家へのバクトスキャン法の利点は限られており、その結果では存在する細菌の同定やその由来がわからない。それにもかかわらず、バクトスキャン法は乳汁中の正確な細菌数の測定法としてとどまっている。複数回の検査によって、バルク乳サンプルは、本章の後半で述べるように、乳房炎管理に価値の高い情報を提供している。

乳汁への細菌の汚染は2つのルートで生じる。直接的には乳房炎微生物を乳汁中に排出している牛から、間接的には環境や搾乳器具により汚染される。

乳汁中の細菌の3つの起源

高い総細菌数には3つの主要な起源がある。これらは次のとおりである。

- 乳房炎微生物
- 環境からの汚染
- 汚染された搾乳器具

乳房炎微生物

乳房炎微生物は、総細菌数が劇的に変動するときに、疑うべきである。健康な分房からの乳汁は、1,000/mL以下の低い細菌数である。その分房が臨床型または潜在性乳房炎になると、細菌数は実質的に増加する。

写真10.1　日常的な良好な洗浄作業により、農家は低い総細菌数を確実に維持する。

Staphylococcus aureus(黄色ブドウ球菌)と*Streptococcus uberis*(ストレプトコッカス ウベリス)は、劇的に多く排菌され、例えば臨床的な感染分房では10万/mL以上にもなる。また*E. coli*(大腸菌)性乳房炎では、多数の大腸菌群が排菌される。これらの細菌感染を持つ牛群では、なぜ総細菌数が変動するのかが容易に理解できる。

1日に1,500Lの牛乳を生産し、総細菌数が5,000である牛群の例をみてみよう。その中に臨床的な*S. uberis*感染牛(1億/mLの菌を排出)の牛乳をわずか2L加えると、バルク乳の総細菌数は138,000に増加する。この理由から、乳房炎乳がバルク乳に混入しないように、早期に臨床型乳房炎を発見することは重要である。

図10.1は、50頭の牛群における*Streptococcus agalactiae*(無乳性レンサ球菌)感染が、

表10.1　総細菌数測定のバクトスキャン法と培養法の比較。

	バクトスキャン	培養法
測定対象	すべての細菌	コロニー形成単位(cfu)
所要時間	10分	72時間
正確度	±10%	±30〜50%
低温菌の測定	可能	不可能
相関	培養法の約4〜5倍	

総細菌数に与える典型的な影響を示している。例えばブドウ球菌群のような他の乳房炎微生物は、バルク乳総細菌数に大きく響くほど大量の細菌を排出する傾向はない(**表4.5**参照)。

残念ながら、潜在性乳房炎は、搾乳者によって発見できないので、乳房炎細菌がバルク乳に入るのを避けられない。この影響を減少させる最善の方法は、牛群の感染率を低下させるための乳房炎防除プログラムを完全に実行することである。これによって乳房炎細菌が乳汁中に入ることが減少する。

環境からの汚染

環境にいる細菌に乳汁が汚染される主な原因は、不十分な乳頭準備とともに、不良な環境下に牛を置くことである。乳房への適切な搾乳準備の重要性については第6章を参照されたい。搾乳ユニットを清潔で乾燥した乳頭に取り付けることが重要である。汚染された乳頭から搾乳すると、バルク乳の汚染のみならず、環境性乳房炎の増加をもたらす傾向がある。

大腸菌数は、乳汁中の大腸菌群の数を示し、環境からの汚染の程度および搾乳前の準備状況の指標となる。大腸菌群は環境性微生物の1グループであり、大腸菌が最も重要であるが、*Streptococcus uberis*、*Streptococcus faecalis*(糞便レンサ球菌 訳注：現在は*Enterococcus faecalis*〈エンテロコッカスフェカリス〉と変わっている)、*Bacillus*(バチルス)種などの他の多くの細菌がある。

大腸菌数の測定手技はp.69に記述されている。良好な搾乳衛生による大腸菌数の目標値は10/mL以下であるが、20/mL以下であれば容認される。環境性細菌数が高いと、牛乳の店頭における期間を短縮させ、異臭のリスクを増加させる。そのため加工業者が引き取らなくなる。最善の搾乳前準備をしている多くの牛群があり、そこでは日常的に大腸菌数は5/mL以下である。

表10.2は、アリゾナ州の1,000頭規模の酪農家で、日常的な搾乳方法を変更した前後における、総細菌数と大腸菌数の比較を示している。

はじめ、乳頭は清拭されるが乾燥されなかったので、総細菌数と大腸菌数は高かった。ある時点で搾乳法が改善され、搾乳前に乳頭を清拭して乾燥したところ、それらの数値は激減した。大腸菌数は環境性乳房炎原因菌のすべてではないことを思い出してみよう。それは、環境からの乳汁が汚染される程度が高いか低いかの指標にすぎない。

冬期に使用される敷料のタイプもまた重要である。ノコクズとカンナクズは使用後24時

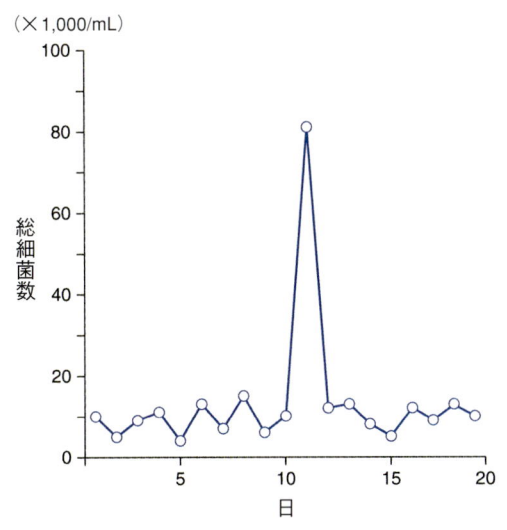

図10.1 1頭の臨床型の*Streptococcus agalactiae*乳房炎が、50頭の牛群のバルク乳総細菌数に与える典型的な影響。

表10.2 乳汁中の総細菌数と大腸菌数(/mL)に及ぼす異なる乳頭準備法の影響。(T. Fuhrmannからの未発表の私信)

検査項目	〈搾乳法の変更 3カ月前〉 乳頭は清拭されるが 乾燥されない	〈搾乳法の変更 3カ月後〉 乳頭は清拭され 乾燥される
総細菌数	50,000	10,000
大腸菌数	120	20

第10章　バクトスキャンと総細菌数(TBC)

間で、早くも細菌に汚染されている。これはそれらの表面積が大きく、吸湿能力が高いことによる。砂は不活性で、細菌の発育を助けない。

管理良好な牛群では、大量の清潔で乾燥した敷料が用いられており、乳頭は清潔な状態である。管理不良な牛群では、不十分なまたは汚れた、湿った敷料が用いられており、そのため、例えば不快な牛床を避けて牛は戸外に横たわり、パーラーに入ってくるときの乳頭は不良な状態となっている。

農場における搾乳前の乳頭準備を評価する実際的な方法は、搾乳後のミルクソックまたはフィルターを調べることである。もしそれらが汚れていると、高い大腸菌数と関係しているであろう。牛は清潔な乳房と乳頭で、搾乳のためにパーラーに入ってくるべきである。毛深い乳房と長い尻尾は牛が汚れるリスクを高める。搾乳中のライナーの内側を検査する。それらに糞便汚染があってはならない。

汚染された搾乳器具

写真10.2にみられるような、洗浄不十分な搾乳器具は総細菌数の上昇を招く。そのプラントの洗浄度の評価検査法として、検査室殺菌後の数(Laboratory pasteurised count, LPC)または耐熱菌数(Thermoduric count, TD)があり、175cfu/mL以上では洗浄に問題がある。

搾乳者は、バルク乳の汚染を招く原因となる次の点に注意すべきである。

- 洗浄法の問題点(p.99〜101参照)。
- 汚れたバルクタンク(写真10.3)：毎洗浄後に検査すべきである。

不十分な冷却

生乳は細菌の増殖を抑えるために、搾乳後できるだけ早く4℃以下に冷やすべきである。これにより生乳の品質が保たれる。英国では、法的に6℃以上の牛乳は農家から集乳できない。冷却に問題があって、生乳が低温に保たれなかったり、急速に冷却されなかったりした場合は、細菌の増殖が開始する。

効果的な冷却は、農家によっては乳牛メーカーの集乳回数が減っているので、さらに重要性を増している。いくつかの国では、農場において冷却が効果的になされ、良好な衛生と飼養管理がなされておれば、総細菌数や乳質になんらの大きな影響がなく、飲用乳は2日に1回、加工乳は3日に1回の頻度で集乳

写真10.2　汚れたレシーバー容器は総細菌数を増加させる。

写真10.3　牛乳のすぐ上に黒く線状にみえる汚れは、低温菌の発育を可能にする。

されている。

生乳の温度とともに、細菌の数とタイプによって、細菌の増殖の程度は異なる。暖かい生乳は細菌発育の最適な培地となる。大腸菌のようなある種の細菌は、最適条件下では、20分ごとに倍増する。さまざまな温度で12時間保存された生乳中の細菌数が図10.2に示されている。この図で'きれいな'生乳とは、過剰な環境汚染のない乳をいう。温度が4.5℃を超えて上昇するにつれて、細菌の発育率は指数的に増加する。

生乳をバルクタンクに入れる前に冷やす目的で、一般にプレート（平板）クーラーが用いられている（写真10.4）。これは熱交換機能を用いて操作されている。大量の（生乳の7倍ほど）冷たい流水が牛乳とは反対方向に流れ、生乳から熱を奪い、水が温まる装置が図10.3に示されている。プレートクーラーによっては、バルクタンクから冷水を循環しており、温度をさらに下げている。熱交換の結果（最も効果的な方法で）、クーラーを出ていく牛乳は6℃にも低下している。チューブ（筒型）クーラー（牛乳配管を取り囲むチューブ内を冷水が生乳とは反対方向に流れる）は、同じ効果を持っている。

プレートクーラーから出た温水を、搾乳前の汚れた乳頭の洗浄に用いてもよい。またはこの温水を飲水槽に入れて、搾乳後の牛が温かい水を飲めるようにしてもよい。バルクタンクへの流入前に生乳を冷却することは、タンクが冷却に要するエネルギーを節減できる。また、牛乳がより迅速に4℃に達するので、乳質の保持にも役立ち、細菌の増殖を減

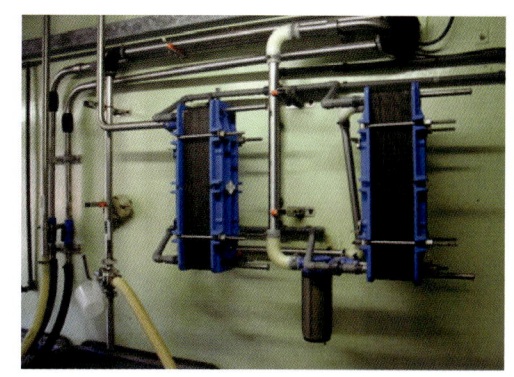

写真10.4　プレートクーラーは牛乳温度を急速に落とし、細菌の増殖を抑え、また省エネにもなる。

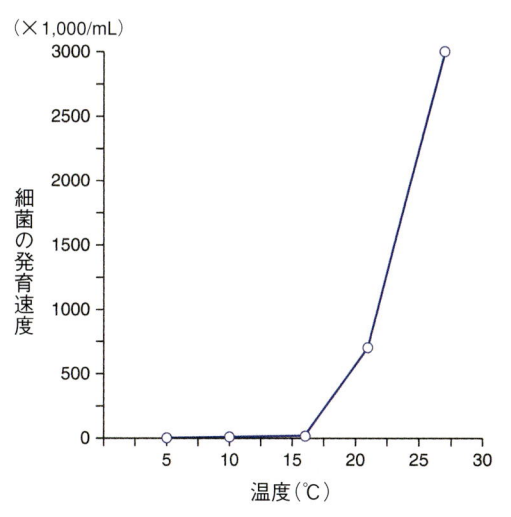

図10.2　生乳中の細菌発育に対する、12時間の保存温度の影響。21℃で、12時間後の細菌数は700倍になっている（Philpot and Nickerson, 1991より）。

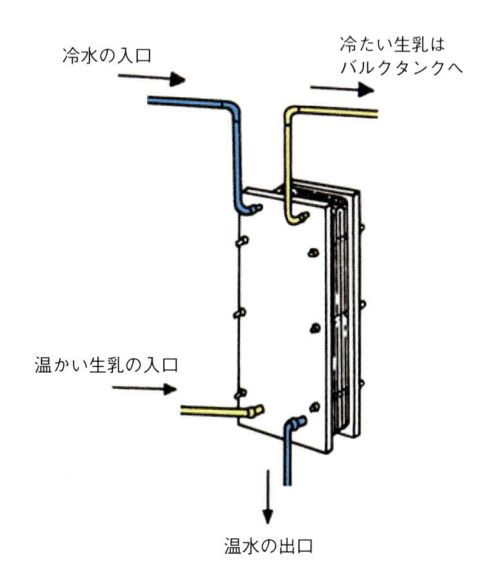

図10.3　プレートクーラー。生乳の反対面を流れる大量の冷水は温かくなるが、プレートクーラーから出ていく牛乳は冷やされている。

少させる。

殺菌牛乳の店頭配置期間は、図10.4に示されているように、保存温度によって大きく影響される。これは小売業者、牛乳配達、そしてもちろん消費者にとって重要である。殺菌牛乳が16℃で保存されると、店頭配置期間は

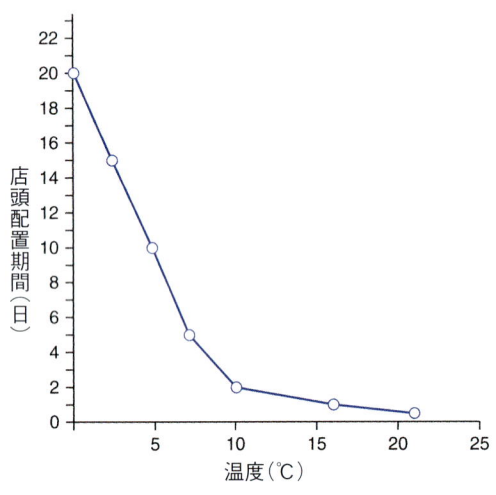

図10.4 保存温度による殺菌牛乳の店頭配置期間日数。(Philpot and Nickerson, 1991 より)

わずか1日となるが、5℃に保存されると10日間になる。

バルク乳の解析（BTA）

バルク乳の解析(Bulk Tank Analysis, BTA)には、細菌の分類同定など、実施可能なさまざまな検査法がある。牛乳中のすべての細菌は、乳房、環境、または汚染プラントのいずれかに由来し、これらに対する一般的な検査法は次項に記述される。

バルク乳に行う一般的な検査

体細胞数(SCC)は潜在性乳房炎の程度の指標となる。

培養法による総細菌数は牛乳中の細菌の量的な指標となる。それはバクトスキャンほど正確ではないが、牛乳中の総細菌数を示している。

検査室殺菌後の細菌数(LPC)はしばしば耐熱菌数(TD)とよばれている。測定している耐性菌は殺菌時の高温に耐える。この値が高いことは、プラントの洗浄に問題があることを示唆している。耐熱菌は殺菌温度に耐えることができるので、日常的な洗浄でそれらを排除しなければ、搾乳システム内で発育し続ける。

大腸菌数(CC)は、糞便および環境の汚染の指標となり、乳頭準備が不良になるかまたは不衛生になると生じる。大腸菌群は、糞便中のレンサ球菌、イースト(酵母)、真菌(カビ)のような他のすべての環境性微生物のマーカー(指標)となる。大腸菌群の増加はまた、乳房炎からも生じる。

緑膿菌類数は、環境汚染の他の指標となるが、これらの微生物の起源はさまざまである。ある*Pseudomonads*菌は低温菌であり、低温下で増殖する。

Streptococcus uberis、*Staphylococcus aureus*、および全ブドウ球菌数については、これら個々の細菌の検査法がある。全ブドウ球菌数は、*S. aureus*を含むすべてのブドウ球菌を測定している。これらの数値は伝染性乳房炎の問題を抱える牛群で有用となる。*Streptococcus uberis*は、主としてワラの敷料を用いた牛床に関係する環境性細菌であり、英国と欧州では臨床型と潜在性の乳房炎の一般的な原因である。

細菌の分類一覧は、その由来とは関係なく、牛乳中のすべての細菌を同定している。ある検査所では、これらを量的に少数(＋)から多数(＋＋＋)と表示している。英国では、マイコプラズマはまれな乳房炎微生物なので、その検査は日常的には実施されていない。これが問題となっている世界のあちこちでは、バルク乳スクリーニングの基本的な手法とすべきである。

個々の牛の乳汁中の個々のタイプの細菌の存在は、それ自身の個々の意義がある。

- *Streptococcus agalactiae*は、高伝染性の乳房炎細菌であり、非常に高い体細胞数をもたらす。
- *Streptococcus dysgalactiae*は、乳頭皮膚の状態が良くないことと関連しており、おそらく搾乳器の問題が乳頭の外傷や損傷と関係している。
- *Corynebacterium bovis*（コリネバクテリウム　ボビス）は、搾乳後の乳頭消毒が不適切であることに関連している。
- *Pseudomonas aeruginosa*（緑膿菌）は、汚染された水源に関係しており、重度の乳房炎を生じる。
- *Klebsiella*（クレブシエラ類）は、ノコクズのような木材産物と関係しており、臨床型の乳房炎を生じる。
- 酵母とカビは、*S. faecalis*の存在と同様に、衛生状態の悪さと関係している。

表10.3 バルク乳解析の目標値。良好な乳房炎管理をしている酪農家は、常にこれらの目標値を達成している。

体細胞数	<150,000
総細菌数	<5,000
耐熱菌数	<175
大腸菌数	<20
Pseudomonas 菌数	<500
Streptococcus uberis 菌数	<200
全ブドウ球菌数	<200
Staphylococcus aureus 菌数	<50

表10.3は、ある検査所からのバルク乳解析のさまざまな検査項目の目標値を示している。多くの牛群は持続的にこれらの目標値を下まわっている。

低温菌とよばれる、他の細菌のグループがある。これらは2℃から9℃の低い温度で発育する細菌であり、そのためバルクタンク内で増殖する。ある微生物は耐熱性の低温菌である。*Bacillus cereus*（セレウス菌）がその一例で、この菌は環境に多く存在している。搾乳前の乳頭準備が不適切である場合などで、もしこれらがバルク乳に混入すると、殺菌されず冷蔵中の殺菌牛乳の中で増殖を続ける。*B. cereus*は人の食中毒の原因となる。低温菌はバルク乳の日常的な検査項目に入っていない。しかし、もし牛乳が上述の検査基準に適合するならば、それらは何らの問題も起こさない。

バルク乳の解析は、総細菌数と関連した牛群および管理の問題を見つけることができる。これは、高い総細菌数の原因となる汚染された搾乳プラントや環境汚染を改善することを可能にする。しかしその解釈には注意が必要である。例えば、バルク乳からある微生物が分離されたら、我々はその微生物がその牛群中に存在することが分かる。しかし、疑わしい微生物が見つからない場合は、その微生物が牛群中にいないということではなく、たまたまそのサンプル中にいなかっただけかもしれない。もし本当に存在するなら、次回以降のサンプル中に検出されるかもしれない。

サンプル乳は24時間以内に、農場から検査所まで輸送されること、および細菌の発育を最小限に保つために6℃以下の温度で輸送されることが必須である。牛乳は新鮮なままとし、凍結してはいけない。しかし、1週間にわたって毎日採取されたサンプルは、凍結して1群とする方が、一連のサンプルに伴う変動を除外するのに有用となる。しかし、凍結は存在する細菌の数を変化させることがあり、例えば大腸菌群の数は減少する。もし2個のバルクタンクが使用されておれば、2個それぞれからサンプルを採取し、別々に検査すべきである。そして搾乳者や日常的な洗浄法の違いなどを記録しておく。

バルク乳サンプルは次の手順で採取され

第10章　バクトスキャンと総細菌数(TBC)

写真10.5　生乳サンプルはよく撹拌されたバルクタンクから採取され、検査所に届くまで冷却されねばならない。

る。

- 生乳がよく混合するように、少なくとも2分間バルクタンクを撹拌する。
- 滅菌した小さなひしゃくを用いて、または清潔なディスポーザブルの手袋によって、最低30mLの生乳をすくい、滅菌サンプル容器に入れる。こうして残った生乳がサンプリングの間に汚染されないようにする。
- 容器のふたをし、日にちと農場名、タンク名(2つ以上あるとき)をラベルする。
- 採取時から検査所への輸送時まで4℃に保つ。サンプルは冷蔵庫中に保存され、その後検査所までクーラーボックス中で輸送される。

　乳業会社のために体細胞数と総細菌数を検査している検査所のなかには、バルク乳の解析を行っているところもある。その長所は、既知の高細菌数のサンプルを検査することであり、それが汚染の起源をピンポイントで探す助けとなることである。

いつバルク乳解析をするか
総細菌数が上がったとき
　牛群の細菌汚染の起源を知ることは、その問題を効果的に解決するために重要である。バルク乳検査はその一助となる。理想的には高細菌数と分かっているサンプルのみを検査すればよいが、常に実施できるとは限らない。変動する総細菌数を持つ牛群では、バルクサンプルを凍結しておき、高細菌数と分かっているサンプルを検査所に送る。凍結は大腸菌数に影響するが、その程度が総細菌数に影響するほど十分多いときは、それらは目標値を十分超えるので、問題の診断にはほとんど影響しない。

体細胞数が上がったとき
　牛群のなかには、個々の牛の乳の細胞数や細菌の検査をしていないところもある。バルク乳解析は、細菌分析一覧とともに、*Streptococcus uberis*, *Staphylococcus aureus* および全ブドウ球菌数を通して、問題がどこにあるかのよい指標となる。

臨床型乳房炎が問題のとき
　低細胞数の牛群における臨床型乳房炎の大多数は、*E. coli* による環境性乳房炎であり、いくらかは *Streptococcus uberis* によっても起こる。国によっては、高体細胞数の牛群で、*Staphylococcus aures*, *Streptococcus agalactiae* および *S. uberis* などの伝染性細菌からも問題になっている。バルク乳解析は、大腸菌数から衛生状態を知る一助となる。低体細胞数は優秀な搾乳前乳頭準備を意味している。しかし、高大腸菌数は、糞便由来レンサ球菌、酵母およびカビとともに、全体としての汚染を示唆しており、環境性乳房炎のリスクが高くなっている。レンサ球菌とブドウ球菌の高い値もまた、その問題に関与している。

スクリーニングとして
　多くの生産者は、乳質の定期的な検査を希望しており、彼らはそれを搾乳チームにわた

して、やる気や励みにしている。バルク乳解析は、切迫した問題の早期の警報システムとして働き、早期の問題解決を可能にする。

個々のバルク乳解析

ある牛群では、乳頭準備が問題となっている。大腸菌数のみを毎搾乳時のモニターの道具として用いることは、搾乳者の作業（手順）を改善させる十分なインパクトとなる。搾乳者個人が疑わしいならば、この検査を個別にしてもよい。搾乳者はあなたの説明に異論を唱えるかもしれないが、検査結果に異議をいい立てるのはさらに困難である。これらは、'結果に基づく行動'の過程を裏打ちしている。

乳質向上プログラム

業者によって設定された目標値以下の総細菌数の結果を農家が受け取ったときも、それでも改善の余地がある。総細菌数検査が2年間にわたって続けられている個々の牛乳生産農家に対しては、総細菌数改善プログラムが乳業会社によって設定されている。業者は商品価値としてより低い総細菌数の牛乳を重要視しており、これは農家に改善を説得する新しい手段となっている。検査結果とその解釈が農家に返却された（図10.5）。

多くの農家は改善の余地がないと考えていたが、耐熱菌数、大腸菌数、*Staphylococcus aureus*菌数の目標値すべてを下回った農家はわずか6％であり、78％が洗浄に問題があり、35％が搾乳前の乳頭準備不良による高い大腸菌数を持ち、53％が*S. aureus*の目標値を超え、8％に*Streptococcus agalactiae*が存在したという所見は、驚くべきことであった。2年間にわたって、購入されたすべての牛乳の平均総細菌数は38,000/mLから20,000/mLに低下した。また以前にはみられなかった伝染性乳房炎を判定し指摘することによって、体細胞数も減少した。

バルク乳サンプルの解釈

バルク乳サンプルの解釈には、さまざまな検査法とそれらがどのように乳房炎管理と結

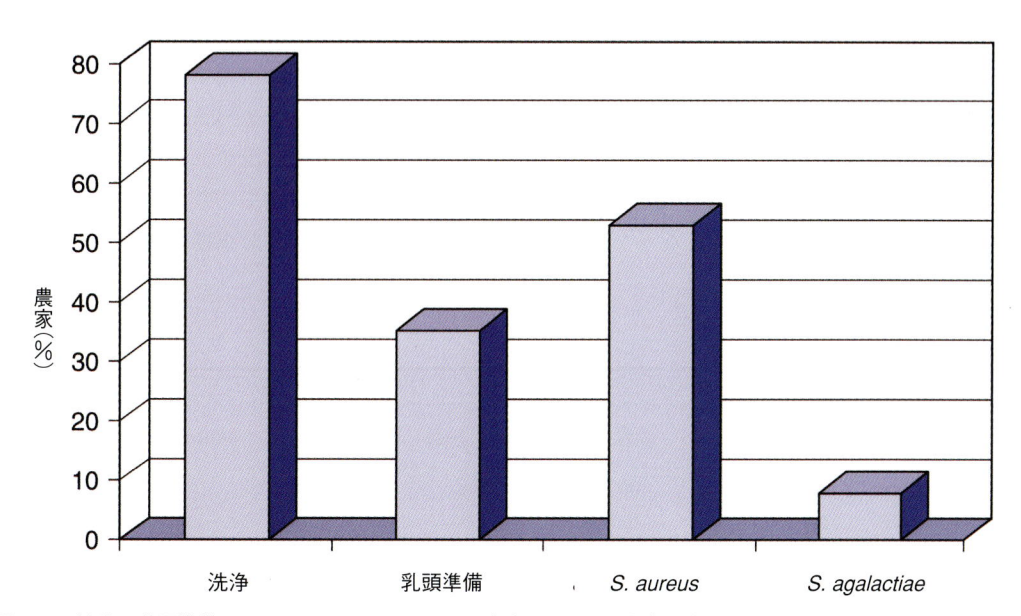

図10.5 洗浄、乳頭準備、*Streptococcus agalactiae*の存在、または目標値を超える*Staphylococcus aureus*などの問題を抱える農家の比率。

第10章 バクトスキャンと総細菌数（TBC）

びついているかの知識が必要である。以下の4戸の問題牛群では、バルク乳サンプルの検査とその解釈が、その農家のその他の所見とともに記述される。

問題の調査をするときは、1回のバルク乳解析はその当日のみの所見に過ぎないことを記憶しておく。さまざまな要因が考慮されるべきで、例えば、その要因には次のことがある。①誰が搾乳をしたか、②正常な搾乳とルーチンな洗浄がなされたか、③他の日に比べて当日の乳房炎発見方法はどのように良かったか、および④サンプルは正確に採取され、保存され、検査所に送付されたか。

アドバイザーによっては、1回のサンプルから非常に多くの情報を読み取る。検査結果は、その牛群の履歴と乖離したものと決して考えてはいけない。しかし、バルク乳検査は高い総細菌数の有力な原因を調べる一助に過ぎないことを、記憶にとどめておく。

問題のある牛群のバルク乳解析の応用例

以下の例は、著者らが調査した現存する問題のある牛群の実際の結果である。

A農家：体細胞数と乳房炎の問題、およびときに高い総細菌数

A農家の現在の問題は高体細胞数（表10.4）と臨床型乳房炎の多発である。搾乳牛は敷きワラの牛床で舎飼いされている。農場主自身が牧夫であり、最高の仕事をこなしていると自負している。過去3年間に牛群の規模は50％増頭された。さまざまなアドバイスがなされてきたが、時間がないとのことで拒否されてきた。

総細菌数が目標値を超えており、大腸菌数が高いことは主要な問題が乳頭準備にあることを示している。さらにイースト（酵母）と Streptococcus faecalis の存在により、不良な衛生状態が確定的である。また、高い S. uberis 菌数、ブドウ球菌数、Staphylococcus aureus 菌数および高い体細胞数もみられる。Corynebacterium bovis の存在は、搾乳後の乳頭消毒の問題を示唆している。耐熱菌数が目標値の175よりかなり低い50に示されているように、日常的な洗浄法は完全である。

次のことが農家訪問中に判明した。大腸菌数312は乳頭準備が不良であることを示しているが、搾乳者自身が自分の搾乳に困難さを感じていた。搾乳者ひとりにしては、あまりにもパーラーが大きすぎ、パーラー内の牛を早く移動させるために搾乳作業を短縮しようと努めていた。

搾乳ユニットが汚れた乳頭に装着されていた。前搾りがされておらず、乳房炎乳がしばしばバルクタンクに入っていた。多くの牛が敷きワラの牛床にいるので、臨床型乳房炎の多くの原因が Streptococcus uberis であり、この菌が高濃度に排出され、バルク乳検査の総細菌数を増加させていた。労働力不足のために、3〜4週ごとに交換すべき敷きワラが

表10.4 A農家のバルク乳解析。

検査	総細菌数	耐熱菌数	大腸菌数	Pseudomonads 菌数	Streptococcus uberis 菌数	全ブドウ球菌数	Staphylococcus aureus 菌数	体細胞数 ×1,000
目標値	<5,000	<175	<20	<500	<200	<200	<50	<150
検査結果	9,000	50	312	250	6,500	650	216	338
細菌分類一覧			イースト（酵母） ++					
			Streptococcus faecalis +++					
			Corynebacterium bovis ++					

表10.5　B農家のバルク乳解析。

検査	総細菌数	耐熱菌数	大腸菌数	Pseudomonads 菌数	Streptococcus uberis 菌数	全ブドウ球菌数	Staphylococcus aureus 菌数	体細胞数 ×1,000
目標値	<5,000	<175	<20	<500	<200	<200	<50	<150
検査結果	22,000	950	87	590	150	1,600	330	421

細菌分類一覧	
	Streptococcus faecalis　＋＋＋
	Streptococcus dysgalactiae　＋
	Corynebacterium bovis　＋＋
	イースト（酵母）　＋＋、カビ類　＋

6～8週ごとになされていた。

乳房炎牛に対する別の搾乳クラスターの準備がなく、臨床型乳房炎牛の搾乳に常用のクラスターを用いるときに、次の牛の搾乳前に消毒されていなかった。高体細胞数で泌乳をする多くの高齢牛がおり、これらの培養結果は、*Staphylococcus aureus* 陽性であった。牧夫は乳頭ディッピングをしていたが、節約のためにディッピング液を1:4ではなく、1:5に希釈していた。これは高い *C. bovis* 菌数に関係している。

細菌検査結果は農場主と搾乳者に、乳房炎管理の大変化を納得させるための一助となり、問題は徐々に解決していった。

B農家：体細胞数と総細菌数が問題

B農家の要望は、40万/mLを超える高い体細胞数の調査であった（**表10.5**）。農場主は、酪農より儲けのある他の事業を持っており、多年にわたってスタッフに酪農を任せてきた。4カ月前に高齢のスタッフが去り、ほとんど搾乳経験のない2人の新人が雇用された。彼らには最小限の訓練しかされなかった。牛群は2年前に設置されたパーラーを利用していたが、それ以来、総細菌数が低かったことがなく、常に6万/mLを超えていた。

総細菌数は目標値をかなり上回っており、高い耐熱菌数（950）は搾乳プラントの洗浄に問題のあることを示している。高大腸菌数（87）、および *Streptococcus faecalis*、酵母とカビの存在は、不良な環境状態や搾乳前の不適切な乳頭準備を示唆している。総ブドウ球菌数と *Staphylococcus aureus* 菌数は非常に高く、これらが421,000という高体細胞数に関係していることを示している。

C. bovis の存在は、搾乳後の乳頭消毒に問題があることを示唆している。*Streptococcus dysgalactiae* の存在は、損傷のあるまたは乳頭皮膚の状態がよくないことを示している。

さらなる調査で次のことが判明した。搾乳後の乳頭消毒は2～3カ月前に完全に中止されていた。乳頭皮膚の状態は、乳頭病変はごく少ないものの、非常に悪かった。パーラーに入ってくるときの乳頭は汚れており、ユニットの装着前に洗浄されたが、乾燥されていなかった。このことが、乳頭上の小滴内に

写真10.6　洗浄サイクル時の乱流不足から生じた汚れが、牛乳配管の途中にみられる。

環境性微生物を効果的に浮遊させ、それらは次いでバルクタンクに移行する。

搾乳後の熱水洗浄は1日1回実施されていたが、熱水の量が不十分で、薬剤も不十分であり、空気注入器がつまっていた。その結果、写真10.6にみられるように、牛乳配管内に付着物がみられた。搾乳者はまた、プレートクーラーのスイッチを切らなかったため、それが循環温湯を冷却した。これが高い耐熱菌数を説明している。

いったん洗浄サイクルが修正されたら、総細菌数は迅速に3万/mL以下に減少した。高体細胞数の主な原因は*Staphylococcus aureus*であった。これは高体細胞数牛の細菌検査から判明したが、高体細胞数を持っていたのは高齢牛であった事実も判明した。年余にわたって体細胞数は15万以下に減少し、多くの慢性的に高体細胞数を示した*S. aureus*牛が淘汰された。

C農家：高い総細菌数

C農家の現在の問題は、通常は最高の乳質と臨床型乳房炎を低レベルに保った牛群におこった、持続的に高い総細菌数であった。調査のための質問を受ける前に、農場主は搾乳後の日常的な洗浄に問題があると考えて、パーラーとプレートクーラーを分解し、完全にすべての部分を洗浄した。彼はまた、プラントのすべてのゴム製品を交換した。

初回の検査結果では、わずかに多い耐熱菌数(190)、および緑膿菌数、総ブドウ球菌数と*S. aureus*菌数の高値を除いては、高い総細菌数に関係する何らの特別な問題も判明しなかった(表10.6)。①また耐熱菌数のわずかな上昇が不適切な洗浄法により起こり、②その結果このような高い総細菌数になるとは考えにくかった。この検査結果は、総細菌数の結果にみられた高値を説明しているとは思えない。

農家訪問は、酸性の沸騰水洗浄法の検査に向けられた。これにより、プラントの温度は71℃であり、有効な洗浄に必要な温度より6℃低いことが判明した。ボイラーが点検され、洗浄温度が調節されたが、高い総細菌数は持続された。再びバルク乳サンプルが採取され、耐熱菌数は低いが、緑膿菌数が15,000/mL以上であることが示された。

パーラーと農場のすべての水源から、水'サンプル'が収集されたが、すべての検査結果は陰性であった。高い緑膿菌数の唯一の可能性は、牛乳を急速に冷却するためにプレートクーラー周囲を循環したバルクタンクの冷却水であった。プレートクーラーをバイパスにしたところ、総細菌数は迅速に正常値の1万/mL以下に減少した。

プレートクーラー内のピンポイントの漏れが、プレートクーラー内を通過する緑膿菌で汚染された少量の冷水が乳汁に入ることを許していた。緑膿菌は低温菌であり、バルクタンク内で増殖を続け、高い総細菌数に関係していた。これはもろもろの問題の原因を診断する各種の細菌検査の有効性を示すものだ

表10.6　C農家のバルク乳解析。

検査	総細菌数	耐熱菌数	大腸菌数	*Pseudomonads*菌数	*Streptococcus uberis*菌数	全ブドウ球菌数	*Staphylococcus aureus*菌数	体細胞数 ×1,000
目標値	<5,000	<175	<20	<500	<200	<200	<50	<150
検査結果	11,000	190	3	995	70	325	65	98
細菌分類一覧				*Streptococcus faecalis*	＋			

表10.7　D農家の大腸菌数。

	ジョン	ショーン	マーチン	マイク	ジェームズ
1週	35	8	944	28	142
2週	24	20	254	22	95
3週	15	12	165	25	18
4週	18	16		18	14
5週	12	9		12	17
解釈	改善された	常に清浄な搾乳	3週で搾乳中止	改善された	きわめて改善された

が、また何が起こっているかを調べるための農家訪問も必要であることを示している。

牛群の体細胞数が9万8,000/mLで、伝染性乳房炎の良好な対策を意味しているが、わずかに高いS. aureus菌数と他のブドウ球菌類は、注意深く監視すべきである。

D農家：多数の搾乳者のために乳頭準備が問題

600頭の牛を持つD農家は、2カ所のパーラーで1日3回搾乳が行われている。両群とも乳房炎発生が多く、7人にのぼる搾乳者が作業していた。不適切な乳頭準備が臨床型乳房炎の多発に関係する主な問題のひとつであった。細菌検査の結果は、ほとんどの臨床例が環境由来であることを示した。搾乳者たちは乳頭準備の失敗をお互いになすりあっていた。

搾乳者教育が2週目に実施され、皆が納得する搾乳手順の統一が図られ、なぜ変化が必要なのかが説明された。搾乳者が知らない間に、1週目に大腸菌数検査が実施された。これにより、ショーン以外のすべての搾乳者が不適切な乳頭準備をしていることが判明した。大腸菌数に関して搾乳者をランク付けする一覧表が設置された（表10.7）。これがほとんどの搾乳者に衝撃を与え、持続的に高値を示した者はすべてパーラー以外の作業に回された。

この方法により、搾乳者間相互の非難がなくなり、持続的に優良な搾乳者としてショーンが喝采を浴び、マーチンが搾乳チームから去ることになった。他の3人は、搾乳教育後に技術が改善されたため、その行為に対して報奨金が支払われ、現実に臨床型乳房炎症例が減少した。

第11章
ターゲット（目標値）とモニタリング

記録をつける	**203**
乳房炎のターゲット（目標値）	**204**
乳房炎発生率	204
牛群中の罹患率	204
再発率	206
乳房炎軟膏の使用数	206
季節的変動	207
泌乳時期	207
自分の牛群で乳房炎のコストはどうなっているか？	**207**
酪農家の具体例	**209**
A酪農家	209
B酪農家	211

　本章では、乳房炎を記録するためのさまざまな方法と、それらの記録を使って乳房炎の原因をどのように判別するかについて検討する。さらにターゲット（目標値）となる数値と乳房炎の経済学について論じるとともに、牛群の記録をどう使うかについて、いくらかの具体例を紹介する。

　病気の発生をモニターする上で、記録は重要な役割を占める。乳房炎も例外ではない。実際のところ乳房炎は、データの詳細な解析が感染防除の助けとして用いることのできる数すくない疾病のひとつなのである。

　多くの酪農家は牛群の乳房炎の指標として、体細胞数測定の結果に頼っている。乳業メーカーがこの情報を毎月提供しているからである。乳房炎の記録をつけている農家も多いが、記録の解析が行われないため、臨床型乳房炎の発生はしばしば過小評価されている。体細胞数はもちろん有用な情報である。高体細胞数は、潜在性乳房炎（特に*Staphylococcus aureus*〈黄色ブドウ球菌〉，*Streptococcus dysgalactiae*〈ストレプトコッカス　ディスガラクティエ〉および*Streptococcus agalactiae*〈無乳性レンサ球菌〉によるもの）の指標となる。しかし、体細胞数には情報としての限界もあり、かならずしも臨床型乳房炎の発生と関連しているわけではない。そのため、正確な臨床記録をとり、それを利用することが重要になってくる。そうでなければ、データの保存から得られる利益はほとんどない。

　乳房炎の記録は、農家に次のことを可能にする。

- バルク乳に混入してはいけない牛の判別。
- 淘汰を考慮すべき問題牛の判別。
- 牛群の乳房炎の状況を詳細にモニタリングすることで、それが許容範囲内であるかどうかを調べ、モニタリングされている他の牛群と比較してどうであるかを知る。
- 乳房炎の多発をはじめ、他のさまざまな問題の原因を追求するための有力な情報を得る。

記録をつける

　乳房炎の各症例ごとに次の事項を記録す

- 牛の個体ナンバー
- 月日
- 感染分房
- 行われた治療法と抗生物質乳房炎軟膏の本数
- 細菌検査の結果（可能であれば）

乳房炎1例は、1分房1回の感染と定義される。それゆえ全4分房とも乳房炎に罹患して子牛を分娩した牛は、乳房炎4例と数えられる。治療分房が完治して、臨床症状の消失後7日以上してから乳房炎が再発した場合には、乳房炎の新規の症例となる。臨床症状の消失後7日未満で、同じ分房に再発した場合は、乳房炎の継続例と定義される。

症例の記載には、さまざまな方法がある（図11.1）。理想的には、乳房炎のその後の発生例は初発例の隣に記載されるべきである。それにより、問題牛は容易に判別される。図11.1(a)の記録表では、牛32が乳房炎を繰り返していることが簡単に分かる。図11.1(b)にもまったく同じ情報が記入されているが、牛32がそのような問題をかかえていることは、すぐには分からない。

乳房炎の記録は定期的にチェックし、4回以上の乳房炎罹患牛は淘汰するか、問題の分房を乾乳するかを考慮する。

別のより見やすいシステムも使うことができる。図11.2では、牛の罹患の記録は月ごとの棒グラフ形式で記入される。罹患した牛の個体ナンバーと感染分房を記入し、また月間ターゲットも明記する。この例では、11月から4月までの発生数がターゲットを超えていることが分かるが、これは舎飼いの時期と一致している。

記録の解析によって、もっとも適切な防除手段をとることが可能となる。これらのデータは定期的に解析することが重要であり、6カ月おきが理想的である。こうすると問題点や傾向の判断に役立つ。乳房炎による損益を評価し、総細菌数や体細胞数に伴うペナルティも考慮した、経済的なデータも含めるとよい。

乳房炎のターゲット（目標値）

表11.1は、牛群として達成すべき数値の範囲をあげている。これは目標とされるターゲットであり、なんらかの行動ないし介入を起こすべき限界値を示す。

乳房炎発生率

乳房炎発生率は、年間100頭当たりの乳房炎発生数である。これは牛群中の頭数に関係なく比較できるので、乳房炎発生についての有力な判定法となる。ある牛群の乳房炎発生率が目標値より低いならば、臨床型乳房炎の防除が行き届いていることを意味する。もちろん、そこには乳房炎の全症例が正確に記録されていることが前提となっている。

乳房炎発生率は、次式によって計算される。

$$乳房炎発生率 = \frac{年間の乳房炎発生数}{牛群中の全牛の数（搾乳牛と乾乳牛）} \times 100$$

高い乳房炎発生率は、牛群中の高い乳房炎発生数を意味するが、伝染性か環境性かの、どちらのタイプの感染であるかは分からない。

牛群中の罹患率

年間の罹患牛のパーセンテージは、12カ月間に1回以上乳房炎になった牛の牛群中の割合を示す。これによって、存在する乳房炎のタイプについてある程度の示唆が得られる。*Staphylococcus aureus*によって起こる慢性の再発性乳房炎では、牛群中の罹患率は小さくても、なお高い乳房炎発生率を示すかもし

期間	～	実施酪農家名		

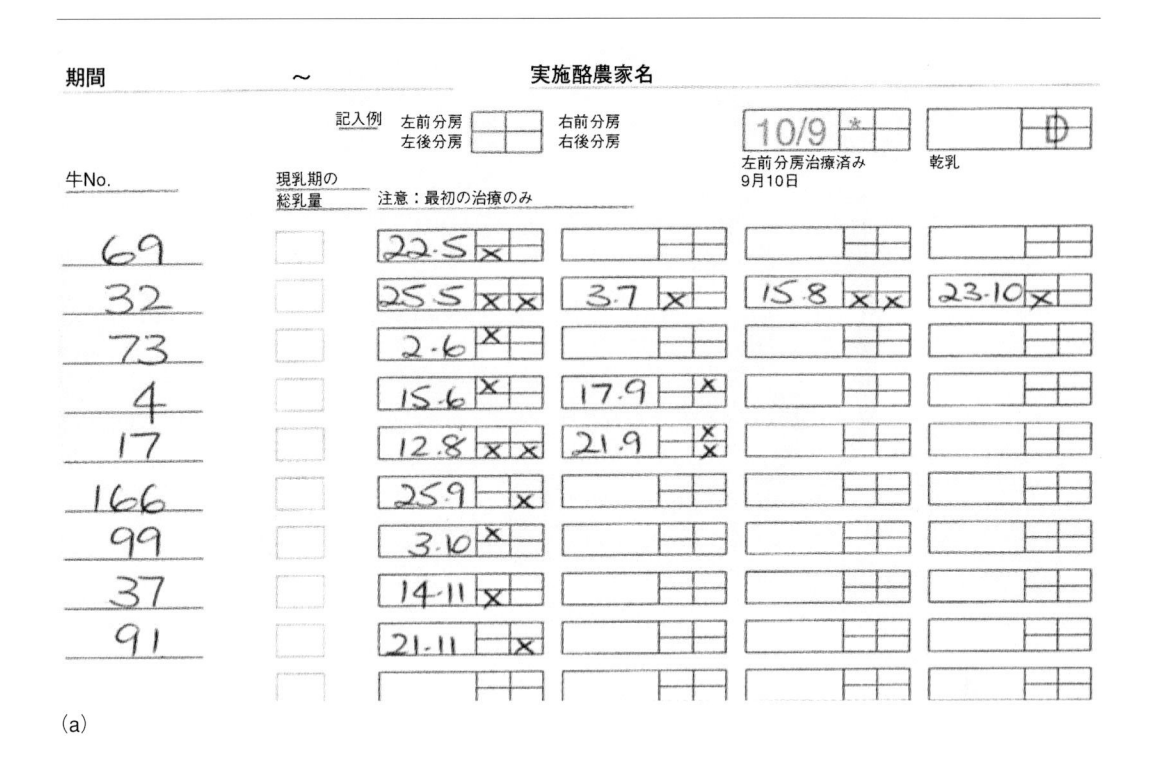

記入例: 左前分房／右前分房／左後分房／右後分房

10/9 * 左前分房治療済み 9月10日　　　乾乳

牛No.	現乳期の総乳量	注意：最初の治療のみ			
69		22.5 x			
32		25.5 xx	3.7 x	15.8 xx	23.10 x
73		2.6 x			
4		15.6 x	17.9 x		
17		12.8 xx	21.9 x		
166		25.9 x			
99		3.10 x			
37		14.11 x			
91		21.11 x			

(a)

牛No.	月日	罹患分房
69	22.5	LH
32	25.5	LH＋RH
73	2.6	LF
32	3.7	LH
4	15.6	LF
17	12.8	LH＋RH
32	15.8	LH＋RH
4	17.9	RF
17	21.9	RH＋RF
166	25.9	RH
99	3.10	LF
32	23.10	LH
37	14.11	LH
91	21.11	RH

(b)

図11.1 乳房炎記録の2方法。（a）上の方式では、同一牛に関するすべての情報が1列に記載されているので、問題牛の判別が容易である。（b）下の表では同一牛の異なる時期の乳房炎が、上の方式とは違って結びついていない。

れない。これは、同じ牛が同じ分房に繰り返し乳房炎を生じることによる。その一方で、大腸菌性環境性乳房炎の多発は、牛群中の高い罹患率をもたらすが、同じ分房の再発は比較的少ない。環境性乳房炎の深刻な発生がみられた牛群では、牛群中の罹患率が35％以上となることがある。

表11.1 さまざまな乳房炎および乳質関連項目に対する目標値と許容限界値。

項目	最終目標値	許容限界値
体細胞数 SCC	150,000	200,000
総細菌数	20,000	30,000
乳房炎発生率（年間100頭あたりの症例数）	30	40
牛群中の罹患率（％）	20	25
再発率	10	20
年間1頭あたりの乳房炎軟膏使用数	1.4	2.5
1症例あたりの乳房炎軟膏使用数	4.5	6.0
乾乳期乳房炎の割合（％）	1.0	2.5

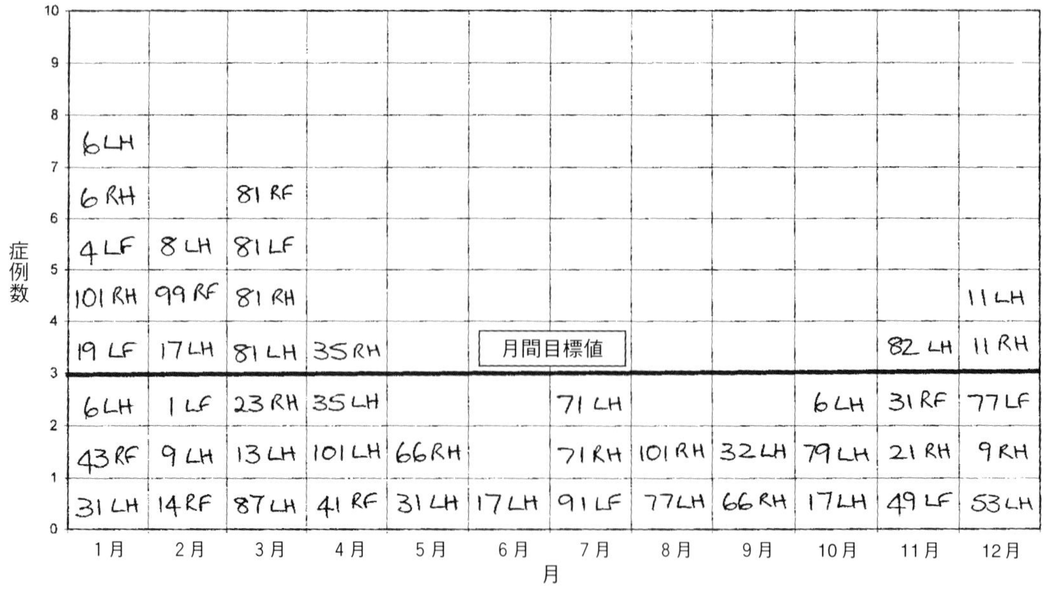

第11章 ターゲット(目標値)とモニタリング

図11.2　月間の乳房炎記録。

年間の罹患率は、次式によって計算される。

罹患率(%) =
$$\frac{12ヵ月間に乳房炎になった牛の数}{牛群中の全牛の数(搾乳牛と乾乳牛)} \times 100$$

再発率

再発率は、12ヵ月間に2回以上治療を行った分房のパーセンテージである。治療の繰り返しは、同じ分房に1回以上再発した乳房炎の例数に相当する。再発率は、次式によって計算される。

再発率(%) =
$$\frac{繰り返し乳房炎の治療をした分房の数}{乳房炎に罹患した分房の総数} \times 100$$

例えば、図11.1の牛32と牛17は2頭とも同じ分房に2回以上治療を行った。牛32の再発分房は2つで、左後分房と右後分房であり、牛17の再発分房は1つで、右後分房であった。したがって2回以上の治療を行った分房の総数は3となる。その内訳は牛32が2、牛17が1である。

図11.1をみると、全部で13の分房で18の乳房炎症例が発生している。2回以上の治療を行った分房の数は3、したがって再発率は3/13 × 100 = 23%となる。

高い再発率は、*Staphylococcus aureus* または *Streptococcus uberis* によって起こる慢性の乳房炎と関連しているかもしれない。これらはしばしば治療が困難である。さらに乳房炎に気づくのが遅いことが、高い再発率の原因となることもありうる。感染の発見が遅れると、治療に対する反応が悪くなる。さらにまた、たとえば治療期間が短すぎる、または抗生物質の選択が間違っているなど、治療計画自体が効果的でない場合も、再発が起こりうる。

乳房炎軟膏の使用数

その牛群で使用された乳房炎軟膏の数は、乳房炎の症例数、それぞれの症例の治療に用いられた軟膏の本数、さらに高体細胞数の牛が泌乳期のあいだ乳房内注入軟膏で治療されたかどうかによる。大部分のメーカーは、1

症例に3本の軟膏使用を奨めているが、平均使用数は1症例につき5本から6本に近い。年間1頭あたりの使用数が高い場合、たとえば6本を超えるようなときは、以下の原因のひとつかそれ以上が当てはまる。

- 臨床型乳房炎の高い発生率。
- 治療によく反応しない感染。
- 乳房炎の全症例が記録されていない。
- 泌乳間中に治療された高体細胞数の牛が多い。
- 乳房炎治療以外の理由で使用された本数が含まれている。

全使用本数のデータは農場の記録からではなく、獣医師や動物病院の記録によるため、この数値は農場の記録の正確さを測る指標となっている。

今日では多くの獣医診療施設がコンピューターシステムを導入し、一定の期間に使用された乳房炎軟膏の数と種類を管理している。乳房炎1症例あたり使用された本数、ならびに牛1頭あたり使用された本数は、次式によって計算される。

$$1症例あたりの乳房炎軟膏数 = \frac{使用された本数}{乳房炎の症例数}$$

$$1頭あたりの乳房炎軟膏数 = \frac{年間で使用された本数}{牛群中の全頭数}$$

季節的変動

1年のうち、どの月に乳房炎が発生しているかを調べることは有用である。冬期の舎飼い時期における高い発生率は、環境性乳房炎によることを示唆しており、他方、年間を通じての発生は、問題が伝染性乳房炎であることを指摘している。舎飼い時期は環境性乳房炎のリスクがもっとも高いため、この時期における症例のパーセンテージを出してみるのは役に立つ。図11.2は、ある牛群における臨床型乳房炎の季節的変動傾向を示しているが、これをみると明らかに乳房炎の大多数が舎飼いの期間に生じている。

泌乳時期

泌乳の時期別に乳房炎を解析するのはきわめて有用である。コンピューターシステムに乳房炎データが入っていれば、そこから解析することができる。

周産期に乳房炎のピークがある場合は、*Sreptococcus uberis* と *E.coli*（大腸菌）のような微生物が問題であることを示唆している。図11.3の牛群では、全症例の15%が分娩後の1週間以内に起こっている。これは乾乳期感染を物語っており、乾乳期および分娩期に牛のおかれていた状況に関わっている。さらに全症例の25%が、泌乳のピークと一致する61日と100日の間に起こっている。これらの数値は、泌乳初期の牛に多くの問題があることを示唆しており、さらなる調査が必要である。

乳房炎の全症例の半分以上が、分娩から100日以内に起こると予想され、このことは乾乳期感染、分娩、乳量のピーク、そして牛の受ける最大の生産ストレスなどの影響を物語っている。もし乳房炎が、全泌乳期にわたってずっと起こるならば、ミルカーの機能に欠陥があるか、または不適切な衛生管理など、乳房炎に影響を与える他の要因があることを示唆している。

自分の牛群で乳房炎のコストはどうなっているか？

乳房炎と乳質のコストは、簡単に計算することができる。コストに含まれるのは下記の要因である。

- 体細胞数によるペナルティ
- 総細菌数によるペナルティ

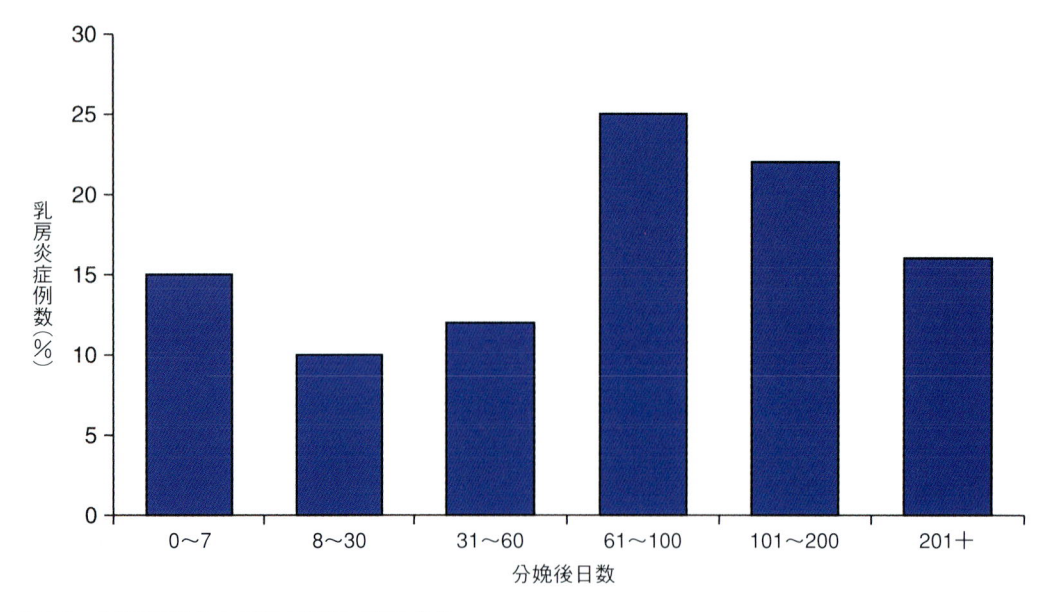

第11章 ターゲット(目標値)とモニタリング

図11.3 分娩後日数による乳房炎発生の割合(%)。

- 臨床型乳房炎の増加
- 乳量の減少
- バルク乳の抗生物質残留検査の不合格に関連したコスト

乳房炎は、これらの損失が簡単に計算できる数少ない疾病のひとつである。本章の最後に2戸の酪農家の例をあげて説明する。体細胞数と総細菌数によるペナルティは生乳検査記録から簡単に出すことができる。あるいはペナルティに牛の平均乳量と牛群中の牛の頭数をかければよい。牛群中の牛の頭数が150頭、平均乳量が8,000 L、体細胞数によるペナルティが0.3ペンス(約0.45円)/L、総細菌数によるペナルティが0.2ペンス(約0.3円)/Lの場合、全体で生乳1 Lにつき0.5ペンス(約0.75円)の損失となる。これに1頭あたり平均乳量の8,000 Lをかければ、年間1頭あたり40ポンド(約6,000円)の損失になる。牛群のコストは40ポンドに牛群中の牛の頭数150をかけて、年間6,000ポンド(約90万円)になる。

もちろん、ここには高体細胞数の牛群における乳量の低下、または淘汰や罹患牛の治療あるいはその問題の管理に費やされた時間などによる損失の影響は含まれていない。

臨床型乳房炎のコストを計算するのはこれより難しい。含まれる損失は次のとおりである。

- 廃棄した牛乳
- 薬剤費
- 労力
- 獣医師経費
- あらゆる牛の死
- その後の泌乳期の乳量の減少
- 他の牛への感染拡大のリスク
- 淘汰とそれにより遺伝的優秀性を損なう可能性

廃棄した生乳の量は、治療期間と出荷停止期間を足し、それにその牛の平均乳量をかければ、簡単に算出される。たとえば1日40 L出していた牛が臨床型乳房炎で5日間治療を受け、出荷停止期間が4日間とすれば、牛乳がタンクに入らなかった期間は9日間とな

り、生乳廃棄量はトータルで360Lとなる。それに乳価をかければよい。農家によってはこの牛乳を廃棄せずに子牛に飼料として与えることで損失を減らしている。だが多くの人々は、乳房炎に罹患している牛の乳を更新用の乳牛子牛に与えるのは、抗生物質耐性という点で望ましくないとみている。ただしこのリスクに関する確実なデータはない。

　薬剤コストと労力の計算も簡単である。多くの農家は、乳房炎の症例がひとつ出るだけでも搾乳の速度が遅くなるとみている。罹患した牛を群れとは別に搾乳し、投薬し、記録をつけ、生乳がバルクタンクに混入しないようにするために、余計な時間が費やされるからである。

　乳房炎にかかると乳量は減少する。軽症例では乳量減少は10％、重度では25％となりうるが、致死的な症例では乳量は皆無となる。この乳量減少によるコストは、つねに過小評価されている。もし乳量8,000Lの牛が、1分房に軽度の乳房炎を発症した場合、200Lの乳量減少になるであろう。

　臨床型乳房炎のコストとして、平均数値がしばしば引用されているが、牛群によってはそれより高かったり低かったりする。平均的症例の基準値として、廃棄乳、治療費用、労力のコストを計算しておくのは常に重要である。さらにその後の泌乳期の乳量減少、淘汰、死亡、獣医師診療費用をカバーする一定の引当額を、そこに加える必要がある。

酪農家の具体例
A酪農家

　A酪農家の年間の乳房炎データは下記の通りである。この酪農家は、牛群の高体細胞数のために1Lあたり1ペンス（約1.5円）のペナルティを受けており、助けを求めてきた。酪農家は正確な記録をつけており、乳房炎軟膏は臨床治療用以外には使用していない。

牛群のサイズ：150頭
乳房炎発生数：188例
罹患した牛の頭数：68頭
罹患した分房総数：125
2回以上の治療を要した分房数：42
乳房内注入軟膏の購入数：750本
牛1頭あたり平均乳量：8,000L

乳房炎発生率＝
$$\frac{188(乳房炎の症例数)}{150(牛群の頭数)} \times 100$$
＝125例／100頭／年

牛群の罹患率＝
$$\frac{68(罹患した牛の頭数)}{150(牛群の頭数)} \times 100$$
＝45％

再発率＝
$$\frac{42(2回以上の治療を要した分房数)}{125(罹患した分房数)} \times 100$$
＝34％

年間1頭あたり乳房炎軟膏使用数＝
$$\frac{750(乳房炎軟膏使用数)}{150(牛群の頭数)}$$
＝5.0

症例あたり乳房炎軟膏使用数＝
$$\frac{750(乳房炎軟膏使用数)}{188(乳房炎症例数)}$$
＝4.0

乳房炎発生率：125
牛群中の罹患率：45％
再発率：34％
年間1頭あたり乳房炎軟膏使用数：5.0本
症例あたり乳房炎軟膏使用数：4.0本
牛群の体細胞数：28万／mL

第11章　ターゲット（目標値）とモニタリング

　上記の125という乳房炎発生率は目標値（30）の4倍以上であり、臨床型乳房炎がここの大きな問題であることを示唆している。この酪農家は自分のところの臨床型乳房炎がどの程度なのかまったく分かっていなかった。記録はつけられていたが、一度も解析されていなかったのである。酪農家は、自分の牛群での感染の大きさに驚いていたが、これは牛群の乳房炎記録を定期的に解析していない場合によくみられる状況である。

　牛群の45％が1回またはそれ以上の回数、乳房炎に罹患しているが、このことは環境性乳房炎の問題を示唆している。さらに詳しく記録を解析したところ、全症例のうち60％が舎飼いの時期——1年のうちの5カ月間——に発生したことが判明した。これもまた、臨床型乳房炎の大きな原因が環境性細菌にあることを示唆している。

　再発率34％という数値はきわめて高く、*Staphylococcus aureus*または*Streptococcus uberis*による感染、乳房炎の発見の遅れや治療計画の不備を示唆している。牛群の高い細胞数は潜在性乳房炎の存在を示しており、*Staphylococcus aureus*または*Streptococcus uberis*が蔓延している可能性が高い。臨床型症例の（そしてもちろん高体細胞数の）原因は、細菌検査で確認する必要がある。

A酪農家の乳房炎の経済学

　牛群の高い体細胞数のため、乳業メーカーは購入価格から1Lあたり1ペンス（約1.5円）すなわち乳価の4％を差し引いている。乳量（8,000L）に金銭的ペナルティ（1ペンス／L）をかけると、年間1頭あたりの損失は80ポンド（約12,000円）と計算される。これに牛群の頭数（150）をかけると、損失金額はトータルで12,000ポンド（約180万円）になる。この金額は、獣医師と薬剤にかかる経費より大きい。

　この農家は乳房炎のコストを、1症例あたり125ポンド（約18,750円）とみている。罹患した牛は平均3日間の治療のあと、4日間の出荷停止を受けるから、生乳は合計で7日間廃棄される。臨床型乳房炎に罹患した牛たちの1日平均乳量は40Lであるから、1症例ごとに280Lの生乳が廃棄されることになる。平均コストは1Lあたり25ペンス（約37.5円）、1症例全体で70ポンド（約10,500円）となる。

　1症例あたりの薬剤経費は平均25ポンド（約3,750円）（乳房炎注入軟膏と併用して注射も行っているため）である。さらに労力コストとして10ポンド（約1,500円）を計上している。以上3種類のコストだけで105ポンド（約15,750円）になるが、その後の泌乳期における乳量減少や、致死的症例による死亡、またはしつこい症例の場合の淘汰については、なんら損失を計上していない。おそらくこの酪農家は、臨床型乳房炎のコストを過小評価してきたと思われる。

　臨床型乳房炎を撲滅することはできないが、時間をかければ目標値の達成は可能かもしれない。乳房炎発生率の目標値は100頭あたり年間30例、すなわちこの牛群では年間45例ということになる（牛群の総頭数は150頭であるから、目標値の数値を1.5倍する）。その場合は、牛群全体で143例が減ることになり、損失額も17,875ポンド（約2,681,250円）の減少となる（143症例×症例あたり125ポンド）。これを達成するにはある程度時間がかかるかもしれないが（設備または搾乳パーラー自体に問題があるかもしれないため）、もし達成できるならば、農家は本当に深刻な損失に専念して対処できるようになるとともに、設備投資に資金を回すことができる。

　したがってこの牛群についていうならば、もしその体細胞数と臨床型乳房炎の問題が解決すれば、収益が年間29,875ポンド（約4,481,250円）（12,000ポンド＋17,875ポンド）増加する可能性がある。これは、牛1頭につきほぼ200ポンド（約3万円）にあたり、また乳価を1Lあたり2.5ペンス（約3.75円）引き

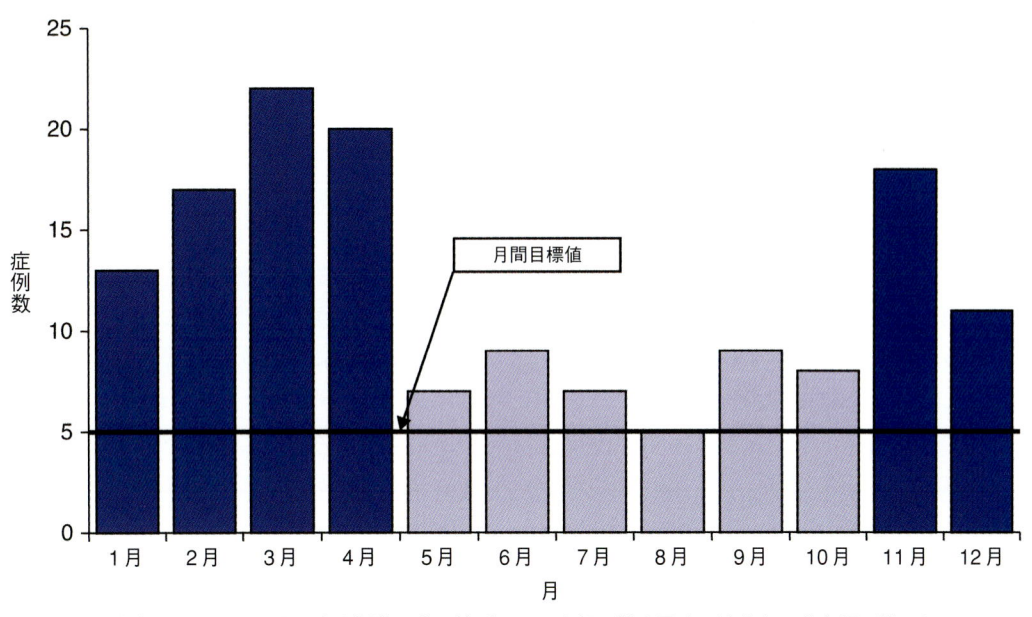

図11.4　B酪農家における月別乳房炎症例数。青い棒グラフは舎飼い期を示す。淡青色は非舎飼い期である。

上げることになる（現行乳価の10%）。当初この農家は、その生乳検査記録から自分の牛群の高い体細胞数に気づいて助けを求めたのだが、じつは牛群中の臨床型乳房炎の高い発生率が最大の経済的損失を生み出していることは、まったく認識していなかったのである。

B酪農家

この酪農家は200頭規模で、11月から4月末まで舎飼いしており、乳量はほぼ9,000 Lである。乳房炎データは解析されており、結果は次のとおりである。

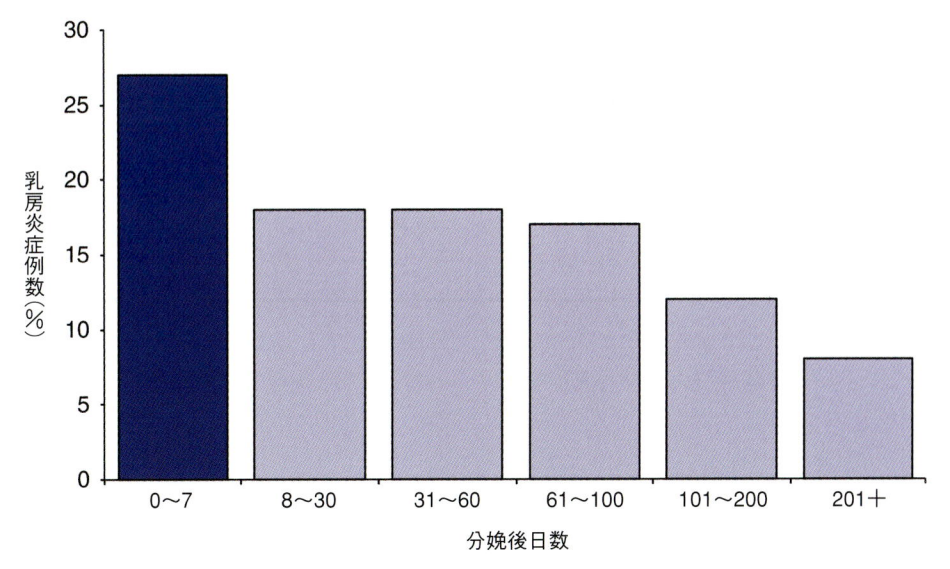

図11.5　B酪農家における泌乳時期別の臨床型乳房炎症例の割合（%）。

乳房炎発生率：73
牛群中の罹患率：54%
再発率：12%
年間1頭あたり乳房炎軟膏使用数：2.6本
症例あたり乳房炎軟膏使用数：3.5本
牛群の体細胞数：12万/mL

　図11.4は、臨床型乳房炎の季節的変動を示している。グラフでは月間平均目標値を5臨床例として、そこに基準線が引かれている。すなわち乳房炎発生率の目標値は年間100頭につき30例、この牛群の頭数は200頭であるから、牛群の目標数値は年間60例、すなわち月間5例となる。図11.5は、分娩後の日数にしたがって臨床例の分布を示している。

　73という乳房炎発生率は、臨床型乳房炎が深刻であることを示している。牛群の50%以上が臨床型乳房炎に罹患していることは、問題が環境性であることを示唆している。さらに牛群の体細胞数12万という数値は、伝染性乳房炎の可能性がほとんどないことを示している。

　全症例の69%が冬期6カ月間の舎飼い期間に発生しているが（図11.4）、これは環境性感染を裏づけている。また分娩後1週間以内に全臨床例の27%が発生している事実は（図11.5）、*Streptococcus uberis* と *E. coli*、そしておそらく周産期の不適切な管理といった、乾乳期感染の問題を示唆している。ただ、もしその牛群が *S. uberis* に感染しているとしたら、体細胞数はもっと高いはずである。したがって、もっとも考えられるのは、*E. coli* かその他の大腸菌群感染である。この農家は分娩後の大腸菌性乳房炎で2頭の牛を死なせている。これはもっとも深刻なタイプの乳房炎である。

　再発率12%というのは目標値をわずかに上回っているが、牛群の体細胞数が低いことは（12万/mL）、潜在性乳房炎の防除がきわめて行き届いていることを示唆している。*Staphylococcus aureus* または *Streptococcus uberis* による問題はほとんどないと思われる。ただし何頭かの牛は、これらの細菌のいずれかに感染している可能性がある。1症例につき乳房炎軟膏の平均使用本数が3.5本というのは、治療によく反応しているためであろう。*E. coli* が臨床型乳房炎の有力な原因であることを確認するために、細菌検査が必要とされる。

B 酪農家の経済学

　この牛群には、体細胞数または総細菌数によるペナルティは課せられていない。酪農家は、乳房炎のコストを1症例につき200ポンド（約3万円）とみている。昨年1年間で2頭の牛が臨床型乳房炎で死亡し、他の4頭が乾乳または分房喪失という事実からの推定である。この酪農家はまた、その後の泌乳期に重大な乳量低下による損失があることにも気づいている。

　乳房炎は撲滅できないが、時間をかければ乳房炎発生率を73から30に下げることは不可能ではない。これは100頭につき43症例を減らすことを意味する。この牛群の全頭数は200頭であるから、86の症例が減ることになり、節約できる金額は86症例に200ポンド（約3万円）をかけた額となる。すなわち年間17,200ポンド（約258万円）、または年間1頭あたり86ポンド（約12,900円）の節約であり、乳価にして1Lあたり1ペンス（約1.5円）近い増加に等しい。

第12章
乳房炎の治療と乾乳時治療

治療の大要	214
治療の理由	214
泌乳期の治療	214
乳房炎牛の分離	214
抗生物質の乳房内投与法	215
抗生物質治療	216
抗生物質治療は価値があるか？	216
抗生物質の選択	218
抗生物質の感受性と乳房浸透度	218
抗生物質に対する大腸菌群の反応	220
乳汁中の有効性	220
殺菌性と静菌性の抗生物質	221
酸性度と脂質溶解性	221
細胞内への効果	221
出荷停止期間	221
早期治療の利点	222
抗生物質の併用治療（注射と注入の同時投与、集中治療）	223
分房の乾乳	223
治療に対する *Staphylococcus aureus* の抵抗性	224
Streptococcus agalactiae に対する集中治療	225
対症療法	226
輸液療法	226
抗炎症剤	227
カルシウムの投与	227
グルコースの投与	227
頻回搾乳とオキシトシン	228
非抗生物質の乳房内注入	228
局所療法	228
ホメオパシー（同種療法）	228
乾乳時治療	229
長期作用抗生物質	229
全分房の治療	230
ティートシーラント（乳頭の封印）	231
乾乳用軟膏の投与	232
注入方法	232

第12章　乳房炎の治療と乾乳時治療

本書の多くは乳房炎の防除に向けられているが、書物としては治療にも触れないと完成しない。治療の主な目的は、乳房の感染を減少または排除することである。

治療の大要

治療は牛の泌乳時期に応じて2つの異なる時期になされる。

- 泌乳期治療は泌乳期にある牛になされる。
- 乾乳時治療は、牛が乾乳される日に実施され、その目的は次のとおりである。①泌乳期に蓄積されたすべての感染を排除する。すなわち次の泌乳期への原因菌の持ち越しを防止する。②乾乳期に生じる新規感染の数を減少させる。

乳房炎の治療はさまざまな経路でなされる。

- 乳房内治療は乳頭管を通して乳房内に注入される。
- 全身的治療は注射によってなされる。

治療の理由

乳房炎の原因とは関係なく、なぜある治療法(抗生物質とは限らない)が奨められるかについては、いくつかの理由がある。それらは以下のとおりである。

- 他の牛への感染の拡散を防止する。
- 牛の生産性を回復し、その牛の牛乳を出荷できるようにする。
- 乳房炎がさらに悪化するのを防止する。
- 再発の可能性を低下させる。
- 長期の、そして回復不能となる乳房の損傷を避ける。もしそうなると、乳量と乳質(すなわち体細胞数と総細菌数)に甚大な影響が出る。
- 全体的な牛の健康と福祉を改善する。

泌乳期の治療

最初に乳房炎を発見するのは搾乳者であり、通常、治療を含む多くの決断をするのも、搾乳者である。そのため、本章はこの搾乳者を強く意識して記載している。乳房炎の迅速な発見の助けとなる前搾り乳や、他の手技は第6章に述べているので、本項とともにぜひ読まれたい。

乳房炎牛の分離

理想的には、臨床例が発見されたらできるだけ早く、その乳房炎牛を感染の拡散を防止するために、他の牛群から分離すべきである。大きな牛群では、物理的にその牛を乳房炎または'治療'グループに入れて最後に搾乳し、そこで治療を実施する。小さな牛群では、罹患牛を注意深く判別し(例えば、脚または尾のバンド、あるいは乳房スプレー)、別のクラスターで搾乳し、廃棄用バケツに受け(写真12.1)、廃棄ラインにまわす。

乳房炎牛を別のグループに分離する利点としては、以下のものがあげられる。

- 治療がより注意深く実施され、記録される。
- 他の牛への感染移行のリスクが低減する。

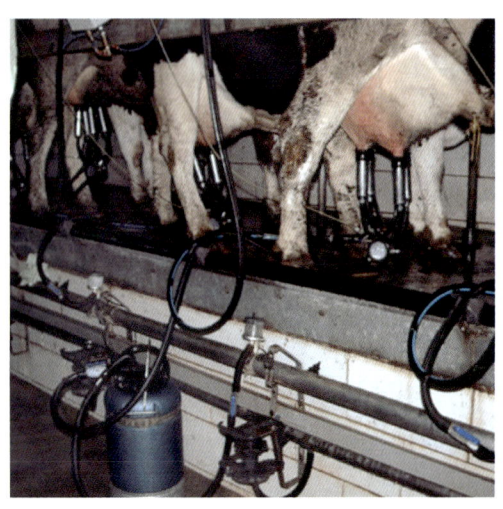

写真12.1　別のクローによる廃棄用バケツ。

- バルクタンクへの抗生物質の混入のリスクが低減する。

もしその牛が分離グループに入っていれば、搾乳者は乳房内抗生物質を注意深く投与する十分な時間がとれ、どの牛が治療されたかが記録され、そして他の全身的治療（注射による）の必要性について、おそらく体温を測るであろう。搾乳中は、より多くのプレッシャーが搾乳者にかかり、ミスの生じるリスクが大きくなる。

感染牛（特に*Staphylococcus aureus*〈黄色ブドウ球菌〉に感染した牛）は、汚染されたティートライナーを通じて、次に搾乳される6〜8頭の牛に感染を伝播する。その感染牛の搾乳を最後にまわしたり、別なクラスターを用いたりすることで、これが避けられる。しかし、乳房炎用のクラスターが次の乳房炎牛の搾乳前に、例えば次亜塩素酸溶液への浸漬などによって消毒されることが重要であり、そうでないと感染はなお拡散される。これはしばしば見過ごされている。よく見かけられるように、もし同じクラスターが、分娩直後の牛の搾乳に用いられると、特に重要となる。それらの牛の牛乳は、初乳または乾乳用抗生物質のために廃棄される。

抗生物質の残留防止は、第15章に述べる。別なバケツとクラスターを用いると、治療分房からの抗生物質がバルク乳を汚染するリスクを低減（またはゼロに）できる。パーラーによっては廃棄ラインがあり、初乳や乳房炎乳がこれを通して別の収乳容器に集められる。しかし、別のクラスターを持っていないところもある。これは非常に危険で、管理者はわずか1例の乳房炎であっても、これを避けるために、別のクラスターを購入すべきである。

抗生物質の乳房内投与法

これはできるだけ注意深く、またできるだけ清潔になされるべきである。粗野な扱いは乳頭管に損傷をもたらし、それが乳房炎の誘因となる。乳頭端が汚染されたまま、抗生物質を投与すると、酵母感染が起きることがあり、これは非常に治療困難である。次の手順が推奨される。

1. 抗生物質で治療されることが分かるように、その牛に注意深くマークをつけておく。ほとんどの酪農家はこれを最終段階に行っているが、別の牛たちを治療した経験があるので（そしてその牛がどれか分からなくなる）、これをまず最初に行うことが推奨される。さまざまなマーカースプレー、レッグ（脚）テープ、テール（尾）バンドが用いられている。
2. 搾乳者の手と罹患乳頭の両者とも、清潔で乾いていることを確認する。もし必要なら、よく洗って、清潔なペーパータオルで拭きとって、乾かす。
3. 乳頭端を清潔になるまで、エタノールまたはイソプロパノールで拭う。すなわち、浸すのではなく、乳頭端を丹念に消毒紙でこすりあげる。これは1枚以上の消毒紙でなされることもある（**写真**

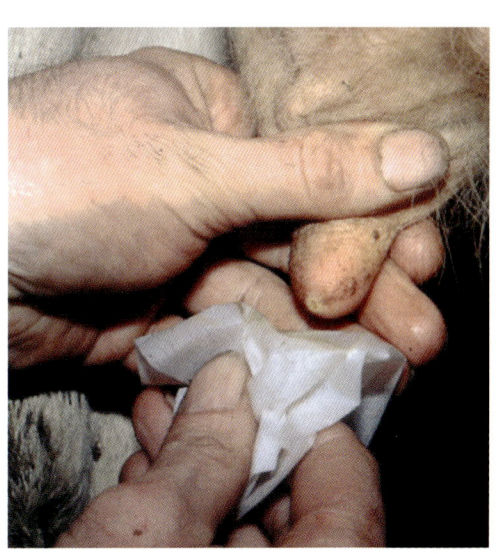

写真12.2 乳頭端を清潔になるまで拭き取る。手袋をはめると理想的である。

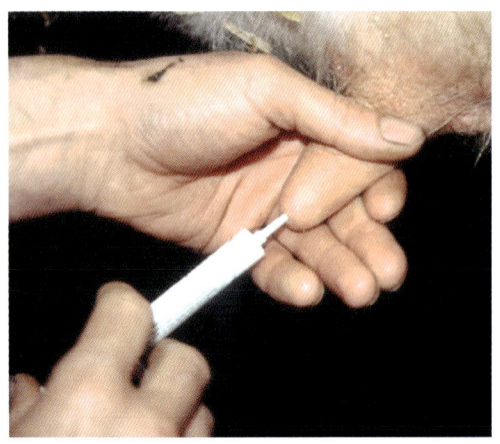

第12章　乳房炎の治療と乾乳時治療

写真12.3　乳房内用抗生物質チューブの挿入。

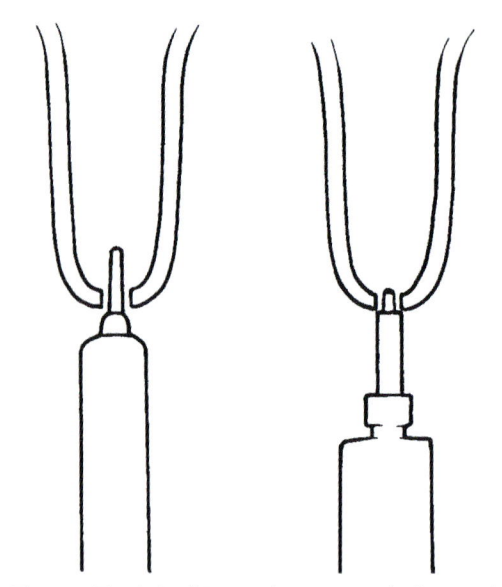

図12.1　長いおよび短いノズルのチューブ：短いノズルの方（右）が、乳頭管の不必要な損傷が避けられるので、好まれる。

12.2）。

4．抗生物質チューブのキャップを取り、その先を手に触れないようにして、やさしく乳頭管内に挿入する（写真12.3）。ノズルの長さいっぱいまで挿入する必要はない：実際にそうすると、乳頭管を過度に拡張し、その結果、防御能を持つケラチンと脂質の内層を破壊し（p.33参照）、乳房炎の誘因となる。特に乾乳時治療には浅部注入法も推奨されているが、それは抗生物質がいくらか乳頭管内に残されるからである。ある会社は現在、浅部注入を可能にし、乳頭端の損傷を減少させるために、非常に小さなノズルを持った抗生物質チューブを製造している（図12.1）。しかし、牛が神経質であったり操作困難であるときは、深部注入も避けられない。

5．乳頭端を一方の手の親指と人差し指で挟み、他の手で、抗生物質を乳管洞乳頭部と乳腺部の方に押し上げる。

6．投与後はすべての全4乳頭をディッピングする。これは、泌乳期および乾乳時の両方とも重要である。注意深く挿入しても乳頭管を拡張するので、そのためディッピングによるさらなる乳頭管の保護は非常に価値がある。さらに、もし1分房のみが乳房炎であっても、搾乳の間に、他の3分房の乳頭口に感染が広がっているおそれがある。この感染は完全な乳頭消毒によって排除できる。

7．その治療を治療簿（英国では法的に要求されている）、および必要に応じて他のどこかに記録する（p.205とp.264参照）。

抗生物質治療
抗生物質治療は価値があるか？

この質問には、使用抗生物質を選択する前に答えておくべきである。泌乳期のある種の乳房炎の抗生物質治療は、端的に無効であるという意見の人がいる。その理由として以下があげられる。

1．*Staphylococcus aureus*の治癒率は非常に低い（表4.4参照）。凝固物や他の臨床症状は消失するが、細菌学的な成功率は20〜35％にすぎない。

2．乳房炎の多くの症例は自然治癒する。感

染は、治療しなくても牛自身によって自然に排除される。これは特に大腸菌性乳房炎についてその可能性があり、牛によって反応は劇的となり、ある場合にはすべての細菌が4～6時間以内に排除される(p.40参照)。しかし、大腸菌でさえも、ときには慢性の持続的な乳房感染源となることがある。
3．抗生物質牛乳の廃棄による損失と、バルク乳の抗生物質汚染のリスクは、いずれも非常に大きいので、治療は経済的に引き合わない。

この問題に関しては、多くの論文が書かれており、あるものは治療に肯定的で、あるものは否定的である。著者の意見では、治療には価値がある。その主な理由は次のとおりである。

1．ある種の感染に対しては、抗生物質に対する反応は良好である。
2．もし感染が早期に発見されたなら、S. aureusであっても、治癒率は良好である。
3．一般に、治療効果は、自然治癒よりも高い細菌排除率が得られる。

レンサ球菌類と*Staphylococcus aureus*に対する治癒率

Streptococcus agalactiae（無乳性レンサ球菌）と*Streptococcus dysgalactiae*（ストレプトコッカス ディスガラクティエ）に対する治療効果は一般に良好である。しかし、表4.4に示されたように、*Staphylococcus aureus*に対する完全な細菌学的治癒率は不良である。しかし、それが初回感染であれば、*S. aureus*に対してさえも、治癒率は良い方である。表12.1は1960年代のNIRD（英国国立酪農研究所）の研究から引用された、搾乳者によって発見され、抗生物質クロキサシリンによって治療された、臨床的な*Staphylococcus aureus*乳房炎に対する細菌学的な治癒率の結果である。注目すべきは、全症例の細菌学的な治癒率は38％と、失望的であるが、初回感染を受けた牛の治癒率は50％にものぼる高さである。このことは、確かに治療は価値があることを示している。泌乳期と乾乳期に、過去に不成功な治療を受けた牛のみが、わずか6％と、非常に悪い治癒率であった。'すべての感染'に対する治癒率は、試験の開始時に感染していたすべての牛と試験期間中に感染したすべての牛を含むので、全体的に低い治癒率となっている。

自然治癒と抗生物質の治癒率

表12.2の数値は、臨床的な治療試験報告の要約である。レンサ球菌類に対する抗生物質治療は、自然治癒よりかなり高い細菌排除率を示している。*S. aureus*と大腸菌群に対して

表12.1　抗生物質クロキサシリンに対する臨床的な*Staphylococcus aureus*乳房炎の治癒率。

過去の不成功な治療の回数		新規感染		すべての感染	
泌乳期	乾乳期	治療分房数	細菌排除率 %	治療分房数	細菌排除率 %
0	0	283	50	452	41
1	0	63	22	131	18
>1	0	48	10	102	8
0	1以上	12	25	52	17
>1	1以上	8	12	49	12
	1以上	17	6	72	5
全感染症例		431	38	858	28

表12.2 乳房炎に対する自然治癒率と抗生物質治癒率の比較。

	自然治癒率	抗生物質による治癒率
Staphylococcus aureus	20%	20〜35%
Streptococcus agalactiae と *Streptococcus dysgalactiae*	19%	36〜95%
大腸菌群	70%	71〜90%

さえも、治療後の治癒率は自然治癒より高い。S. aureusに対して表中の最高の抗生物質治癒率（35%）は、感染症例の平均値（**表12.1**参照）と関連しており、もし初回の臨床症例が強力に治療されるなら、治癒率は向上するであろう。

抗生物質治療の全体的な利点

要約すると、次の理由から、抗生物質を用いて臨床型乳房炎を治療することは有益であると考えられる。

1．自然治癒よりも、より迅速に高率に細菌を排除する。
2．慢性再発性感染の可能性を減少させる。
3．乳量減退の程度を緩和する。
4．許容可能な体細胞数により早く復帰させ、牛乳の再出荷を早める。

もし治療によって乳房炎による1頭の乳牛の死を救えたら、淘汰で失われたはずの金銭を多くの治療に回すことができる。

乳房炎防除は'数合わせゲーム、numbers game'である。それには、細菌を完全に排除することよりも、乳頭端における細菌の増殖を防ぐことが含まれる。抗生物質治療は感染を完全には排除しないが、細菌数を減らすことによって、管理上の問題を少なくさせる。

抗生物質の選択

これは膨大なテーマであり、1冊の本が書けるほどの内容を含んでいる。本項はたんにそのガイドラインにとどめる。それは治療の特別な方式を規定するものではなく、むしろその複雑性を指摘し、関係する2, 3の要因の例を取り上げる。

抗生物質の選択は、自動車を購入する場合と同じで、多くの会社があり、それぞれ得意な製品を持ち、その特徴的な有効性をアピールしている。車と同様に、市場には多くの製品があり、値段で選べることはほとんどない。

治療に対して抗生物質を選択する場合には、次の基準がある。

- 関与する細菌の抗生物質感受性
- 乳房内への浸透度
- 1回または複数回の注入後の、有効殺菌濃度の乳房内での持続時間
- 牛乳存在下における有効性
- 殺菌性か、または静菌性（発育停止）か
- 脂質への溶解性、血漿タンパク結合能、および溶液のpH
- 牛乳の出荷停止期間
- 価格

MacKellar（1991）のすぐれた論文には、さらに詳細な情報が満載されている。

抗生物質の感受性と乳房浸透度

本項では、常用の抗生物質の性状のいくらかと、その有効範囲を述べる。これらは**表12.3**にまとめられている。

ペニシリン（penicillins）

一般的には、ペニシリン類はグラム陽性菌（ブドウ球菌とレンサ球菌）に有効で、グラム陰性菌（大腸菌群など）に無効である。ほとんどのペニシリン類は乳房内にかなりよく浸透する。例えば、次のものがある。

表12.3　常用抗生物質の有効範囲。

抗生物質	グラム陽性菌[a]	β-ラクタマーゼ グラム陽性菌[a,b]	グラム陰性菌[c]	偏好性 グラム陰性菌[d]
ペニシリン	＋	－	－	＋
ペネサメート	＋	－	－	＋
クロキサシリン	＋	＋	－	＋
アモキシシリン	＋	－	＋	＋
アモキシシリン＋クラブラン酸	＋	＋	＋	＋
ストレプトマイシン	－	－	＋	＋
エリスロマイシン	＋	＋	－	＋
セファロスポリン（第3世代＋）[e]	＋	＋	＋	＋
テトラサイクリン	＋	＋	＋	＋
タイロシン	＋	＋	－	＋

[a] グラム陽性菌には、ブドウ球菌、レンサ球菌、Bacillus（バチルス）種がある。
[b] β-ラクタマーゼ産生菌には、Staphylococcus aureus がある。
[c] グラム陰性菌には、大腸菌、緑膿菌、クレブシエラがある。
[d] 偏好性グラム陰性菌には、Pasteurella（パスツレラ）、Moraxella（モラクセラ）、Bordetella（ボルデテラ）、Actinobacillus（アクチノバチラス）がある。
[e] セファロスポリンには、セフォペラゾンとセフィノムがある。第3および第4世代セファロスポリンは、大腸菌群に対して強大な効力を持っている。

- ペニシリンG（penicillin G）
- ペネサメート（penethamate）
- クロキサシリン（cloxacilln）
- ナフシリン（nafcillin）

ペネサメートはこのグループの他の薬剤より乳房への浸透性がよく、Streptococcus uberis に対する特別の治療薬として販売されている。乳房内に入ると、本剤は殺菌能を発揮する前に、ペニシリンGに変化する。本剤は大腸菌群や、Staphylococcus aureus のβ-ラクタマーゼ産生株には効かないので、選択的に使用する必要がある。

不幸にも、多くのStaphylococcus aureus の乳房炎株（約70％）は今日、ペニシリン耐性であり、これはそれらが酵素β-ラクタマーゼ（beta-lactamase）を産生するように適応しているからである。この酵素は、ペニシリンのβ-ラクタム環状構造を破壊する。クロキサシリンとナフシリンはβ-ラクタマーゼの存在下でも有効であり、過去40年間にわたる広範な乾乳時治療への使用にもかかわらず、今日まで、本剤に抵抗性を持つブドウ球菌はみつかっていない。そのためクロキサシリンとナフシリンは、ブドウ球菌による乾乳期感染に適合した治療法である（表12.6参照）。しかし、それらはグラム陰性である大腸菌群には効かない。

いくつかの合成ペニシリン類は改善されて大腸菌群にもある程度有効である。それらは次のとおりである。

- アンピシリン（ampicillin）
- アモキシシリン（amoxysillin）

しかし、これら2つの薬剤もなおβ-ラクタマーゼ産生ブドウ球菌には有効でない。クラブラン酸（clavulanic acid）はβ-ラクタマーゼの不可逆的な阻害剤であり、ある会社はアモキシシリンにクラブラン酸を加えて、大多数の乳房炎細菌に有効な製品を開発した。理論的に、すべての細菌に有効な他の組合せとして、クロキサシリンの混合物（グラム陽性およびβ-ラクタマーゼ産生ブドウ球菌を殺

菌)とアモキシシリン(グラム陽性とグラム陰性菌を殺菌)、またはクロキサシリンとアンピシリンがある。

アミノグリコシド(aminoglycosides)

抗生物質のアミノグリコシドグループには以下のものがある：

- ストレプトマイシン(streptomycin)
- ネオマイシン(neomycin)
- フラマイセチン(framycetin)

これらは大腸菌に対して活性があり、β-ラクタマーゼ産生ブドウ球菌にも効果がある。乳房組織への浸透度はよくない。これらの利点のひとつは比較的安価なことである。ペニシリンは乳房への浸透性がよいので、しばしばペニシリンとストレプトマイシンとの混合剤が使用されている。

セファロスポリン(cephalosporins)

セファロスポリンは、グラム陰性菌と、β-ラクタマーゼ産生ブドウ球菌を含むグラム陽性菌に有効であるが、ペニシリンほど乳房への浸透度はよくない。第2世代のセファロスポリン系、例えばセフロキシム(cefuroxime)は、グラム陰性菌への効果が改善されており、第3世代の製品、例えばセフキノム(cefquinome)は、緑膿菌に対してもある程度有効との利点が追加されている。

テトラサイクリン(tetracyclines)

テトラサイクリンは広域性で、グラム陽性菌とグラム陰性菌に有効であり、β-ラクタマーゼ産生ブドウ球菌にもある程度効く。しかし乳房への浸透度は限られており(大量投与により克服されるが)、大腸菌に抵抗性が生じることがある。

抗生物質に対する大腸菌群の反応

大腸菌群は抗生物質に対してさまざまな感受性を示し、標準的なテキスト(Tyler and Baggot, 1992)にも、いかに感受性が幅広いか記載されている。例えば、2つの論文で、テトラサイクリンに対する感受性は23〜68％にわたっていた。アンピシリンに対しては35〜64％であった。牛群内の大腸菌性乳房炎の多発(大腸菌群では最も多い)では、常に大腸菌の異なった株が原因菌に含まれており、単一分離菌の感受性に基づいた最も有効な抗生物質は、正確な指標とはならない。ゲンタマイシン(gentamicin)は、*E. coli*(大腸菌)と*Klebsiella*(クレブシエラ)に非常に有効であるが、通常、治療に要する経費が、非常に長い牛乳廃棄期間とともに、制限要因となる。

どの製剤が日常的な使用(そして、これは酪農家と獣医師が合意した決定でなければならない)に選択されるにしろ、日常的な'初動'治療の製剤を選ぶときに、以下の要因が重要となってくる。

- 大腸菌性乳房炎の多発傾向のために(表4.2参照)、泌乳期の治療には常に広域性抗生物質を用いるべきである。例えば、グラム陽性菌(ブドウ球菌とレンサ球菌)、グラム陰性菌(大腸菌群)およびβ-ラクタマーゼ産生菌に有効な製剤を用いる。
- 乾乳時治療に用いられる製剤は本来主としてブドウ球菌とレンサ球菌を対象としていたが、大腸菌群をカバーすることも有益である。

乳汁中の有効性

抗生物質感受性平板試験法がその効果を検査するために用いられているが、多くの抗生物質は、乳汁の存在下では試験結果よりも効果が低くなっている。例えば、オキシテトラサイクリン(oxytetracycline)では4：1の比率である。これは、オキシテトラサイク

リンは平板試験法より、乳汁存在下では効果が4倍低くなることを意味する。他の例として、ストレプトマイシン（5：1）、エリスロマイシン（7：1）、およびトリメトプリム（trimethoprim）／スルファジアジン（sulfadiazine）（500：1）がある。しかし、これらの数値は全乳を用いた試験で得られているので、通常の乳汁よりpHが高い乳房炎乳に、この比率をそのまま適用することはできない。

殺菌性と静菌性の抗生物質

抗生物質はその作用によって異なる。例えばペニシリンのようなある抗生物質は、特異的に菌を殺す（殺菌作用）。しかし、例えばテトラサイクリンのような他の抗生物質は、たんに菌の発育と増殖を阻止し（静菌作用）、感染の排除は牛自身の防衛機構に任せている。もし牛が分娩直後であったりまたは重病であると、その防衛機構はあやしくなり、そのため、静菌性抗生物質は適さないであろう。その場合は、生来の免疫反応の重要性が低下しているので、殺菌性抗生物質の使用が奨められる。これに反対する意見もあり、殺菌性抗生物質は急激な菌の死滅を招き、エンドトキシンの放出により（特に大腸菌群感染、p.57参照）病状がさらに悪化するという。

酸性度と脂質溶解性

抗生物質は溶液中のpHによって酸性か塩基性に分けられる。乳汁のpH（6.7）は血液のpH（7.4）より低いので、本来アルカリ性であるタイロシン（tylosin）、エリスロマイシン（erythromycin）、トリメトプリム（trimethoprim）およびチルミコシン（tilmicosin）のような薬剤は、乳腺内に引き込まれ乳房に浸透する。乾乳期はpHの差が小さくなっているので、それらは活動している乳房で最も効果的となるだろう。この理由から、これらの薬剤の使用は、乾乳期の不活発な乳房よりも、泌乳期、乾乳時、および次回泌乳開始時に使用することがより奨められる。

重度乳房炎のように、乳房に炎症が生じると、乳汁pHは血液pHに近付いて高くなり、この浸透性という要因は重要度が低下する。

脂質溶解性と抗生物質の血液タンパクへの結合能もまた、特に静脈または筋肉注射後の、乳房への浸透性に影響するであろう。

細胞内への効果

例えば*Staphylococcus aureus*と*Streptococcus uberis*（ストレプトコッカス　ウベリス）のようなある種の細菌は、好中球とマクロファージの中に侵入し、生存することができる。これらはそこで多くの抗生物質の作用から保護されている。これらの菌は、再活性化し乳房炎の再発が起きるまで、細胞内で静止状態を保っている。製薬メーカーのなかにはある種の抗生物質は細胞内に浸透することが可能で、十分高い細胞内濃度に達し、それによって保菌状態を解消すると主張している。その例にタイロシン（tylosin）が含まれ、この薬剤は、周囲の組織液中より10倍も高い細胞内濃度に達するといわれている。

出荷停止期間

治療後の牛乳や牛肉の出荷停止期間（休薬期間）は製剤に記載されており、常にみておかねばならない。抗生物質の大部分は治療分房内にとどまるが、あるものは血流に拡散し、体循環を経て未治療分房に戻ってきて蓄積する。これは乳房を流れる血液が非常に速度が速いためである（牛乳1Lの生産ごとに血液400～500L）。罹患分房が炎症化すると、その流速はさらに早くなる。そのため、例えひとつの分房しか治療していなくても、全分房の牛乳を廃棄しなければならない。

チューブ上に書かれた出荷停止期間は、その薬剤が指示書に従って使用された場合であ

る。もし牧夫が、乳房炎軟膏の注入回数を増やしたり、初回治療時に2本注入したり、乳房内注入に加えて抗生物質を注射したりすると、これらは出荷停止期間に影響する。これらの詳細は第15章に記載されている。疑わしいときは、担当獣医師に尋ねるとよい。英国では、少数の薬剤、例えばセフキノン（cefquinone）が、混合治療の承認（ライセンス）を持っており、牛乳の出荷停止期間が指示されている。この詳細は第15章の抗生物質の残留に記載されている。

殺菌可能濃度での抗生物質の乳房内持続能は、一部は抗生物質の化学的性質に、一部はその化学構造に依存している。例えば、乾乳時治療に要求されるように、長時間持続型の製剤は、徐放性のオイルやワックスが基剤であったり、非常に小さな粒子に加工されている。反対に水溶性の製剤は、一般に短時間作用性で持続性が低く、しかし、牛乳の出荷停止期間が短い。

早期治療の利点

最初の感染が早期に治療されたら、治療効果は高くなるだろう。これは**表12.1**に記載された*Staphylococcus aureus*の野外発生例に示されている。早期治療はまた、実験的な条件下でもより効果のあることが示されている（Milner, 1997）。乳頭が*Staphylococcus aureus*または*Streptococcus uberis*の培養液に浸され、さまざまな方法で感染の徴候が観察された。最初の感染の証明は乳汁から培養された細菌であり（曝露後約1日）、2つ目は乳汁細胞数の増加（2日後）、3つ目は乳汁電気伝導度の上昇（3日後）、そして4つ目は臨床症状（感染後4～5日）であった。もし治療が早期、すなわち乳汁電気伝導度の変化が発見されたときに指示されたら、臨床的および細菌学的な反応が改善されることが見出された。結果は**表12.4**に示されている。もし治療が早期になされたら、乳房炎軟膏の数や乳量の落ち込みが少なくてすむ。これは推奨すべきよい証拠となる。

- 前搾り。これは臨床例の早期発見を可能にし、そのためより効果的な治療ができる。
- 高い体細胞数を持つ牛の治療、すなわちそれらが臨床的になる前に。

同じ実験はまた、慣習的に発見され治療された感染分房の細胞数が40万以下に下がるのに、約2週間かかることを示した。臨床的および細菌学的な治癒はこれよりかなり早く実

表12.4 乳房炎の早期治療（牛乳の電気伝導度の上昇によって証明されたとき）は慣習的な治療（牛乳の臨床的な変化を認めたとき）より、治療効果の高くなることが実験的に示された。（Milner, 1997）

	慣習的な治療（凝固物の発見）		早期治療（電気伝導度）	
実験的な感染菌種	*Streptococcus uberis*	*Staphylococcus aureus*	*Streptococcus uberis*	*Staphylococcus aureus*
臨床例の発現	8/8	6/6	0/8	0/8
臨床症状の解消や電気伝導度の低減のために使用されたチューブの本数	8	10	6	6.5
治療後14日目の乳量低下牛の数	7/8	1/6	3/8	1/8
治療時の体細胞数	1,200万	400万	200万	200万
罹患分房の細胞数が40万以下に下がるまでの搾乳回数（日数）	31 (14.5日)	35 (17.5日)	17 (8.5日)	14 (7日)

表12.5 アモキシシリンの乳房内注入と同時にペニシリン注射を行うことの利点。(Owens et al., 1988より)

	3日間のアモキシシリンの乳房内注入	3日間のアモキシシリンの乳房内注入＋ペニシリン筋注
分房数	40	35
治癒率％	25	51

現しているにもかかわらずである。これらの牛の長期にわたる牛乳廃棄の重圧は明白である。

抗生物質の併用治療（注射と注入の同時投与、集中治療）

ある国々では、乳房炎は非経口的治療（すなわち、注射）によってのみ治療されている。それらの国々では、抗生物質が乳房内注入であろうと注射であろうと、治療の効果は同じであると考えられている。

EUでは、乳房内注入と同時に注射を行うことが増えつつある。これは'併用治療（combination therapy）'と呼ばれているが、もしこれが長期にわたって高用量で実施されたら、'集中治療（aggressive therapy）'と呼んでいる。乳房内の表面積は1分房あたり25平方メートルと推定されており、もしこれが正しければ、乳房内注入はおそらく乳房内の全表面にいきわたらないであろうことは、驚くにあたらない。

Staphylococcus aureus乳房炎の治療に、アモキシシリンの乳房内注入と同時になされた、ペニシリン注射の利点を示す試験結果が**表12.5**に示されている。この非経口的治療が追加された場合の治癒率は、25％から51％に上昇した。この治療法は、β-ラクタマーゼ産生ブドウ球菌には効果がないであろう。

初回の集中治療は、確かに再発性と慢性の感染を低減する。特に発熱や疾病を伴った牛に用いられる。集中治療（例えば抗生物質の乳房内注入と注射の併用を5〜7日間）はまた、慢性感染牛や高体細胞数牛の治療に指示される。他に、搾乳牛に乳房内注入を5日間行い、乾乳して乾乳時抗生物質治療をする方法も奨められる。

分房の乾乳

感染のある分房の約5％が、乾乳期中に'自然治癒'し、乾乳期間が長ければ長いほど自然治癒率の高くなることが知られている。このことから、慢性再発性の乳房炎の治療法が開発された（Blowey and Deyes, 2005）。泌乳期に臨床型乳房炎を4回以上経験した分房は、乾乳するのが最善であり、そうすると、その牛は残る3分房からの搾乳を続けることができる。牛群の中に3分房牛がいることの不利益は明白であるが、もし乾乳に代わる他の方法が、その牛の淘汰という非常にコストのかかる選択である場合には、明らかに3分房牛は容認される。

分房乾乳の主な利点は次のとおりである。

- その牛は牛乳生産を継続できる。
- 感染した牛乳が、もはやバルク乳の体細胞数や総細菌数を上昇させることがない。
- 感染を他の牛に拡散するリスクが低減する。
- 長期間の乾乳期に加えて乾乳時治療の結果、その分房はしばしば次の泌乳期には正常な牛乳生産に復帰している。
- 集中治療に必要な抗生物質の経費が不要になる。

多くの牧夫が実施している手技は、例えば4回目の臨床型乳房炎のときに、その牛に泌乳用軟膏を用いて最後の乳房内治療を1回行うことであり、その後、単純に罹患分房の搾乳を停止する。この時点では、抗生物質残留のリスクがあるので、決して乾乳用軟膏を用

いてはいけない。

その後、残る3分房が泌乳末期に乾乳されるときに、全4分房に乾乳時治療と乳頭内封入(ティートシーラント)がなされる。ある牧夫は分房乾乳時に乳頭内封入(ティートシーラント)を用いている。さまざまな手技を用いて分房乾乳をしている16乳牛群の4,326頭の調査では、125頭の牛に分房乾乳がなされた。次回の泌乳期に正常な乳量に復帰した牛を成功と定義すると、全体的な成功率は66%であった(Blowey and Deyes, 2005)。しかし、抗生物質が分房乾乳時と牛の乾乳時の2回投与された牛のみを数えると、その成功率は92%にのぼった。これらの牛の大多数はまた、次の泌乳期に、低い体細胞数と主要病原菌のないことが示された。

分房の部分的な乾乳法が治療法として試みられたことがある。慢性再発性の臨床例が、3～5日間治療され、その後3～4週間、その分房は搾乳されなかった。これらの牛は同じ泌乳期に乳生産に復帰できるであろうが、初期の体細胞数が非常に高くなるので、最初の2, 3日間は牛乳を廃棄する必要がある。この手技は、長期の乾乳に比べて、効果が劣る。

一時的な搾乳の停止は、乳頭を損傷している牛にはよい手法である。これは本章の後段で述べる。

罹患分房の乾乳、分房全体の乾乳、あるいは淘汰が、なお慢性保菌牛(キャリア)を排除する唯一の方法である。

治療に対するStaphylococcus aureusの抵抗性

Staphylococcus aureus(コアグラーゼ陽性ブドウ球菌としても知られる)は治療に対する反応が悪いことで有名である。これは表4.4および表12.2に示されている。たとえ乾乳時治療であっても、効果は低い(表12.7)。

これは特に、感染がある期間乳房内に存在した高齢牛の場合にいえる(表12.1および12.8)。治療に対するブドウ球菌の低い反応性には、以下に示すようないくつかの理由がある。

- *S. aureus*は乳房内に膿瘍を形成する。典型的な例が写真4.2に示されている。これらの膿瘍はしばしば厚い線維性のカプセルで包まれる。これにより、抗生物質が細菌に接近するのを妨げたり、膿瘍内で抗生物質が有効殺菌濃度まで達しないでいる。

- *S. aureus*のある株は、マクロファージのような細胞内で生存可能である。ほとんどの抗生物質は細胞を取り囲む体液中を循環するのみであり、細胞の中にまで侵入することはできない。そのため、細胞内に生存するこれらのブドウ球菌は、大多数の抗生物質から保護されている(少数の抗生物質は細胞内への侵入が可能であるが(前項参照)、英国ではこれらはなお乳房内製剤としては入手できない)。

- *S. aureus*の多くの株は、β-ラクタマーゼを産生し、あるタイプのペニシリンに耐性を与える。しかし、たとえ有効な抗生物質が使用されたとしても、治療効果はなお非常に低い。

- *S. aureus*のある株は、細菌学的に粘液様(ムコイド)包膜で休眠状態を持続することが可能で、完全に増殖を停止する。この状態では、抗生物質によって殺菌されること

表12.6 抗生物質治療に対する*Staphylococcus aureus*の治療効果判定試験の結果。

治療後の日数	*Staphylococcus aureus*を持った牛の比率(%)	治療効果のあった比率(%)
16	43	57
30	56	44
60	62	38

がなく、後日に再び活性化する。

- *S. aureus* がL型になることもある。これらは正常な細胞壁を持たない細菌であり、そのためほとんどの抗生物質は殺菌できない。これには、β-ラクタマーゼ産生株に有効な薬剤であるクロキサシリンや、他の抗生物質が含まれる（抗生物質ノボビオシンnovobiosinは有効である）。しかし、*S. aureus*のL型菌が、乳房内という条件下で産生されるかどうかについては、いくつかの疑問がある。

*S. aureus*に対する治療効果判定が困難な理由のひとつは、一連の抗生物質治療後に、多くの分房が一度は反応したようにみえ、乳汁サンプルからは細菌が分離されなくなることである。しかし、これはたんにそのサンプル中に*S. aureus*がいなかったということにすぎない。同じ牛を後日にサンプリングすると、細菌が膿瘍から放出されていたり、または休眠状態から再生していたりして、その牛はなお感染していることが分かる。すなわち、治療は無効であった。

これは**表12.6**に明白に示されている。*S. aureus*に感染した牛を治療後16日目にサンプリングすると、なお細菌が存在した分房はわずか43%であり、治療成功率は57%であった。しかし、30日後に再びサンプリングすると、治療牛の56%から菌が分離され、治療後60日のサンプリングではこれが62%（成功率はわずか38%）に増加した。

これらの結果は、抗生物質の乳房内注入と注射の併用試験で得られた。もし乳房内注入法のみが用いられていれば、60日後の治癒率はさらに27%に低下する。

Streptococcus agalactiae に対する集中治療

*Streptococcus agalactiae*の治療に対する反応は、*Staphylococcus aureus*とはまったく違っている。*Streptococcus agalactiae*はほとんどの抗生物質に高い感受性を示し、治療効果は、泌乳期であっても非常に高い（**表12.2**と**12.4**）。このことが*S. agalactiae*の排除に応用される'集中治療法、blitz therapy'を可能にしている。*S. agalactiae*の制圧はまた、p.54～55にも述べられている。

集中治療は、牛群内の各搾乳牛の全4分房への抗生物質注入からなる。2つの方式があり、全頭すなわちすべての搾乳牛が治療される場合と、一部すなわち選択された牛のみが治療される場合がある。後者には高体細胞数牛や細菌培養検査の陽性牛が選択される。高体細胞数牛の細菌検査では、*S. agalactiae*が高体細胞数の第一原因であることを確認することが必須である。たんにバルク乳サンプルが陽性であるいうのみでは対象とならず、それでは感染の程度の詳細が十分分からないからである。

これが成功するためには、*S. agalactiae*が乳房炎問題の原因細菌でなければならず、そして搾乳衛生の全段階が評価されねばならない。本書の最初の項に記載されたように、牛群における*S. agalactiae*の存在は、集中治療により通常は牛群が感染することを排除しているので、基本的な衛生管理の失宜、例えば不適切な搾乳後のディッピングや乾乳時治療があることを意味している。

更新した牛が再感染の原因となる可能性があるので、多くの人が、新しく購入した牛を搾乳牛群に加える前に、乳房内抗生物質治療をすることを推奨している。集中治療時に搾乳されていない乾乳牛についても、もし以前に乾乳時治療が実施されていなければ、実施すべきである。

きちょうめんな衛生管理が、集中治療の牛群には必要である。パーラー内では追加の人手が必要となり、すべての軟膏が注入される前に、乳頭端は完全に消毒されることが必須である。さきに乳房炎軟膏のキャップをはず

第12章　乳房炎の治療と乾乳時治療

してはいけない（例えば、パーラー内の注入スピードを上げるために）。さもないと、注入前に汚染されるリスクが増加する。集中治療後に乳房炎の激しい多発があったとのいくつかの報告があり、これらはしばしば水準の低い衛生管理に起因している。もし導入された微生物が、治療によく反応しない酵母やカビであれば、群全体の状態は非常に悪化するであろう。

集中治療は常に成功するとは限らない。これには多くの理由があり、その例を挙げる。

- 感染牛が再び牛群に導入されている。
- 搾乳者が基本的なパーラー衛生に不注意となり、残った感染を牛群内に拡散してしまう。

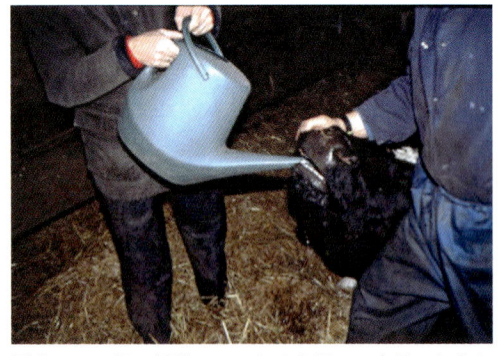

写真12.4　経口輸液はじょうろを用いて容易になされる。

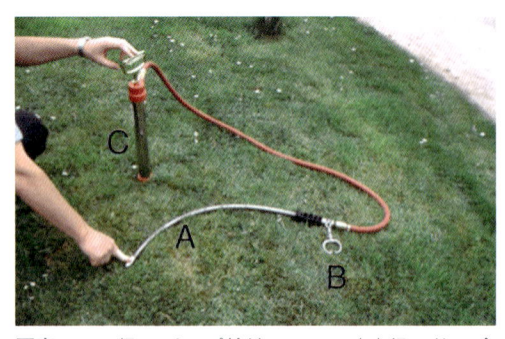

写真12.5　経口ポンプ輸液セット：(A)経口的に食道内に挿入されるフレキシブルな金属管、(B)管をその位置に保持するための鼻鉗、(C)経口輸液の入ったバケツ内に置かれるポンプ。

- 乾乳牛が乾乳時治療を受けておらず、搾乳牛群に感染を再導入してしまう。
- 部分的または選択的な集中治療法を用いたときに、何頭かの感染牛が治療の選択からもれ、感染の保有者として牛群内に残ってしまう。
- *S. agalactiae* に加えて他の微生物も乳房炎の原因となっており、採用された治療法がこれらの他の微生物に無効であったり、または有効率が低かったりする。
- 診断の完全な間違いで、*S. agalactiae* はその牛群の主要な病原菌ではなかった。
- 感染が大量の軟膏注入時に導入され、これが乳房炎の増加を招いた。

それゆえ、集中治療法は有用な手技ではあるが、それはその牛群の問題を完全に調査したデータに基づいてのみ実施されるべきであり、また厳重な無菌処置に徹すべきである。

対症療法

抗生物質治療に加えて、さまざまな乳房炎のタイプに対して、他にも数多くの治療法がある。ここでは輸液療法、抗炎症剤、オキシトシンのような対症療法を取り上げる。

輸液療法

トキシン（毒素）、特に大腸菌性および壊疽性ブドウ球菌性乳房炎によって生産されたトキシンは、ショック状態を引き起こし、多くの臓器に影響する。血管は拡張し、血圧は低下しはじめる。血圧の低下は循環障害を生じ、その結果、組織への血液循環量が減少する。体液は組織中に滞留し、循環血中にはないので、その動物は脱水状態となる。脱水の程度は、しばしば体重の7～10%に達する。このことは、平均体重600kgの牛では、循環を正常に回復させるために、40～60Lの液体を補充する必要があることを意味する。脱水がさらに進行すると、倦怠感を生じ、牛の全身

状態が悪化する。特に水を飲もうとしない牛では、輸液がかなり効果的となる。

輸液はさまざまな方法でなされる。

静脈内投与

静脈内輸液の投与速度はゆっくりなので、時間を要し、そのため経費がかかる。静脈内カテーテルはしっかりとした固定が必要で、これらは獣医師にしかできない。静脈内輸液は正常な代謝機能の回復に役立つ。

ある人は2Lの高張（濃縮）食塩液（NaCl 70g/L）の静脈内投与を奨めている。これは牛に激しい喉の渇きを生じさせるので、自発的に水を飲みたくさせる。しかし、これを起立不能牛に用いるときは、水をすぐ近くに置くことが必須となる。輸液中はショックを監視するため、厳重な注意が必要である。

経口投与

もし牛が飲水可能なら、経口投与の最も簡単な方法として、写真12.4にみられるように、じょうろを用いるとよい。重炭酸を含む電解質液（すなわち、子牛下痢用経口輸液剤）が投与されると、それらはしばしば食道溝の閉鎖を促し、輸液が直接第四胃に入るので、その吸収性はさらに高まる。

大量の輸液（例えば10〜20L）を迅速に投与する手段として、写真12.5にみられるように、経口ポンプが用いられる。その管は牛の歯から守るために、フレキシブルな金属輪からなり、鼻鉗（'bulldog'、ブルドッグ）によって保持される。輸液は、バケツから手押しポンプによって第一胃に送られる。

もし牛が自発的に水を飲むことができれば、強制的な輸液の利点がさらにあるかどうかはむずかしい。しかし、重要な点は、水（温水が望ましい）を常に病牛がすぐ飲めるようにしておくことである。この意味は、起立不能牛には、1日5〜6回温水をすぐ近くに置くことを示している。牛はまた電解質液も容易に飲むであろう。

抗炎症剤

輸液に加えて、ショックはまた、フルニキシン、メロキシカム、アスピリン、コルチゾンのような抗炎症剤の使用によって改善される。これらの薬剤は、すべての国において乳牛への使用が許可されている訳ではない。そのためこれらの使用に関する特例が、規制当局によって確立されるべきである。コルチゾンは局所または全身的に投与され、腫脹と炎症反応を減少させるが、また細菌の増殖を大きく増進する。しかし、これを支持する実験的なデータはない。

多くの市販の乳房内製剤は10mgのプレドニゾロン（コルチゾンの一種）を含んでおり、罹患分房の硬結と腫脹の減退を目的としている。この薬剤はおそらく抗生物質の浸透性にもよいであろう。大腸菌感染のため4〜5日間、典型的に硬くなった分房を持つ牛に、注射または乳房内注入法で大量のコルチゾンを投与すると、よく効くことがある。ただしコルチゾンの乳房内注入は国によっては流産が誘発されることがあるとして違法とされている。

カルシウムの投与

ある病牛では自然に低カルシウム血症（低い血中カルシウム濃度）になっている。分娩直後の急性乳房炎の症例では、低カルシウム血症が併発しているかどうかは、必ずしも正確に分からない。カルシウムもまた、肝臓における解毒作用を助けるとされている。これらの理由から、400mLのボログルコン酸カルシウムが、できればグルコース（デキストロースとして）と混合して、病的な乳房炎牛にときどき投与される。

グルコースの投与

急性大腸菌性乳房炎の牛は低血糖症（低い

血中グルコース濃度)を伴うことがあり、グルコースの静脈内注射によって改善される(グルコースの経口投与は、第一胃内で破壊されるので、無効である)。また乳房内のマクロファージの食菌作用、すなわち白血球が細菌を取り込む機能は、乳汁中の低酸素濃度のために、低下している。

乳房内へのグルコースの注入は、食菌作用を促進するといわれている。これを支持する証明は少ない。乳頭管が損傷を受け、酵母や他の微生物が誤って注入され、乳房炎がさらに悪化しないよう、十分な注意が必要である。

頻回搾乳とオキシトシン

乳房炎細菌によって生産されたトキシン(毒素)は、牛によって吸収されるか(おそらく牛は病的になる)、または機械的に乳房から搾出されるのいずれかである、明らかに後者が望ましく、罹患分房を1日6～8回、またはそれ以上搾乳することが重要である。ある人は、牛の状態がよくなるまで、30～60分ごとに搾乳することを奨めている。搾乳の効果はオキシトシンの注射によってさらに改善される。オキシトシンは乳腺の深部からの乳汁の排出を助ける。自然な乳汁流下(letdown、レットダウン)が、病牛で生じる可能性はほとんどない。罹患牛はたとえ重症であっても、乳腺胞や乳小管にはかなりの量の残乳があり、これがオキシトシンによって排除される。オキシトシンの大量投与はまた、毛細血管からの好中球の逸脱を促進するといわれており、これが炎症反応に有効となる。

また他のある人は、搾乳する代わりに、元気のよい哺乳子牛をその雌牛につけることを奨めている。しかし、もしその分房に疼痛があれば、その雌牛は子牛の吸乳を拒否し、正常な罹患していない分房のみを子牛に吸乳させるであろう。加えて、子牛は塩辛い牛乳が出る分房の吸乳を好まないであろう。そのため、この方法は疑問である。

非抗生物質の乳房内注入

酵母や真菌(カビ)に対するヨード剤の投与はp.67に記載している。ある人は、2～3日間、12時間ごとに、自然の生ヨーグルト20mLを感染分房内に注入することを奨めている。その目的は、乳房炎乳汁内の高いpHを下げることと、ヨーグルト中の自然の乳酸菌によるプロビオティック効果(生菌作用)によって残存乳房炎細菌を排除することである。この方法は、酵母や大腸菌感染の治療に成功しているようである。

局所療法

日本のハッカ油カイパン(Cai-Pan Japanese peppermint oil)('Uddermint'、'乳房刺激薬')のような製剤が、局所療法に奨められている(すなわち、乳房皮膚に)。これらは確かに皮膚を刺激して暖かくさせ、血流量を増加させるが、乳房全体の血流を増加させるかどうかは、証明困難である。もしこれらの製剤が、罹患牛の快適度を改善し(乳房マッサージは痛みを和らげる)、罹患分房への関心を高める(そして搾乳もする)なら、それは使用する価値がある。多くの乳房炎用薬剤と同様に、症例のある程度は自然治癒するので、臨床試験の実施は困難である。

ホメオパシー(同種療法)

ホメオパシー医学は、病気の症状をもたらす物質はまた、同じ症状を生じる病気の治療にも用いることができるとしている。ホメオパシー治療薬はすべて自然物から得られている。それらは希釈して用いられ1容のマザーチンキ(mother tincture)は99容の水とアルコール合液に希釈される。

マザーチンキは自然物からの抽出物であり、例えば、もともとその症状をもたらした細菌の培養液から抽出されている。希釈が繰り返され、すべての不純物は濾過され、強いエネルギーを持ったより強力な成分が残され

るとされている。このエネルギーがどうも大事なようで、その量が決定要因ではない。そのため多くの'治療薬'は、分子量以下のレベルまで、ごく薄く希釈される。

　ホメオパシーによる乳房炎治療の価値は疑わしい。現在では、この治療薬は牛乳の出荷停止期間の制約がない点で魅力となっている。ホメオパシーの信奉者は、感染防止の必要性と、搾乳と搾乳の間の乳頭管の閉鎖の基本的原則の推進を強調しており、これらはまた、乾乳時治療の流れと同じ原則である。

　ホメオパシーノソード（治療薬として用いられる疾病代謝薬の総称で、ホメオパシー製剤のこと）は乳房炎予防にも用いられ、飲水に加えられたり、飼料にふりかけられたり、陰門部に散布されたりしている。よく効いたという数多くの逸話的な報告はあるが、特定の試験成績は出ていない。ひとつのよく管理された実施試験では無効であった（Egan, 1995）。おそらく、もし牧夫が毎日飲水にその治療薬を添加していると、彼は毎日乳房炎のことを思うようになり、そしてこれにより予防が改善されたと考えるに至るのであろう。（訳注：日本では奨められていない）

乾乳時治療

　乾乳時の乳房の生理学と乾乳期中の新規感染の重要性は第4章に記載されているが、本項と関連して読む必要がある。本項では実施可能な予防対策を扱う。

　泌乳期の治療についてはさまざまな意見があるが、乾乳時治療の賢明さについては、ほとんど異論がない。乾乳時治療は次の2つの方法からなる。

1．長期作用抗生物質を乾乳時に各分房に投与して、既存の感染を排除し、いくらかの新規感染を防止する。
2．乳頭管とその基部に内用ワックスシーラント（封入剤）を注入して、新規感染を防止する。

長期作用抗生物質

　乾乳時に長期作用抗生物質を用いる目的は2つあり、すなわち、①前泌乳期に蓄積され残った伝染性微生物を減少させる。および②乾乳期に侵入しそうな新規感染の数を減らすことである。

　図4.3で、ほとんどの新規感染は乾乳期の最初と最後の2週間に起こることを示した。乾乳時治療は乾乳時における新規感染の数を減らすであろうが、次の分娩時までには、抗生物質の濃度は非常に低くなっており、おそらく無効となっている（この例外として抗生物質フラマイセチンframycetinを含む製剤がある。これは乾乳期間を通じて殺菌濃度を持続するといわれている）。

　治療と無治療の牛を比較して、Berry and Hillerton（2002）は乾乳時治療を受けた牛について次のように示した。

- 次回泌乳期の初めの120日間に、乳量が179kg多かった。
- 乾乳期中の臨床型乳房炎が1/10に減少した。
- 分娩時の感染が1/3に減少した。

表12.7　乳房内細菌の種類と乾乳時治療の効果。（Meany, 1992より）

細菌	感染分房数	全体に占める%	全体に占める%
Staphylococcus aureus	259	61	48
他のブドウ球菌	27	6	78
レンサ球菌	118	28	78
ブドウ球菌とレンサ球菌	12	3	42
大腸菌	5	1	—
その他	4	1	—
計	425	100	

- 分娩後21日までの臨床例の発生が1/3に減少した。

このことから乾乳時治療の利点は明らかである。

- 牛乳の廃棄がない。
- 治療の効果は泌乳期より乾乳期の方がはるかによい（表4.4）。この理由のひとつは、出荷停止期間の心配なしに、高濃度の抗生物質を乳房内に入れることができるからである。その効果の違いは特に Staphylococcus aureus で明らかで、泌乳期治療の効果は特に悪い。
- 乾乳期には同時に'自然治癒'が起こる。これが早期に乾乳された多くの分房が次回泌乳期になぜ正常な乳生産をするかの理由となっている。
- 長期作用型抗生物質製剤が、治療効果を高めるために用いられている。徐放性の乾乳用製剤は、抗生物質をワックス内に取り込ませたり、ベンザチン塩を用いたり、または微粒子化することによって、製造されている。
- 夏季乳房炎にもある程度有効である（第13章参照）。

乾乳用軟膏は、特に Staphylococcus aureus （β-ラクタマーゼ産生菌を含む）とレンサ球菌類に有効なものを選択すべきである。それは、これらの菌が大腸菌よりも、次回泌乳期まで乳房内に持ち越されやすいからである。表12.7は乾乳時に感染の見つかった294頭の牛（1,176分房）牛について、1990年代になされたアイルランドの調査結果を示している。Staphylococcus aureus の感染率は、現在（2010年現在）の英国のほとんどの牛群より低いようである。

S. aureus は乾乳時に分離される最も多い微生物であるが、今日、Streptococcus uberis の発生が増加しつつある国もある。そのため、乾乳用軟膏として最も多く用いられる製剤は、Staphylococcus aureus に対して最も有効なものである。これらには次のものがある：

- クロキサシリン
- セファロスポリン
- ナフシリン
- ペニシリンとストレプトマイシンの合剤

抗生物質耐性菌の出現を避けるために、乾乳用軟膏はときどき変更すべきである、と奨める人もいる。しかし、クロキサシリンやセファロスポリンに抵抗を示した S. aureus の株はかつてみられていないので、抗生物質を変更することから得られる利点はなさそうである。しかし、乾乳期間中の新規の大腸菌群感染の予防のために、抗生物質を追加することは合理的である。

乾乳時治療に失敗する原因は、しばしば薬剤そのものにあるのではなく、その使用および投与方法に問題がある。乾乳用軟膏が大量の抗生物質を含んでいても、投与時の衛生状態がよくないまま乳房内に注入されると、必ずしも細菌が排除されるとは限らなくなる。

全分房の治療

乾乳牛のすべての分房を治療すべきであり（無差別乾乳時治療）、泌乳期に臨床型乳房炎

表12.8 乾乳期間中における Staphylococcus aureus に対する治療の効果。初産と2産の牛の方が高齢牛より治療効果が高い。（Meany, 1992より）

泌乳期回数	治療牛の数	治癒率%
1〜2回	51	63
3〜5回	99	37
>5	40	33
合計	190	平均43

を持った牛のみとか、高体細胞数を持った牛のみを治療（選択的乾乳時治療）するべきではない。これは次の理由による。

- 泌乳期に感染した牛の多くは臨床症状を示さない。
- 牛によっては、感染していても、特に高いまたは持続的な高体細胞数を示さない。
- たとえ非常に低い、例えば20万という体細胞数を持った牛であっても、これは、ゼロに近い体細胞数をもった3分房の結果であるかもしれない。ひとつの分房は明らかに80万近い体細胞数を持っている。*Streptococcus uberis* の慢性型がこの例のひとつとなる。たとえ *Staphylococcus aureus* であっても、必ずしも持続的に高体細胞数を示すとは限らない（表4.5参照）。
- *S. aureus* の慢性感染の防止にあらゆる努力を払うべきである。表12.8は、治療効果が年齢とともに低下することを示している。このことから得られる現実的な結論は、初産牛であっても確実に乾乳時治療を実施することである。この *S. aureus* のない状態が長く維持されるほどよい。
- 牛は乾乳期間のはじめの2週間（および最後の2週間）に、新規感染を受ける率が5〜20倍も高い。このため、すべての牛について、できるだけ乾乳期間の多くを抗生物質でカバーすることが、非常に有効となる。分娩後の牛乳中抗生物質残留のリスクを避けるために、乾乳期最後の2週間は完全な防御がなされていない。

乾乳時治療がなされなかった、あるNIRD（英国国立酪農研究所）の試験報告は次のとおりである：

- 乾乳時には、25％の分房が感染していた。
- これらの分房のうち5％は自然に感染を排除した。すなわち、自然治癒していた。
- 他の10％が乾乳期間中に新規に感染を受けた。その結果、30％の分房が次回泌乳開始時に感染していた（25 − 5 + 10 = 30）。

オランダでなされた他の試験(Schukken et al., 1993)では、68頭の牛の各2分房に乾乳時治療がなされ、他の2分房は無処置とされた。乾乳期間中に、無処置の分房中に10例の臨床型乳房炎が発生し、うち7例は初めの2週間に起こった。治療分房では、わずか1例のみが臨床型となった。この結果は、すべての牛に乾乳時治療をすることの利点の、さらなる証明となる。

乾乳時治療の抗生物質の連続使用は、大腸菌に感染しやすくなるほど低い体細胞数になってしまうという人もいる。これは正しくない。その理由はp.42に示されている。

ティートシーラント（乳頭の封印）

過去10年間における乳房炎防除の大きな進歩のひとつは、市販されている内用ティートシーラントであることは疑いない。これは、泌乳初期の乳房炎の発生を劇的に低減した。

2つのタイプの乳頭封印法が乾乳時感染を減らすために利用できる。外用フィルムシーラントは最長で7日間乳頭端を覆うフレキシブルなバリアフィルムである。もうひとつは内用乳頭管ワックスプラグ（栓）である。外用のシールはあまり一般的には使用されていないので、ここでは詳述しない。しかし、内用シールが適用されていない乾乳後期に、これを使うことができる。

内用シールははるかに効果が高く、最も多く用いられている。それはワックス基剤中のビスマス塩からなり、乾乳時に乳頭管に注入される。これは殺菌能力がなく、そのため上述したように、処置時の厳重な衛生管理が必須となる。抗生物質は乳管洞乳頭部と乳腺部に向けてもみあげられるが、ティートシーラントを投与するときは、親指と人差し指で乳

第12章 乳房炎の治療と乾乳時治療

頭基部をしっかり締め付けて、シーラントが乳頭内に入り、乳頭管のすぐ上の乳頭基部にとどまるようにする。これに失敗すると、次回泌乳期にシーラントの排出が長期化したり、チーズ内の'黒点'形成を生じたり、無害だが牛乳を変色させるビスマスの小塊を生じたりする。

ティートシーラントは、乾乳時の抗生物質軟膏に加えて用いられることが多いが、その場合は、抗生物質を先に投与すべきである。ティートシーラントと乾乳時抗生物質投与の次回の泌乳期の乳房炎発生に対する効果は相加加重的である。すなわち、乾乳時治療かティートシーラントかが問題ではなく、乾乳時治療とティートシーラントである。ニュージーランドにおける7農家の1,200頭の牛の試験では、すべての牛のバルク乳が20万以下の細胞数であったが、Woolford et al.(1998)はこの牛を4グループに分けた。第1グループは無処置対照群で、乾乳時に処置されなかった。第2と第3のグループは、乾乳時抗生物質(セファロニウム)またはティートシールのいずれかが処置され、第4グループは抗生物質(クロキサシリン)とティートシールの併用がなされた。その結果は次のとおりである：

- 第2、第3、第4、すべての処置群は無処置対照群に比べて、次回泌乳期に臨床型乳房炎が50％減少した。
- 新規乳房内感染の発生は1/10に減少した。
- 抗生物質とティートシールの併用が最良の防御を示した。

英国における同様な試験は、乾乳時治療とティートシールの併用を、ティートシール単独と比較し、次の回泌乳期の初めの1週間の新規感染の発生が30％減少したことを示した。

乾乳用軟膏の投与

牛は、たとえなお1日20～25Lの泌乳をしていても、ただちに乾乳し、ただちに泌乳牛群から分離する。もしその牛をパーラーに行かせると、射乳が刺激され、乳腺が収縮して、乳汁と抑制タンパク(p.28参照)を排出し、新たな乳汁を合成する。加えて、もし乾乳牛を泌乳牛群と一緒にしておくと、そのうちの1頭が間違って搾乳され、バルク乳が抗生物質で汚染されるリスクが生じる。飼料と水を厳重に制限する必要はなく推奨されない。しかし、高泌乳牛については、乾乳前の4～5日間、濃厚飼料の給与を停止し、できれば別グループにすることは合理的である。乾乳時に低泌乳の牛は、より効果的なティートシールを形成する傾向がある。

緩徐な乾乳法は、2つの理由から禁忌である。不十分な搾乳は乾乳時治療前に乳頭管内の細菌の増殖を招き、乳房炎の誘因となる。さらに、1～2日間搾乳されない牛は、体細胞数の増加が著しくなる。ある試験(Meany, 1992)では、泌乳期末期の平均体細胞数が23.7万/mLの牛群が観察された。この牛群中の牛が2日間搾乳されないと、体細胞数は54万に増加した。さらに6日間搾乳されないと、平均体細胞数は560万に著増し、ある1頭の牛は1,700万に達した。このため、急速乾乳法は、低体細胞数を維持するのに重要である。同様に、もし損傷した分房が治癒するまで7～14日間搾乳されなかったときは、最初2～3回の搾乳は廃棄されるべきである。

注入方法

乾乳軟膏はやさしく衛生的に投与されるべきである。理想的には、乾乳を別の仕事として扱い、朝の搾乳時にその牛たちを搾乳し、朝食後に注入のために再びパーラーにつれてくる。もしこの処置が搾乳中に実施されると、急いでまたは非衛生的にされたり、さらに悪い場合は牛を取り違えたりするという非常に

大きなリスクを伴う。この取り違えはときどき起こることである。牛たちが乾乳され、翌日にバルク乳の抗生物質残留がみつかり、誰も 100 または 200 頭の搾乳牛のうちどの牛が間違って治療されたか分からない。

乳房内チューブを挿入する手技は本章のはじめに記載した。乾乳時治療と内用ティートシーラントの投与法の特徴的な点は次のとおりである。

- 特別な処置をするために、乾乳牛を群として乾乳する。パーラー内の搾乳中にそれらを分離し、その後、搾乳が終了したあとで注入する。もしこれが搾乳中に実施されると、搾乳者は何をするのかに正しく集中することができず、衛生的になされる保証があいまいになる。
- 乾乳時治療は定期的な削蹄と同時に実施すべきではない。削蹄により術者の手指が汚染されるおそれがあり、乳頭に糞便を浴びることもあるからである。抗生物質投与をまず全頭に済ませ、その後に削蹄をするとよい。
- 厳密な衛生管理が重要であり、特にティートシーラントのみが処置されるときには、それが抗菌能を持たないので、重要である。乾乳軟膏を非衛生的に投与した後で、病気になったり死亡したりしたいくつかの報告がある。
- 手指は清潔に保つべきで、理想的には手袋をはめる。注入前に治療用アルコール綿または市販の清拭布（例えば Mediwipes）で、乳頭をよくこすり取ることが重要である。乾乳時治療の失敗の理由のひとつは、投与過程において細菌が入り込むことである。
- まず先に自分より遠い方の2つの乳頭をスワブでこすり取り、ついで近くの2つの乳頭をこすり取る。軟膏の注入は手前の2つの乳頭を先にし、ついで遠い2つの乳頭に注入する。この方法で、乳頭端の汚染が低減されるであろう。
- 変法として、最初に遠方の2つの乳頭をこすり上げ、軟膏を注入する。ついで手前の2つの乳頭をこすり上げて、注入する。
- 軟膏のノズル（先端）をごく浅く乳頭内に入れるか、よりよいのは、小さく短いノズルを持つ製剤（図 12.1 参照）を用いる。乳頭管の過度の拡張は、脂質層とケラチン層の亀裂をもたらし、防御能を低下させる。さらに乳頭管内に抗生物質を注入することはまた、ノズルをいっぱいまで挿入するよりも、さらに乳頭管に多く定着している一般細菌を殺菌する。ノズルを直接乳管洞乳頭部に入れると、これは起こらない。
- 乾乳用抗生物質軟膏をまず注入し、乳頭から乳房にかけて、これを押し上げる。ティートシーラントを挿入するときは、すべてのシーラントが乳頭内にとどまるように、人差し指と親指の間に乳頭基部を挟む。
- 注入の直後にディッピングを確実に実施する。そうすると、乳頭端に定着し、新規感染をもたらす細菌が排除される。少数の酪農家は、乾乳期間中、規則的にディッピングを実施したり、または少なくとも最後の3週間、実施している。これはすばらしい方法である。他の人は、乳頭清拭後にまずディッピングをし、その後にディッピングのフィルムを通して乾乳時治療をすることを奨めている。
- 乾乳日時と使用薬剤を記録する。これは法的に重要で、牛が早く分娩したときは、牛乳の廃棄期間の延長が必要となるからである。
- 乾乳後5日間は、特に注意深く乳房炎の有無を検査し、できれば毎日、乳頭ディッピングをする。

第13章
夏季乳房炎

関与する細菌	235
伝播様式	235
臨床症状	236
治療	237
予防	238
危険にさらさない	238
ハエの防除	238
乾乳牛の管理	238

夏季乳房炎は他のタイプの乳房炎とは非常に異なった病因と疫学を持ち、p.48に記述された伝染性や環境性の乳房炎の範囲には入らない。これは本来、乾乳牛と未経産牛の疾患であるが、ごくまれに若雄牛やときには種雄牛にも発生する。本病は北半球の温帯地域に多く発生するが、発生率は年によって大きく変化する。

ある調査では、英国の牛群の35～60％が毎年本病を経験しており、罹患牛の数は約2万頭（または国全体の牛群の1.5％）に達している。北ヨーロッパではさらに高い発生を示す国もあり、例えばデンマークでは5％である。そのため重大な問題となっている。

関与する細菌

少なくとも下記の6種の細菌が分離されている。

- *Arcanobacter*（*Corynebacterium*）*pyogenes*：これは最も頻繁に分離され、分房の激しい壊死と破壊に関係する菌である。
- *Peptococcus indolicus*：乳汁と破壊された組織を発酵して有機酸とインドールを生じ、特徴的な異臭を生じる。
- *Streptococcus dysgalactiae*（ストレプトコッカス　ディスガラクティエ）：この菌がおそらく初感染菌であり、*A. pyogenes*の乳房内への侵入や増殖をもたらす。この菌は、ハエと損傷した乳頭皮膚に多くみられる。
- 小型の好気性球菌（Microaerophilic cocci）：ときにはStewart-Schwann cocciとも呼ばれる
- *Bacteroides melaninogenicus*
- *Fusobacterium necrophorum*（フソバクテリウム　ネクロフォラム）

しかし、これら6種すべての菌が、夏季乳房炎の個々の症例から分離されるわけではない。表13.1は各菌が分離される症例の比率を示している。英国では*Arcanobacter pyogenes*と*Peptococcus indolicus*が最も多く分離され、デンマークではStewart-Schwann cocciが最も多い。

伝播様式

英国における感染の主な伝播手段は、イエバエ科近縁種の'Sheep head fly'（刺咬性のハエ）（*Hydrotoea irritans*）であると考えられていて、牛の血液を吸って生きている。このハエは、風のこない森、雑木林、およびぬかるみを好む。幼虫は軽い砂様の土壌内で越冬し、7月に成虫となって出てくる。このハエ

第13章　夏季乳房炎

表13.1 英国、デンマーク、オランダにおいて、夏季乳房炎から分離されたさまざまな細菌の全症例に占める比率。(Hillerton, 1988より）

細菌	分離率% 英国	デンマーク	オランダ
A. pyogenes	85	72	37
P. indolicus	62	87	33
S. dysgalactiae	24	37	8
Stewart-Schwann cocci	22	83	—
F. necrophorum	1	51	22
B. melaninogenicus	<1	35	8

は主に7月～9月に出現し、そのため夏季乳房炎の発生はこれらの月に最も多い。もし天候が非常に暑く、湿度が高ければ、6月や10月にも発生する。卵は10月に土壌中に産卵され、成虫はその年、一代限りである。

このハエはやぶや木立に住み、風速が小さく（時速20km以下）雨のないときに、牛を吸血するために出てくる。彼らが好む個所は、四肢、腹部、および乳房である。後乳頭より前乳頭に多いが、これはおそらく尻尾で後乳頭からハエを追い立てるからであろう。

'Sheep head fly' が夏季乳房炎の原因となる媒介者であることに、多くの証拠があるが（そのためハエの防除が発生予防の大きい部分となる）、なお一要因に過ぎないという疑いも残っている。その理由は次のとおりである。

- Hydrotoea種のハエはしばしば牛のまわりにいるが、夏季乳房炎の原因とはなっていない。おそらくハエの存在とともに、いくつかの他に併発する要因が、乳頭端の損傷に関与しているのであろう。例えば、草のトゲ、イラクサ、アザミまたは背の高い草、他の種類のハエ、あるいは牛自身が乳頭を強く舐めるなど。
- 夏季乳房炎は 'Sheep head fly' がいない、世界の他の地域でも発生している。
- ハエがいない冬季にも発生がみられる（通常、乳頭端の損傷と関係している）。
- 夏季乳房炎を起こす多くの菌がハエの消化管の中にみられ、吸血時に吐き戻されるが、感染ハエから牛への伝達試験は成功しなかった。A. pyogenesとP. indolicusを乳頭管に注入して、実験的に夏季乳房炎を発生させることは可能である。

そのために、夏季乳房炎の初発例は自然感染であり、おそらく感染した乳頭損傷部から引き込まれて感染が成立し、続いての発生はその感染を伝播するハエによってもたらされる、というひとつの理論がある。そこで本病の多発が起こるが、それはある種のベクター（媒介者）がいるからと考えられ、おそらく牛の免疫状態の低下とも関連しているに違いない。

臨床症状

夏季乳房炎の古典的な症状は**写真13.1**に示されているように、分房の熱感、硬結、腫脹が、通常硬く腫大した乳頭とともに認められる。その分房は疼痛を伴い、特徴的な異臭を持つ濃厚な凝固性の分泌物を示す。さらに症状の重い牛は、体温の上昇があり、疼痛性分房による跛行、さらに飛節の腫脹を起こす。ある牛は流産したり（夏季乳房炎は本来妊娠牛が罹患する）、他の牛は満期分娩ながら発育不良と虚弱を示す子牛を分娩する。見過ごされた牛は死亡することがあり、特に乾乳牛や初回妊娠牛が注意して観察されないときに起こる。迅速な治療がぜひ必要である。

ある経産牛や未経産牛は本病の症状が非常に軽く、乾乳期間中に発見されないことがある。分娩後にはじめて盲乳（すなわち、非機能的な）の乳頭がみつかり、それ以前の感染が明らかとなる。これらの牛は壁の厚い乳頭を持ち、中央に走る線維性の芯が乳管洞乳頭部を置換している。これは、人差し指と親指

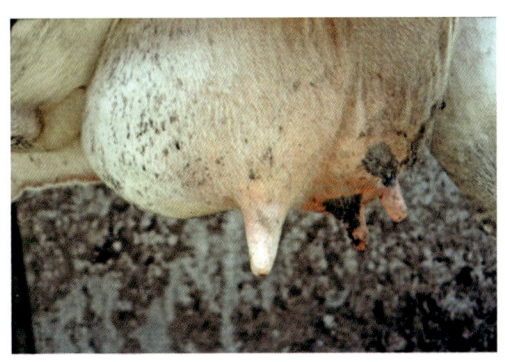

写真13.1　夏季乳房炎により腫脹した乳頭と分房。ときには肢もまた腫脹する。

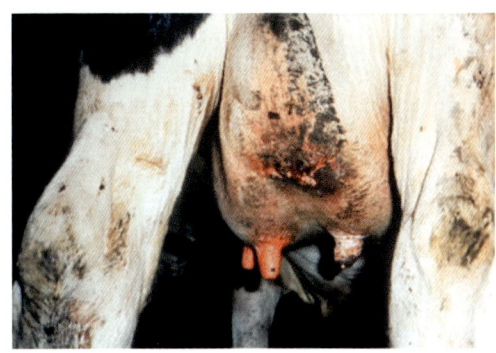

写真13.2　夏季乳房炎。乳頭から搾出することは実際的でなく可能でもないので、乳房が破れて排液される。

の間で乳頭を転がしてみると発見できる。これを隣の非感染の乳頭の感触と比較してみると、その相違が強調される。抗生物質を注入してみると、いかに乳管洞乳頭部が小さくなっているかがよく分かり、圧力をかけると抗生物質の多くは逆流して出てくる。

その他の症状としてここ数年増加しつつあるのは、分娩牛が低レベルの乳房炎になっており、搾乳のたびに少数の凝固物が出る。培養により、A. pyogenesによる夏季乳房炎であることが証明される。おそらく乳腺のごく一部が罹患し、分娩時のように乳腺が活動を始めたときに臨床症状が現れる。しかし、これらの牛はしばしば、高濃度の長期の抗生物質治療によっても治癒しない。

治療

夏季乳房炎を起こす2つの主な細菌(A. pyogenesとS. dysgalactiae)はともに、ペニシリンに高い感受性を示すので、抗生物質としてペニシリンとその誘導体が選択される。しかし実際には、ごく少数の分房しか治癒していない。乳房内注入軟膏の価値は非常に疑わしいが、迅速な非経口的(注射による)抗生物質治療が必須であり、もし牛が病気であれば、フルニキシンのような抗炎症剤と併用する。これは流産や死亡のリスクを軽減する。

抗生物質は4〜5日間継続するか、または体温が正常値になるまで続ける必要がある。

もし可能なら感染分房を頻繁に、特にはじめの2〜3日間搾乳する。これにより、**写真13.2**にみられるような、乳房の側面から破れ出る膿瘍形成の機会が減るであろう。しかし、この乳房側面からの膿の排出は、多くの牛では治癒過程の正常な一部である。もしこれが起こったら、たんに罹患部位を消毒液で洗浄し排液をさせるために、できるだけ傷口を開いたままにしておく。ほとんどの症例は最終的に治癒し、牛はひどい影響を受けない。いったん体温が正常値に戻ったら、さらなる抗生物質治療をしてもほとんど価値がない。

ある牛は用手搾乳に戻され、**写真13.3**のように、乳頭を長軸に沿って切開し乳房から排液するという変法がとられる(麻酔を必要とし、乳頭基部の静脈叢を避ける)。感染物と膿が乳頭から垂れ落ちる。しかし、環境がA. pyogenes(正常な環境中の細菌である)によって高度に汚染されている。ハエによる伝播を避けるためにその牛を牛群から分離することで、そのリスクを低減される。たとえ乳頭が切開されなくても、罹患牛は常に罹患していない牛群から分離し、他の牛への感染の拡散を防止する。

第13章 夏季乳房炎

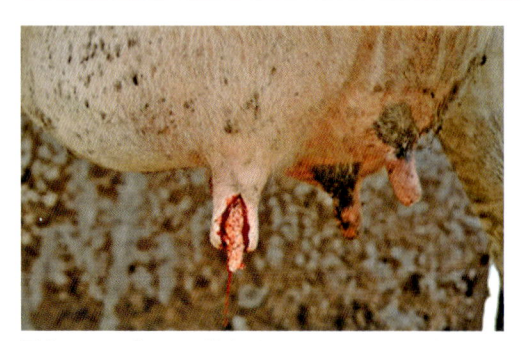

写真13.3 手による搾出ができないときは、乳頭を長軸方向に切開し、排液させる。しかし、その牛はなお感染物を排出しているので、他の乾乳牛から分離する必要がある。

予防

夏季乳房炎の予防は原則として、ハエの防除、長期作用型乳房内抗生物質、および内用ティートシーラントに基づいている。最も一般的な方法を挙げる。

危険にさらさない

夏季乳房炎が発生したことのある草地に、感受性のある牛を出さない。粘土質の高地の開けた草地は、'Sheep head fly' がそのような状態を好まないので理想的である。リスクの高い場所を避けることが、おそらく最善の予防手段であろう。

ハエの防除

さまざまな方法があるが、そのほとんどは体表への皮脂の流れに依存している。しかし、乳房には皮脂腺がなく、そのため乳頭表面の皮脂の流れもない。

- ポアオン製剤は牛の背部に注がれるが、やはり乳頭の防御能は低い。加えて、ハエが最も活動する雨期にはその持続性が低下する。
- ハエ用タッグは頭部と背部の防除に有効で、特に両耳にひとつずつ、2個つけると効果的である。しかし、腹部と乳房の防御はなお十分ではなく、ここが 'Sheep head fly' が好む付着場所である。
- スプレー：乳房を含む個々の牛をすべてカバーするよう、細心の注意が必要である。
- マイクロポア（微細孔）テープ。ヨーロッパ大陸、特にデンマークでは、テープによる乳頭端の閉鎖が成功裏に用いられているが、英国では普及していない。テープの装着は容易ではなく、2週ごとに取り替えなければならない。
- 最善ではるかによい手段は、リスクの高い地域では、直接乳房と乳頭にハエの忌避剤を毎週塗布することである。これは大変な労力と経費を要するが、1頭の牛でもそれによって救われれば、その努力は十分報いられる。最高にリスクの高い地域では、ある農家は、ポアオン用ハエ忌避財とストックホルム(Stockholm)タール（高品質の松のタール）の混合液を毎週塗布して、成功している。もちろん、これらの製剤は正式には許可されていない。ストックホルムタールのみでも、乳頭に定期的に塗布すると有効である。ハエ忌避剤と組み合わせたクロルヘキシジン乳頭ディッピング剤が市販されているが、効果をあげるためには毎日実施しなければならない。
- 罹患牛を隔離し、舎飼いする。これにより重要な感染源が除かれる。

乾乳牛の管理

ほとんどの夏季乳房炎の症例は乾乳後4週間以上たってから、すなわち、抗生物質濃度が低下してから発生しているので、乾乳時抗生物質治療は疑いもなく有益である。次のような方法がある。

- 長期間作用型乳房内抗生物質と内用ティートシーラントの併用が理想的である。
- リスクの高い地域では、ある農家は乾乳用抗生物質の注入を3〜4週ごとに繰り返し

ている。しかし、これはティートシール（乳頭栓）を破壊するので、理想的とはいえない。分娩予定日に注意し、分娩後の抗生物質の牛乳への混入を避ける必要がある。
- 未経産牛への注入も可能であるが、乳房炎軟膏の先端を乳頭端に押しつけて、圧力をかけて抗生物質を乳頭管内に注入する方が、先端を乳頭管内に挿入するよりよい。ある農家は未経産牛に内用ティートシーラントを使用した。ニュージーランドの試験では、分娩後の乳房炎を50％低減している。乳頭管を損傷しないよう、注意が必要である。
- 乾乳後期の牛を舎飼いする：'Sheep head fly' は建物内には入ってこないので、屋内では刺激や厄介さが減じる。その後、夜に、すなわちハエが活動しなくなる日没後に、牛を舎外に出すとよい。
- 分娩時期を夏の初めに持ってくる。そうすれば7～9月の乾乳牛の数が少なくなる。
- ある小規模農家では、乾乳牛も搾乳牛と一緒に扱われているので、乳頭ディッピングが可能であり、乳房の詳細な観察もできる。もし乾乳牛が明確に識別できるなら（搾乳されないように）、この予防方法は非常に有効である。

英国では毎年約2万頭が罹患しているので、夏季乳房炎は酪農業界にとって大きな負担となり続けている。ハエの防除に十分な技術のないことが特筆される。

第 14 章
乳房と乳頭の疾患

代謝障害と毒性状態から生じる疾患 242
 血乳 242
 乳房前部のびらん／間擦疹／潰瘍性乳房疾患(UMD) 242
 乳頭内の'豆(Pea)' 243
 光線過敏症 243
 乳頭の日焼け／日光皮膚炎 244
 乳房の浮腫 244
 1分房の浮腫 245
 湿性湿疹／壊死性皮膚炎／乳房皮膚の剥脱 245
 乳頭の虚血性壊死 245
 1分房の無乳症 246
 化学的な乳頭損傷 247

感染性要因による疾患 247
 細菌性湿疹 247
 牛ヘルペス乳頭症 248
 偽牛痘(pseudocowpox) 248
 ブドウ球菌性とびひ(膿痂疹) 249
 夏季性潰瘍(舐食性湿疹) 249
 乳房のイボ 249
 黒点(black spot) 250

物理的損傷による傷害 250
 乳頭の衝撃による損傷 251
 乳頭の切創 252
 乳頭貫通切創 252
 乳頭の全切除 253

機械搾乳による乳頭の損傷 253
 過角化症(hyperkeratosis) 253
 乳頭スコア 254
 パーラーの点検 255
 乳頭浮腫とくさび状乳頭端 256
 乳頭リング 257
 乳頭のひびわれ 257
 乳頭端出血と圧迫性壊死 258

乳頭損傷に関与する搾乳システムの要因 258
 搾乳システム側の要因 258
 搾乳者側の要因 259

第14章　乳房と乳頭の疾患

　乳房と乳頭の疾患には、乳房炎の他にもさまざまな疾患がある。これらは乳房炎と直接関係しないこともあるが、乳腺を含むいかなる問題も乳房炎への感受性を非常に高める。さらに、これらの疾患のいくつかはしばしば乳房炎と混同されている。本章では、よくみられる状況をいくつか述べる。

代謝障害と毒性状態から生じる疾患
血乳

　これは分娩直後の牛にみられ、1乳頭から搾られた乳汁中の少数の血塊（**写真14.1**）から、全4乳頭のほぼ純粋な血液（**写真14.2**）まで、さまざまである。ある牛群では、分娩直後の牛に高率に発生し、大量の牛乳が廃棄されている。精密検査がなされても、しばしば原因は不明である。個々の症例では、血乳は分娩時の乳房の損傷（陣痛の際に肢で乳房が傷つけられる）、激しい乳房浮腫、牛の異常な歩行、または歩行中に肢で蹴られる垂れ乳房などが原因となる。ときには、前方部の乳房保定装置の断裂（p.18〜19と**写真2.3**参照）によって重度の血乳を生じ、乳房前方の皮膚破裂部にも出血がみられることがある。

　治療法として、多くの人々はごく軽く搾乳

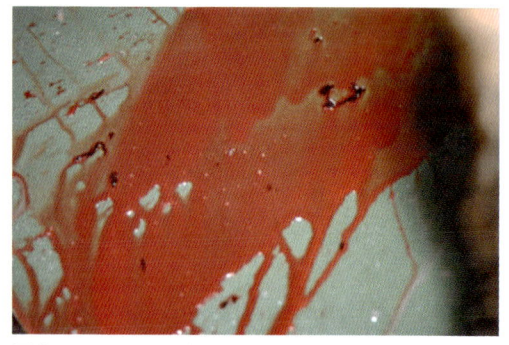

写真14.2　血乳、重症例。ほとんど純粋な血液が乳房から出ている。

すること（乳頭管から菌を排除する程度）を奨めており、こうして乳房内圧を高め、出血を止めようと試みている。

乳房前部のびらん／間擦疹／潰瘍性乳房疾患（UMD）

　この状態はまた、潰瘍性乳房疾患（ulcerative mammary disease, UMD）と呼ばれており、しばしば膿の臭いによって初めて気づく。汚く湿った排出物が乳房の前部にみられる（**写真14.3**）。この状態は主に分娩直後の牛、特に乳房前部の皮膚に大きく深いひだのある高齢牛に生じる。この状態は皮膚の虚血性壊死（血流の欠如による組織の壊死）が原因と考え

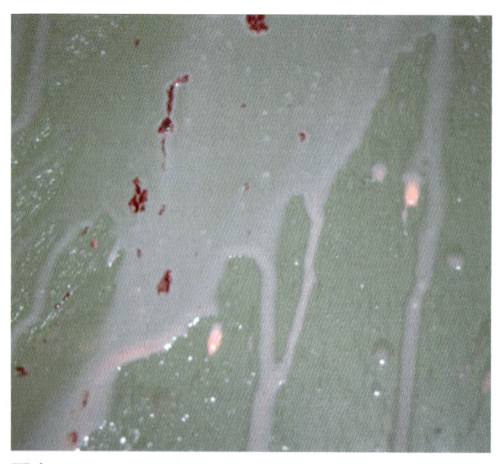

写真14.1　血乳、軽症例。

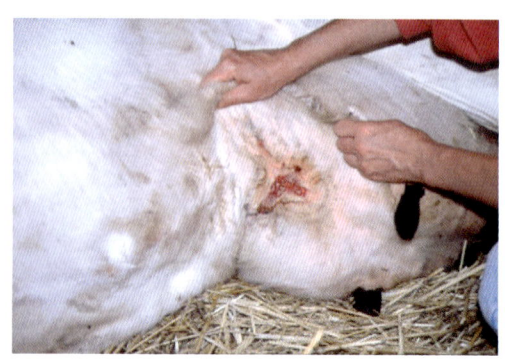

写真14.3　壊死性皮膚炎。間擦疹や潰瘍性乳房疾患（UMD）とも呼ばれる。しばしば乳房前部の悪臭のあるびらんとして初めて気づく。

られており、分娩時の乳房の激しいうっ血から来る。顕微鏡検査で特徴的なスピロヘータがみられる趾皮膚炎を持つ牛群で多発したが、趾皮膚炎のみが単一の原因ではない。

特に有効な治療法はないが、消毒液でその部位を完全に洗浄し、壊死組織を除去し、グリセリンと防腐剤または抗生物質軟膏を塗布することが役立つであろう。

写真14.5 '豆'はさまざまな形と色をしている。

乳頭内の'豆(Pea)'

乳頭内の'豆'の最初の症状は、クラスター除去後もなお1分房が乳汁で充満していることである。手で搾るとはじめの数回はうまく乳が出るが、その後急に出なくなる。この時点で、'豆'といわれる厚い線維性物質の塊が、乳頭管内に詰まっている(写真14.4)。さまざまな形、大きさ、色の'豆'がみられる(写真14.5)。そのほとんどは分娩後の牛にみられ、通常は最高泌乳に達するまでに生じ、その赤い色から凝固血由来であることがわかる。

もし可能なら、指で圧をかけて'豆'を乳頭から除去する。その際、乳頭管内に局所麻酔剤を注入することが必要になることもある。'豆'を取り出すひとつの方法として、2本の30mLの注射筒で乳頭をはさみ、圧をかけながら引き下げていく方法がある。まず乳頭を十分なめらかにしておき、乳頭基部の側面に2本の注射筒の側面をあて、2本の注射筒を同時に保持しながら、ゆっくりと乳頭括約筋の方に押し下げていく。これは乳頭内にかなり強い圧力をかけることになり、しばしば'豆'を排除するのに十分となる。もし不成功なら、半円形のMcClean乳頭ナイフで乳頭管を拡張し、さらに繰り返す。ある獣医師はらせん形の金属コイルを乳頭管内に挿入する方法を好んでいる。もし'豆'が乳頭壁の片側に付着しているようなら、内乳頭壁から組織を切り離すために、アリゲーター鉗子を用いて除去される。

光線過敏症

ときには、光線反応物質が個体牛の皮下に蓄積される。これらは太陽光や紫外線に反応する化合物である。紫外線に反応すると、その化合物は熱エネルギーを発生し、火傷に非常によく似た強い炎症をもたらす。黒色の皮膚は紫外線の吸収を防止するので、白または淡い色素の皮膚のみが罹患する。

最初の光線反応性物質は、採食(例えば、英国ではセントジョーンズワート〈西洋オトギリ草〉、ニュージーランドではランタナ中毒、lantana poisoning)によって得られたり、または肝障害の結果として生じる。乳房の皮膚は初め硬化し、しばしば激しい疼痛を伴う。その後、乾燥して剥がれ落ち、最終的な治癒まで皮下表面が露出したままとなる(写

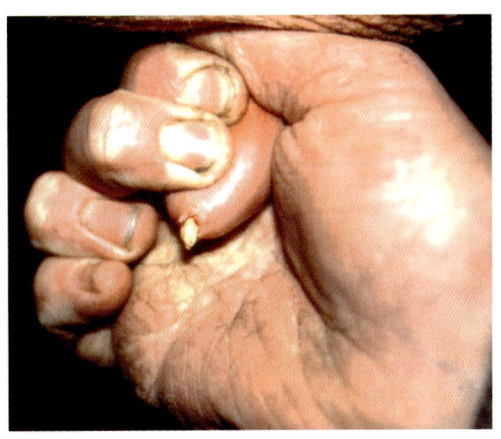

写真14.4 乳頭から突出している'豆'。

第14章　乳房と乳頭の疾患

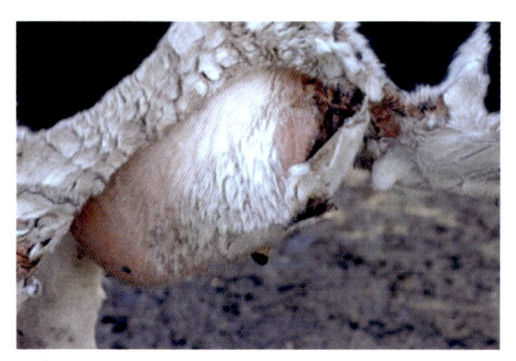

写真14.6　光線過敏症。乳房の皮膚は肥厚し、乾燥し、後に剥げ落ちる。

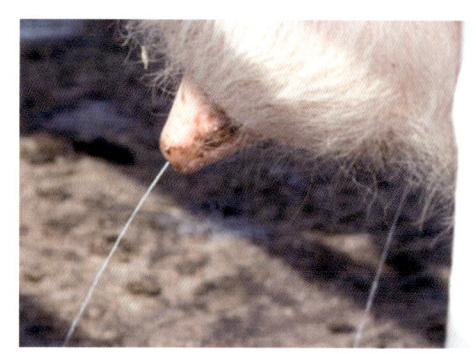

写真14.7　乳頭の日焼け／日光皮膚炎。乳頭の片側のみが罹患していることに注目。

真14.6）。

乳頭の日焼け／日光皮膚炎

　ときには非着色の大きな乳房を持った牛が、乳頭の片側に沿って日焼け／日光皮膚炎を生じる（写真14.7）。これは刺激性となり、またもしハエがたかってくると、夏季性びらんを生じる。皮膚軟膏とハエ忌避剤の使用が有効である。

乳房の浮腫

　'浮腫'は皮膚の中または下に水分が貯留したときの用語である。浮腫の古典的な検査法として、4～5秒間指で乳房表面を圧迫すると、その圧迫部位にみられる凹み（写真14.8）が浮腫の特徴となる。

　浮腫はまた下腹部にもみられ、乳房前方から前肢の方に広がる（写真14.9）。若牛では、循環障害のために、乳頭皮膚がいかに乾いてびらんしているかに注目する。これは壊死性皮膚炎の初期段階である。

　重度の浮腫は特に若牛で問題となる。最も重篤な場合は、広範な壊死性皮膚炎へと進行し、最後には乳頭と乳房の皮膚は腐肉となる（すなわち脱落する）。これらの牛は搾乳が不可能となり、淘汰される。多くは乳房炎を生じる。

　たとえ搾乳ができても、疼痛を伴うので乳

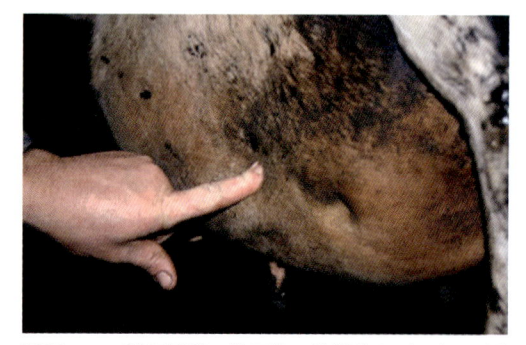

写真14.8　乳房浮腫。指圧後に特徴的な'pit（凹み）'が生じる。

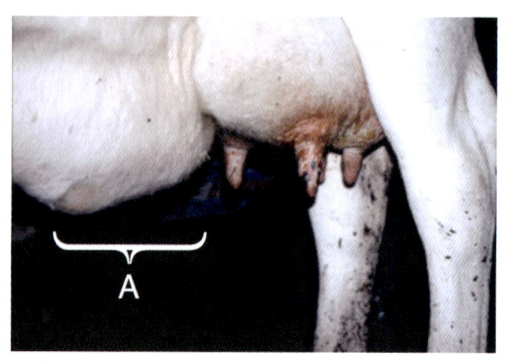

写真14.9　下腹部の浮腫（A）。乾燥してひび割れした乳頭皮膚にも注目（乳頭壊死／壊死性皮膚炎）。

244

汁流下が悪く、乳量は少ない。腫大した乳頭のためにライナースリップと乳頭端衝撃の発生が増加し、これらは乳房炎のリスクを増加させる。最後に、乳房の巨大なうっ血は乳房保定装置に大きな負担となり、断裂する(p.18～19参照)。その結果若牛の寿命を大いに短くさせる。

分娩時の重度の乳房浮腫には次の原因が考えられる。

- 老齢または過肥の若牛
- 分娩直前の飼料給与過多。
- 過剰な分娩前のミネラル補給が、水分の貯留をもたらす。ミネラル補給の不断給餌を中止したことによって、乳房浮腫の問題が解決されたという説話的な報告がある。腐食剤処理されたワラやムギもまた、過剰なナトリウム摂取を導くので、要因になるといわれている。
- 運動不足。乳房からの液体の自然な流れは、リンパ管(体液還流システム)を通じて、骨盤方向に上方に移動する。リンパ液の流れは運動中の肢の動きによって促進される。分娩時の運動不足は体液の流れを悪くし、ひいては浮腫をもたらす。
- 乳房保定装置の断裂もまた、リンパ管への流れを悪くし、このため液体が貯留し、浮腫を生じる。

1分房の浮腫

過去数年間に、新しいタイプの浮腫の発生が増加している。これは突然発症し、1ないし2分房のみが罹患し、分娩前後の浮腫が消失した後の泌乳中期の経産牛に発生する。皮膚の壊死は生じない。原因は不明である。

罹患牛は利尿剤(体から過剰な水分をし尿として排泄する薬剤)にごく緩徐に反応するのみである。その状態にある牛は搾乳困難なことがある。これは乳頭が硬く腫脹し、浮腫となった分房中にほとんど隠れてしまうからである。

初めにみた牧夫は、乳房炎に似ていると強く疑う。しかし、乳汁に変化がなく、体温も上昇せず、どこも色調の変化がない。指圧検査により、その腫脹は典型的な浮腫であることが分かる。

湿性湿疹／壊死性皮膚炎／乳房皮膚の剥脱

これは、しばしば重度の乳房浮腫と関連した、皮膚変性によると考えられており、肢と乳房の間に最も多くみられる(**写真14.10**)。さらに重症例では、全乳房が壊死性皮膚炎に発展する(**写真14.11**)。皮膚は初め腫脹して厚くなり、後に乾燥してフレーク様の表面を示す。ときには、若牛では非常に悪化し、搾乳不可能となる。ある牛では乳房の皮膚のみが罹患し、写真14.12のように、乳頭は柔らかくしなやかなまま残っている。

Streptococcus uberis(ストレプトコッカスウベリス)の濃厚な発育が、この牛の痂皮の下から分離された。罹患部に抗生物質が局所適用され、その結果、治療に成功した。

乳頭の虚血性壊死

この状態は乳頭基部の乾いた皮膚(A)の目立たない所見として始まり(**写真14.13**)、もしこの段階で気づいて治療されたら、この病変は進行しない。獣医学的見地ではほとんど常に、乾いた皮膚の部位は、乳頭基部の中にさらに深くびらんが進行していることが多く、最後には、乳頭全体に広がっていく。刺激性が強くなり、牛は過剰なほど乳頭を舐め、自己傷害性の損傷を招き、**写真14.14**のように、乳頭を完全に破壊する。病変が乳頭基部の勃起性静脈叢(図2.7)に達し、血行が悪くなることでちくちくしたしびれが生じ、強い刺激性がもたらされる。

本症の初期段階では、皮膚軟化剤とフルニキシンのような抗炎症剤の適用が有効で、血

第14章　乳房と乳頭の疾患

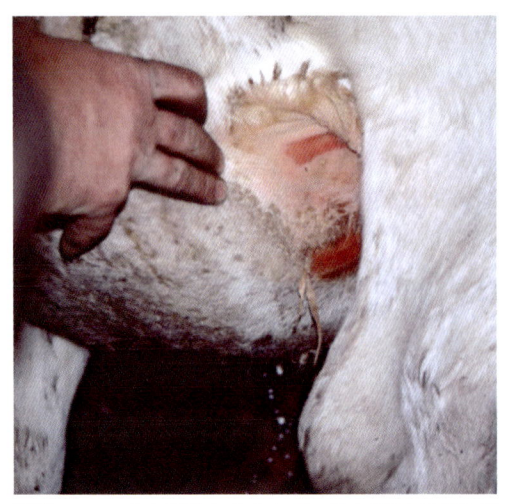

写真14.10　主に若牛にみられる、肢と乳房の間の湿性湿疹。

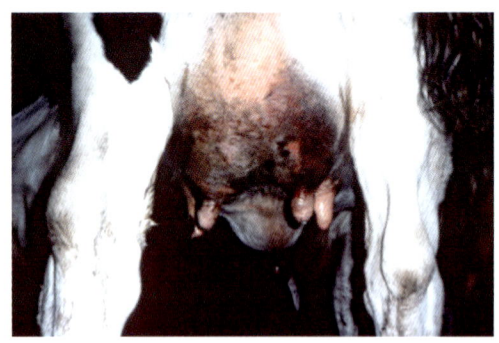

写真14.11　壊死性皮膚炎へと発達した重度の湿疹。非常に重く罹患し、搾乳不能となる牛もいる。

写真14.12　乳房皮膚の剥脱。この牛の場合は乳頭への影響は軽微であった。

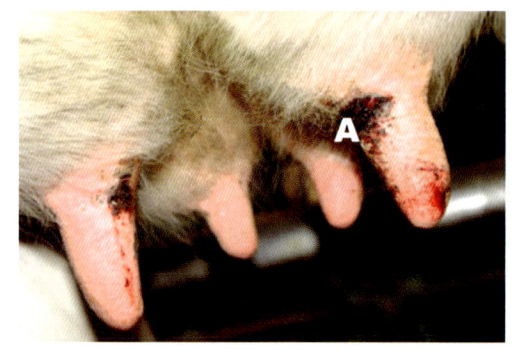

写真14.13　虚血性乳頭壊死の初期病変が、乳頭基部の乾いた皮膚（A）にみられる。

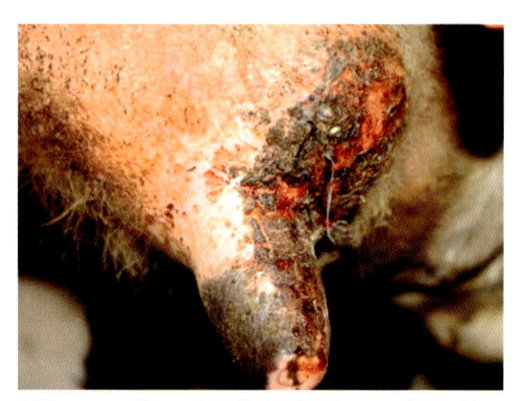

写真14.14　激しい虚血性乳頭壊死。この若牛は強い刺激のために乳頭を舐めすぎ、最後は乳頭を破壊した。

管拡張剤も指示される。搾乳は中止することが好ましい。本症の原因は不明であるが、ゴム製ライナーへの反応（しかしなぜ1カ所のみなのか）、例えばクラスターの配列不良による乳頭上のライナーの引っぱり、または乳頭基部の勃起性静脈叢内の先天性の血流不足などが示唆されている。

1分房の無乳症

この状態は本来、泌乳開始後4カ月以内の初産牛に起こる。1乳頭が'軽く'すなわち乳量が減少しはじめる。そしてその分房が完全に機能しなくなるまで進行する。乳汁には肉眼的な変化がなく、体細胞数の増加もなく、培養によっても有意な微生物が得られない。

罹患牛は発熱もなく、食欲は正常で、残りの3つの分房から泌乳を続けている。そのまま放置されると、大多数の若牛は次の泌乳期に乳生産に復帰するが、まれにその分房が2回目の無乳症となる牛もいる。原因は不明である。

化学的な乳頭損傷

最も多いミスは、バルクタンク用洗浄剤であるヨードやリン酸塩を、乳頭ディッピングに使用することである。他には、希釈してクラスターの洗浄に用いられる過酢酸塩の誤用がある。これは頻繁に起こっており、乳頭のひび割れや潰瘍、皮膚の壊死を伴う重大な問題を生じ、ひいては乳房炎をもたらす。典型的な症例が写真14.15に示されている。いかに乳頭と乳房の皮膚が侵されているかに注目されたい。乳頭端はむき出され、乳房炎の誘因となっている。これらの化学薬品はまた搾乳者にも影響する。化学薬品のドラムは、注意深くラベルしておくべきである。

感染性要因による疾患
細菌性湿疹

写真14.16に、比較的少ないタイプの乳頭湿疹が示されている。乳頭の片側のみが罹患していることに注目する。これは、この肉用種の哺乳子牛の下唇の開放性潰瘍が原因であり（写真14.17）、そのために乳頭は潰瘍のある面のみが罹患している。抗生物質の全身注射と防腐性乳頭軟膏の局所塗布で、よい結果が得られた。この病変の最も可能性の高い原因は、*Fusobacterium necrophorum*（フソバクテリウム　ネクロフォラム）であるが、これを確認するための培養はなされなかった。この同じ菌は乳頭端の'黒点、black spot'と関連しており、また夏季乳房炎にも示されている（p.235参照）。

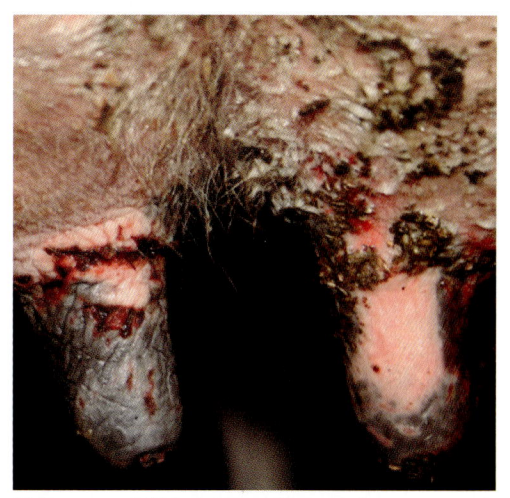

写真14.15　化学的な乳頭と乳房の火傷。これらの牛はほとんど搾乳不能となった。

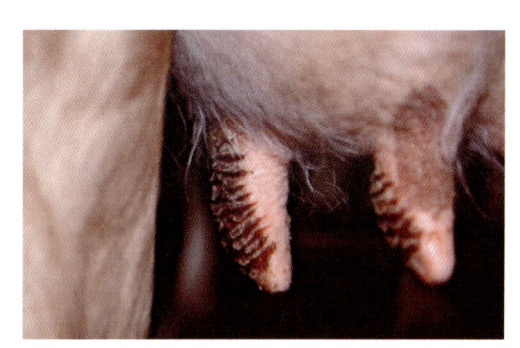

写真14.16　細菌性湿疹。この症例は哺乳子牛の下唇の感染性潰瘍との接触により生じた。湿疹は乳頭の一側のみであることに注目。

写真14.17　子牛の下唇の開放性潰瘍。写真14.16の乳頭病変の感染原因となる。

第14章　乳房と乳頭の疾患

牛ヘルペス乳頭症

　これは、偽牛痘（次項参照）よりもはるかに重度の、乳頭のウイルス感染症である。そしてある場合には非常に重い疼痛性の乳頭皮膚損傷の原因となり、その牛は搾乳不可能となる。外観は壊死性皮膚炎に非常によく似ているが（**写真14.11 参照**）、通常、乳頭の方が乳房より多く罹患する。保護剤によるディッピング治療が有効であるが、乳頭の治癒は遅い。疼痛例では、グリセリン液によるプレディッピング（クラスターの装着前に拭き取る）が、乳頭を軟化させ、搾乳をしやすくする。疾病の活性期には、乳頭皮膚上に出現する小疱（水疱）は、多数のウイルス粒子を含んでいる。そのため、罹患牛は最後に搾乳するか、次の搾乳の前にユニットを完全に洗浄し消毒すべきである。幸いなことに、いったん牛が感染し回復すると、生涯免疫が獲得される。この症状は乾乳牛には事実上みられないので、乾乳中はキャリアとして休眠しており、分娩後に活性化して病気を起こすと考えている人もいる。

偽牛痘（pseudocowpox）

　これは乳頭皮膚のウイルス感染であり、特徴的な馬蹄状の病変を生じる。乳頭は**写真14.18**に示したように、広範に罹患する。より多いのは、**写真14.19**にみられるような、小さく輪郭があまり明瞭でない乳頭皮膚の病変である。初期は一般に皮膚の紅斑があり、小膿疱へと発達し、最後に痂皮が形成され、それが剥がれると馬蹄状の病変が露出する。この状態はそれほど疼痛性が強くないので、搾乳は可能である。

　ほとんどの牛は3〜4週間後に治癒するが、保護剤を含む乳頭ディッピングが治癒を促進する。もし天候が穏やかなら、次亜塩素酸塩ディッピングが特に有効であると考えられている。ヨード系ディッピングもまた用いられる。ディッピングの方がより完全にカバーできるので、スプレーより有効であろう。これはまた、*Staphylococcus aureus*（黄色ブドウ球菌）や*Streptococcus dysgalactiae*（ストレプトコッカス　ディスガラクティエ）のような乳房炎細菌の発育を抑制する。そうでないと、これらは偽牛痘の瘢痕内に増殖する。油性軟膏は奨められない。なぜならば、汚れやすくなるので、細菌を拡散し、またウイルスを殺さないからである。

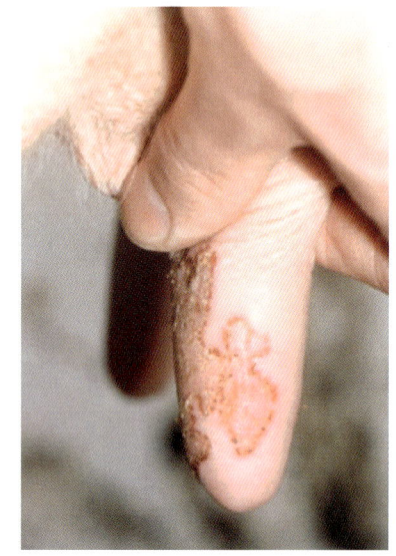

写真14.18　偽牛痘。表在性の非疼痛性の出血を伴う特徴的な病変の広がり。

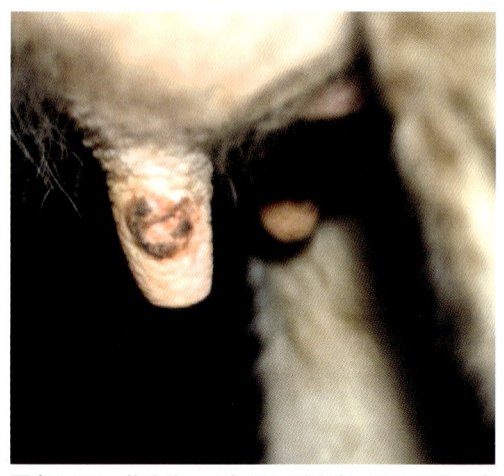

写真14.19　偽牛痘。1個の円形病変。これが最も多くみられるタイプである。

偽牛痘に対する免疫性は短期間であり、6〜12カ月後には再感染する。このウイルスはまた、牧夫の手に、ときに'搾乳者の小結節、milker's nodules'と呼ばれる、小さなイボを生じることがある。偽牛痘は、しばしば羊と接触した牛群にみられるので、羊痘との関連が示唆されてきた。しかし、人にみられる搾乳者の小結節は、人の羊痘病炎とは非常に異なっている。

ブドウ球菌性とびひ（膿痂疹）

本疾患は乳牛には多くないが、しばしば泌乳山羊にみられる。ブドウ球菌性とびひは乳房表面の赤い発疹である（写真14.20）。この病変はそれほど疼痛はないが、乳房皮膚上に湿ったにきび様の広がりを生じ、乳房炎細菌の生息地となる。皮膚を洗浄し、局所防腐剤治療が通常有効である。

夏季性潰瘍（舐食性湿疹）

これはハエの刺激によって生じると考えられている。ある牛は盛んに自分の乳頭や腹部を舐め、皮膚表面のびらんや潰瘍を生じる。典型的な例が写真14.21に示されている。さらに重度な例もあり、夏季乳房炎を生じることもある。ハエ忌避剤による治療で早期に回復する。乳頭ディッピングもまた有効である。

乳房のイボ

イボはパポバウイルス（papova virus）によって生じる。5種のウイルス株があり、これがイボに多くのタイプがあることの説明になる。最も多いのは肉様イボ（写真14.22）と羽根様イボ（写真14.23）である。後者はその根が容易に離れるので、ごく簡単に引き抜くことができる。結節様イボの除去はより困難である。

ワクチンは、ウイルスを放出させるためにイボをすりつぶし、ホルマリンで不活化して作られ、そのろ液を罹患牛に戻して注射する。

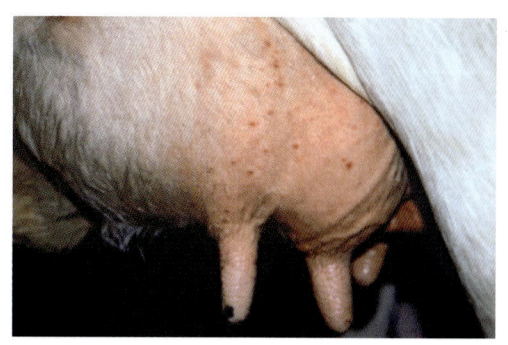

写真14.20 ブドウ球菌性とびひ（膿痂疹）。乳房上の赤い発疹に注目。

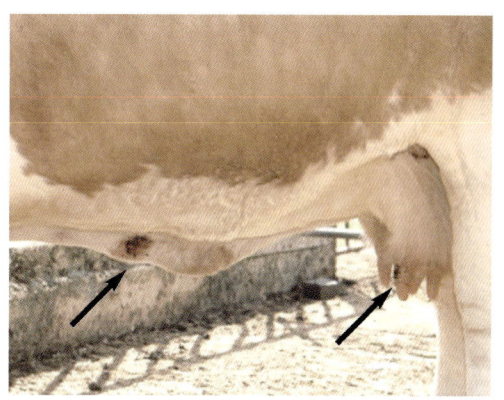

写真14.21 夏季性潰瘍。ハエの刺激とそのために盛んに舐めることが、これら腹部と乳頭の潰瘍の原因となる。

これを実施するには許可証（ライセンス）が必要である。治療効果が悪いので、これらワクチンの価値は限られている。ほとんどの牛は結局自然治癒し、2〜3回目の泌乳期には消えてしまう。

乳頭上にこのイボがあると、搾乳にかなり障害をもたらす。

- ライナーの付着不良や空気漏れが生じ、その結果、乳頭端衝撃をもたらす。ある若牛では、イボが非常に多いため搾乳不可能となる。
- イボは疼痛性のことがあり、そのため乳汁の流下が阻害され、残乳が増え乳量が減少する。

- 乳頭管周囲のイボは、乳房炎の誘因となる。
- イボによる皮膚の損傷は、*Staphylococcus aureus* と *Streptococcus dysgalactiae* などの二次感染の誘因となる。

イボを生じるウイルスは、ハエによって伝播されると考えられている。確かに、川や流れ(ハエの理想的な生息地)の近くで育成されている若牛にイボが多い。そのため、ハエの防除が重要な予防法となる。これはp.238に記述した。

しかし、ハエが唯一の媒介者ではない。なぜなら、舎飼いの若牛にも、特に飼育密度が高いときにみられている。

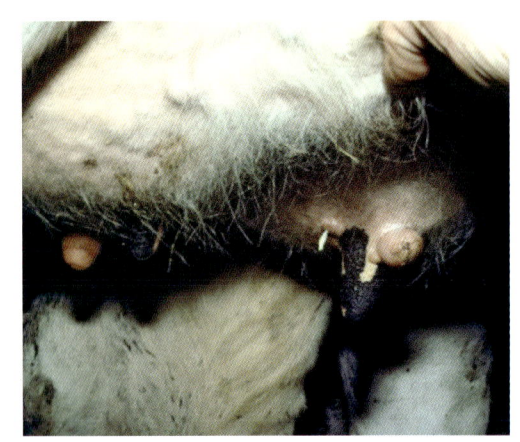

写真14.22 '肉様'の乳頭イボ。

黒点(black spot)

これは乳頭括約筋の壊死を示す用語であり、しばしば *F. necrophorum* のような微生物の二次的な細菌感染を伴っている。典型的な症例が写真14.24に示されている。乳頭端の広範な損傷のために、乳房炎のリスクが非常に高い。罹患牛は1〜2週間、搾らないか、または手搾りとし、治癒を待つ。壊死組織除去軟膏の使用は、治癒を促進する。

黒点は乳頭端の機械的な損傷としてはじまり、その乳頭の不良な環境、例えば汚れた状態への曝露がつづく。保護剤の少ない乳頭ディッピングは、これを悪化させることがある。しかし、次亜塩素酸液によるディッピングは、乳頭端から壊死組織を除去し治癒を促進するので、有益であるとのいくつかの経験談がある。感染がすでに乳頭端にあるならば、カニューレ(導乳管)の挿入(写真14.26)は、大きなリスクを伴う。

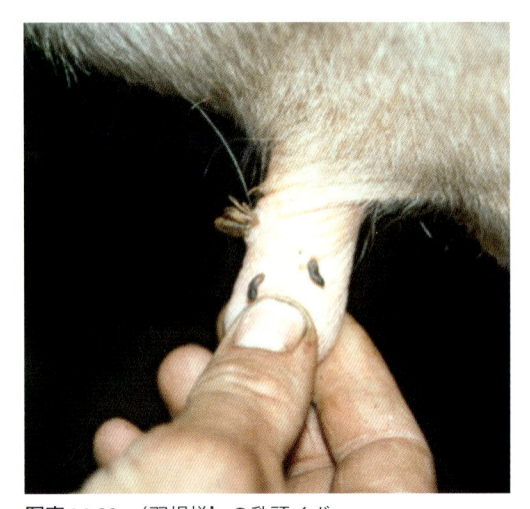

写真14.23 '羽根様'の乳頭イボ。

物理的損傷による傷害

乳頭の損傷は、外的な衝撃か、あるいは搾乳システムによって生じた傷害のいずれかの結果である。外的な衝撃による要因から検討をはじめる。

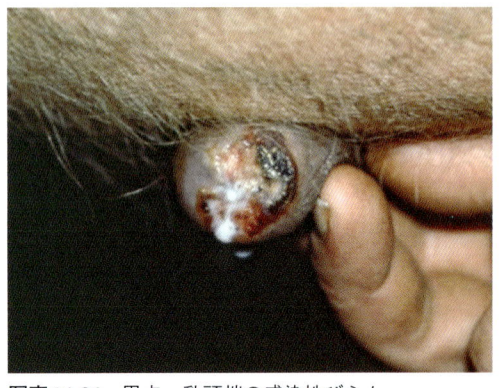

写真14.24 黒点。乳頭端の感染性びらん。

乳頭の衝撃による損傷

ある牛群では、ほとんど流行性に乳頭の挫傷や損傷が発生しているようである。物理的な損傷が多発しているときに考えられる要因には、次のことがある。

- 牛の過密な飼育と運動場所の不足。単純に牛が集合し、密着する。
- 滑りやすい床や通路。コンクリートに溝をつけ、表面によりよいひっかかりを作ることにより、しばしば劇的な改善がみられる（発情の発見も改善される）。
- 過度に狭い牛床への通路。牛はぎこちなく牛床と反対に後ずさりしたり、あるいはお互いに後ろに押し合って転倒する。
- 非常に狭い牛床。大型の牛は隣の牛床に肢を突き出し、そこの牛の乳頭を傷つける。
- どんな理由であれ、不快な牛床は、多くの牛が滑りやすい舎外に寝そべるようになり、乳頭損傷の機会が増える。牛床のデザインと大きさは第8章に記載されている。
- 滑りやすい牛床、例えば敷料の不十分なゴムマット。もし牛床表面があまりにも滑りやすいと、牛が起きようとするときに転倒して、乳頭を傷つける。
- ルーズハウジング、特に長く狭い、良くないデザインの区画では、牛が過密となる。牛床方式も乳頭損傷を生じるが、おそらく不良なルーズヤード方式の方が多いであろう。
- 粗暴な扱い、例えば、通路や曲がり角に牛を追い立てる、追い立て柵や牧用犬の過度の使用などにより、牛は転倒しやすくなる。
- 頻繁な群の編成替え。いったん50〜100頭の牛群に編成すると、そのまま保つのが最もよい。ある群から他の群に牛を移すと、その牛は攻撃的になり、けんかをしやすくなるので、乳頭損傷が生じる。
- 不十分なハエの防除。屋外で飼育されている牛は、ハエの刺激で放牧場やフェンス付近を歩き回り、乳頭を傷つける。犬も同様の影響があると考えられる。しかし、ほとんどの乳頭損傷は舎飼い牛に起こっている。
- 跛行の増加。肢に不快感を持っている牛は、動作がぎこちなく起立困難となり、自分で自分を傷つける機会が増える。
- 維持管理のよくない建物。とがった角、特に牛床では、乳頭損傷の発生が増える。

写真14.25は、挫滅を受けた乳頭を持つ牛の典型的な症例であり、極端に搾乳困難となった。この写真は搾乳直後に撮られたもので、罹患分房が正しく搾乳されなかったことを示している。治癒するまで単純に搾乳しないことを多くの牧夫が好む。数日以内に乳房内の乳汁の圧は低下し、ミルカーをかけないことによって、はるかに早く治癒する。乳房炎になるリスクはあるが、乳頭カニューレ（導乳管）を挿入して1〜2週間そのままにしておくよりは、リスクは大きくない（おそらく小さい）。もしその牛が許容するなら、毎搾乳時に数回手搾りをすると、リスクは最小限となる。

搾乳が再開されると、たとえ3〜4週間搾乳されなかったとしても、その分房は驚くほど早く生産を回復する。しかし、はじめの数

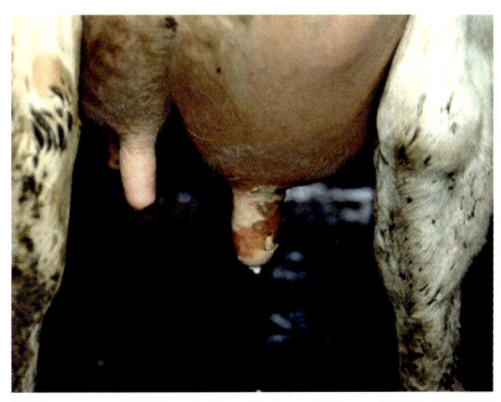

写真14.25 搾乳できないため、乳汁で充満した挫滅乳頭。

第14章　乳房と乳頭の疾患

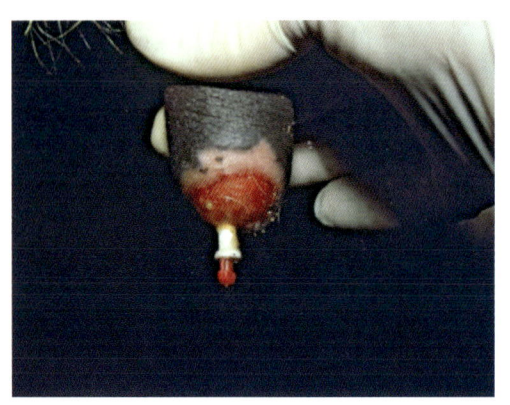

写真14.26　乳頭カニューレ（導乳管）は、乳頭端に損傷を持つ牛の搾乳の必要性をなくすが、特にカニューレが除去されるときに、大きなリスクを伴う。

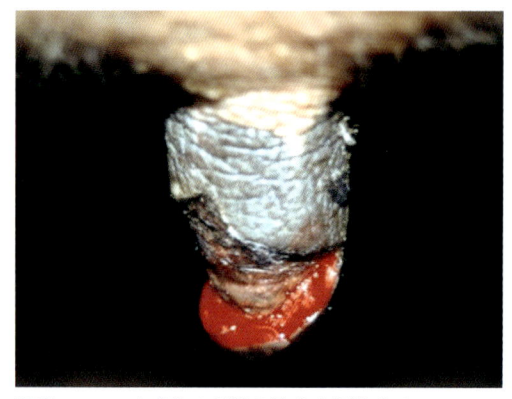

写真14.28　皮膚片の切除は治癒を促進する。

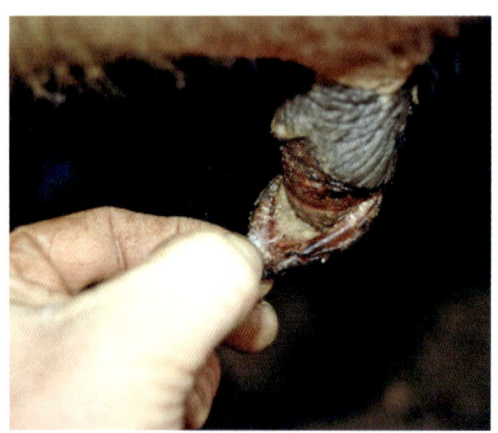

写真14.27　皮膚片を切除する前の、典型的な乳頭の切創。

回の搾乳は、非常に高い体細胞数のために廃棄すべきである。

乳頭の切創

乳頭はさまざまな切創や裂傷を受けやすい。最も多い例は写真14.27にみられるように、乳頭の下1/3から乳頭端にかけての水平な切り傷である。この傷は乳管洞までは達していないが、その牛の搾乳は、ユニットを取りはずすたびに皮膚片が引き下げられるので、困難となる。皮膚片は満足に縫合できるほど、厚くはないであろう。

最も効果的な治療法は、局所麻酔下でその皮膚片を切除することであり（写真14.28のように）、おそらく搾乳を再開するまで、2～3日間放置して、治癒させるのがよい。これらの切創のほとんどは非常によく治癒する。初期は創面を汚れやハエから保護するために、微細孔テープを巻いておく。このテープは傷口が呼吸できるようになっており、そのため治癒が促進される。

乳頭貫通切創

もし傷が乳管洞まで達していたら縫合が必要となる。これは挫滅、特に挫滅の側面が除去され得るときに、最も多くなされる。牛の後肢を、削蹄のときと同じように、持ち上げて保定する。こうすると、術野が広くなり、術者の安全度が大きくなる。局所麻酔剤を乳頭基部の周囲にリングブロック（輪状遮断）として浸潤させる。創面を清浄にして縫合する。乳管洞乳頭部の内膜を数回縫合し、ついで皮膚を縫合する。多くの創傷では、これは一層縫合で十分であり、特に乳管洞の縫合が外部縫合によって互いに引き合うようになっているときは、一層でよい。搾乳を1～2週間停止するか、または搾乳を続けてもミルカーを素早く取りはずす。

乳頭の全切除

　写真14.29にみられるように、いかに多くの牛が、乳頭のひとつをその基部から完全に切断された状態で、パーラーに入ってくるかは驚くほどである。これらの牛の多くは、全4乳頭の泌乳を続けており、乳汁の流下が起こると、罹患乳頭はたんにパーラーの床に乳汁を垂れ流すのみである。残念ながら、写真14.29のような牛は重度の乳房炎となり、淘汰される運命をたどる。

機械搾乳による乳頭の損傷

　乳頭はミルカーによって傷害されることが多く、搾乳ユニットをはずしたときの乳頭状態の評価は、搾乳システム全体を評価する非常に重要な機会となる。その異常は常に機械搾乳に関連しているが、その原因には次のものがある。

- 搾乳システムのデザインや機能（例えば、パルセーションの不良、または過剰なプラントの真空度）。
- 搾乳者のミルカーの扱い方。例として、最後の数mLの牛乳を搾るために、クラスターを再度かけることや、あるいは乳房の準備不足により、乳汁の流下が減少したり2相性になり、ユニット装着まで長く時間がかかる。

　乳頭端へのいかなる物理的な損傷も、第3章に述べたさまざまな防御機構の効果を減じ、結果として乳房炎のリスクを増加させる。乳房炎増加の程度は、乳頭損傷の激しさ、その損傷が存在した期間の長さ、および搾乳後の乳頭ディッピングの効能や環境の清潔度のような乳房炎に影響する他の要因などの、さまざまな要因と明白に関係している。

　次項から、過角化症、乳頭浮腫、ひびわれと出血、モニターとしての乳頭スコアのような、出現するいくつかの状態を述べる。乳頭スコア（写真14.30～33）は、機械搾乳の効能を評価する非常によい方法である。

過角化症（hyperkeratosis）

　乳頭口の過角化症は、機械搾乳に伴った最も多い乳頭病変のひとつである。それは、乳頭括約筋を取り巻く乾いた乳褐色または乳白色組織の突出としてみられる。これはまた括約筋反転として知られていたが、この用語は今日ではほとんど使用されない。典型的な例が写真14.31に示され、より重度の例が写真14.33に示されている。ある程度の過角化症は高泌乳牛の特徴でもあり、特に泌乳ピーク時またはその直後にみられる。もし牛群のスコアが、分娩後間もない牛、高泌乳期の牛、泌乳後期の牛に分けて付されると、しばしば分娩後の牛は低く、高泌乳期の牛は中で、後期の牛は最高値となる。なぜなら、後期の牛はミルカーに最も長くかかっていたからである。たとえ、非常に重度に罹患した乳頭が乾乳期の間に回復するとしても、その損傷は累積され、ある泌乳期に罹患した牛は次回の泌乳期にさらに悪化する傾向がある。

　過角化症の病変は、乳汁の流れが最小となる搾乳の末期に、最も生じやすいと考えられている。円錐形の乳頭は円筒形の乳頭より悪くなり（水疱を生じる）、高齢牛は、乳頭の弾

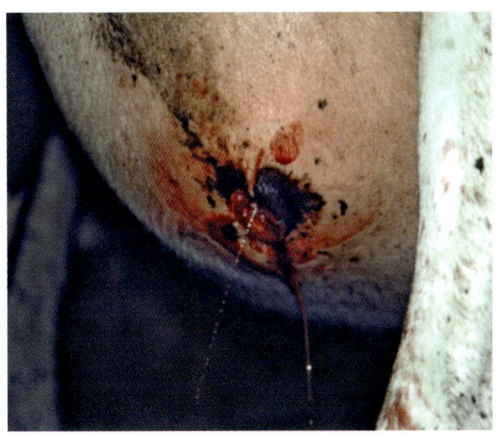

写真14.29　事故により、基部から切断された乳頭。これは驚くほど多い。

第14章　乳房と乳頭の疾患

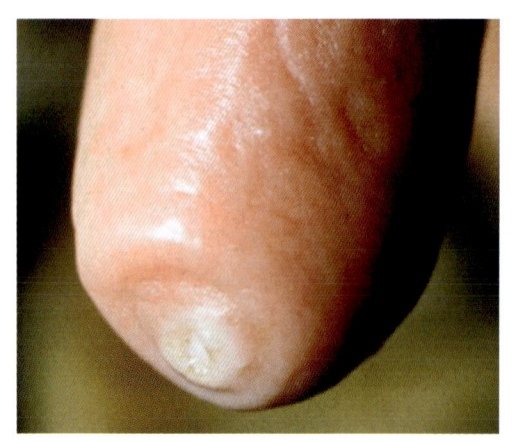

写真14.30　乳頭スコア0。完全な乳頭端。

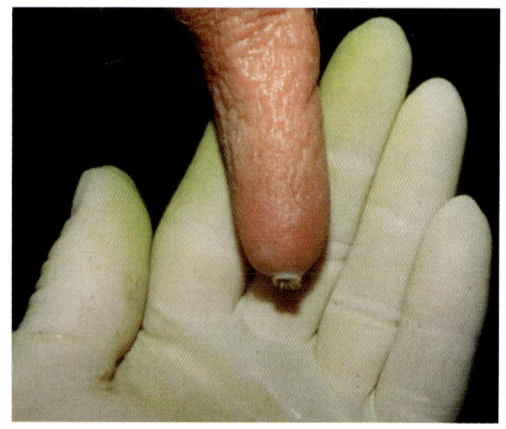

写真14.32　乳頭スコア3。乳頭管の突出と葉状のケラチンに注目。

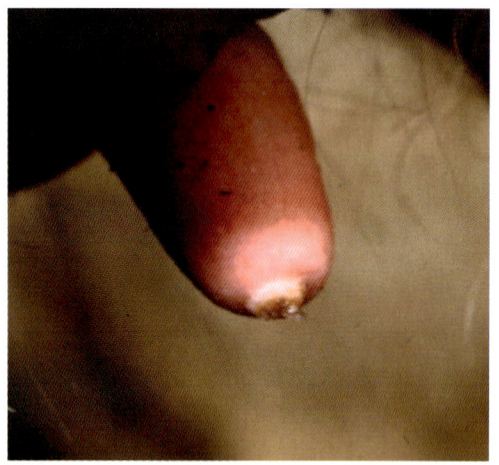

写真14.31　中等度の過角化症と隆起した乳頭口。乳頭スコア2。

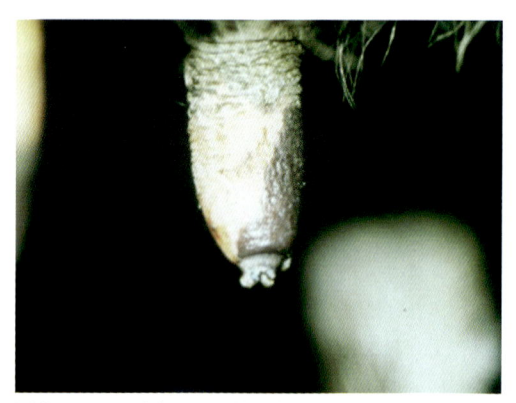

写真14.33　重度の乳頭端過角化症。乳頭スコア4。

力性が低下しているので、若牛より罹患しやすい。

乳頭スコア

　乳頭口の外観に基づいて、乳頭をスコア化する試みがなされている(Shearn and Hillerton, 1996)。搾乳ユニットが取り外されたあと、できるだけ早くその検査をするのが最善である。乳頭をくまなく観察するためにヘッドランプを用い、外科用手袋を装着すべきである。理想的には、乳頭を手でつかむこともまた必要である。第一に乳頭の浮腫の程度(すなわち、硬さ)を評価し、第二に乳頭端をつかんでその変化が完全に検査者の視野に入るようにする。ある牛群では、牛が乳頭を手で触られるのを嫌がる。その場合は、検査者はたんに目で乳頭を検査し、次に述べる乳頭ごとのスコアをするよりも、牛1頭としてスコアをつける。

　スコア化の多くは、乳頭管の過角化症の程度に基づいている。0～4のランクがほぼ次のように決められている。

0．完全な乳頭端。わずかに硬化したリングがみられるが(乳頭括約筋)、荒れてはいない(写真14.30)。

1．乳頭口はわずかに開きぎみで、正常な平滑で円形の状態が失われている。乳頭管のリングはわずかに隆起した外観を示し、初期のケラチン葉状物がみられる。
2．中等度の過角化症。ケラチンからなる少数の小さな粗い葉状物が、隆起した乳頭口から 1 ～ 2 mm 突出している（**写真14.31**）。
3．乳頭口は非常に粗野で、ケラチンが乳頭括約筋の全周囲から突出している（**写真14.32**）。
4．さらに進行したケラチンの突出が 2 ～ 4 mm の長さとなり、括約筋はほとんど内面が外に反転した状態となる（**写真14.33**）。

　どの牛群も、乳頭端損傷の個々のスコアを持つ牛からなっている。牛群としてのスコアの目標値は平均乳頭あたり 0.5 ～ 1.0 である。平均スコア 1.0 以上の牛群は調査の対象となる。その調査においてスコアを細分化し、例えば、前乳頭と後乳頭の平均スコア、高泌乳牛と低泌乳牛の平均スコア、あるいは経産牛と初産牛の平均スコアにして比較することは有益である。

　図5.9 に示されたように、高いスコアのみが、個々の牛の潜在性乳房炎の発生を増加させている。高いスコアを持つ牛の体細胞数と臨床型乳房炎発生は、乳頭端損傷が本当にその特別な牧場の臨床的な問題であるのかどうかを調べるために、低いスコアの牛と比較される。

　スコアが 0 ～ 5 段階の他の方式では、スコア 5 はスコア 4 の進行した段階である。ほとんどのスコア方式は、個々の乳頭の触診を含んでいるが、これが実施できないとき、例えば牛が触診を嫌うときは、上述したように視診のみで牛 1 頭あたりの平均スコアを用いることもできる。

国際的な乳頭スコア

　この方式では、乳頭は次のようにスコア化される。

- 正常。乳頭端は平滑（スコア 0）。
- 平滑な輪状。乳頭括約筋は隆起し明視できる（スコア 1 以上）。
- 粗野な輪状（スコア 2 および 3 以上）。
- 非常に粗野な輪状（スコア 4 以上）。

　目標値は、粗野および非常に粗野な輪状が 20％以内で、非常に粗野な輪状が 10％以内である。これ以上の値は、調査の対象となる。

パーラーの点検

　乳頭端の変化のスコア化に加えて、観察者はまた、乳頭の状態や全体的な乳房炎発生に影響する他の要因を記録することも有用であると認めている。以下にいくつかの例をあげる（さらなる詳細は付録にある）。

- 二峰性の乳汁流下（すなわち、初回の乳汁の流下があり、その後 30 ～ 90 秒間のゆっくりまたはゼロの流れとなり、ついでいっぱいの流れとなる）の数。これはラクトコーダー（Lactocorder, p.120 ～ 121 参照）によって最もよく記録されるが、クローへの牛乳の流れをたんに目視して観察するだけで、十分役に立つ。5％以上の二峰性の乳汁流下は、乳房の準備と乳汁流下に問題あることを意味し、これが乳頭端損傷を招く。
- 監視されたライナースリップの数（p.93 ～ 94 にあり）。ライナースリップの数は 5％以下であるべきであり、どのライナースリップに対しても、搾乳者は緊急事態として対処すべきである。
- 乳頭皮膚の状態、例えば乾燥しひびわれた皮膚（**写真14.34**）は、乳房炎の誘因となり、搾乳ユニットの装着時間が長くなる。
- 乳頭浮腫およびくさび状乳頭端（次項参照）。

第14章　乳房と乳頭の疾患

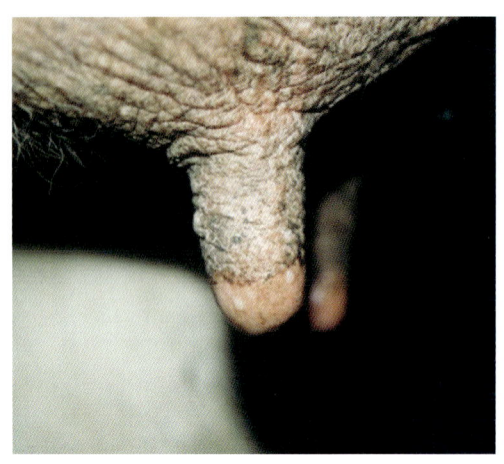

写真14.34　乾いてひびわれた乳頭は、特に伝染性細菌感染による、乳房炎になりやすい。

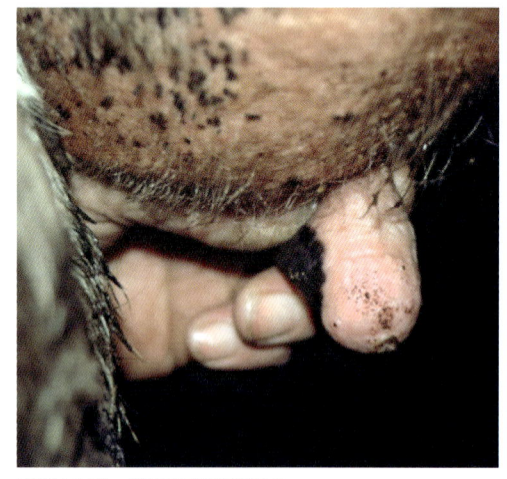

写真14.35　軽度の乳頭端出血。

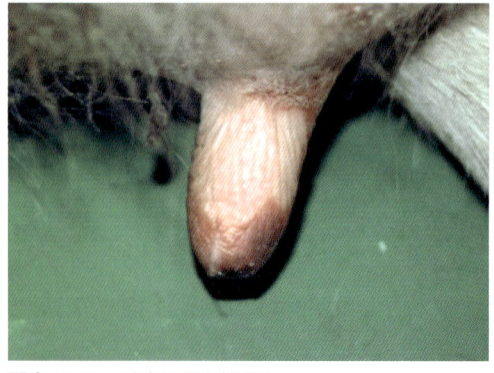

写真14.36　重度の乳頭端出血。

- 出血の存在（**写真14.35**、**写真14.36**）。
- 搾乳ユニット除去時の乳頭の糞便汚染。もし1つ以上の乳頭に、指の爪より大きい汚染部位があれば、著者はその牛を'汚れ牛'と分類している。理想的には、'汚れ牛'がいないことであり、もし10％以上の牛が'汚れ牛'であれば、これは問題となる。
- 自動クラスター離脱装置（ACR）の機能が荒いかやさしいか？　すなわち、牛が蹴るか、あるいはユニットの離脱までおとなしくしているか？　もし20％以上の牛が蹴ったり、排糞するようであれば、これは問題である。
- 搾乳ユニットの離脱時に、クラスターの受け容器に牛乳が残っているか、または空になっているか？　離脱時に完全にクロー内が空になっているのは、過搾乳の徴候であり、それが乳頭端損傷をもたらす。
- ポストディッピングでひとつ以上の乳頭が半分以下しかカバーされていない牛の頭数。この数は5％以下でなければならない。（p.138〜141参照）。

乳頭浮腫とくさび状乳頭端

浮腫は搾乳システムの不良により起こる、最初の乳頭の変化のひとつである。これはしばしば視診よりも、乳頭の触診によって容易に発見される。搾乳直後の乳頭は柔らかくしなやかである。浮腫の牛では、乳頭はこりこりしていてほとんど硬固物に触れるようで、わずかに退色し、痛みを示すこともある。もし10％以上の牛に明らかな浮腫が認められたら、その治療処置を取るべきである。

搾乳ユニットの除去直後にみられる乳頭端の軽度の腫脹と浮腫は（**写真14.37**）、許容可能な変化であり、特に若牛と分娩直後の経産牛に一般的である。乳頭の腫脹と扁平化の線は、ライナーの破損面に一致し、それはライナーが常に同じ側面で開閉しているからである。そのため、もし**写真14.37**の乳頭を側方

からみると、厚いというより実際にはむしろ薄くなってみえる。さらに進行した症例では、乳頭の圧迫が非常に強いので、乳頭端を横切ってくさび形を作っている。そしてある場合には、ひびわれと亀裂を生じる。三角型のライナーは乳頭端に三角型の圧迫を生じる（写真14.38）。いくつかの三角型のライナーは、ライナーのマウスピースの中に挿入された空気孔を持っている（そのためクローの空気孔は閉じられている）。換気のよいライナーは、乳頭からの乳汁のより良い排出をもたらし、乳頭端損傷を軽減するといわれている。

乳頭リング

ある牛では、搾乳ユニットの除去時に乳頭基部に、写真14.39にあるような'リング'がみられる。

もしこれが少数の分娩直後の牛にみられるなら、それは大きな問題とはならず、おそらく一時的な分娩前後の乳頭の浮腫に関係している。しかし、もし大多数の牛にみられたら、それはライナーまたはライナーシェル、あるいはおそらくプラントの真空度に問題があることを意味している。もし乳頭がその基部で絞縮されると、乳管洞乳腺部から乳頭部への乳汁の流れが妨げられる。それは、乳汁の流出速度を減じ、搾乳時間を長くし、乳頭端損傷の機会を増やす。

乳頭のひびわれ

'ひびわれ'は乳頭皮膚の亀裂である。これは特に、牛が湿って寒く風のある天候にさらされたときや、ぬかるんだ汚れた環境におかれたときに発生する。非常に寒い、例えば氷点下における乳頭ディッピングは、特に濡れた乳頭が寒風にさらされたりすると、ひびわれを生じる。ひびわれは、搾乳ユニットの配列が不良であると、クラスターを取りはずすときに乳頭にねじれを生じて（そのため皮膚のひびわれが開く）、さらに悪化する。高

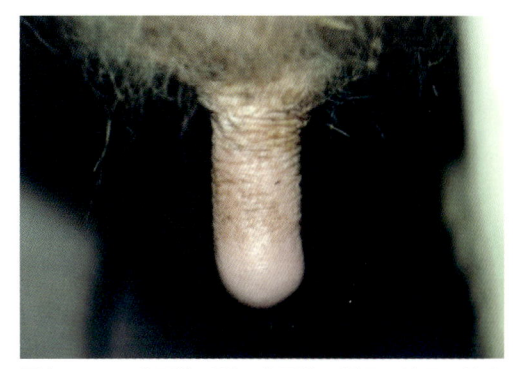

写真14.37 乳頭端浮腫。乳頭端の腫脹に注目。搾乳ユニットの除去直後に最もよく観察される。

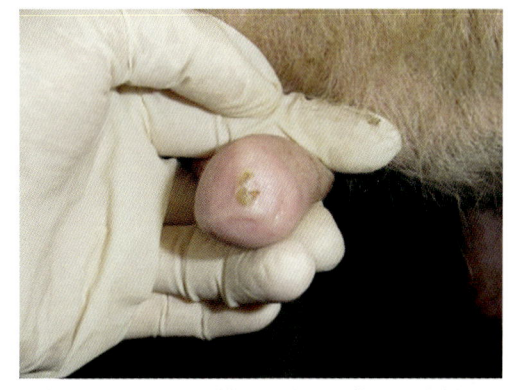

写真14.38 乳頭端を横切る'くさび'は、本例では三角形に、ライナーの閉鎖によって生じている。

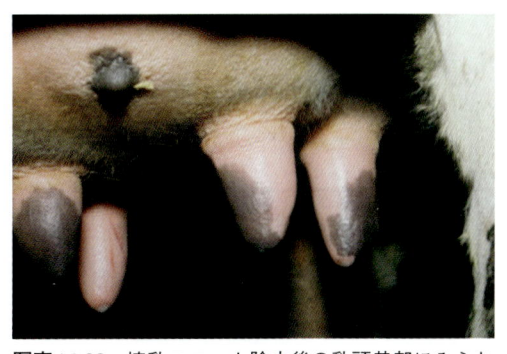

写真14.39 搾乳ユニット除去後の乳頭基部にみられるリングに注目。ライナーのマウスピースによるこの過剰な圧迫は、乳汁の流出速度を遅くし、搾乳時間を長くし、そして乳頭端損傷を誘発する。

第14章　乳房と乳頭の疾患

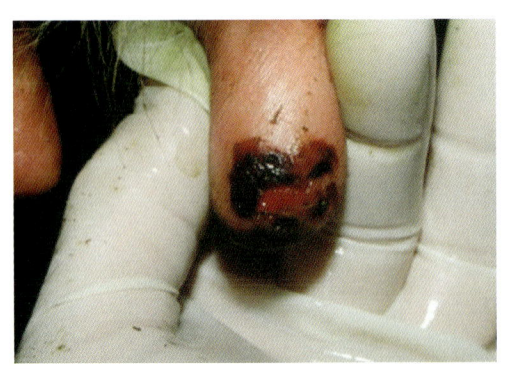

写真14.40　乳頭端の圧迫壊死。皮膚表層の完全な壊死を生じる。

濃度の保護剤による搾乳後のディッピングや、牛用グリセリンでも、早期の治癒を促進する。

ひびわれは疼痛を伴うのみでなく、特に Staphylococcus aureus や Streptococcus dysgalactiae のような乳房炎細菌の生息場所となる。

乳頭端出血と圧迫性壊死

写真14.35にみられるような小さな点状の出血は、ミルカーの機能不良と適正以下のパルセーションの結果として、搾乳中の乳頭マッサージが不十分になるために生じるといわれている。これは第5章に記述されている。写真14.36はさらに進行した症例を示している。乳頭端周囲の広範な出血、括約筋の突出、および乳房に近い乳頭基部の出血が注目される。これはライナーの這い上り現象と、その場所で締めつけることによって生じる。重症例では、写真14.40のような、乳頭端皮膚の壊死がみられる。

シールド付きのライナー（p.85参照）では、ライナーの有効長がかなり減少することがあり、パルセーションサイクルの休息時に乳頭端を完全に圧迫できなくなる（p.83～85参照）。これが乳頭端における血流不全を起こし、ときには乳頭端出血の原因となる。

乳頭損傷に関与する搾乳システムの要因

前述されたように、乳頭の損傷は、搾乳システムの設置方法、あるいはそのシステムが搾乳によって使用される方法のいずれかに起因する。これはまた第5章に記述されている。

搾乳システム側の要因

非常に広範囲の重要な要因が関与しており、どの牧場でも、ひとつ以上の原因が存在するであろう。乳量が増加するにつれて、搾乳時間が長くなり、これが乳頭損傷のリスクを増加させる。より重要な要因のいくつかを次にあげる。

過搾乳

ミルカーの最大の悪影響は、乳汁の流れがないのに乳頭に真空圧がかけられるときに生じる。これは、そのときは真空圧を放散することがなく、乳頭端の真空度はシステムの真空度まで上昇する（乳頭端の真空度は、乳汁流出の間は、システムの真空度より低く、通常3～5kPaである）ためである。過搾乳は、乳房刺激が不十分なままユニットを装着したときや、搾乳末期にクラスターが乳汁の流れがなくなる前に取り外されていないときに生じる。ユニットが牛に取り付けられているときはいつでも、常にクラスターの受け容器に乳汁が存在しているべきである。

システムの過剰な真空度

過度に高いまたは変動的な真空度は乳頭損傷を誘引する。システムの適正な真空度は、それがハイラインであるかローラインであるか、およびクラスター重量のような多くの他の要因によって決められる。

パルセーションの不良

乳頭損傷につながる最も多いパルセーションの欠陥は、不十分なマッサージ期（'d'期）

であろう。それはおそらく、例えば65：35以下のような非常に広いパルセーション比、あるいは200msより少ない'd'期から生じる。不完全なまたはライナーのゆっくりした開き（すなわち、パルセーションサイクルの'a'期）は、乳汁が乳頭端から効果的に'搾出'されているときに、もしライナーがなお部分的に閉じられている間に乳汁の流れがはじまると生じる。これは、ゴムの部分的な破損のために、ライナーの開きがより緩徐になっている古いライナーに起こる。

クラスターの重量

重いクラスターは乳頭端損傷をより生じやすいといういくつかの証明がある。クローピースの上にブロックや他の重量物を置くことは、確かに推奨されない。しかし、非常に軽いクラスターは、ライナースリップを増加させることがある。

自動クラスター離脱装置（ACR）の設定

ACRの設定は確かに乳頭の状況に影響し、ユニットの離脱時に牛が過度に蹴ったり、排糞するような搾乳システムは、おそらく修正が必要である。ACRの機能に影響する主な設定条件は次のとおりである。①真空を遮断する引き金となる乳汁の流量、②この乳汁の最少流量と真空遮断の間の遅延間隔、③真空遮断とACRコード牽引の間の遅延間隔。

最も多い2つの設定不良は、乳汁の流量があまりにも低すぎること、および真空遮断とACR牽引の間の遅延時間があまりにも短すぎることである。低い流量設定（例えば、500mL／分以下、p.81～82参照）は、搾乳時間を過剰にし、乳頭端損傷を招く。もしACRのコードが、クロー内の真空が換気される前に（すなわち、遅延時間があまりにも短い）牽引されると、そのときはクラスターが真空圧を持った状態で離脱されるが、それはビンからコルク栓を引き抜く様子に少し似ている。これは牛に大きな不快感をもたらし、過剰に蹴ったり、パーラー内で排便したり、乳頭端を傷つけてしまう。

搾乳者側の要因

乳頭損傷の度合いに影響する主な搾乳者側の要因は簡単に以下に記載され、より完全には第6章に記述されている。

1．ユニットの装着時に乳汁の流れがないような、搾乳ユニットを装着する前の不十分な乳房の刺激。これはしばしば二相性の乳汁流下と関連している。
2．牛の粗暴な取り扱いは、乳汁の流下を阻害する。例えば、犬や電気後追いゲートの使用、パーラーへ牛を追いたてることなどがある。
3．乳頭皮膚の不良な状態は、乳汁の流出を緩徐にし、搾乳時間を長くする。
4．ACRの延長された離脱やユニットの再装着。例えば、牛の搾乳終了を乳量250mLに設定したり、神経質なまたはストレスのある若牛を搾乳するときなど。

第15章
牛乳中の抗生物質残留の回避

抗生物質残留の理由	262
'承認外'治療	263
残留回避のための手段	263
牛の識別	263
治療した牛をすべて識別する	263
すべての治療を記録する	264
治療牛からの牛乳はすべて廃棄しなければならない	264
治療牛はすべて最後に搾乳するか、別に搾乳する	265
出荷停止期間	265
抗生物質スクリーニングテスト	265
承認された薬剤のみを使用する	266
すべての薬剤を正しく保管する	266
薬剤のラベル付け	266
新規購入牛	266
予定より早く分娩した牛	266
トレーニング	267
レコーダージャー	267
コミュニケーション（意思の疎通）	267
治療計画書	267
抗生物質スクリーニングテスト	267
自然の阻害物質	269
牛群の症例検討	269

　牛乳中の薬物残留は、食の安全にとって大きな問題となっている。人によっては抗生物質にアレルギーを持つこともあり、また、抗生物質耐性を引き起こす可能性もあるため、この問題は人の健康に潜在的なリスクをもたらす。さらに、残留薬物がヨーグルトとチーズのスターター培地を阻害するため（発酵用微生物の培養を抑制するため）、乳製品の製造プロセスを妨げることになる。

　これまで、バルク乳の抗生物質残留の削減に向かって大きな努力がなされてきたが、英国では酪農家の数が減っているにもかかわらず、こうした事態はここ数年わずかながら増え続けている。原因の大部分は、人為的過失（ヒューマンエラー）によるものである。ほとんどの農家は、抗生物質残留の理由を知っている。このように残留ケースが増えているのは、一部には、農場の大規模化とスタッフの減少により、人為的過失のリスクが大きくなったせいかもしれない。外国からの労働者が増えていることも、言葉の問題や適切なトレーニングの欠如から、そのリスクに輪をかけている可能性がある。

　タンクローリーあるいはサイロの汚染のように、予測不可能な残留のケースでは、農家がこうむる金銭的影響はきわめて大きい。農家は、牛乳の損失分とその後の廃棄にかかる費用を負担しなければならなくなるかもしれない。農家によっては、取引先の乳業会社がペナルティなしで年間2件まで残留ケースを

第15章　牛乳中の抗生物質残留の回避

カバーする保険をかけているため（農家が事前に報告する条件で）、負担についてはあまり心配しないですむかもしれない。新しく導入されたEU畜産副産物規則のもとでは、汚染乳汁の廃棄費用は莫大なものとなるであろう。予測不可能な残留のケースは、すべての酪農会社にとって主要な問題となっている。

　問題とされる残留物が抗生物質だけだと考えている酪農家もいるが、駆虫薬、ホルモン剤、ステロイドなどのような他の薬剤もまた、牛乳中の残留問題を引き起こすことを忘れてはならない。EU全域において、これらの物質を対象とする広範な検査のために、無作為に牛乳サンプルが農場から集められている。

抗生物質残留の理由

　バルク乳の抗生物質残留検査不合格について、考えられる理由が表15.1に示されている（1982年UK survey by Boothより引用）。指摘されている理由のパーセントを合計すると、100％以上になるが、これは多くの農家が考えられる理由を2つ以上挙げたためである。このうち突出している理由としては、臨床型乳房炎治療についての記録がまったくない、あるいは不適切であることと、要求されるすべての期間にわたって牛乳を出荷停止しなかったことの2つがある。その他の大きな

表15.1　英国での調査による、バルク乳の抗生物質残留テスト陽性の理由。（Booth, 1982）

記録不良または記録なし	32%
出荷停止を十分にしなかった	32%
分娩が早かった／乾乳期間が短かった	15%
抗生物質が残留した牛乳を誤って混入した	14%
抗生物質の排出延長	12%
レコーダージャーの汚染	9%
治療分房の牛乳のみを保留した	8%
出荷停止の期間があると助言されなかった	6%
機械的な失策	6%
最近の購入牛	3%
同じジャーを通して搾乳した	1%
泌乳牛の治療に乾乳用軟膏を用いた	1%

表15.2　米国での調査による、バルク乳の抗生物質残留テスト陽性の理由。（Northwest Illinois Dairy Association, 2000）

従業員の過失	25%
不明／データが不十分	20%
'承認外' 薬剤の使用	17%
牛の識別が不十分	16%
乾乳牛を搾乳した	13%
コミュニケーションが不十分	4%
治療牛を分離しなかった	3%
その他	2%

理由としては、牛が早く分娩し、抗生物質の出荷停止期間が完全に守られなかったことと、レコーダージャーの牛乳を誤って混入したことが挙げられる。この調査がなされた時期は、現在よりも牛群中の頭数はきわめて少なく、また '承認外' 薬剤の使用も比較的知られていなかった。

　2000年には北西部イリノイ州酪農協会（Northwest Illinois Dairy Association）が、バルク乳の抗生物質残留の最もよくみられる原因について、同様の調査を行っている（表15.2）。症例の20％が理由が分からないとしている一方で、'承認外' 薬剤の使用は挙げられた理由の17％に上っている。他には牛の識別が不完全だったこと、人為的過失、誤って乾乳牛を搾乳したことの3つが、残りの理由の大部分を占めている。

　上記2つの調査はともに、抗生物質残留検査にひっかかる事態のほとんどが、人為的過失によることを示している。しかし、その他にもっと特異な理由も考えられる。抗生物質入りの脚浴液を牛が飲んだとか、間違って薬剤添加飼料を泌乳牛飼料の中に混ぜた、などがそれである。製薬会社の指示書に従って薬剤を使用しているならば、抗生物質残留検査が陽性になるケースは知るかぎり起きていない。

'承認外'治療

'承認外'薬剤の使用はますます増加しつつある。'承認外'使用とは、製薬会社の指示書になんらかの変更を加えて使用することである。'承認外'治療には下記のものが含まれる。

- 投与量を増やす(普通は投与量を増量する。例えば同時に乳房内注入抗生物質軟膏を2本注入するなど)。
- 投与頻度の変更。例えば指示書では1日2回だとしたら、それを3回にするなど。
- 治療期間を延長する。
- 承認されていない併用治療(乳房内注入に加えて抗生物質注射をする)。
- 最初の薬剤の牛乳出荷停止期間が終了する前に、別の製品に変更する。
- 非泌乳牛用の製品を、泌乳牛に使用する。

'承認外'使用の典型的な例は、ペニシリン注射に乳房内注入製剤を組み合わせることであろう。ペニシリン注射の場合、他の薬剤との併用は認可されていないからである(写真15.1)。もうひとつの例は指示書では投与回数が1日1回であるにもかかわらず、1日に2回、抗生物質を投与するというものである。

乳房炎の治療として、いくつかの併用治療(乳房内注入と注射可能抗生物質)が承認され、牛乳出荷停止期間が設定されている。酪農動物用に認可された併用治療はきわめて少数である。

EUにおいては、いかなる薬剤でも、'承認外'使用についての牛乳出荷停止期間は、最低限でも7日と決められている。製品によって、またその使用法によって、これより長くなる可能性もある。いかなる治療が行われた場合でも、牛乳をバルクタンクに入れるに先だって薬剤残留のリスクがないように、農家に警告するのは獣医師の責任である。ただし最終的には、農場から出荷されたすべての牛乳の安全と、薬剤残留のリスクをなくすための責任は農家にある。バルク乳は、乳業会社側によるどのような阻害試験にも合格しなくてはならない。

残留回避のための手段

下記の措置を取ることにより、残留のリスクを無視できる程度までに抑えることができる。これらの措置については、第16章'最適実践法'にその要点をまとめている。

牛の識別

牛を識別するための認識手段として、未だに農家のなかには、公式の耳標ナンバーのみに頼っているところがある。治療した牛をはっきり識別できるようにすることは不可欠である。そうすれば、搾乳者が搾乳ピットからそれぞれの牛を認識できる。牛の識別がうまくできていない牛群は、残留検査陽性のリスクが高くなる傾向がある。

治療した牛をすべて識別する

治療した牛をすべて識別できるようにするのは、必要不可欠である。それには肢あるいは尾にテープを巻く、乳房にスプレーで着色する(写真15.2)、あるいは可能であれば詳細な特徴をパーラーのコンピューターシステム

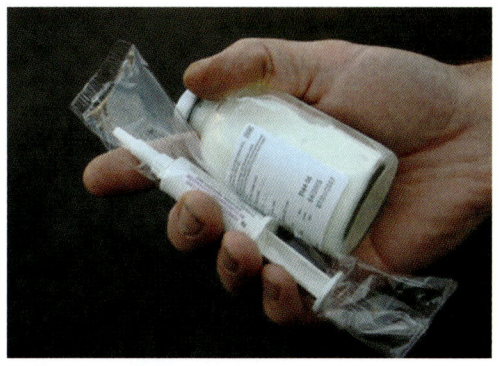

写真15.1 '承認外'治療には、承認されていない併用治療が含まれる。

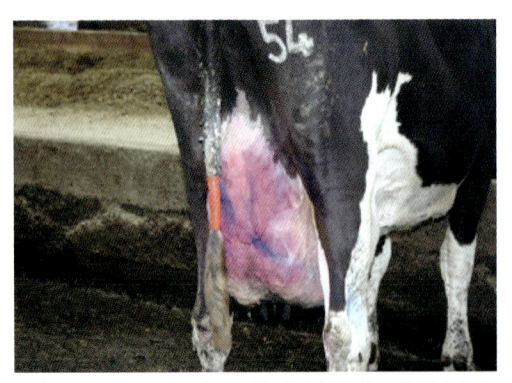

第15章　牛乳中の抗生物質残留の回避

写真15.2　すべての牛は、治療を行う前に識別されなければならない。

写真15.3　医療記録簿にすべての治療を記録する。

に打ち込むなどの方法を使う。いまだに酪農家のなかには、治療した牛の識別をすべて記憶に頼っているところがある。そうなると、ほかの人が搾乳にあたった場合、あるいは本人自身でも、どの牛がいつ治療を受けたのか忘れてしまった場合には、問題が起こるリスクがある。

どの牛が治療中かを知るために最も良いのは、薬剤を与える前に必ずその牛に治療中を示す識別マークをつけることである。農家のなかには、ある牛をパーラーで治療した後、間違って別の牛にマークをつけてしまい、その結果バルク乳検査にひっかかったケースもある。

すべての治療を記録する

食料生産動物ではすべての治療についての記録をとることが法律で義務づけられている。これらのデータには、治療した動物の識別、治療の時期、使われた薬剤の名前と量に加えて、バッチ番号および牛乳と牛肉の出荷停止期間が含まれなければならない。これは、すべての泌乳期治療について重要であるのみでなく、乾乳時治療についても同様である。それによって牛が早く分娩した場合、データをチェックできるからである。予測不可能なバルク乳の残留ケースの場合、これらの記録は調査のために必要不可欠となる(写

写真15.4　治療された分房からの牛乳だけでなく、治療牛からのすべての牛乳を廃棄せねばならない。分房搾乳ミルカーは使ってはならない。

真15.3)。

治療牛からの牛乳はすべて廃棄しなければならない

治療した牛からの牛乳はすべて廃棄せねばならない。農家によっては、乳房内注入軟膏で治療した個々の分房の乳汁のみを廃棄すればよいと考え、治療していない分房からの牛乳はバルクタンクに流入させている。乳房はきわめて血流の速い組織であり、乳汁1Lを生産するのに、乳房には500Lの血液が流れる。抗生物質は治療分房から吸収され、血流を通して未治療分房に運ばれ、4つの分房全

部から排出される（写真15.4）。

治療牛はすべて最後に搾乳するか、別に搾乳する

治療牛はいずれも最後に搾乳し、誤ってその牛乳がバルクタンクに運ばれることのないようにする。治療牛をグループにまとめたり、あるいは小グループのための施設が置けるような大きな牛群では、これは容易に行うことができる（写真15.5）。もしこれが不可能であれば、治療牛は専用のバケツに搾乳することが望ましい。これによってうっかり牛乳がバルクタンクに混入するのを回避できるからである。新型のパーラーの多くはダンプ（廃棄）ラインを装備しているから、搾乳者が治療牛を識別し、その牛たちをダンプラインの中に搾乳するのを忘れないならば、偶発的な事故は避けられる。

なかには、未だに治療牛の牛乳をパーラーのレコーダージャーに受け、そこから乳汁を捨てている農家もある。この乳汁が誤ってバルクタンクに混入するとか、あるいはジャーの基部にあるバルブが不良であれば、残留抗生物質を含んだ牛乳がバルクタンクを汚染することになりかねない。

出荷停止期間

すべての薬剤の出荷停止期間（休薬期間）をきちんと理解し、それに従うことが重要である。'承認外'治療については明確に把握して、そのための長い牛乳出荷停止期間を守り、さらに牛乳をバルクタンクに戻す前に検査しなくてはならない。

抗生物質スクリーニングテスト

スクリーニングテストは、牛乳が安全でバルクタンクに戻してよいかどうかを判断するうえで、きわめて有用である。英国の業界基準はDelvo SPテストであり、多くの農家が農場内（オンファーム）検査用のテストキットを所有している。しかし、多くのタンクローリーが最初に検査されるのは、タンクが乳業会社で荷おろしされる前で、BetaStarテストが使われている。これはほぼ10分しかかからない迅速なテストである。他の国々では、さまざまなテストが使われている。米国では、治療に使われた抗生物質の残留を特定して検出するテストが一般に使われている。

薬剤が指示書に従って使用されている場合、牛乳をバルクタンクに戻す前にスクリーニングテストをする必要はない。現実に、そのような措置は奨められない。陽性にしろ陰性にしろ、間違った結果となりうるからである。'承認外'で薬剤を使った場合は、治療から7日後に牛乳を検査し、合格すればバル

写真15.5　理想的にはすべての治療牛は最後に搾乳する。これらの牛が、治療中であることを示すために着色スプレーで識別されていることに注目。

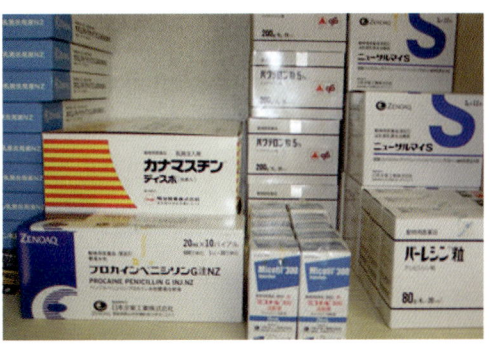

写真15.6　承認された動物用薬品のみを使用する。

クタンクに戻すことができる。

承認された薬剤のみを使用する

食料生産動物に使われるすべての薬剤は、当該国の取締り当局の承認がなされていなくてはならない。これらの薬剤には製造販売業許可番号が明確に印刷されている。同一のブランドネームをもった外国の薬剤は、成分の調合や出荷停止期間が異なっている可能性があり、抗生物質残留検査にひっかかりかねない（写真15.6）。

すべての薬剤を正しく保管する

薬剤は、指示書に書かれた適切な方法で保管しなくてはならない。なかには冷蔵庫で保管すべきもの、日光などを避けて保管すべきものなどがある。英国ではすべての薬剤は鍵のかかる保管場所に保管するよう、法律で義務づけられている。有効期限を過ぎた薬剤は使用してはならず、すべて適切に廃棄されなければならない。米国では、泌乳牛と非泌乳牛用の薬剤は、間違って使用するのを避けるため、別々に保管することが求められている。

薬剤のラベル付け

薬剤のラベルには、出荷停止期間が記されていなくてはならない。処方する獣医師、調合する薬剤師、あるいは薬品卸売業者は、すべての薬剤について投薬に関するアドバイスを与える必要がある。これには投与量、投与回数、投与方法（経口投与、筋肉内注射、乳房内注入、局所投与、静脈内注射、子宮内注入、あるいは皮下注射）が含まれる。上記のうち、いずれかになんらかの変更がなされるときは、その投薬は'承認外'使用ということになり、そのための最低限の出荷停止期間が適用されなくてはならない。

新規購入牛

農家が牛を購入する際には、あえていわれ

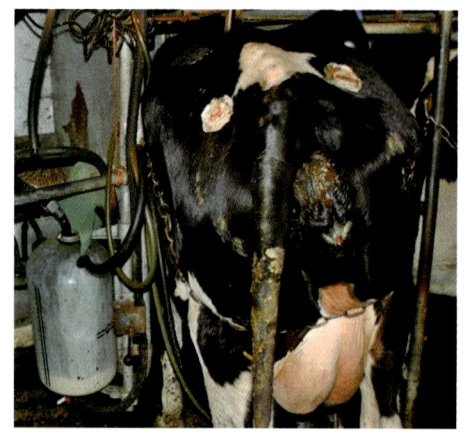

写真15.7　新規購入牛は抗生物質残留成分を保持しているかもしれない。牛乳をバルクタンクに入れる前に検査すること。

ないかぎり、その牛には残留薬剤の影響はないと想定している。しかし、その牛は購入以前に治療されていたかもしれない。あるいは予定より早く分娩したために、乾乳時治療の際の薬剤が残留している可能性もある。したがって、その牛乳をバルクタンクに入れる前に、購入した牛すべてにスクリーニングテストを実施することが望ましい（写真15.7）。

予定より早く分娩した牛

乾乳の日付を、分娩の日付と照らしてチェックする。出荷停止期限が経過していれば、この牛乳をバルクタンクに入れることができる。EUにおいては、出荷停止期間とは関係なく、分娩後96時間以内の牛からの牛乳を販売するのは法律で禁じられていることに注意する。

出荷停止期間がまだ切れていない場合は、停止措置を続けなければならない。疑わしい場合は牛乳を検査する。乾乳時治療には、徐放性の基剤に含まれる抗生物質が大量に使われており、いくらかの製品では、出荷停止期間は乾乳終了後54日間の長期にわたって設定されている。さらに英国では、クロキサシリン乾乳牛製剤のいくつかは、分娩後8日半経

写真15.8　レコーダージャーの中に搾乳することは奨められない。その場合には、次の牛を搾乳する前に、残留乳脂肪を洗い流す。

脂肪内に蓄積され、残留抗生物質がバルクタンクに混入して汚染されるリスクを招くことがありうるからである（写真15.8）。もしレコーダージャーに受けた場合は、そのジャーは完全に洗浄しなくてはならない。

コミュニケーション（意思の疎通）

牛群に搾乳者が2人以上いる場合には、治療牛の牛乳がバルクタンクに混入するのを避けるため、意思の疎通に注意を払う必要がある。簡単な掲示板で効果があがる（写真15.9）。

治療計画書

治療計画書には、すべての薬剤についてその出荷停止期間とともに、普通は酪農家によって行われる治療の説明が明確に記されていなければならない。さらに'承認外'治療についての説明も明記されている必要がある。すべての牛を適切に治療し、薬剤残留のいかなるリスクも避けるうえで、治療計画書は最適な実践方法を示すものである。

抗生物質スクリーニングテスト

出荷停止期間の設定は、規制当局により設定され、最大残留許容値（MRL）に基づいてい

過するまで、牛乳を出荷停止することが求められている。

トレーニング

過失を最小限にするためには、薬剤投与にかかわる全員が自分の役割を完璧にはたすための訓練がなされなくてはならない。牛乳がいかなる残留成分からも安全であることを確保するため、獣医師、販売業者、牛群管理者、および農場経営者の全員が、それぞれ自分たちの果たすべき役割を十分に認識しておく必要がある。

レコーダージャー

理想的には、治療牛の牛乳はレコーダージャーに受けるべきではない。抗生物質が乳

写真15.9　パーラーの前面のボードに、どの牛の乳汁をバルクタンクに入れてはいけないかを記し、誰にでも分かるようにしておく。

第15章　牛乳中の抗生物質残留の回避

る。EU、あるいは米国ではFDA（食品医薬品局）などの規制当局は、食品中に許容可能な動物用医薬品を法的に承認しているが、MRLとはこれらの動物用医薬品投与後の残留物の最大許容量のことである。出荷停止期間が経過した段階で、牛乳はMRLレベル以下になり、人の食用にとって安全だとされる。

使用に供される抗生物質スクリーニングテストはさまざまであり、Delvo SPテストもそのひとつで、EU内の酪農産業においてもっとも広く使われている。EUで使用されているスクリーニングテストのほとんどは、個々の牛ではなくバルク乳を検査するように設計されている。

Delvo SPテストが検出する抗生物質の濃度はきわめて多様である。これらの濃度はかならずしもMRLとは一致しない。例えばクロキサシリンに対応するMRLは30ppbであるが、Delvo SPでは15 ppbであり、MRLすなわち法的に定められた限度値の半分のレベルを検出する。その一方で、オキシテトラサイクリンに対するMRLは100 ppbであるが、Delvo SP検査ではMRLの4倍の400 ppbを検出する。

したがってクロキサシリン製剤を使用し、出荷停止期間の最後にDelvo Spテストで乳汁を検査した場合、たとえ適切な出荷停止期間が守られていたとしても検査結果は陽性となりかねない。これが個々の牛のスクリーニングテストの限界のひとつである。

すべての抗生物質をMRL濃度で検出する単一のテストはない。薬剤の指示書に従って治療を終えた牛に、スクリーニングテストを実施することを奨めない理由がこれである。たとえ牛乳が完全に人の消費にとって安全であり、バルクタンクのなかで希釈されているにもかかわらず、多くの陽性結果があらわれるかもしれないからである。

農家によっては、個々の牛からの牛乳をバルクタンクからの牛乳で4倍に希釈してテストし、合格すればバルクタンクに戻している。これによって、いくつかのテストの高すぎる感度に対抗することができる。

さらにまた、さまざまなスクリーニングテストの間にも違いがある。BetaStarテストは、牛乳が乳業会社でサイロのなかに荷おろしされる前に、タンクローリーをスクリーニングするのに一般に用いられている迅速な検査である。BetaStarテストはクロキサシリン残留成分を5ppbという低いレベルまで検知できるが（MRLは30ppb）、タイロシン、ストレプトマイシン、あるいはオキシテトラサイクリンは検知しない。Delvo Sp、BetaStar、そしてCharm MRLの各テストを比較したものが、**表15.3**である。

使用できるテストは他にもあり、そのいくつかは特定の抗生物質のみを検出する。いずれにせよ、乳業会社との契約のほとんどは、生産者に対して、農場から売られるすべての牛乳が乳業会社の求める残留検査に合格する

表15.3　最大残留許容値（MRL）と多様な抗生物質テストキットの感受性の比較。

抗生物質	MRL	Delvo SP	BetaStar	Charm MRL
ペニシリン	4	2	2〜4	4
クロキサシリン	30	15	5〜10	30
セフチオフル	100	50	75〜150	100
タイロシン	50	50	検出されず	検出されず
ストレプトマイシン	200	300〜500	検出されず	検出されず
オキシテトラサイクリン	100	100	検出されず	検出されず
セファロニウム	20	5〜10	7.5〜15	3〜5

ことを求めている。したがって、これは農業者にとって重要な基準なのである。

自然の阻害物質

自然の阻害物質が原因で、個々の牛が残留物検査にひっかかることがある。例えば、大腸菌群性乳房炎の未治療の罹患牛からの乳汁は、感染後21日までの間は抗生物質残留検査で不合格となるかもしれない。これは高濃度のタンパク質ラクトフェリン、酵素ライソザイム、そして補体による。高温によって、これらの自然阻害物質は破壊される。

日本の研究では、24の牛乳サンプルが、出荷停止期間の経過後にDelvo Spテストに合格しなかった。このあとサンプルを82度で5分間熱し、ふたたびテストにかけたところ、24のサンプル中21サンプルがDelvo Spテストに合格した。熱を与えると自然阻害物質は破壊されるが、牛乳中の抗生物質は影響を受けない。ただし自然阻害物質が、バルク乳の残留検査不合格の理由とはならないと思われる。

牛群の症例検討

150頭の乳牛からなる牛群の所有者が、取引先の乳業会社から、牛乳がバルクタンクに入る前に抗生物質残留の恐れがないことを確保するため、分娩後のすべての牛に検査を受けさせるよう求められた。この方針は、食の安全性を改善し、バルクタンクに残留成分が入るリスクを減らすために計画されたものである。この農家では、過去10年間、バルクタンクの検査にはすべて合格してきた。

この農家ではセファロニウムを含む乾乳用製剤を数年来使用しており、常に求められた出荷停止期間を守ってきた。乳業会社はDelvo SPかCharm MRLのいずれかを使って、個々の牛のサンプルを自社のラボでテストしていた。

牛たちが製薬会社が定めた出荷停止期間を経過したあと、21日間続けてCharm MRLテストに不合格となったことが分かったため、農家では乳業会社にいわれたとおり、1日1,000Lにのぼる牛乳を廃棄し続けた。会社によると、これらの牛の牛乳は人の食用に適さないというのである。

ある日、出荷停止期間が切れていた牛からの21の牛乳サンプルをCharm MRLとDelvo Spの両方の検査にかけた。このうち16のサンプルがCharm MRLで陽性だったが、Delvo Spでは陽性は3つだけだった。これらの結果にもとづき、Delvo Spテストに合格した18頭の牛からの牛乳は、次の搾乳でバルクタンクに入れられた。そのバルク乳はその後のテストのすべてに合格した。

Delvo Spテストで陽性だった3つのサンプルは、抗生物質分析に送られ、個々の抗生物質が検査された。2つのサンプルでは、セファロニウムの残留は皆無であり、検査不合格の原因が自然の阻害物質であることを示唆した。残りひとつのサンプルには、セファロニウムの残留があったが、これらはMRLの基準をはるかに下回っていた。さらに調査したところ、この牛のサンプルが分娩の96時間後ではなく48時間後にとられたことが判明した。したがってサンプル採取時には出荷停止期間はまだ切れておらず、抗生物質が残留していたのは当然であった。

この酪農家は、個々の牛の検査を信頼するのを完全にやめた。出荷停止期間を守っている以上、分娩後に個々の牛を検査するのをやめ、出荷停止期限が経過したあとは、すべての牛乳をバルクタンクに入れることにしたのである。'承認外'治療を受けた牛の牛乳は、敏感すぎるテストに対応するため、バルクタンクからの牛乳で5倍に希釈してテストを実施し、合格すればバルクタンクに戻された。

この例から何を学ぶことができるだろうか？

第15章　牛乳中の抗生物質残留の回避

1. それぞれの抗生物質残留検査キットには感受性の違いがある。
2. いくつかの検査キットは、抗生物質の濃度に過度に敏感であり、MRLよりも低い濃度を検知する。
3. きちんと出荷停止期間が守られているかぎり、分娩後の牛をテストするのは意味がない。
4. 個々の牛のサンプルに残留検査キットをかけた場合、自然の阻害物質によって陽性となることがある。

第16章
最適実践ガイド

体細胞数を減らすためのトップテクニック 271
環境性乳房炎防除のためのトップテクニック 271
搾乳手順の最適実践法 272
抗生物質残留を回避するための最適実践法 273
最適実践法：乾乳時抗生物質治療と内用ティートシールの手技 273
循環洗浄法のための最適実践法 274
細菌検査のための無菌乳汁サンプルの採取法 274

体細胞数を減らすためのトップテクニック

　以下はすべての牛群を対象とした一般的な提言であり、個々の牛群の管理法および存在する乳房炎の状況に応じて、これ以外の防除手段も適用されよう。

1．定期的に個々の牛の体細胞数記録をとる。そのデータを用いて、持続的に体細胞数の高い牛を識別する。それらの牛を検査し、自分の農場の高い体細胞数の原因となっている乳房炎細菌をつきとめる。
2．年間を通じて、毎回の搾乳後にすべての牛にポストディッピングの処置をする。この処置は搾乳中に乳頭に付着した細菌を殺す。細菌の感染は一年中起こりうる事態である。
3．泌乳期終了時にすべての牛に乾乳時治療を行う。
4．搾乳を2,500回続けたあとか6カ月に1回のうち、いずれか短い期間を選んで、ミルカーのライナーを交換する。
5．相互汚染のリスクを減らすために、搾乳者は清潔なゴム手袋を着用し、搾乳のあいだは消毒液で頻繁にその手袋をすすぐ。共用の乳房布を使ってはいけない。
6．早期に臨床型乳房炎を発見し、抗生物質ですべての臨床例を治療する。
7．年2回ミルカーを点検し、検査報告書に記載されている助言に従う。
8．感染の拡散を防ぐため、臨床型乳房炎の罹患牛、あるいは高体細胞数を持つ牛を搾乳したあとは、クラスターを消毒する。
9．持続的に高い体細胞数を持つ4歳以上の *Staphylococcus aureus*（黄色ブドウ球菌）感染泌乳牛を淘汰する。他の高体細胞牛も淘汰する必要があるかもしれないので、獣医師あるいはアドバイザーと相談する。
10．常に低体細胞数の牛を購入するようにつとめ、*Staphylococcus aureus* あるいは *Streptococcus agalactiae*（無乳性レンサ球菌）に感染した牛を買わないようにする。購入する前に、当該牛群と個々の牛の体細胞数履歴をチェックする。

環境性乳房炎防除のためのトップテクニック

　以下はすべての牛群を対象とした一般的な提言であり、個々の牛群の管理法および存在する乳房炎の状況に応じて、これ以外の防除手段も適用されよう。

1．乳頭と乳房を清潔に保つ。牛を清潔で乾

燥した牛床に置くこと。乳房と乳頭が汚れている場合、牛床は十分に清潔とはいえない。
2. 搾乳の前に乳頭を消毒するため、プレディッピングを行う。乳頭は乾燥させなければならない。搾乳のあとでミルクソックが汚れている場合は、乳頭の準備状況について見直さなくてはならない。
3. 搾乳したあとは、乳頭管が閉じるまで30分間、牛を立たせておく。一番良い方法は、牛に新鮮な飼料を与えることである。ただし、跛行あるいは病気の牛は横にさせてやらなくてはならない。
4. 常に清潔で乾燥した牛床材料を用いる。これにより、できる限り湿気が吸収され、カビ臭かったり、湿ったりするのを予防できる。1日に2回通路をかきとること。
5. 分娩房には特に注意を払う。これらの囲いはできるだけ清潔に保つ必要がある。分娩直後の牛は毒性の乳房炎にかかりやすいからである。
6. 牛1頭につき最小限ひとつの牛床を用意する（理想的には、牛床の数は牛の頭数より5％多いことが望ましい）。敷き草牛舎の場合、横になるスペースは少なくとも6.5平米の広さを用意し、地面のベッド作りは清潔で乾いた敷き草で毎日実施し、2〜4週ごとにすべて取り替える。
7. 搾乳の間はつねに一定の真空度を保つ。ライナースリップを起こしてはならず、調圧器は空気の流入が妨げられてはならない。
8. 乳頭端の状態をチェックする。乳頭が損傷を受けていると、乳房炎のリスクが増加する。乳頭端は、乳房を感染から防ぐためのバリアである。
9. 乾乳時治療とともに、内用ティートシールを用いる。シール剤の注入に先だって良好な衛生状態を確保する。乳頭の上半分を強く挟んで、内用ティートシール剤を注入する。そうすると、それは乳頭の底部にとどまる。
10. 乳房炎の進展状況をモニターする。乳房炎の発生と感染の時期を調査する。農場における臨床型乳房炎の原因をつきとめるために、細菌学検査を利用する。

搾乳手順の最適実践法

目標：乳房の健全性へのリスクを最小限にしつつ、清潔で乾燥した乳頭を搾乳する。

1. ゴム手袋をはめ、搾乳の間、常に清潔な状態におく。
2. 前搾りにより、乳房炎を迅速かつ正確に発見する。
3. 搾乳する牛を5〜8頭までの小集団にまとめる。
4. 最初の集団の牛たちをプレディッピングし、前絞りをする。戻ってこれを拭き取り、ユニットを装着する。1〜2分の間にユニットを装着すること。
5. ユニットが乳房に対してねじれずにはまるように配置する。
6. 過搾乳を避けるためにユニットを取り外す。自動クラスター離脱装置は、1日2回搾乳では400〜500mL／分の乳量に、また1日3回搾乳では600〜800mL／分に設定すべきである。
7. 搾乳のあとは、各乳頭の表面全体をポストディッピング剤で、完全に被覆する。
8. 乳房炎対策
   • 乳房炎罹患牛は最後に搾乳するか、あるいは別のクラスターを用いて搾乳する。
   • 罹患牛を搾乳したあとは、毎回そのクラスターを消毒する。
9. 舎飼期のあいだは、牛をパーラーから出したあと30分ほど新鮮な飼料を与えて、立たせておく。
10. パーラーは食品工場であり、搾乳の間は

常に清潔に保たれるべきことを忘れてはならない。

抗生物質残留を回避するための最適実践法

1. 承認された動物用薬品のみを使う。
2. すべての薬剤を適切に保管する。理想的には、泌乳牛用と非泌乳牛用の薬剤を別々に保管する。
3. 薬剤には、必ず牛乳の出荷停止期間を記載したラベルがはっきり貼られていることを確認する。
4. 治療牛はすべてはっきりと識別されていることを確認する。
5. 医療記録簿にすべての治療を記録する。
6. 治療を始める前には必ずステップ4を実行する。
7. 治療牛はグループとして分離し、搾乳は最後にするか、それが不可能であれば、個別にバケツに搾乳するようにする。
8. 正しい出荷停止期間を守る。
9. 出荷停止期間中は、治療した分房からの牛乳のみでなく、その牛からの牛乳をすべて廃棄する。
10. 可能であれば、泌乳牛と乾乳牛を別にしておくか、あるいは乾乳牛をはっきりと識別できるようにする。
11. '承認外'治療をした牛、あるいは予定より早く分娩した牛に対しては、抗生物質スクリーニング検査を行う。
12. 購入した牛が抗生物質残留に関して疑わしい点があるならば、バルクタンクに入れる前に検査を実施し、残留がないことを確認する。
13. 予定より早く分娩した牛の場合は、治療の日時および出荷停止期間をチェックし、出荷停止期間が経過するまで、その牛乳は必ず廃棄する。
14. 搾乳者は全員、必ず残留物回避措置の訓練を受ける。
15. 治療計画書と薬剤出荷停止期間のデータを保持する。
16. 疑わしい場合は、牛乳をバルクタンクに入れない。安全であることを確かめるために、牛乳を検査する。

最適実践法：乾乳時抗生物質治療と内用ティートシールの手技

内用ティートシールには抗生物質が含まれていないため、投与の間は細心の衛生管理が必須である。

準備がすべての基本であり、少しの時間をかけるだけで大きな成果があがる。乾乳する牛は分離しておき、搾乳の終わったあとでパーラーに連れてくることが望ましい。こうすれば搾乳のプレッシャーなしで治療を行うために、たっぷり時間が取れる。

最適な実践手順は次の通りである。

1. 治療する牛を、赤いスプレーあるいは他のマーキング法で識別する。牛がパーラーに搾乳のために入る際に治療を行う場合、このことは特に重要となる。
2. すべての分房を完全に搾りきる。
3. 乾乳時治療中は、清潔なゴム手袋をはめる。
4. 奥の2つの乳頭をディッピングする。
5. 清潔な乾いたペーパータオルでディッピング剤を拭き取る。
6. 脱脂綿に外科用アルコールを含ませ、脱脂綿に汚れがつかなくなるまで乳頭端をこする。
7. 乾乳用軟膏を注入し、乳頭を上に向かってマッサージする。
8. 内用ティートシーラントを注入する。乳頭と乳房の境い目を強くつまみ、乳頭の底部にそれが残るようにする。乳頭をマッサージしてはいけない。
9. 手前の2つの乳頭にも上記の手順をくりかえす。

10. 全4乳頭をディッピングする。
11. 医療記録簿に治療内容を記録する。

循環洗浄法のための最適実践法

目標：牛乳の品質を最大に向上させ、かつ、パーラーの寿命を延ばすために、パーラーを洗浄する。その際、以下のことを忘れてはならない。

- 洗剤が多すぎるとコストが高くなる上、システム内のステンレスやゴム製の器具を損傷する。
- 少なすぎると効果はなくなり、プラントは適切に洗浄されない。
- 洗浄液の量と洗剤の適正な濃度を計算し、農場の壁あるいは黒板にはっきり記入しておく。

1. 搾乳のあと直ちに搾乳システムを洗浄し、乳汁がシステム内に凝固しないようにする。
2. クラスターおよび噴射器とアタッチメントの汚れを落とす。バルクタンクへのラインを取り外す。プレートクーラーの給水を切る。システムを洗浄サイクルにセットする。
3. ミルクソックを取り除き、清潔なソックに取り替える。
4. 温湯（体温程度）でプラント全体をすすぎ流す。これによって乳泥の95％が除去され、プラントが加温される。
5. 熱湯洗浄液を使用する場合は、熱湯をプラント全体に循環させる。熱湯は約85℃でシステムに入るようにする。冷水の洗浄液を使う場合も、プラント全体にそれを循環させる。
6. 洗浄液が洗浄漕に戻ったら、使われる水量に応じて適切な量の酪農用洗剤を加える。
7. 熱湯洗浄液は、60〜70℃のあいだで循環させるべきである。すべての溶液について、循環させるのは5〜8分の間だけにする。
8. 洗浄終了後、使用した洗浄液を捨てる。
9. プラントを消毒するために、冷水と次亜塩素酸塩を循環させる。
10. 洗浄のあと、あるいは次の搾乳の前のいずれかに、プラントから排液する。
11. ユニットを吊して乾かす。

細菌検査のための無菌乳汁サンプルの採取法

臨床型乳房炎あるいは高体細胞数の原因をつきとめるために、無菌乳汁サンプルを採る必要がある。下記の手順を守らないと、サンプルは汚染されてしまい、役に立たなくなる。

無菌のサンプルポットを使用しなくてはならない。

1. 乳頭が汚れている場合は、洗浄し乾燥させる。外観が清潔になったところで、ペーパータオルでふき取る。
2. サンプルを採る各分房から3回前搾りして乳汁を廃棄する。
3. プレディップ液もしくはポストディップ液で乳頭を被覆し、30秒置いてから、ペーパータオルでふく。
4. 清潔なゴム手袋をはめる。
5. 乳頭端を、外科用アルコールに浸した脱脂綿でこすり、乳頭端を清潔にする。
6. サンプルビンの蓋を取り、45度の角度で持ち、乳頭の先端に触れないようにして、乳汁をひと搾り、ビンの中に噴出させる。
7. ビンに蓋をする。
8. 牛の個体番号、分房、農場名および月日を記したラベルを貼る。
9. サンプルの無菌性についてなんらかの疑いがもたれる場合は、上記手順をくりかえす。
10. サンプルを冷凍する。あるいはできるだ

け保冷した状態で直接検査所に送る。

付録：翻訳者による用語解説

＜ア行＞

一挙動パルセーション(single pulsation)：4つのティートカップが同時に開閉するもの。

インターセプター(interceptor)：主真空配管上の真空ポンプ直前上流にあって、水分や異物の浸入を防止するための容器。

運転真空度(operation vacuum level)：すべてのユニットが作動状態にあるとき、指定場所で測定し調圧された真空度。

エアーインジェクター(air injector)：牛乳配管の洗浄液に泡立ちと渦巻きを伴う波を生じさせるための、空気注入器。

エアーブリードホール(air bleed hole)：空気流入孔。

エフェクティブリザーブ(effective reserve)：レシーバージャー付近から運転真空度が2kPa低下するだけで空気を流入させたときに測定した真空ポンプの余裕容量。（この状態では調圧器はほぼ閉鎖している。搾乳中の予期しない空気の流入に対する余裕量である。）

＜カ行＞

環状（ループ）配管(loop line)：閉鎖した回路で、レシーバージャーに2つの開口部で接続する配管。

牛乳配管（ミルクトランスファーライン）(milk transfer line)：搾乳中に空気と生乳を運搬し、搾乳真空の供給と、レシーバージャーへの生乳の移送の双方の機能を持つパイプライン。

キロパスカル(kPa, kilopascal)：真空の程度を表す国際的な単位。1 kPa=0.75cmHg、1 cmHg=1.33 kPa。

クラスター(cluster)：4個のティートカップと1個のクロー、およびこれらを結ぶショートミルクチューブとショートパルスチューブからなり、バナナの房状をしている。

クロー(clawpiece)：複数のティートカップに接続してクラスターを構成し、ロングミルクチューブおよびロングパルスチューブに接続する多岐管を備えた容器。

交互パルセーション(dual or alternate pulsation)：2つのティートカップが交互に周期的に開閉するもの。

＜サ行＞

搾乳：休止比(milkout/no-milk ratio)：パルセーションサイクル中で、生乳が流出する時間と停止する時間の比率。

サニタリートラップ(sanitary trap)：牛乳システムと真空システム間で、相互に液体が移動することを防ぐための容器。

シェル(shell)：ライナーを収納する硬質の鞘。

主真空配管(main vacuum line)：パイプラインのうち、真空ポンプとレシーバージャー間の配管。

ショートミルクチューブ(short milk tube)：パルセーションチャンバーとクローの生乳ニップル間の接続チューブ。

ショートパルスチューブ(short pulsation tube)：パルセーションチャンバーとクローの真空ニップル間の接続チューブ。

真空計(vacuum gauge)：システム内の真空度を表示する圧力計。

真空タンク(vacuum tank)：主真空配管上の真空ポンプとサニタリートラップ間にあっ

て、他のパイプに分散させるための空気容器。

真空度(vacuum level)：大気圧より低い圧力の気体で満たされている特定の空間で、大気圧を0としたときの圧力低下度合。測定した部位を明示する。

真空配管(パルセーションライン)(pulsation line)：搾乳中に大気圧より低い空気だけを運ぶパイプラインで、固定して設置されたもの。

真空ポンプ(vacuum pump)：システム内に真空を発生するためのポンプ。

真空ポンプ容量(vacuum pump capacity)：真空ポンプが指定された温度、速度、真空度において排出する空気容積量の能力、1分あたりのフリーエアー量(L／分)で表現する。

洗浄シンク(wash trough)：搾乳システムを洗浄する際に、一時的に洗浄液を溜めておく槽。洗浄バットともいう。

<タ行>

調圧器(regulator)：搾乳システム内に安定した真空度を得るための自動調節バルブ。

ティートカップ(teat cup)：硬質のシェル、ライナーおよびショートパルスチューブで構成される集合体。

ティートカッププラグ(teat cup plug)：検査目的でライナーのマウスピースをふさぐためのプラグ(栓)またはストッパー。

ティートシールド(teat shield)：一般的に乳頭保護フィルムのことをいう。

<ナ行>

乳流量(milk flow)：1分あたりの搾乳される乳量(kg)で、流速(kg/min)と同義。

<ハ行>

パーラー(milking parlour)：搾乳室。牛の搾乳に使用する部屋または小屋。

拍動数(pulsation rate)：1分あたりのパルセーションサイクル数。通常は45−60。

拍動比(pulsation ratio)：パルセーションサイクルに占める真空上昇期および真空最高期の時間割合。下記の式によって百分率で表す。(本文p.82〜83参照)

$$\frac{(a+b)}{(a+b+c+d)} \times 100 \, (\%)$$

バランスタンク(balance tank)：インターセプターとサニタリートラップの間に位置し、大量の予備真空を貯える。ほとんどのシステムでは、牛乳配管と真空配管は直接バランスタンクにつながり、搾乳中の真空度の安定化に役立っている。

バルクタンク(bulk tank)：その農家の全搾乳牛の牛乳を出荷時まで保管する大型のタンク。冷却装置および通常は自動洗浄装置を備えている。

パルセーション(pulsation)：ティートカップライナーの周期的な開閉。

パルセーションサイクル(pulsation cycle)：ライナーの1回の開閉の動き。

パルセーションシステム(pulsation system)：ティートカップライナーの周期的な開閉を生じさせる一連の装置。

パルセーションチャンバー(pulsation chamber)：ライナーとシェルの間の環状の空間。

パルセーションレシオ(pulsation ratio)：ライナーが半分以上開いている時間と、半分以上閉じているときの時間割合を百分率で表したもの。前出の拍動比と同義。

パルセーター(pulsator)：ユニットへ供給する

圧力を自動的に切り替える弁装置。

バルブ(valve)：弁。

フリーエアー(free air)：大気圧条件下における空気容量。

ブリードホール(bleed hole)：クローに設置された空気流入のための開口部。

<マ行>

マシンストリッピング(machine stripping)：搾乳終了時に残乳を避けるため、片手でクローを静かに押し下げ、片手で乳房をマッサージすること。現在は乳房炎の要因となるので、実施しないこととされている。

マニュアルリザーブ(manual reserve)：調圧器を作動させない状態で、レシーバージャー付近から運転真空度が2kPa低下するだけ空気を流入させたときに測定した真空ポンプの余裕容量。

ミルクインレットバルブ(milk inlet valve)：ユニットを牛乳配管に接続するためのバルブ。

ミルクポンプ(milk pump)：生乳を真空条件下から取り出し、大気圧条件に送り出すためのポンプ。

<ヤ行>

ユニット(milking unit)：ティートカップとクローによって構成される集合体(米国ではロングミルクチューブを含む)。

ユニットアッセンブル(unit assemble)：ユニットと同義。

予備真空(vacuum reserve)：搾乳システムの作動に必要な真空圧以上の真空度のことで、例えばユニットの着脱時などに必要とされる。

<ラ行>

ライナー(liner)：マウスピース、胴部およびこれに直結または分離されたショートミルクチューブを持つ柔軟な筒。

ライナーシールド(liner shield)：ライナー胴部の基部に設置された小円形有孔仕切り板で、衝撃力を緩和する。

ライナースリップ(liner slip)：搾乳中(特に末期)に上部から空気がライナー内に入り、ライナーの滑りが生じること。

乱流(turbulence)：スラグ流とも呼ばれ、牛乳配管洗浄時にエアーインジェクターからの間欠的な空気の流入により作られる配管内の洗浄液と空気の層。

レギュレーターリーケージ(regulator leakage)：マニュアルリザーブとエフェクティブリザーブの差で、調圧器の漏れを表す。

レコーダージャー(recorder jar)：乳量測定用の容器でロングミルクチューブからの生乳を受け入れ、貯える。その後、牛乳配管に生乳を送り出す。

レシーバージャー(receiver jar or vessel)：2本または複数の牛乳配管から受乳し、真空条件下でレリーザー、ミルクポンプまたは集乳容器に供給するための容器。

レリーザー(releaser)：生乳を真空条件下から取り出し、大気圧条件に送出す装置。

ロングミルクチューブ(long milk tube)：クローと受乳容器または牛乳配管を接続するチューブ。

ロングパルスチューブ(long pulsation tube)：クローとパルセーターを接続するチューブ。

付録：ライナーの使用可能日数表

表A.1 1日3回搾乳でライナーの寿命を2,500回搾乳と想定したときの、牛群の大きさとパーラーのサイズに応じたライナーの使用可能日数

牛群の頭数	搾乳ユニットの数											
	6	8	10	12	14	16	18	20	24	28	30	32
50	100	133	167	167								
60	83	111	139	167								
70	71	95	119	143	167							
80	62	83	104	125	146	167	182					
90	56	74	93	112	130	148	167	182				
100	50	67	84	100	117	133	150	167				
110	45	61	76	90	106	122	136	152				
120	42	56	70	84	98	112	125	139				
130	38	51	64	76	89	102	114	128				
140	36	48	60[a]	72	84	96	108	120				
150	33	44	55	66	77	88	99	110	133			
160	31	42	53	62	74	84	93	105	125			
170	29	39	49	58	68	78	87	98	116	137		
180	28	37	46	56	65	74	84	93	112	130	139	
190	26	35	44	52	61	70	78	88	104	123	131	
200	25	33	41	50	58	66	75	83	100	116	125	
210	24	32	40	48	56	64	72	80	96	112	119	127
220				45	53	61	68	76	90	106	114	122
240				42	49	55	62	69	84	98	165	110
260					45	51	58	64	77	90	145	102
280					42	48	54	60	71	84	89	96
300					39	44	50	56	67	78	83	88
320					36	42	47	52	62	72	78	84
340					34	39	44	49	59	68	73	78
360					32	37	42	46	55	64	69	74
380					30	35	39	43	52	61	65	70
400					29	33	37	41	50	58	62	66
450					26	30	33	37	44	52	55	59
500					23	26	30	33	40	46	50	53

[a]：例えば、10ユニットで1日3回搾乳している場合、140頭の牛群では、60日ごとまたは2カ月ごとにライナーを交換する必要がある。

付録

表A.2 1日2回搾乳でライナーの寿命を2,500回搾乳と想定したときの、牛群の大きさとパーラーのサイズに応じたライナーの使用可能日数

牛群の頭数	搾乳ユニットの数												
	6	8	10	12	14	16	18	20	24	28	30	32
50	150	183	183	183								
60	125	167	183	183								
70	107	143	179	183								
80	94	125	156	183	183							
90	83	111	139	166	183	183						
100	75	100	125	150	175	183						
110	68	91	114	136	159	182	183					
120	82	83	104	164	145	166	183	183				
130	58	77	96	116	135	154	174	183				
140	54	71	89	108	124	142	162	178				
150	50	67	84	100	117	134	150	168	183			
160	47	62	78	94	109	124	141	155	183			
170	44	59	74	88	103	118	132	148	176	183		
180	42	56	70	84	98	112	126	140	168	183	183	
190	39	53	66	78	93	106	117	133	156	183	183	
200	38	50	63	76	88	100	114	125	152	175	183	
210		48	60	71	84	96	107	120	142	168	180	183
220				68	79	91	102	114	136	158	170	182
240				62	73	83	94	104	124	146	165	166
260					67	77	86	96	115	134	145	154
280					62	71	80	89	107	124	134	142
300					58	67	75	83	100	116	125	134
320					55	62	70	78	94	110	117	124
340					51	59	66	73	88	102	110	118
360					49	55	62	69	83	98	104	110
380					46	53	59	66	79	92	99	106
400					44	50	56	62	75	88	94	100
450					39	44	50	55	66	78	83	88
500					35	40	45	50	60	70	75	80

付録：パーラー内での検査

検査項目	目標値	対策の必要なレベル	備考
乳頭スコア	各乳頭0.5～1.0	各乳頭1.0以上または10％以上が'非常に荒れた輪状'	0から4の5段階評価による
乳頭浮腫	ひとつ以上の乳頭が有意な浮腫を示す牛の数が10％以内	20％以上	泌乳の時期に応じて変化する。分娩直後の牛は常にある程度の浮腫を持っている
乳頭出血	なし	ひとつ以上の乳頭が出血を示す牛の数が5％以上	―
二峰性の乳汁の流下	牛数の5％以内	10％以上	低泌乳牛に多い傾向あり
ライナースリップ	聞き取れるスリップ音の牛が5％以内	10％以上	搾乳者がいかに早くその問題を修正しているかの速さも検査する
ユニットの配列	5％以内	かなりのねじれを示す牛が10％以上で、特にライナースリップを伴うとき	乳房の形と大きさ、およびパーラー内の牛の配置によって変化する
自動クラスター離脱装置（ACR）の離脱時の牛の反応	有意な蹴り（または排便）を示す牛数が10％以内	20％以上	ある牛群は非常に神経質でこの数値が高くなる。後退ゲートに問題があることもある
不揃いな分房	肉眼的に分房の大きさが10％以上違う牛の数が50％以内	70％以上	不揃いな分房は人を含むすべての哺乳類に一般的にみられ、特に泌乳雌に多い。
搾乳後の消毒液の乳頭カバー状況	ひとつ以上の乳頭がカバーされていない牛数が10％以内	10％以上	しばしばスプレー法で高くなり、搾乳者または器具の不具合による
ユニット離脱時の汚染された乳頭	ユニット離脱時にひとつ以上の汚染された乳頭を持つ牛数が10％以内	10％以上	環境と搾乳前の乳頭準備による
趾皮膚炎	一側または両側の後肢に角化亢進した皮膚を持つ牛数が25％以内で、びらんの牛がいない	50％以上、および1頭でもむき出しのびらんを示す牛がいる	―
飛節のびらん	一側または両側の飛節の50％に及ぶ脱毛部または出血を示す牛数が20％以内	20％以上	この目標値は舎飼い牛を対象としている。放牧牛はさらに低い数値となる。びらんは飛節内側にも生じる。
牛の清潔度	四肢を3部位にわけ、蹄から飛節、蹄から膝、蹄から背部	10％以上の牛が四肢の90％にわたって糞便を浴びていれば、対策を講じる	尾の振幅部のトリミングと尾の側面の毛の刈り取り、および乳房に過剰な毛がないかについても検査する
パーラー内で排便する牛数	10％	20％以上	ほとんどの牛はパーラーを出るときに排便する

これらは推奨されている目標値に過ぎない。これらは実証されているものではない；これらは著者（Blowey）の経験によるもので、搾乳システムが変われば、また調整される。

付録：引用文献と参考図書

引用文献

Berry, E. and Booth, J. (1999) Summer mastitis in England and Wales: 1992 to 1997. *Veterinary Record* 145, 469.

Berry, E.A. and Hillerton, J.E. (2002) The effect of selective dry cow treatment on new intramammary infectionS. *Journal of Dairy Science* 85, 112–121.

Blowey, R. and K. Collis (1992) Effect of premilking teat disinfection on mastitis incidence, total bacterial count, cell count and milk yield in three dairy herds. *Veterinary Record* 130, 175–178.

Blowey, R. and Deyes, E. (2005) The effectiveness of drying off individual quarters as a treatment of mastitis. *Cattle Practice* 13, 99–102.

Booth, J.M. (1982) Antibiotic residues in milk. *In Practice* 4, 100–109.

Booth, J.M. (1993) Proceedings of the British Cattle Veterinary Association. In: *Cattle Practice* 1, 125–131.

Bradley, A.J. and Green, M.J. (1998) A prospective investigation of intramammary infections due to *Enterobacteriacae* during the dry period: a presentation of preliminary findings. *Cattle Practice* 6, 95–101.

Bradley, A.J., Leach, K.A., Breen, J.E., Green, L.E. and Green, M.J. (2007) Survey of the incidence and aetiology of mastitis on dairy farms in England and Wales. *Veterinary Record* 160, 253–258.

Bramley, A.J. (1981a) The role of hygiene in preventing intramammary infection. In: *Mastitis Control and Herd Management*, Technical Bulletin No. 4, National Institute for Research in Dairying, Reading, UK, pp. 53–66.

Bramley, A.J. (1981b) Infection of the Udder with *Streptococcus uberis*, *E. coli* and minor pathogens. In: *Mastitis control and Herd Management*. Technical Bulletin No. 4, National Institute for Research in Dairying, Reading, UK, pp. 70–80.

Bramley, A.J., Dodd, F.H. and Griffin, T.K. (1981) *Mastitis Control and Herd Management*. Technical Bulletin No. 4, National Institute for Research in Dairying, Reading, UK.

Bramley, A.J. (1992) Mastitis. In: Andrews, A.H., Blowey, R.W., Boyd, H. and Eddy, R.G. (eds) *Bovine Medicine*: Diseases and Husbandry of Cattle Blackwell Scientific Publications, Oxford, pp. 289–300.

Bramley, A.J., Godinho, K.S. and Grindal, R.J. (1981) Evidence of penetration of the bovine teat duct by *Escherichia coli* in the interval between milkings. *Journal of Dairy Research* 48, 379–386.

Dingwell, R.T., Leslie, K.E., Schukken, Y.H., Sargeant, J.M., Timms, L.L., Duffield, T.F., Keefe, G.P., Kelton, D.F., Lissemore, K.D. and Conklin, J. (2004) Association of cow and quarter-level factors at drying-off with new intramammary infections during the dry period. *Preventive Veterinary Medicine* 63, 75–89.

Egan, J. (1995) Evaluation of a homeopathic treatment for subclinical mastitis. MRCVS Thesis, The Veterinary Research Laboratory, Abbotstown, Dublin, Ireland.

Galton, D.M., Petersson, L.G., Merrill, W.G., Bandler, D.K. and Shuster, D.E. (1984) Effects of premilking udder preparation on bacterial population, sediment, and iodine residue in milk. *Journal of Dairy Science* 67, 2580–2589.

Galton, D.M., Peterson, L.G. and Merrill, W.G. (1988) Evaluation of udder preparations on intramammary infections. *Journal of Dairy Science* 71, 1417–1421.

Green, M.J., Green, L.E. and Cripps, P.J. (1996) Low bulk milk somatic cell counts and endotoxin-associated (toxic) mastitis. *Veterinary Records* 138, 305–306.

Green, M.J., Huxley, J. and Bradley, A. (2002) A rational approach to dry cow therapy 1. Udder health priorities during the dry period. *In Practice* 24, 582–587.

Grindal, R.J., Walton, A.W. and Hillerton, J.E. (1991) Influence of milk flow rate and streak canal length on new intramammary infection in dairy cows. *Journal of Dairy Research* 58, 383–388.

Harrison, R.D., Reynolds, I.P. and Little, W. (1983) A quantitative analysis of mammary glands of dairy heifers reared at dirrerent rates of live weight gain. *Journal of Dairy Research* 50, 405–412.

Hill, A.W. (1981) Factors influencing the outcome of *Escherichia coli* mastitis in the dairy cow. *Research in Veterinary Science*, 31, 107–112.

Hill, A.W. (1990) *Proceedings of the British Mastitis Conference*, p. 49.

Hill, A.W. (1992a) *Proceedings of the British Cattle Veterinary Association* 1991–1992, p. 279.

Hill, A.W. (1992b) *Proceedings of the Mastitis Conference*, Frampton, UK, p. 281.

Hillerton, J.E. (1988) Summer mastitis – the current position. *In Practice* 10, 131–137.

Lee, C.S., Wooding, F.B.P. and Kemp, P. (1980) Identification, properties, and differential counts of cell populations using electron microscopy of dry cows secretions, colostrum and milk from normal cows. *Journal of Dairy Research* 47, 39–50.

Leigh, J.A. (2000) *Streptococcus uberis*: current and future prospects for a vaccine. *Cattle Practice* 8, pp. 265–268.

Lewis, S., Cockraft, P.D., Bramley, R.A. and Jackson, P.G. (2000) The likelihood of clinical mastitis in quarters with different types of teat lesions in the dairy cow. *Cattle Practice* 8, 293–299.

Logan, E.F., Meneely, D.J. and Mackie, D.P. (1982) Enzyme-linked immunosorbent assay for *Streptococcus agalctiae* antibodies in bovine milk. *Veterinary Record* 110, 247–249.

MacKellar, Q.A. (1991) Intramammary treatment of mastitis in cows. *In Practice* 13, 244–249.

Mackie, D.P., Pollock, D.A., Meneely, D.J. and Logan, E.F. (1983) Clinical features of consecutive intramammary infections with *Streptococcus agalactiae* in vaccinated and non-vaccinated heifers. *Veterinary Record* 112, 472–476.

Meany, W.J. (1992) In: *Mastitis and Milk Quality*. Handbook for Veterinary Practitioners, Irish Vet Association and Irish Veterinary Union, Teagasc Research Centre, Moorepark, Ireland.

Menzies, F.D., Gordon, A.W. and McBride, S.H. (2003) An epidemiological study of bovine toxic mastitis. *Proceedings of the British Mastitis Conference*, Garstang, pp. 1–13.

Milner, P., Page, K.L. and Hillerton, J.E. (1997) The effects of early antibiotic treatment following diagnosis of mastitis detected by a change in the electric conductivity or milk. *Journal of Dairy Science* 80, 859–863.

Neave, F.K., Dodd, F.H., Kingwill, R.G. and Westgarth, D.R. (1969) Control of mastitis in the dairy herd by hygiene and management. *Journal of Dairy Science* 52, 696–707.

Northwest Illinois Dairy Association (2000). [Details unknown.]

Owens, W.E., Watts, J.L., Boddie, R.L. and Nickerson, S.C. (1988) Antibiotic treatment of mastitis: comparison of intramammary and intramammary plus intramuscular therapies. *Journal of Dairy Science* 71, 3143–3147.

Pankey, J.W., Wildman, E.E., Drechsler. and Hogan, J.S. (1987) Field trial evaluation or premilking test disinfection. *Journal of Dairy Science* 70, 867–872.

Peeler, E.J., Green, M.J., Fitzpatrick, J.L. and Green, L.E. (2002) Study of clinical mastitis in British dairy herds with bulk milk somatic cell counts less than 150,000 cells/ml. *Veterinary Record* 151, 170–176.

Philpot, W.N. (1984) Economics of mastitis control. *Veterinary Clinics of North America: Large Animal Practice* 6, 233–245.

Philpot, W.N. and Nickerson, S.C. (1991) *Mastitis: Counter Attack*. Babson Bros. (Westfalia-Surge), Naperville, Illinois.

Rendos, J.J., Eberhart, R.J. and Kesler, E.M. (1975) Microbial populations of teat ends of dairy cows, and bedding materials. *Journal of Dairy Science* 58, 1492–1500.

Schukken, Y.H., Vanvliet, J., Vandegeer, D. and Grommers, F.J. (1993) A randomized blind trial on dry cow antibiotic infusion in a low somatic cell count herd. *Journal of Dairy Science* 76, 2925–2930.

Shearn, M.F.H. and Hillerton, J.E. (1996) Hyperkeratosis of the teat duct orifice in the dairy cow. *Journal of Dairy Research* 63, 525–532.

Sol, J., Sampimon, O.C. and Snoep, J. (1995) Proceedings of the 3rd International Mastitis Seminar, Israel, pp. 5–68.

Spencer, S.B. (1990) The basics of vaccum in milking systems and milking management. *Proceedings of the National Milking Center Design Conference*, Harrisburg, Pennsylvania.

Tyler, J.W. and Baggot, J.D. (1992) Antimicrobial therapy of mastitis. In: Andrews, A.H., Blowey, R.W., Boyd, H. and Eddy, R.G. (eds) *Bovine Medicine: Diseases and Husbandry*. Blackwell Scientific Publications, Oxford, pp. 836–842.

Williamson, J.H., Woolford, M.W. and Day, A.M. (1995) The prophylactic effect of a dry-cow antibiotic against *Streptococcus uberis*. *New Zealand Veterinary Journal* 43, 228–234.

Woolford, M.W., Williamson, J.H., Day, A.M. and Copeman, P.J.A. (1998) The prophylactic effect of a teat sealer on bovine mastitis during the dry period and the following lactation. *New Zealand Veterinary Journal* 46, 12–19.

付録

参考図書とホームページ

Andrews, A.H., Blowey, R.W., Boyd, H. and Eddy, R.G. (2004) *Bovine Medicine: Diseases and Husbandry of Cattle*, 2nd edn. Wiley-Blackwell, Chichester, UK.
Biggs, A. (2009) *Mastitis in Cattle*. The Crowood Press, Marlborough, UK.
Blowey, R.W. (1999) *A Veterinary Handbook for Dairy Farmers*, 3rd edn. Old Pond Publishing, Ipswich, UK.
Bramley, A.J., Dodd, F.H. and Griffin, T.K. (1981) *Mastitis Control and Herd Management*. Technical Bulletin No. 4, National Institute for Research in Dairying, Reading, UK.
Bramley, A.J., Bramley, J.A., Dodd, F.H. and Mein, G.A. (1992) *Machine Milking and Lactation*. Insight Books, Newbury, Berkshire, UK.
Countdown Downunder *see* http:/www.countdown.org.au (accessed December 2009).
International Dairy Federation. http:/www.fil-idf.org

翻訳者による参考図書の追加

有田忠義：牛の乳房炎、臨床と効果的な治療。チクサン出版社、東京、1991

Faull, W. B., Hughes, J. W. and Ward, W. R.: A mastitis handbook for the dairy practitioner. 5th ed., Liverpool Univ Press, Liverpool, 1991

Levesque, P.: Managing milk quality. 2nd ed., ITA de La Pocatiere, Quebec, 1998

National Mastitis Council: Current concepts of bovine mastitis. 4th ed., Madison, 1996

農林水産省経済局編：家畜共済の診療指針、乳房炎。全国農業共済組合、東京、1993

乳房炎防除対策検討委員会編：乳房炎防除マニュアル－搾乳システムの利用と管理。ホクレン、札幌、1994

乳房炎防除対策検討委員会編：乳房炎防除マニュアル－牛舎内外の施設環境と管理。ホクレン、札幌、1995

乳房炎防除対策検討委員会編：乳房炎防除マニュアル－正しい搾乳手順と搾乳衛生。ホクレン、札幌、1996

Sandholm, M., Honkanen-Buzalski, T., Kaartinen, L. and Pyorala, S. eds: The bovine udder and mastitis. Univ Helsinki, 1995

笹野　貢：生乳の品質管理。酪農総合研究所、札幌、1998

十勝乳房炎協議会編：Mastitis control、帯広、2005

日本語索引

<あ>
喘ぎ	167
アスピリン	227
圧迫性壊死	258
アップスタンド	154, 155
アドレナリン	24
アミノグリコシド	220
アモキシシリン	219, 220, 223
アルブミン	26
泡ディッピング剤	136
アンピシリン	219, 220

<い>
イースト	49, 194, 198, 199
インターセプター	75〜77

<う>
牛の密度	162
牛ヘルペス乳頭症	248
ウッドチップ	150

<え>
衛生管理	12, 51, 109, 114, 189, 207, 225, 226, 231, 233, 273
液体培地	70
壊死性皮膚炎	242, 244〜246, 248
壊疽性乳房炎	52〜54, 113
エドワード培地	54, 55, 69
炎症反応	11, 38, 40, 41, 58, 65, 112, 227, 228
縁石	161
エンドトキシン	41, 43, 56, 57, 221
エンドトキシンショック	43

<お>
黄色ブドウ球菌	32, 111, 139, 174, 190, 203, 215, 248, 271
オープンヤード	148
オキシトシン	24, 25, 75, 119〜122, 226, 228
オプソニン化	61
オプソニン作用	37, 59
親指テスト	96
温湿指数	167

<か>
開放性潰瘍	274
潰瘍性乳房疾患	242
外用ティートシーラント	138
外用フィルムシーラント	231
カウシェッド	148, 164
過角化症	92, 93, 253〜255
夏季性潰瘍	249
夏季乳房炎	20, 55, 57, 230, 235〜239, 247, 249
隔日搾乳	64, 176
過酢酸塩	247
過搾乳	82, 88, 92, 95, 108, 126, 129, 256, 258, 272
過酸化水素	36, 37, 40, 42, 43
加水石灰	152
カゼイン	12, 13, 26, 27, 43, 59, 62, 171, 189
カリフォルニアマスタイティステスト	172
カルシウム	27, 99, 101, 171, 227
換気	153〜155, 164, 257, 259
環境温度	28, 154
環境性乳房炎	12, 46, 48, 68, 94, 109, 115, 116, 118, 127〜129, 131, 141〜143, 165, 176〜179, 191, 196, 205, 207, 210, 271
環境性微生物	46〜49, 56, 59, 137, 141, 148, 174, 191, 194, 200
感作時間	142
間擦疹	242
緩徐な乾乳法	232
感染源	32, 33, 46, 48〜50, 55, 59, 177, 217, 239
カンナクズ	149, 150, 152, 161, 191
乾乳牛の衛生	168
乾乳時感染	24, 231
乾乳時治療	11, 48〜51, 54, 61, 65, 140, 181, 185, 187, 214, 216, 219〜226, 229〜233, 264, 266, 271〜273
乾乳軟膏	65, 66, 68, 168, 232, 233

索引

乾物摂取量　　65

<き>

偽牛痘　　136, 248, 249
季節的変動　　175, 207, 212
忌避剤　　22, 238, 244, 249
脚浴槽　　33, 166
牛床　　33, 35, 58, 59, 67, 128, 148〜164, 167, 168, 192, 194, 198, 251, 272
牛床型　　148, 155
牛床牛舎　　168
急性壊疽性ブドウ球菌性乳房炎　　52
急性乳房炎　　38, 43, 46, 67, 227
急速乾乳法　　232
急速搾乳牛　　35
牛乳寒天培地　　72
吸乳刺激　　21, 22
牛乳配管　　75, 77, 78, 80, 81, 99, 100, 102, 105, 107, 112, 114, 121, 124, 193, 199, 200
局所療法　　228
筋細胞　　15, 23
筋上皮　　15, 16, 23, 26

<く>

区画　　59, 148, 151, 153〜155, 161〜165, 167, 168, 251
くさび状乳頭端　　255, 256
クラスター　　33, 79, 83, 84, 90, 93〜98, 101, 102, 107〜110, 115, 117, 121〜128, 130, 131, 138, 139, 144, 182, 199, 214, 215, 243, 246, 247, 253, 256〜259, 271〜274
クラブラン酸　　219
グルタチオンペルオキシダーゼ　　43
クロー　　75, 79〜85, 92〜95, 114, 121, 124, 126, 128, 214, 255〜257, 259, 261, 265
クロキサシリン　　50, 217, 219, 220, 224, 230, 232, 266, 268
グロブリン　　13, 26, 37
クロルヘキシジン　　135, 238

<け>

経口ポンプ　　227
経口輸液剤　　227
血液寒天培地　　50, 56, 66, 119
血乳　　242
ケトーシス　　66
ケラチン　　21, 31, 33, 35, 36, 54, 62, 64, 93, 216, 255
ケラチン層　　22, 33, 35, 233
ケラチンプラグ　　33, 54, 62, 64
ケラチンフラッシュ　　33, 35
ゲンタマイシン　　220

<こ>

コアグラーゼ陰性ブドウ球菌（CNS）　　48, 54, 139
広域性抗生物質　　220
抗炎症剤　　226, 227, 237, 245
交差汚染　　80
交差免疫　　61
更新　　13, 54, 209, 225
抗生物質残留　　125, 209, 223, 231, 233, 261, 262, 266, 269, 273
抗生物質残留検査　　208, 262, 266, 269
抗生物質チューブ　　216
抗生物質治療　　55, 56, 59, 61, 67, 216〜218, 223〜226, 237, 238, 273
抗生物質の併用治療　　223
光線過敏症　　243
光線反応物質　　243
抗体　　25, 37, 55, 59, 62, 63
好中球　　37, 62, 65, 221, 228
高張食塩液　　227
酵母様真菌　　54, 67
高齢牛　　174, 180, 199, 200, 224, 242, 253
黒点　　36, 247, 250
ゴムマット　　25, 149, 166, 251
コルチゾン　　227
コロニー　　46, 47, 49, 54〜56, 59, 66, 69, 70, 72, 128, 133, 139, 189

<さ>

細菌性湿疹　　247
細切紙片　　151
最大残留許容値　　267, 268
サイトカイン　　38

再発率	205, 206, 209, 210, 212
サイレージ	43, 67, 166
削蹄	233, 252
搾乳間隔	127, 175
搾乳システム	11, 52, 56, 57, 74～77, 81, 84, 85, 87～92, 94, 96, 98, 99, 102, 104, 107, 128, 176, 250, 253, 256, 259, 274
搾乳者の小結節	248, 249
搾乳順序	128, 180, 182
搾乳速度	12, 32, 34, 141
搾乳手順	24, 109, 114, 121, 127～129, 201, 272
搾乳頻度	27, 28, 35, 129, 176
搾乳不全	92
搾乳前の乳頭消毒	32, 141, 142
搾乳ユニット	21, 82, 84～88, 92～95, 99, 108, 111, 115, 118, 123, 126, 191, 198, 253～257, 259
殺菌作用	116, 143, 221
サニタリートラップ	75～78, 90, 100, 103, 108
サブロー培地	67, 69
挫滅乳頭	251
3回搾乳	28, 35, 82, 86, 87, 89, 111, 126, 129, 176, 201, 272
三角ライナー	85
酸性煮沸洗浄	99
酸性熱湯洗浄	103, 105, 107
残留抗生物質	13, 125, 265, 267
3列牛舎	153

<し>

次亜塩素酸	104, 118, 125, 127, 136, 215, 250
次亜塩素酸塩	248, 274
次亜塩素酸ソーダ	105, 117
シーラント	49, 111, 232, 233
シェイド	164
シェルター	153, 165
敷き草	148～155, 160～164, 168, 272
敷き草牛舎	162～164, 168, 272
子宮内膜炎	66, 67
敷料	59, 67, 148～153, 160～162, 191, 192, 194, 251
ジクロロイソシアヌール酸ソーダ	136
脂質溶解性	221
舐食性湿疹	249
自然治癒	56, 65, 216～218, 223, 228～231, 249
餌槽	163, 166, 168
湿性湿疹	245, 246
自動クラスター離脱装置	76, 126, 127, 256, 259, 272
自動乳頭洗浄	117
趾皮膚炎	243
舎飼い	115, 142, 148, 153, 154, 159, 164, 182, 198, 204, 207, 211, 212, 238, 239, 250, 251
射乳反射	75, 95, 108, 109, 111, 112, 116, 117, 120, 121, 127
周産期	29, 42, 168, 207, 212
集中治療	55, 223, 225, 226
出荷停止期間	208, 218, 221, 222, 229, 230, 263～270, 273
主乳頭	19, 20
腫瘍壊死因子	38
循環洗浄	99～101, 103, 104, 106, 107, 271, 274
衝撃力	87, 90～95, 99, 117, 123, 126, 128
消石灰	152, 161
ショートミルクチューブ	75, 79～82, 84, 85, 89, 90, 92～94
'承認外' 治療	263, 265, 267, 269, 273
'承認外' 薬剤	262, 263
上皮細胞	16, 23, 40, 50, 93, 170
静脈内輸液	227
ショック	18, 43, 56, 160, 226, 227
初乳	25, 37, 41, 65, 107, 125, 215
徐放性	222, 230, 266
甚急性乳房炎	37, 43, 58, 114
真空回復時間	96
真空計	74, 78, 89, 96～98
真空度	75～80, 82, 88～92, 94, 96, 97, 99, 107, 108, 114, 123, 253, 257, 258, 272
真空ポンプ	74～77, 88～90, 94, 121
深乳房保定装置外側板	17～20
深部注入	216

<す>

水酸化カルシウム	152, 161, 163

索　引

スクリーニング	120, 180, 187, 196, 265〜268, 273
ストックホルムタール	238
ストレス	25, 65, 109, 154, 165〜168, 175, 176, 207
ストレプトコッカス ディスガラクティエ	32, 37, 111, 203, 217, 235, 248
ストレプトマイシン	220, 221, 230, 268
ストローヤード	148
砂	59, 149〜152, 155, 159, 160, 164, 165, 192
スプリンクラー	117, 118
スラグ流	99
スラリー	149, 153, 160
スラリーシステム	149

<せ>

静菌作用	32, 36, 221
生菌作用	228
生石灰	152, 161
静的検査	89
石灰石	152, 159, 161
切創	92, 252
セファロスポリン	219, 220, 230
セファロニウム	232, 269
セフキノン	222
セフロキシム	220
セレン	42, 43
潜在性乳房炎	12, 46, 54, 59, 67, 92, 127, 128, 170〜172, 174〜177, 184, 190, 191, 194, 203, 210, 212, 255
洗浄ライン	75, 99, 100, 102, 103
全身的治療	214, 215
浅乳房保定装置外側板	17, 18
扇風機	165, 167
浅部注入法	216

<そ>

早期乾乳	183, 190
早期治療	222
総生菌数	71, 189
総ブドウ球菌数	71, 199, 200

<た>

ターゲット	203, 204
胎子	42, 65
代謝病	66
対症療法	227
大腸菌群	37, 48, 49, 56〜59, 65, 71, 142, 149, 163, 190, 191, 194, 195, 212
大腸菌数	58, 71, 72, 118, 120, 161, 163, 191, 192, 196〜201
大腸菌性乳房炎	33, 36, 40, 41, 56〜58, 65, 114, 149, 212, 217, 220, 227
耐熱菌数	71, 72, 192, 194, 197〜200
第四胃変位	66
タイロシン	26, 212, 221, 268
多形核白血球	37, 53
脱水	226
胆汁寒天	72

<ち>

中性脂肪	27
チューブクーラー	193
治癒率	50, 111, 152, 216〜218, 223, 225
調圧器	75〜78, 89, 90, 96〜98, 108, 272
長期作用抗生物質	229
治療計画書	267, 273

<つ>

吊り下げレール	158

<て>

ティートカップ	21, 67, 79, 83, 87, 88, 100, 103, 127
ティートカップシェル	83
ティートシーラント	111, 138, 168, 224, 231〜233, 238, 239, 273
低温菌	189, 194, 195, 200
低カルシウム血症	227
低体細胞数	130, 170, 179, 182, 187, 196, 271
ディッピング液	21, 127, 134, 135, 137〜140, 142, 143
ディッピング添加物	139
ディッピング用カップ	132, 133, 135
テールバンド	215

テトラサイクリン	219〜221, 268
電解質液	227
電気伝導度	26, 88, 129, 222
伝染性乳房炎	11, 12, 48, 49, 55, 57, 68, 109, 110, 128, 129, 134, 138, 139, 141, 170, 176, 179, 180, 194, 197, 201, 207, 212
伝染性微生物	46〜49, 141, 229

＜と＞

淘汰	11, 13, 46, 48, 51, 52, 54, 56, 59, 61, 68, 92, 140, 177, 180, 182, 183, 187, 200, 203, 204, 208〜210
動的検査	59, 90
導乳管	36, 251, 253
トキシン	38, 226, 228
ドデシルベンゼンスルフォン酸	136
トリメトプリム	26, 221

＜な＞

内用ティートシーラント	111, 168, 231, 233, 238, 239, 273

＜に＞

2回搾乳	28, 35, 82, 86, 111, 129, 272
日内変動	175
日光皮膚炎	244
二峰性の射乳	95, 121
乳管	15, 16, 19, 23, 25, 28, 38, 40, 120
乳管洞乳腺部	15, 23, 24, 28, 257
乳管洞乳頭部	15, 19, 20, 23, 42, 46, 56, 121, 216, 231, 233, 236, 237, 252
乳湖	33
乳質向上プログラム	197
乳汁分泌細胞	16, 23, 29
乳汁流下	23〜26, 166, 228, 255, 259
乳汁流下不全	24, 25
乳汁流出速度	32, 34, 35
乳石	99, 101
乳腺胞	15〜17, 19, 23, 25〜28, 40, 42, 57, 62, 228
乳泥	105, 107, 274
乳糖	12, 13, 25, 26, 171
乳頭うっ血	95
乳頭括約筋	16, 23, 33, 34, 36, 126, 243, 250, 253〜255
乳頭カニューレ	250〜252
乳頭貫通切創	252
乳頭基部	22, 23, 85, 87, 120, 232, 233, 237, 243, 245, 246, 252, 257, 258
乳頭口	16, 33〜36, 74, 80, 85, 128, 139, 216, 253〜255
乳頭殺菌	48, 49, 54
乳頭シール	62, 64, 65
乳頭スコア	32, 134, 253〜255
乳頭端出血	256, 258
乳頭端衝撃	33, 35, 245, 249
乳頭ディッピング	11, 21, 25, 33, 128, 135, 138, 140〜142, 167, 199, 233, 239, 248〜250, 257
乳頭内の'豆'	243
乳頭内封入	244
乳頭の機能	15, 21
乳頭の虚血性壊死	245
乳頭の構造と機能	15, 19
乳頭の全切除	253
乳頭の防御	31, 36, 238
乳頭壁	21〜23, 38〜40, 42, 56, 57, 243
乳頭リング	257
乳熱	65, 66
乳房炎検出器	112〜114
乳房炎軟膏	204, 206, 207, 209, 212, 222, 225, 239
乳房炎乳	26, 27, 40, 68, 71, 111, 114, 124, 125, 184, 190, 198, 215, 221, 228
乳房炎のコスト	207〜212
乳房前部のびらん	242
乳房内治療	54, 214, 223
乳房内投与	182, 215
乳房の構造	15
乳房の発達	15〜17
乳房皮膚の剥脱	245, 246
乳房浮腫	18, 25, 242, 244, 245
乳房保定装置内側板	17〜19
乳房保定装置の断裂	18, 20, 242, 245
乳流量	81, 82, 84, 85, 93, 95, 121

索　引

乳漏	19, 24, 35, 148, 152
2列牛舎	153

<ね>
ネックレール	158

<の>
膿痂疹	249
膿瘍	18, 20, 224, 225, 237
ノコクズ	58, 149, 150, 152, 161, 195
ノボビオシン	225

<は>
灰	59, 149, 151, 152
バイオセキュリティ	46, 61
廃棄ライン	214, 215
パイプライン	78, 79, 99, 117
ハイライン	81, 258
ハエ用タッグ	238
拍動数	83, 84, 97
拍動比	83, 84
バクトスキャン値	13
バクトスキャン法	189, 190
跛行	33, 128, 148, 150, 152, 153, 156, 157, 162, 165, 166, 168, 236, 251, 272
発汗	167
白血球	23, 37, 40, 43, 52, 53, 59, 61, 170, 174, 176, 177, 228
パポバウイルス	249
バランスタンク	77
バリアーディッピング	137, 138
バルク乳解析	189, 195～199
バルク乳サンプル	55, 185, 190, 195, 197, 198, 200, 225
バルク乳総細菌数	191
バルク乳体細胞数	174, 177, 180, 182, 184～186
バルク乳培養	71
パルセーション	83～85, 87, 90, 92, 93, 97, 253, 258
パルセーション刺激	25
パルセーションシステム	90, 97
パルセーションチャンバー	83, 84, 97, 101, 107, 108
パルセーター	74, 75, 84, 85, 90, 97
反芻	66, 157, 159
パンティング	167

<ひ>
ヒート(熱)ストレス	154, 164, 167
非経口的治療	223
ビスマス塩	231
飛節	18, 151, 152, 160, 236
泌乳期治療	140, 177, 214, 230, 264
泌乳時期	175, 207, 214
頻回搾乳	35, 228

<ふ>
ファン	165, 167
副乳頭	19, 20
浮腫	18, 25, 36, 87, 242, 244, 245, 253～257
フットバス	33, 166
ブドウ球菌性とびひ	249
プラスティックフィルム	137
プラスミン	12, 13, 27, 171, 189
フラマイセチン	65, 220, 229
フリーストール	58, 67, 148, 155
ブリスケットボード	158
フルステンベルグのロゼット	33
フルニキシン	227, 237, 245
プレディッピング	25, 50, 61, 68, 116, 121～123, 130, 131, 134, 136, 137, 141～145, 168, 248, 272
プレドニゾロン	227
プレートクーラー	81, 193, 200, 274
プロビオティック効果	228
プロラクチン	27, 28
分房乾乳	223, 224
分房乳	58, 179, 180

<へ>
併用治療	223, 263
ベクター	46, 48, 236
ベッド作り	162, 272
ペナルティ	12～14, 71, 170, 183, 184, 187, 189, 204, 207～210, 212, 261

290

ペニシリンG	219
ペネサネート	219
ヘリンボーンパーラー	133

<ほ>

ボアオン製剤	238
報奨金	170, 201
保菌牛	49, 55, 56, 61, 224
保護剤	22, 32, 52, 135, 136, 139〜143, 145, 248, 250, 258
ポストディッピング	47, 52, 61, 71, 130, 131, 135, 136, 140〜143, 151, 154, 256, 271, 272
補体	37, 269
勃起性静脈叢	21〜23, 245, 246
ボディコンディションスコア	27
ボログルコン酸カルシウム	227

<ま>

マイクロポアテープ	238
マイコプラズマ	55, 56, 92, 125, 194
マイコプラズマ性乳房炎	125
前搾り	33, 52, 111, 112, 114, 115, 121〜123, 129, 130, 142, 167, 172, 179, 198, 214, 222, 272, 274
マクロファージ	37, 38, 42, 50, 221, 224, 228
マジックウォーター	117
マシンストリッピング	93, 94, 128
マッコンキー培地	69
マッサージ期	258
マット	151, 152, 160
マットレス	151, 152, 160
慢性感染	47, 50, 58, 59, 71, 180, 182, 223, 231
慢性再発性大腸菌感染	58
慢性乳房炎	11, 46, 61, 187
慢性保菌牛	56, 224

<み>

未経産牛	18, 50, 54, 55, 235, 236, 239
ミルカー	18, 21, 23, 25, 35, 36, 46, 51, 74, 86, 88, 96, 128, 129, 141, 207, 251〜253, 258, 264, 271
ミルクアウト期	82
ミルクソック	112, 114, 119, 192, 272, 274
ミルクフィルター	81, 114
ミルクライン	81, 83

<む>

麦ワラ	59
無乳症	56, 246, 247

<め>

迷走電流	95
メロキシカム	227
免疫グロブリン	13, 26, 37
免疫反応	33, 38, 41, 57, 65, 167, 174, 221

<も>

盲乳	236
目標値	179, 191, 195〜199, 203, 204, 210, 212, 255

<や>

ヤード	153, 161〜164, 168
薬剤コスト	209

<ゆ>

遊離ヨウ素	135, 142, 145
輸液	226, 227

<よ>

ヨウ素の残留	135, 144
羊痘	249
ヨードホール	135, 142
抑制タンパク	28, 129, 232
予備真空	76, 77, 89〜91, 94, 96, 97, 99, 176
4級アンモニウム化合物	135

<ら>

ライソソーム	38, 40, 56
ライナーシールド	86, 87, 94
ライナーシェル	79, 90, 257
ライナースリップ	21, 76, 85, 89〜91, 93, 94, 98, 108, 117, 118, 122, 123, 126, 143, 166, 245, 255, 259, 272

ラクトース	26	**＜れ＞**	
ラクトコーダー	120, 121, 255	レコーダージャー	81, 99, 104, 107, 114, 121, 125, 262, 265, 267
ラクトフェリン	36, 57, 62, 269	レシーバージャー	75, 80, 81, 101, 108
ラクトペルオキシダーゼ	36, 37	レットダウン	120, 166, 228
乱流	99, 104, 105, 199	レンサ球菌	59, 69, 92, 127, 149, 194, 196, 203, 217, 218, 220, 229, 230

＜り＞

罹患率	63, 204〜206, 209, 212	**＜ろ＞**	
リパーゼ	12, 13, 27, 171, 189	ロングミルクチューブ	75, 79〜82, 90, 108, 113, 114, 121〜123, 127
リポ多糖類	41	ローライン	80, 81, 258
リポポリサッカライド	41, 56		
流下刺激	15	**＜わ＞**	
流産	29, 67, 227, 236, 237	ワクチン	11, 28, 46, 57, 58, 62, 249
緑膿菌	48, 71, 117, 194, 195, 200, 219, 220		

欧文索引

＜A＞

ABW	105
Acid boiling wash	105
ACR	76, 81, 127, 256, 259
Arcanobacter pyogenes	235〜237
Aspergillus	67

＜B＞

Bacillus cereus	48, 66, 69, 166, 195
BCS	27
BetaStarテスト	265
β-ラクタマーゼ	219, 224
black spot	247, 250
BST	27, 28

＜C＞

California Mastitis test	93, 115
Candida	67
CC	71, 194
Charm MRLテスト	208, 209

＜C＞ (続き)

Citrobacter	48, 58
CMT	92, 93, 115, 172, 180〜182, 185
CNS	48, 54, 139
coliforms	48
Corynebacterium bovis	48, 140, 195, 198, 199
Corynebacterium ulcerans	68

＜D＞

DCC体細胞数測定器	172
DCT	65
DDBSA	136
Delvo Spテスト	205, 208, 209
DMI	66, 67
DNAフィンガープリンティング	59, 65

＜E＞

Enterobacter	48
Escherichia coli	11, 47〜49, 56〜59, 62, 69, 70, 114, 117, 142, 148, 166, 174, 190, 196, 207, 212

<H>
Haemophilus somnus   68

<K>
Klebsiella   48, 149, 195, 220

<L>
Leptospira   71
Listeria monocytogenes   68
LPS   56〜58
L型   225

<M>
Mannheimia   68
milk lake   33
milker's nodules   248
MRL   267, 268
Mycoplasma   48, 55, 56, 71
Mycoplasma bovis   56
Mycoplasma californicum   56

<N>
Nocardia asteroides   67

<P>
Pasteurella   48, 69
PMNs   37〜43, 50, 56, 62
Prototheca   67
Pseudomonas aeruginosa   48, 58, 195

<S>
S. epidermidis   54
S. hyicus   54
S. xylosus   54
Salmonella   68
SCC   11, 37, 170
sheep head fly   55, 235, 236, 238, 239
straw yards   162
Streptococcus agalactiae   35, 46〜48, 54〜56, 68, 70, 71, 95, 111, 118, 128, 174, 181, 182, 190, 191, 195〜197, 203, 217, 225
Streptococcus dysgalactiae   32, 48, 55, 92, 139, 195, 199, 203, 217, 235, 237, 248, 250, 258
Streptococcus zooepidemicus   67

<T>
TBC   13, 71, 189
TNF   38
TVC   71, 189

<U>
UMD   242

<Y>
Yersinia pseudotuberculosis   68

■著者プロフィール　Roger Blowey

　英国デヴォン州の家族経営農家に育ち、ブリストル大学を卒業。英国国立の中央獣医学研究所で代謝病研究に従事したあと、グロセスターの大小動物診療所の共同経営者として40年以上、臨床獣医療に携わっている。特に、予防獣医学、および家畜生産に及ぼす栄養、疾病、環境の影響に関心が高い。

　著書に「A Veterinary Book for Dairy Farmers」、「Cattle Lameness and Hoofcare」、「Color Atlas of Diseases and Disorders of Cattle. 3rd ed.」ほかがある。

Peter Edmondson

　アイルランド・ダブリンのトリニティカレッジを1980年に卒業。1985年からサマーセット州シェプトンマレーで主に乳牛を対象とする診療所を共同経営している。専門には、繁殖、ハードヘルスと予防獣医学が含まれる。サウジアラビアと中国で大規模経営の酪農業者とともに仕事をしてから、乳房炎に特別な関心を寄せている。酪農専門誌に多く執筆・寄稿し、広く世界中で講演も行っている。

■監訳者プロフィール　浜名　克己（はまな　かつみ）

　1941年大阪市生まれ。東京大学農学部獣医学科卒業後、同大学大学院博士課程修了。東京大学助手、宮崎大学助教授、鹿児島大学教授を経て、現在同大学名誉教授。その間、ワシントン州立大学研究員、カンザス州立大学・カリフォルニア大学・ザンビア大学の客員教授。

　著書に「獣医繁殖学」（共著、文永堂出版）、「獣医繁殖学マニュアル」（共著、文永堂出版）、「カラーアトラス、牛の先天異常」（共著、学窓社）ほか。訳書に「酪農家と獣医師による牛の乳房炎コントロール（初版）」（チクサン出版社）、「最新犬の新生子診療マニュアル」（A. ヴェーレント　監訳、インターズー）、「獣医倫理入門」（B. ローリン　共訳、白揚社）ほか。

■翻訳者プロフィール　河合　一洋（かわい　かずひろ）

　1961年北海道生まれ。酪農学園大学酪農学部獣医学科大学院修士課程修了後、北海道十勝農業共済組合勤務。畜産関係機関有志とともに十勝乳房炎協議会（TMC）を設立、初代会長として現場に根ざした実地の調査研究と情報発信を中心に活動。2005年に乳房炎をテーマに獣医学博士号を取得。2009年より麻布大学獣医学部獣医学科衛生学第一研究室講師。

　著書に「獣医内科学」（共著、文永堂出版）、「Mastitis Control」（共著、十勝乳房炎協議会）、「家畜共済の診療指針Ⅱ　乳房炎の診療指針」（共著、全国農業共済協会）ほか。

竹内　和世（たけうち　かずよ）

　1941年神奈川県生まれ。東京外国語大学スペイン語科卒業。翻訳家。

　訳書に「ドッグ・ウォッチング」（D. モリス　平凡社）、「猫に精神科医は必要か」「犬に精神科医は必要か」（ともにP. ネヴィル　共訳、講談社）、「C・W・ニコルの『人生は犬で決まる』」（C.W. ニコル　小学館）、「獣医倫理入門」（B. ローリン　共訳、白揚社）、「ナポレオンのエジプト」（N. バーリー、白揚社）ほか。

牛の乳房炎コントロール　増補改訂版	

2012年2月20日　第1刷発行©

著　者	Roger Blowey, Peter Edmondson
監訳者	浜名　克己
翻訳者	河合　一洋, 竹内　和世
発行者	森田　猛
発行所	株式会社 緑書房
	〒 103-0004
	東京都中央区東日本橋2丁目8番3号
	ＴＥＬ 03-6833-0560
	http://www.pet-honpo.com
ＤＴＰ	有限会社 オカムラ
印　刷	株式会社 カシヨ

ISBN 978-4-89531-025-3　Printed in Japan
落丁、乱丁本は弊社送料負担にてお取り替えいたします。

本書の複写にかかる複製、上映、譲渡、公衆送信(送信可能化を含む)の各権利は株式会社緑書房が管理の委託を受けています。

JCOPY 〈(社)出版者著作権管理機構 委託出版物〉
本書を無断で複写複製(電子化を含む)することは、著作権法上での例外を除き、禁じられています。本書を複写される場合は、そのつど事前に、(社)出版者著作権管理機構(電話 03-3513-6969、FAX03-3513-6979、e-mail：info@jcopy.or.jp)の許諾を得てください。
また本書を代行業者等の第三者に依頼してスキャンやデジタル化することは、たとえ個人や家庭内の利用であっても一切認められておりません。